手順と結果は

## 操作エリア

実際の操作の手順は 1 で、結果は になっています。手っ取り早く操作をマスターしたい人は、ここだけを読むとよいでしょう。

### 1 手順ボックス

実際の操作を一つずつ順を追って説明しています。

例）～をクリック、～を選択

### 結果ボックス

手順によって導かれた結果を説明しています。

例）～が表示されます、～が挿入されました

### 補足ボックス

操作にあたって気を付けるべきことや操作の説明をしています。

例）ここでは～とします、～しないように気を付けましょう

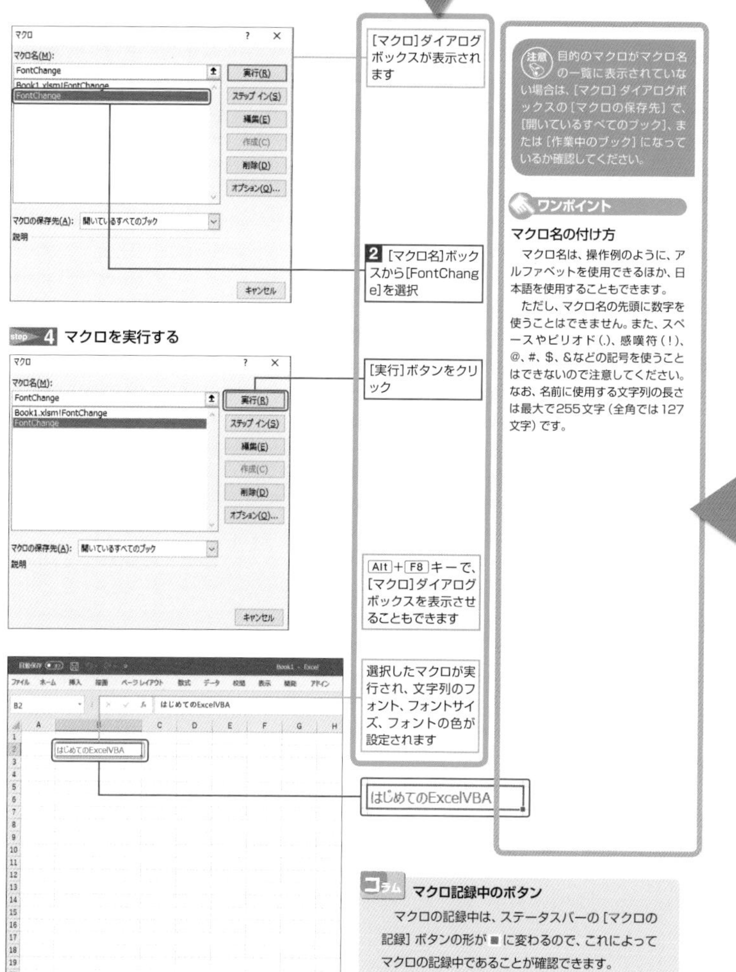


知識が身につく

## コラムエリア

操作をマスターしたら、コラムを読んでください。画面の横にその操作に関連することから一歩踏み込んだ事柄までを丁寧に解説しています。

操作する上で間違えやすい項目や、気を付けるべきことなどを紹介しています。

**解説**

どのような操作を行っているのかを説明しています。

**準備**

操作する前に用意しておくことや注意しておくことを紹介しています。

**ワンポイント**

知っておくと便利な知識や、理解を深めるための一歩踏み込んだ解説をしています。

**最後に**

一連の操作の最後に行うことを紹介しています。

# ダウンロードの手引き

本書で使用しているいくつかのデータは秀和システムのホームページからダウンロードすることができます。「練習はしたいが素材がない！」という方は、以下の方法で練習用にファイルをダウンロードしてください。

## ● 練習用ファイルが欲しい人は…

● インターネットに接続し

**https://www.shuwasystem.co.jp/support/7980html/6110.html**

にアクセスします。

● **はじめての最新Excel VBA［決定版］** のサポートページが開きます。
● 画面の手順に従って必要なデータをダウンロードしてください。

**ご注意**

ダウンロードできるデータは著作権法により保護されており、個人の練習目的のためのみに使用できます。著作者の許可なくネットワークなどへの配布はできません。
ダウンロードしたデータを利用、または、利用したことに関連して生じるデータおよび利益についての被害、すなわち特殊なもの、付随的なもの、間接的なもの、および結果的に生じたいかなる種類の被害、損害に対しての責任は負いかねますのでご了承ください。
データの使用方法のご質問にはお答えしかねます。
また、ホームページ内の内容やデザインは、予告なく変更されることがあります。

BASIC MASTER

SERIES 514

# はじめての最新 Excel VBA［決定版］

Excel 2019 / Windows 10 完全対応

金城 俊哉

秀和システム

## ■対象読者

本書はパソコンまたはWindows 10を使用するのがはじめてという方を対象に記述しています。お使いのパソコンの設置方法や電源ボタン、各種機能ボタンの位置などはパソコン付属のマニュアルなどをご参照ください。

## ■本書で使用しているパソコンについて

本書は、Windows 10がインストールされているパソコンを想定し手順を解説しています。使用している画面やインストールされているプログラムの内容は、各メーカーの仕様により一部異なる場合があります。

## ■注意

(1) 本書は著者が独自に調査した結果を出版したものです。
(2) 本書は内容について万全を期して作成いたしましたが、万一、ご不備な点や誤り、記載漏れなどお気付きの点がありましたら、出版元まで書面にてご連絡ください。
(3) 本書の内容に関して運用した結果の影響については、上記(2)項にかかわらず責任を負いかねます。あらかじめご了承ください。
(4) 本書の全部、または一部について、出版元から文書による許諾を得ずに複製することは禁じられています。
(5) 商標

Microsoft、Windows、Windows 10、Microsoft Excel 2019は米国Microsoft社の米国およびその他の国における登録商標です。
その他、CPU、ソフト名は一般に各メーカーの商標、または登録商標です。
なお、本文中では™および®マークは明記していません。
書籍の中では通称またはその他の名称で表記していることがあります。ご了承ください。

# はじめに

VBAとは、Visual Basic for Applicationsの略で、その名のとおりMicrosoft Visual Basicを同社のMicrosoft Officeに搭載したプログラミング言語のことです。Excelをはじめとする Microsoft Officeシリーズのアプリケーションには、VBAのソースコードを作成・編集するためのソフトウェアとプログラムを実行するための機能が標準で付属していますので、VBAを使うにあたって、別途でソフトウェアを用意したり、何かの設定をしたりする必要はありません。標準の状態のExcelが手元にあれば、Excel専用のExcel VBAをすぐに始められます。

でも、この説明を読んでみて、「なんで表計算ソフトなのにプログラミングが必要なの?」と疑問に思われたかもしれません。この本を手に取っていただいた方なら、「マクロ」という用語を聞いたことがある、あるいはすでにお使いになっているかと思います。マクロは、繰り返し行わなくてはならない操作を自動化する機能で、マクロの記録をオンにして手動で操作すれば、操作したことがすべて記録されるようになっています。以降はマクロを記録したときに付けた名前を使って呼び出せば、以前に行った操作を何度でも繰り返し再現できるので、簡単ではあるが何度も繰り返し行う操作はもちろん、複雑なのに間違いが許されない定型的な操作までを自動化する手段として、Excelにはなくてはならない機能の一つだといえます。

ただし、マクロは手動の操作を記録するためのものですので、操作が長く複雑になるほど、記録するのが難しくなってきます。記録の途中で手順を間違えたり、操作自体を間違えたりして何度もやり直すこともよくあります。そういうこともあり、マクロを自動記録するのではなく、「手動でマクロを作成する」ための機能としてVBAが使われます。マクロを実現する仕組みとして搭載されているVBAですので、VBAのコードを専用の画面で開けば、手書きに近い感覚で、処理を自動化するためのマクロが作れます。

手書きに近い感覚といいましたが、VBAはプログラミング言語ですから、書き方には厳密なルールがあります。そこで本書では、VBAの書き方の基本的なことから、実際に現場で使えるマクロを作成するテクニックまでをわかりやすく解説しました。これまでマクロを使いこなしていた方はもちろん、マクロもVBAも初めての方にも安心して読み進めていただけるよう、各項目にはワンポイント的な情報を数多く掲載しています。さらには、本書で紹介したテクニックをサンプル集としてまとめましたので、本書のサポートページからダウンロードして、実際にプログラムを動かしながら学んでいただければと思います。

本書が、ExcelのVBAを学ぶ一助となれば、幸いです。

2020年1月

金城　俊哉

# Contents

## CHAPTER 6 データ操作のツボ 103



## CHAPTER 7 配列の徹底理解 163



## CHAPTER 8 面倒な作業はプロシージャを使って自動化しよう！ 181

## CHAPTER 11 シート操作の自動化 263

● Excel対応バージョン
Excel 2019／365

● OS対応バージョン

| | |
|---|---|
| Windows 10 | 完全対応 |
| Windows 8 | 対応 |
| Windows 7 | 対応 |

CHAPTER

# 1

# VBAとマクロの概要

Excelでは、特定の操作を記録するための機能として、VBAとマクロが用意されています。そして、これらの機能を使うことで、Excelにおける作業効率を飛躍的にアップすることが可能です。

SECTION 1

# VBAとは、マクロとは

Excelには、特定の処理を記録しておき、記録した処理を呼び出すことで、同じ処理を繰り返し行うための機能として、VBAとマクロが用意されています。

チェックポイント
- ☑ VBA
- ☑ VBE（Visual Basic Editor、本書では「VBエディター」とも表記）
- ☑ マクロ

## VBAとマクロの機能

### step 1 VBAの機能を知る

#### ● マクロを実現するためのプログラミング言語、VBA

ここでは、実際の操作は行いません

VBAとは、ExcelをはじめとするOfficeアプリケーションで使用するマクロのためのプログラミング言語のことです。

#### ● Office用の開発言語、VBA

VBAは、Microsoft社のアプリケーション開発用言語であるVisual Basicをもとに、ExcelやWord、AccessなどのOfficeアプリケーションにおいて、特定の処理を自動化するために開発されたプログラミング言語です。

VBAの記述や編集を行う場合は、Excelに搭載されたVBE（Visual Basic Editor）と呼ばれるツールを使います。

### step 2 マクロの機能を知る

#### ● 特定の処理を自動実行するマクロ

ここでは、実際の操作は行いません

マクロとは、特定の操作を記録しておくための機能のことで、記録しておいたマクロを呼び出すことで、同じ処理を繰り返し実行することができます。

例えば、「特定のセルの文字列のサイズとフォントを変更して文字色を赤にする」といった一連の処理をマクロとして記録しておけば、必要に応じて記録しておいたマクロを呼び出して、同じ処理を繰り返し実行することが簡単にできます。

ワンポイント

**VBA**

VBAは、「Visual Basic for Applications」の略です。

ワンポイント

**Officeアプリケーション**

Officeアプリケーションには、VBAの基本機能が搭載されているほかに、各アプリケーション用に独自の機能が組み込まれています。

ワンポイント

**プログラミング言語**

プログラミング言語とは、コンピューターに指示を出すためのプログラムを記述する目的で作られた人工言語のことです。

プログラミング言語には、VBAのほかに、VBAのもととなったVisual Basicを始め、VisualC#、C++、Javaなどがあります。

コラム **VBAとVisual Basic**

VBAは、Microsoft社が、Officeアプリケーションで共通して使用できるマクロ開発言語として、同社のVisual Basicに使われているBasic言語をもとにして開発されました。このような、特定のプログラミング言語をもとに、一部の機能を簡略化するなどして開発された言語をサブセットと呼びます。

SECTION 2

# VBAとマクロを使うメリット

マクロが真価を発揮するのは、繰り返し操作の自動化です。マクロを使えば、Excelに対して行った操作をそのまま記録して使うことができます。

チェックポイント ☑ プログラミング言語

## VBAやマクロを使うメリット

### step 1 VBAとマクロの関係を知る

ここでは、実際の操作は行いません

● マクロを実行するために使われるVBA

マクロを実現するための手段として使われるのが、前述のVBAです。ExcelなどのOfficeアプリケーションでは、マクロを登録する際、一連の操作を実行するためのVBAのソースコードが自動的に生成され、マクロとして保存されます。

VBAを使って記録されたマクロ

ワンポイント

**VBAの生い立ち**

VBAが登場したのは、1994年のことで、Excel 5.0に初めてVBAの実行環境が搭載されました。続いて、1995年にAccessやWordにもVBAが搭載されました。

ワンポイント

**VBAはインタープリター型言語**

VBAは、記述したソースコードをテキスト形式で保存し、インタープリターと呼ばれる、機械語への翻訳プログラムを使ってプログラムを実行します。このようなプログラミング言語をインタープリター型言語と呼びます。インタープリター型言語は、作成したプログラムをあらかじめ機械語に翻訳しておく必要がないので、プログラムを記述したらすぐにプログラムを実行できる手軽さが特長です。インタープリター型言語には、JavaScriptやVBScript、Perl、Pythonなどがあります。

### step 2 VBAとマクロのメリットを知る

ここでは、実際の操作は行いません

● VBAを単独で使用する場合とマクロを使用する場合のメリット

前述のように、一連の操作を自動化する機能を総称してマクロと呼び、マクロを実現するために使われるプログラミング言語がVBAです。

ここでは、マクロとVBAを、それぞれ単体で使用する際のメリットについて見てみることにしましょう。

・マクロを使うメリット

マクロは次のように、簡単に作成できるのがメリットです。

①マクロとして自動化したい処理を手動で行う
②記録した一連の処理にマクロとして名前を付ける

ただし、一度記録したマクロの修正はけっこう大変です。また複雑な処理をマクロとして記録するのは困難な場合があります。

・VBAのメリット

VBAのコードを直接、記述するので、複雑な処理や処理の手順が長い場合でも正確に記録しておくことができます。

ワンポイント

**コンパイラー型言語**

インタープリター型言語に対し、プログラムを作成した段階で機械語に変換しておく言語のことをコンパイラー型言語と呼びます。

コンパイラー型言語は、機械語に変換するための手間はかかりますが、プログラムの実行時に変換の処理が必要ないぶん、実行速度が速いのが特長です。

Visual Basicは、コンパイラー型言語ですが、作成したプログラムをいったん中間コードに変換し、プログラムの実行時に機械語に翻訳する、という2段階の方式を採用しています。

▼マクロの2つの作成方法

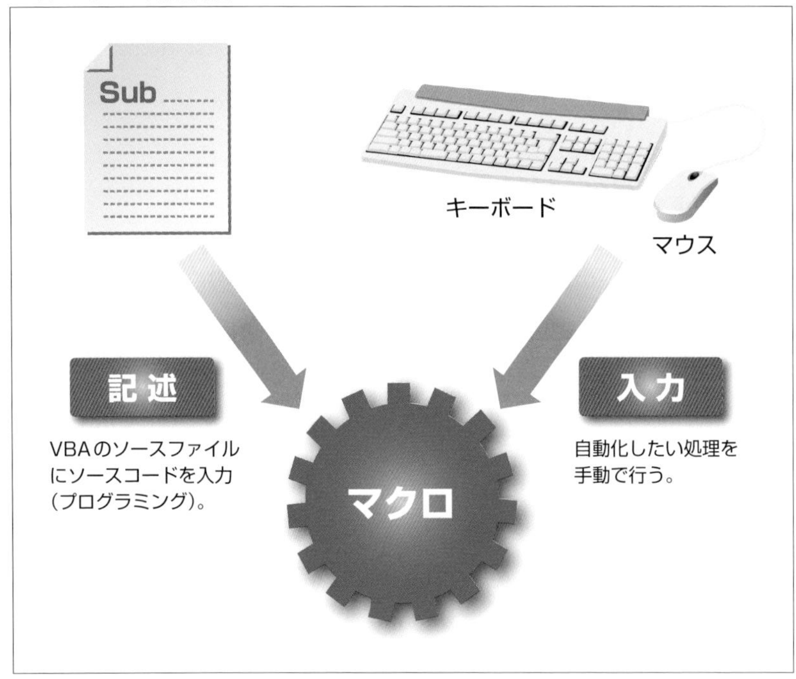


ワンポイント

**フォームの作成**

VBAを使用することで、複雑で面倒な作業を自動化することができるほか、フォームと呼ばれる機能を利用して、プログラム専用の操作画面を組み込むことができます。

コラム **VBAとマクロ**

VBAとマクロは混同しがちですが、マクロは、一連の操作を自動化する機能の総称で、VBAはマクロに使われるプログラミング言語です。

CHAPTER

# 2

# マクロを使って処理を自動化する

この章では、実際にマクロを作成して、実行する手順について見ていきます。

SECTION 3

# よくやる操作をマクロにする

それでは、実際にマクロを作成してみることにしましょう。ここでは、例として、セルに入力された文字列のフォントのタイプ、サイズ、および色を一括して設定するマクロを作成します。

チェックポイント
- ☑ ［開発］タブ
- ☑ マクロの記録
- ☑ マクロの名前
- ☑ マクロの保存先

## マクロを使えるようにする

### step 1 ［開発］タブを表示する

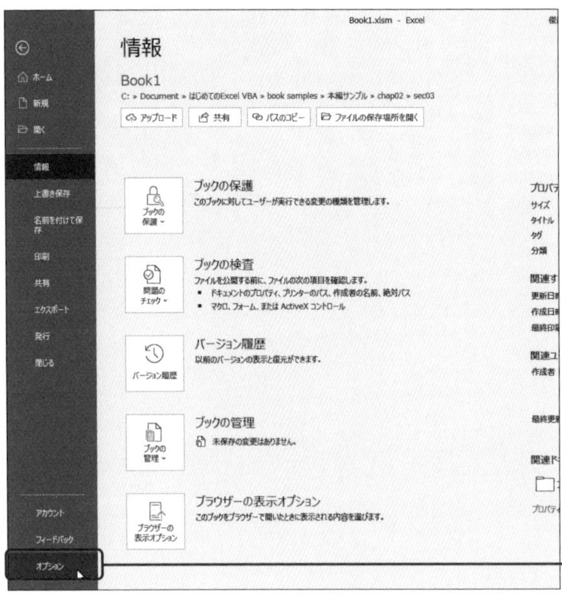

新規ブックの「Sheet1」を用意します

1 ［ファイル］タブをクリック

2 ［オプション］をクリック

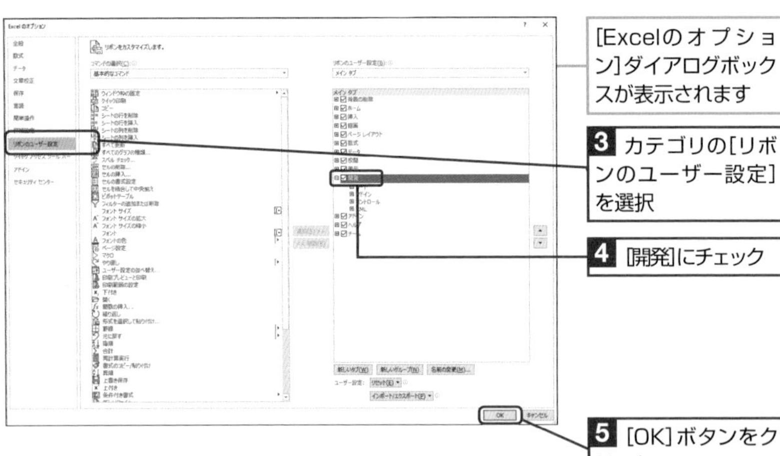

［Excelのオプション］ダイアログボックスが表示されます

3 カテゴリの［リボンのユーザー設定］を選択

4 ［開発］にチェック

5 ［OK］ボタンをクリック

**ワンポイント**

**［開発］タブの表示**

マクロに関する一部の操作は、［表示］タブで行うことも可能ですが、マクロに関するすべての操作を行うには、［開発］タブを表示することが必要です。

**ワンポイント**

**［開発］タブの機能**

［開発］タブには、マクロの記録を行うための［マクロの記録］ボタンや、作成したマクロを実行するための［マクロ］ダイアログボックスを表示する［マクロ］ボタン、VBエディターを起動するための［Visual Basic］ボタンなどが配置されています。

**解説**

Office 2007からは、従来のメニューとツールバーが廃止され、新たにリボンと呼ばれる領域に、各種のコマンドをグループごとに分けたタブが表示されるようになっています。ここでは、Excelの初期状態では表示されない［開発］タブを表示するための操作を行っています。

# マクロを記録する

## step 1 マクロの記録を開始する

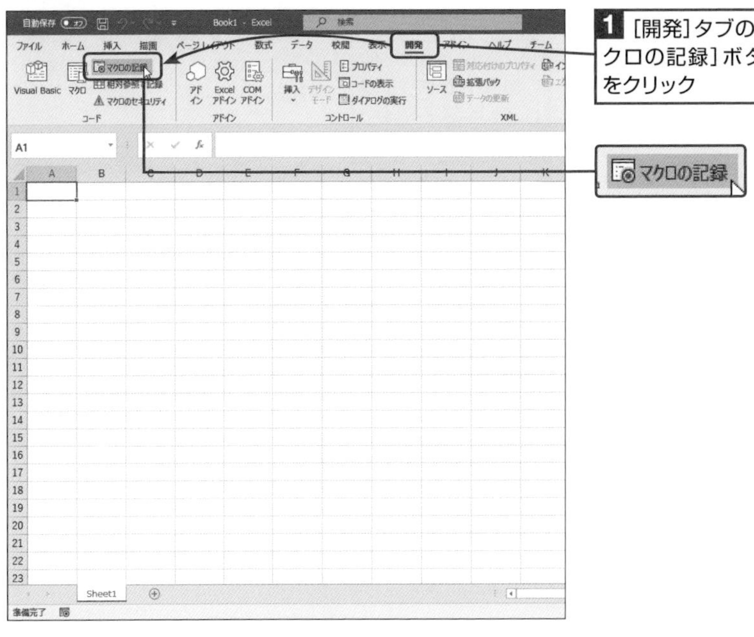


**1** [開発]タブの[マクロの記録]ボタンをクリック

マクロの記録

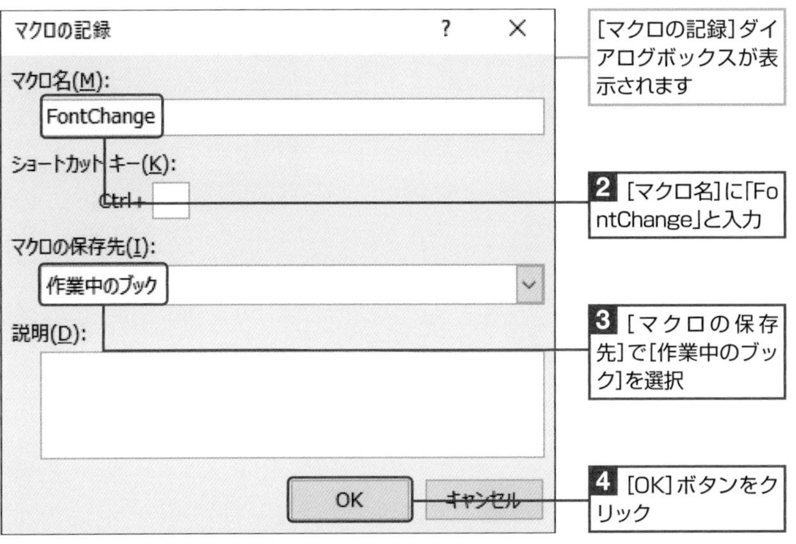


[マクロの記録]ダイアログボックスが表示されます

**2** [マクロ名]に「FontChange」と入力

**3** [マクロの保存先]で[作業中のブック]を選択

**4** [OK]ボタンをクリック

### コラム [表示]タブの[マクロ]ボタン

マクロは、[表示] タブの [マクロ] ボタンをクリックして作成することも可能です。ボタンをクリックすると、[マクロの表示]、[マクロの記録]、および [相対参照] の3つのサブメニューが表示されるので、目的の項目を選択します。

### 解説

マクロは以下の手順で、簡単に作成することができます。

❶マクロを記録するためのコマンドを実行

❷マクロに名前を付ける

❸マクロに記録する操作手順を実行する

### 解説

マクロは、任意の名前を付けて保存するようになっています。記録したマクロを実行するには、[マクロ]ダイアログボックスのマクロの一覧から、実行したいマクロ名を選択します。このため、マクロ名には、操作の内容がわかるような名前を付けておくようにします。なお、!、#、$、&、@などの記号をマクロ名に使うことはできないので、注意してください。

### ワンポイント

**ステータスバーのボタンを使う**

ステータスバーに表示されている[マクロの記録]ボタン をクリックして、[マクロの記録]ダイアログボックスを表示させることもできます。

### ワンポイント

**マクロの保存先**

作成したマクロは、[マクロの記録] ダイアログボックスの [マクロの保存先] で、以下の保存先を選択することができます。

| マクロの保存先 | 内容 |
|---|---|
| 作業中のブック | 編集中のブック内に保存されます。 |
| 新しいブック | ブックを新規に作成し、作成したブック内に保存されます。 |
| 個人用マクロブック | マクロ専用のブックを新規に作成し、作成したブック内に保存されます。マクロを複数のブックで使用する場合は、この方法を使ってマクロを保存します。 |

## step 2 マクロに記録する操作を開始する

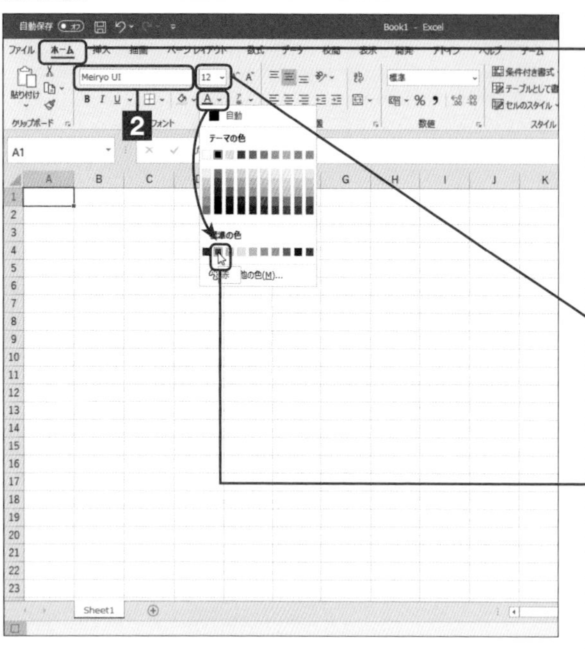

**1** [ホーム]タブをクリック

**2** [フォント]の右側にある▼をクリックして、[MS P明朝]を選択

**3** [フォントサイズ]の右側にある▼をクリックして、[12]を選択

**4** [フォントの色]の右側にある▼をクリックして、カラーパレットから、文字に適用する色を選択

ここで行った一連の操作が、マクロとして記録されます

### 解説

マクロの記録を開始すると、Excel上で行った操作が記録されます。このとき、記録した操作を再現するためのVBAのコードが自動的に記述されます。

### ワンポイント

#### フォントの設定

文字列に適用するフォントの設定は、[ホーム] タブの [フォントの設定] ボタンをクリックすると表示される、[セルの書式設定] ダイアログボックスの [フォント] タブでまとめて行うこともできます。

## step 3 マクロの記録を終了する

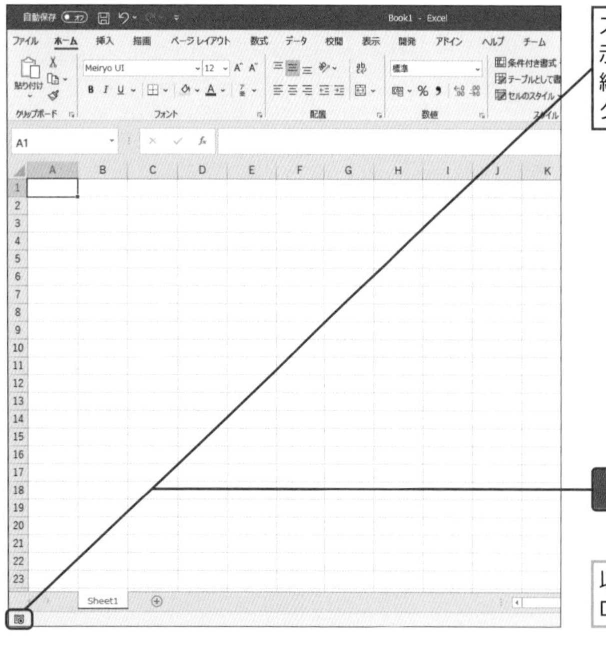

ステータスバーに表示されている[記録終了]ボタンをクリック

■

以上の操作で、マクロの作成は完了です

注意 ステータスバーに [マクロの記録] ボタンが表示されていない場合は、ステータスバーを右クリックして、[マクロの記録] にチェックを入れた状態にすると、[マクロの記録] ボタンが表示されます。

### コラム ステータスバーの[マクロの記録]ボタン

ワークシート下部のステータスバーに表示されている [マクロの記録] ボタンを使うと、マクロの記録と終了の操作を行うことができます。リボンのタブを切り替える手間が省けるので、素早くマクロを作成したい場合は便利です。

# マクロを実行する



それでは、SECTION3で作成したマクロを実行してみることにしましょう。

チェックポイント ☑ マクロの実行

## 作成したマクロを実行する

### step 1 マクロを実行する対象を作成する

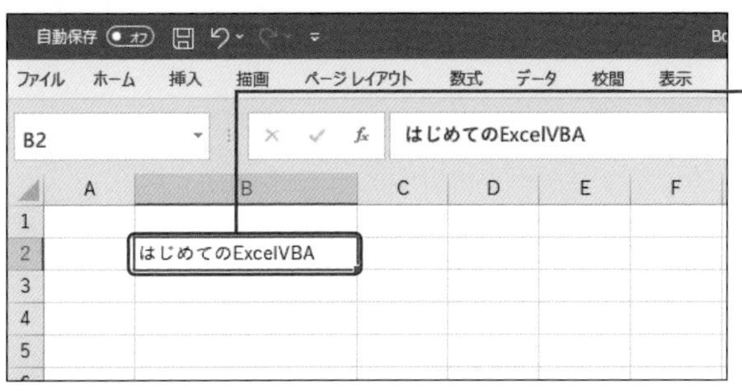


**準備**

SECTION3で使用したブックの「Sheet1」を表示します。

**解説**

SECTION3で作成したマクロは、文字列のスタイルを設定するマクロなので、ここでは、マクロを実行する文字列を入力します。

### step 2 マクロを実行する対象をアクティブにする

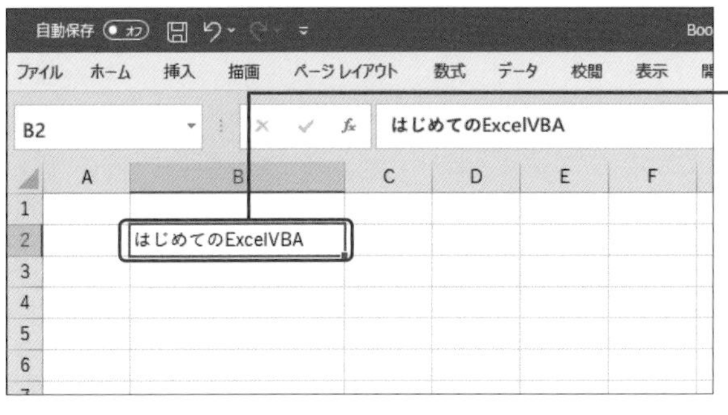


**解説**

ここでは、マクロを実行する対象として、step 1で文字列を入力したセルをアクティブにします。

**注意** ここでは、セルをアクティブにするだけなので、対象のセルを1回クリックします。セルをダブルクリックすると、セルが編集状態になり、マクロの実行ができなくなってしまうので注意してください。

### step 3 実行するマクロを選択する

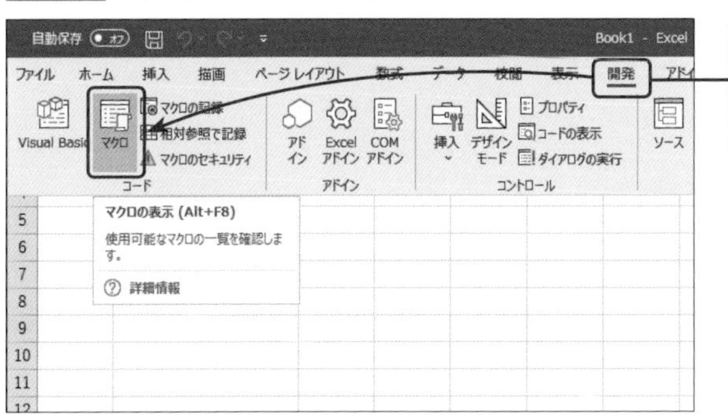


**解説**

ここでは、[マクロ] ダイアログボックスを使って、作成済みのマクロを実行することとします。

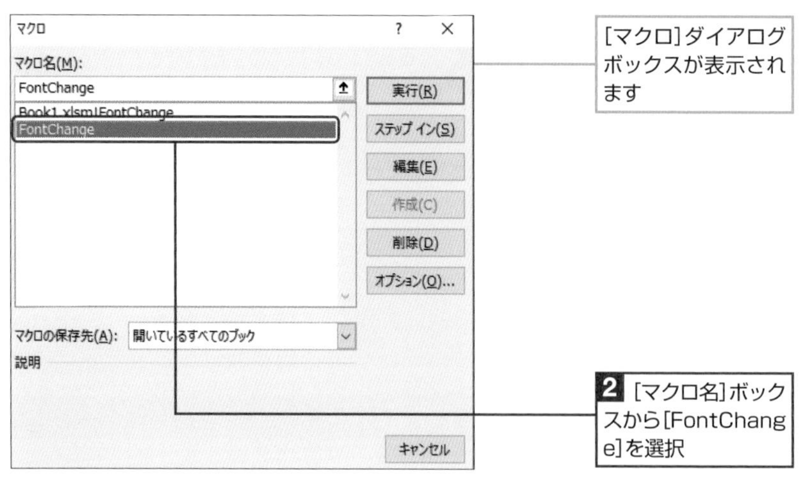


## step 4 マクロを実行する

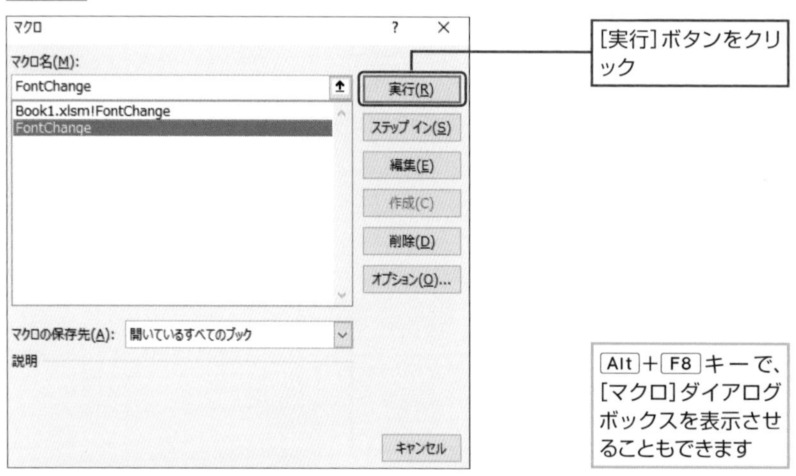


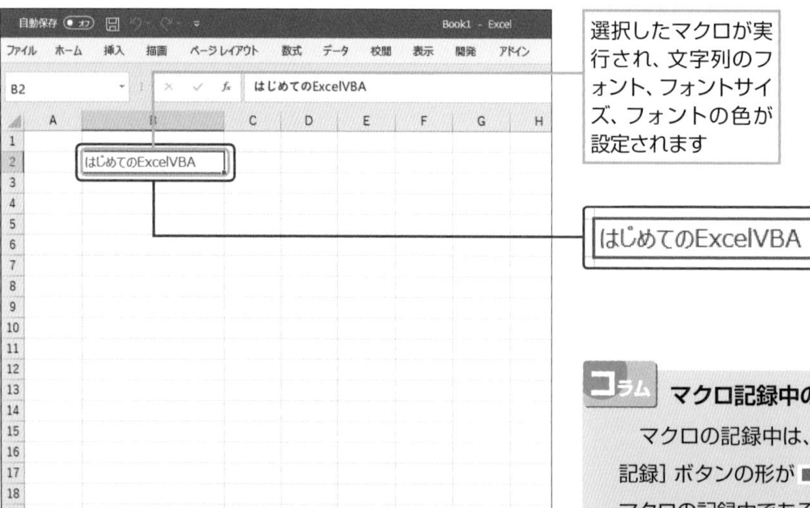


注意 目的のマクロがマクロ名の一覧に表示されていない場合は、[マクロ] ダイアログボックスの [マクロの保存先] で、[開いているすべてのブック]、または [作業中のブック] になっているか確認してください。

ワンポイント

### マクロ名の付け方

マクロ名は、操作例のように、アルファベットを使用できるほか、日本語を使用することもできます。

ただし、マクロ名の先頭に数字を使うことはできません。また、スペースやピリオド(.)、感嘆符(!)、@、#、$、&などの記号を使うことはできないので注意してください。なお、名前に使用する文字列の長さは最大で255文字(全角では127文字)です。

コラム **マクロ記録中のボタン**

マクロの記録中は、ステータスバーの [マクロの記録] ボタンの形が■に変わるので、これによってマクロの記録中であることが確認できます。

SECTION 5

# 作成したマクロの中身を見る

ここでは、SECTION3で作成したマクロがどのように記録されているのかを見てみることにします。

チェックポイント ☑ VBAのソースコード

## VBAのプログラムコードを表示する

### step 1 作成したマクロを選択する

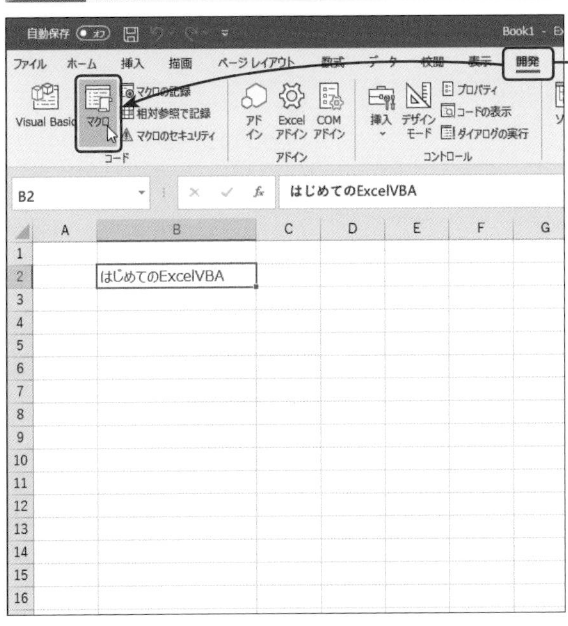


**1** [開発]タブの[マクロ]ボタンをクリック

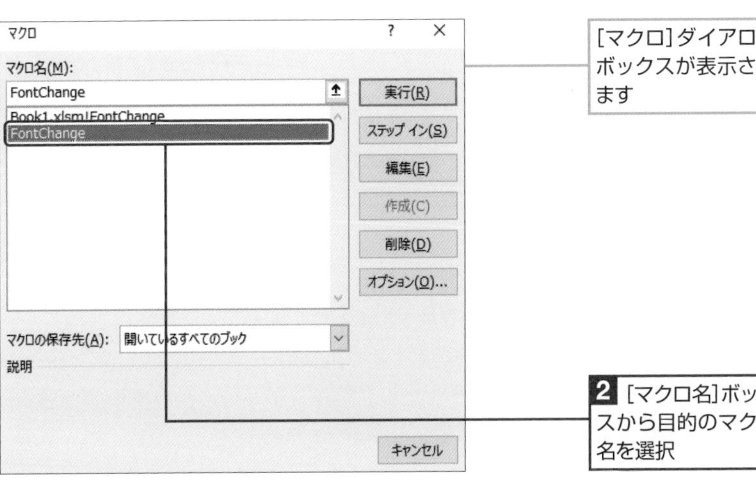


[マクロ]ダイアログボックスが表示されます

**2** [マクロ名]ボックスから目的のマクロ名を選択

### 準備

SECTION4で使用したブックの「Sheet1」を表示します。

### ワンポイント

**VBAのコード**

VBAのソースコードは、テキスト形式のデータとして保存されます。

ただし、テキスト形式では、コンピューターのCPU(中央演算処理装置)が解釈できないので、プログラムの実行時に、VBAのインタープリタ(翻訳プログラム)によって機械語に翻訳されながらプログラムが実行されるようになっています。

### ワンポイント

**統合開発環境**

VBエディターのように、プログラムの記述や編集、デバッグ(プログラムの不具合を見付けること)、プログラムの実行などの機能を持つアプリケーションを総称して統合開発環境(IDE:Integrated Development Environment)と呼びます。

IDEには、プログラムコードの記述や編集を行う専用のエディター、デバッガーなどが付属し、コンパイラー型言語の場合は、プログラムコードを機械語に翻訳するためのコンパイラーが付属します。なお、VBエディターには、フォームを表示するための専用のウィンドウが用意されていて、ビジュアルな環境で、ユーザーフォームの作成が行えるようになっています。

## step 2 VBエディターを起動してマクロの中身を見る

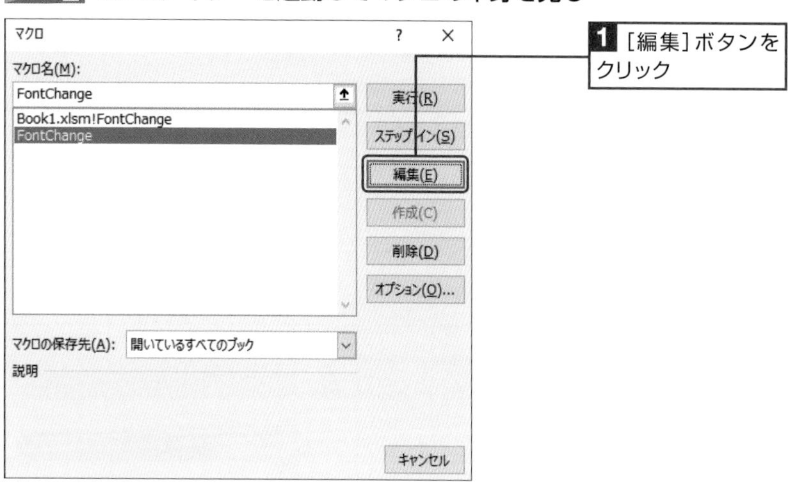

**解説**

ここでは、マクロとして記録されたVBAのプログラムコードを表示するための操作を行っています。この操作を行うことで、VBエディター (Visual Basic Editor) が起動します。

**ワンポイント**

### VBAコードの編集

作成したVBAのプログラムコードは、ここで紹介する方法を使って、何度でも編集することができます。

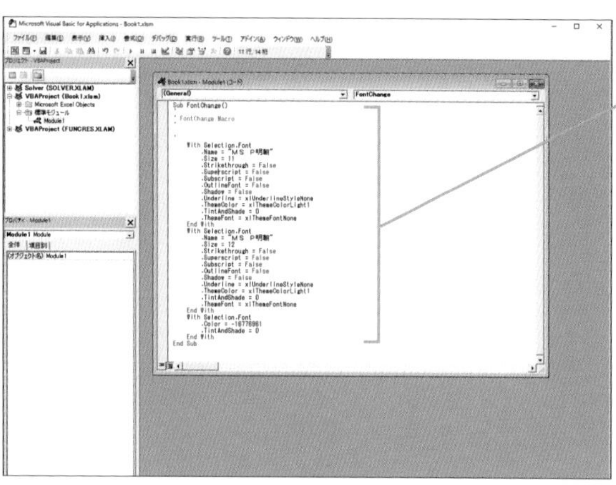

VBエディターが起動して、マクロとして記述されたVBAのコードが表示されます

**ワンポイント**

### Subプロシージャ

VBエディターに表示されたプログラムコードは、マクロを実行するためのVBAのコードです。「Sub」と「End Sub」の間に記述されているコードが、マクロに記録した処理を順番に実行するためのコードです。

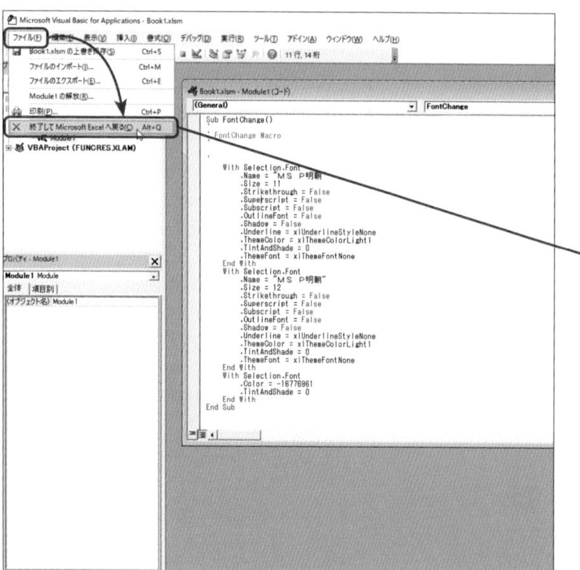

確認が済んだら、VBエディターを終了します

2 [ファイル] メニューをクリックし、[終了してMicrosoft Excelに戻る] を選択

**ワンポイント**

### [閉じる] ボタンを使う

Excelのタイトルバー右端に表示されている [閉じる] ボタンをクリックして終了することもできます。

**コラム**

### VBエディターとは

VBエディターは、Excelに搭載されている、VBA専用のツールです。VBAのコードの編集は、すべてVBエディターを使って行います。

SECTION 6

# マクロの保存や削除を行う



マクロは、Excelの標準的なファイル形式のExcelブック形式（拡張子「.xlsx」）では保存することができないので、ここで紹介する方法を使って、「Excelマクロ有効ブック」として保存します。

チェックポイント
- ☑ マクロの保存
- ☑ マクロの削除
- ☑ Excelマクロ有効ブック（マクロ有効ブック）

## マクロの保存と削除をする

### step 1 ［名前を付けて保存］ダイアログボックスを表示する

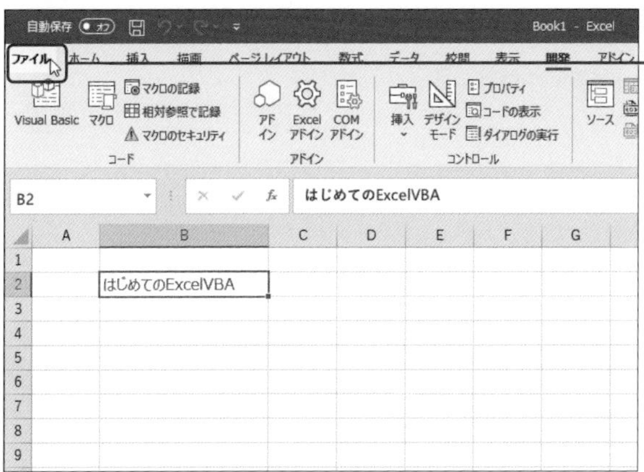

**準備**

これまでに使用したブックの「Sheet1」を表示します。

**解説**

マクロを含むブックは、［Excelマクロ有効ブック］、または［Excelバイナリブック］で保存することが必要です。なお、［Excelマクロ有効ブック］は、Excelで標準的に使用する、XML形式のテキストファイルとして保存されます。これに対し、［Excelバイナリブック］では、ブックが従来のバイナリ形式のファイルとして保存されます。

**ワンポイント**

**バイナリデータ**

バイナリとは、コンピューターが直接、読み込むことができる2進数のデータのことを指します。このことから、コンピューターが扱えるファイルのデータはすべてバイナリデータということになります。ただし、人間が読むことができる文字列のデータは、テキストデータと呼んで区別します。

**コラム XMLとは**

XML（Extensible Markup Language）とは、アプリケーション間で容易にデータ交換が行えるように開発されたマークアップ言語のことです。Microsoft Officeでは、各Officeアプリケーション間で容易にデータ交換を行えるよう、標準的なファイル形式としてXML形式が採用されています。

## step 2 マクロをExcelマクロ有効ブック形式で保存する

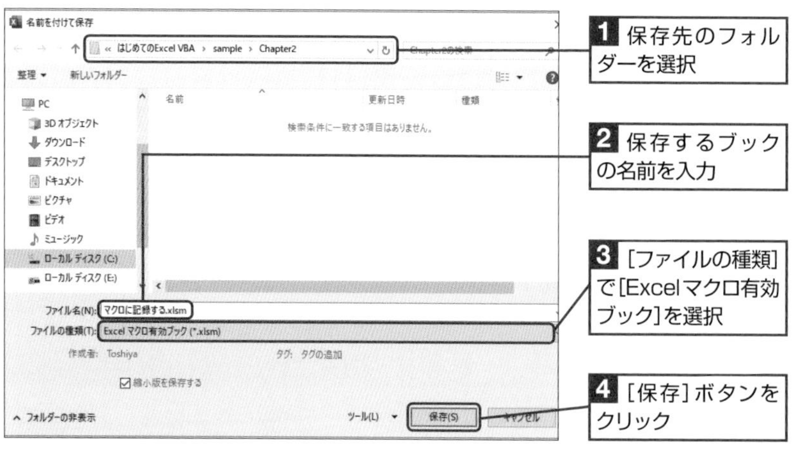


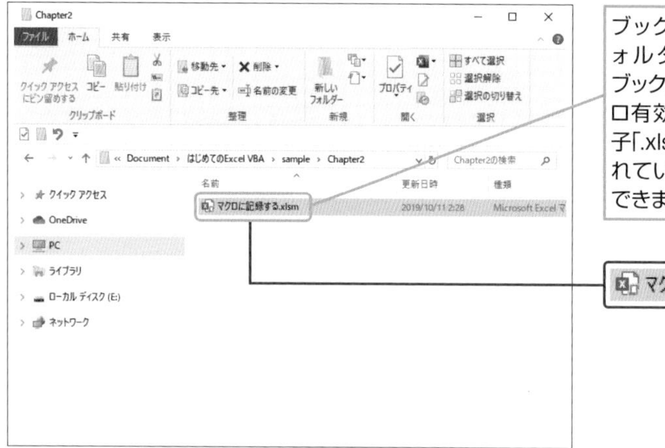

ブックを保存したフォルダーを開くと、ブックが、[Excelマクロ有効ブック](拡張子「.xlsm」)で保存されていることが確認できます

 マクロに記録する.xlsm

## step 3 マクロを削除する

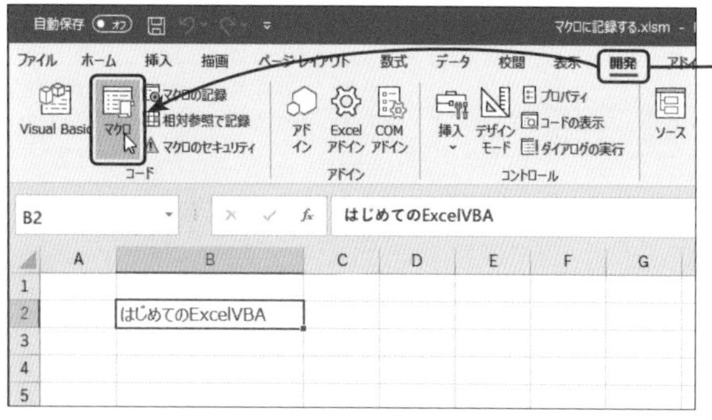

1 [開発]タブの[マクロ]ボタンをクリック

### ワンポイント

#### Excelのファイル形式

Excelでは、以下のファイル形式でブックを保存することができます。

| ファイル形式 | 拡張子 | 内容 |
|---|---|---|
| Excelブック | .xlsx | ブックをXMLベースのファイルとして保存する |
| Excelマクロ有効ブック | .xlsm | マクロを含むXMLベースのファイルとして保存する |
| Excelバイナリブック | .xlsb | ブックをバイナリ形式のファイルとして保存する |
| Excel 97-2003ブック | .xls | Excel 2003以前のファイル形式で保存する |

### ワンポイント

#### マクロを含むファイル

[Excelマクロ有効ブック] と [Excelバイナリブック] では、共にマクロを含むファイル形式で保存されます。ただし、[Excelマクロ有効ブック] は、Excel標準のXML形式のテキストデータとして保存されます。これに対し、[Excelバイナリブック] では、データを最適化されたバイナリ形式で保存するため、Excel標準のXML形式よりもデータサイズが小さくなり、ファイルの読み込みや保存が高速で行われるようになっています。ただし、特に理由がない限り、拡張性の高いXML形式のファイルとして保存しておくようにします。

### 解説

マクロの削除は、[マクロ] ダイアログボックスを使って行います。

### コラム マークアップ言語とは

マークアップ言語とは、大見出しや中見出しなどの文書の要素を「タグ」と呼ばれる記号で囲むことで、文書構造を定義するためのプログラミング言語のことです。Webで使われているHTMLや、データ交換を簡単に行えるXMLなどの言語があります。

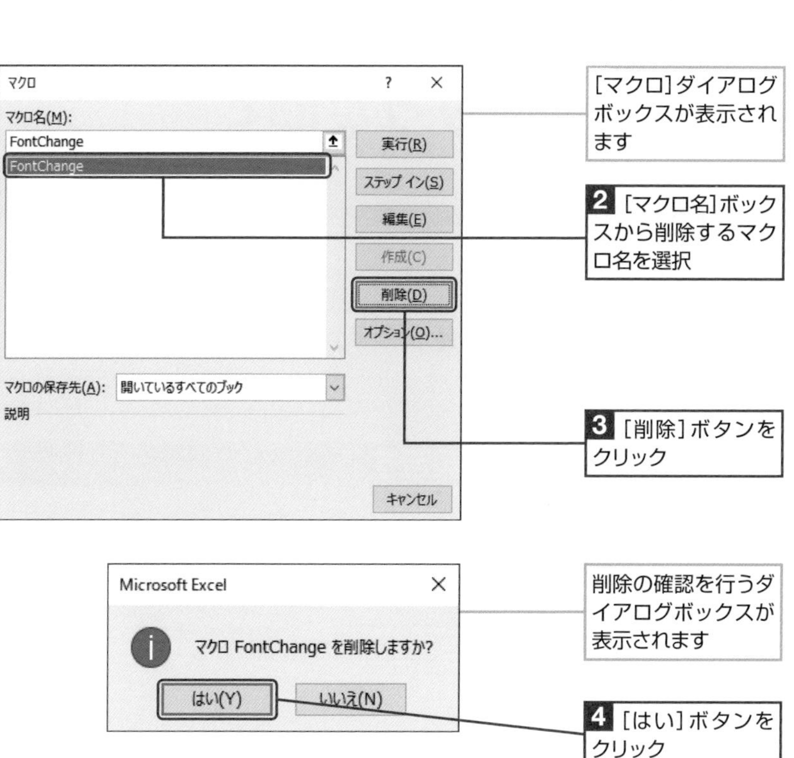


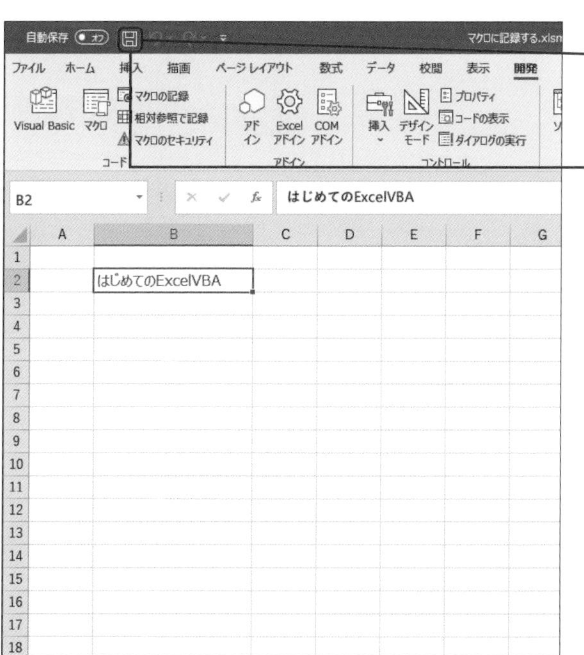


## ワンポイント

### マクロの削除

マクロの削除は、次の手順で行います。

❶[マクロ] ダイアログボックスで、削除するマクロ名を選択して [削除] ボタンをクリックします。

❷削除を確認するメッセージが表示されるので、[はい] ボタンをクリックします。

❸[タイトル] バーの [上書き保存] ボタンをクリックします。

**注意** ここまでの操作を行うことで、マクロを削除することができますが、ブックを上書き保存するまでは、マクロが一時的に削除された状態になっただけなので、マクロを完全に削除するには、5の操作を行うことが必要です。

## 解説

[上書き保存] ボタンをクリックすることで、マクロを完全に削除することができます。

## ワンポイント

### マクロの残骸を消去する

マクロを生成するVBAのコードは、「標準モジュール」と呼ばれる、ブック内部のオブジェクト (プログラムの部品) に書き込まれます。このため、いったんマクロを作成すると、標準モジュールが有効な状態になるため、マクロを削除しても、[セキュリティの警告] メッセージバーは表示され続けます。この場合は、CHAPTER3の「SECTION15 マクロの残骸を消去する」で紹介している操作を行うことで、メッセージバーが表示されないようにすることができます。

## コラム 間違って削除した場合

間違って必要なマクロを削除してしまった場合は、ブックを保存せずに終了すれば、マクロは削除されません。

SECTION 7

# マクロを含むブックを開く

マクロが登録されているブックを開く場合は、ここで紹介する方法を使って、マクロが有効な状態でブックを開くようにします。

チェックポイント
- ☑［セキュリティの警告］メッセージバー
- ☑ マクロの有効化
- ☑［Microsoft Excelのセキュリティに関する通知］ダイアログボックス
- ☑ マクロウイルス

## マクロを含むブックを表示する

### step 1 マクロを有効にしてブックを開く

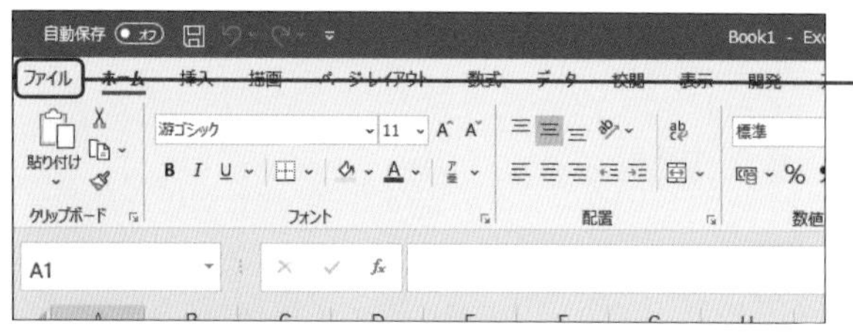

**1**［ファイル］タブをクリック

**解説**

ここでは、Excelを起動したあとで、対象のマクロを含むブックを開く操作を行います。

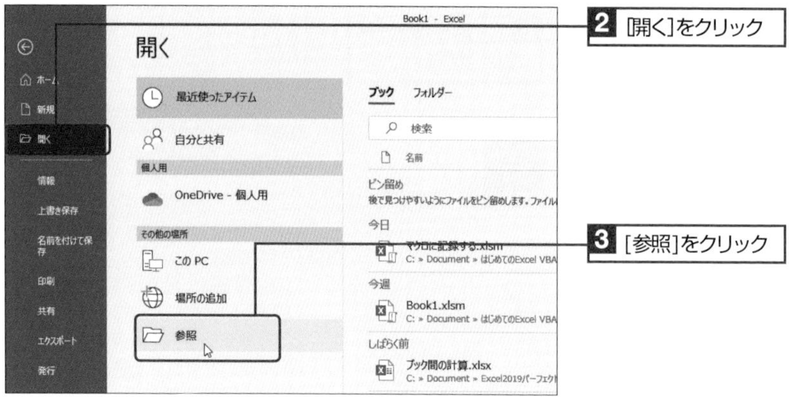

**2**［開く］をクリック

**3**［参照］をクリック

**解説**

ここでは、Excelマクロ有効ブックである「Book1.xlsm」を開くための操作を行っています。

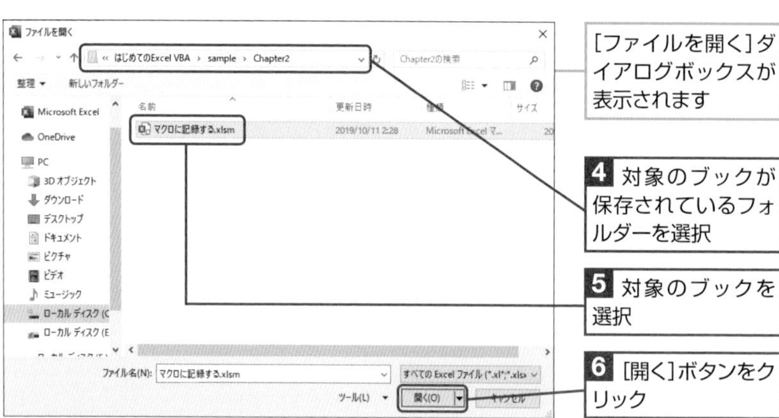

［ファイルを開く］ダイアログボックスが表示されます

**4** 対象のブックが保存されているフォルダーを選択

**5** 対象のブックを選択

**6**［開く］ボタンをクリック

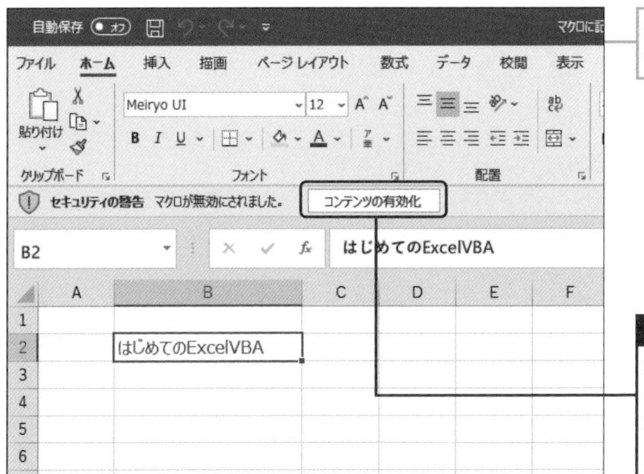


選択したブックが開きます

**7** [セキュリティの警告]メッセージバーの[コンテンツの有効化]ボタンをクリック

マクロが有効になると同時に、[セキュリティの警告]メッセージバーが非表示になります

**解説**

ここでは、ブックに含まれているマクロを有効にするために、[コンテンツの有効化]ボタンをクリックしています。

**ワンポイント**

### Excelのセキュリティ

マクロを含むブックを開く際に、マクロが無効になった状態でブックが開かれます。これは、マクロウイルスに対処するためで、マクロを有効にするには、**7**の操作を行ってコンテンツを有効にする必要があります。

**解説**

ここでは、ブックに含まれるマクロを有効にするための操作を行っています。

**注意** ここでは、自分で作成したマクロを有効にする操作を行っています。対象のブックの作成者が不明な場合など、ブックに含まれるマクロが安全であると確認できるまでは、この操作を行わないように注意してください。

**コラム**

### セキュリティの警告が表示される理由

ウイルスの中には、ExcelやWordなどのマクロを利用した悪質なマクロウイルスが存在します。このため、マクロを有効にするための操作を行わないとマクロが実行できないようにすることで、マクロが無条件で実行されるのを防いでいます。

### 「信頼できる場所」

常にマクロを有効にした状態でブックを開けるようにしたい場合は、「信頼できる場所」と呼ばれるフォルダーにブックを保存します。これによって、**7**の操作を行わなくても、常にマクロが有効な状態でブックを開くことができるようになります。なお、「信頼できる場所」の設定方法については、本文36ページの[コラム]を参照してください。

SECTION 8

# マクロを編集する

作成したマクロは、VBエディター（Visual Basic Editor）を使って、編集することができます。ここでは、マクロの編集方法について見ていきます。

チェックポイント
☑ VBAのソースコード
☑ Sub

## VBエディターの起動とVBAコードの編集を行う

### step 1 対象のマクロを選択してVBエディターを起動する

1 ［開発］タブの［マクロ］ボタンをクリック

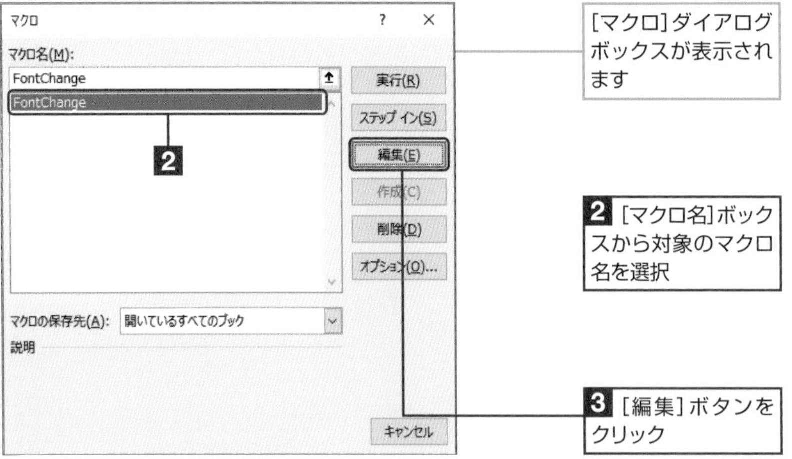


［マクロ］ダイアログボックスが表示されます

2 ［マクロ名］ボックスから対象のマクロ名を選択

3 ［編集］ボタンをクリック

**準備**

SECTION7で使用したブック「マクロに記録する.xlsm」の「Sheet1」を表示します。

**ワンポイント**

**VBエディター**

マクロの編集は、すべてVBエディターを使って行います。VBエディターは、［開発］タブの［Visual Basic］ボタンを使って表示することもできます。

**解説**

［マクロ］ダイアログボックスには、ブックに保存したマクロの一覧が表示されます。対象のマクロ名を選択することで、マクロの実行、編集、および削除などの操作を行うことができます。

**ワンポイント**

**［オプション］ボタン**

作成したマクロにショートカットキーを割り当てたり、マクロの内容に関する説明を追加するためのボタンです。

**ワンポイント**

**［ステップイン］ボタン**

作成したプログラムコードを1行ずつ実行するためのボタンです。プログラムのデバッグ（不具合を見付けること）を行う場合に使用します。

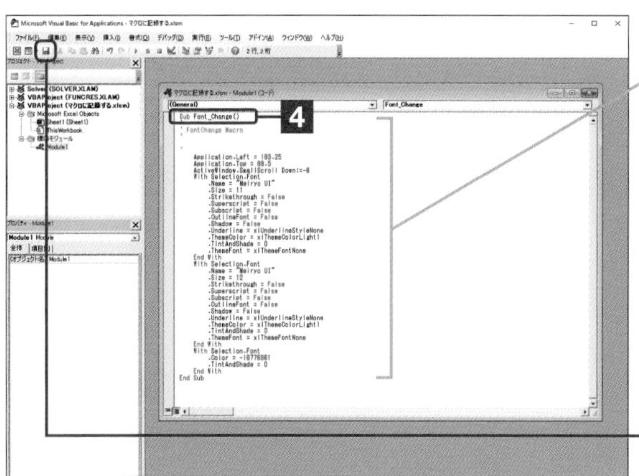


VBエディターが起動し、選択したマクロのコードが表示されます

**4** 1行目の「Sub FontChange()」を「Sub Font_Change()」に書き換える

**5** [上書き保存]ボタンをクリック

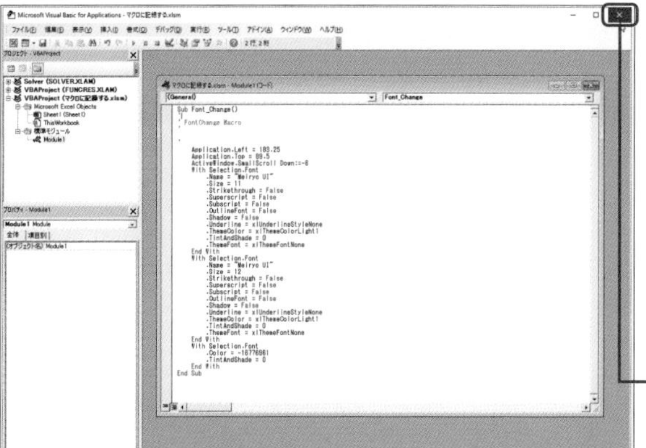

VBエディターを閉じます

**6** VBエディターの[閉じる]ボタンをクリック

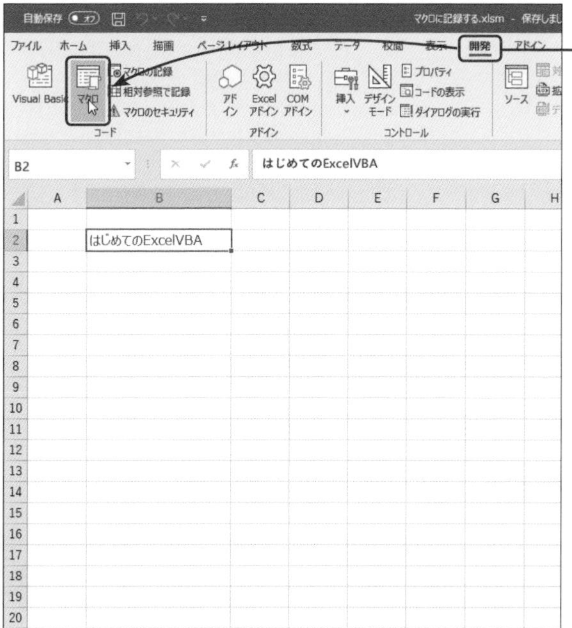

**7** [開発]タブの[マクロ]ボタンをクリック

**ワンポイント**

## プロシージャ名の付け方

プロシージャ(一連のソースコードのまとまりのこと)名は、この操作例のように、アルファベットを使用できるほか、日本語を使用することもできます。ただし、ソースコードとの整合性を図るためにはアルファベットを使うようにします。なお、マクロ名の先頭に数字を使うことはできないほか、スペースやピリオド(.)、感嘆符(!)、@、#、$、&などの記号を使うことはできません。

**ワンポイント**

## Sub

「Sub」は、VBAのソースコードのまとまりに付けるキーワードです。VBAのコードは、1行で記述する場合と、複数のコードを組み合わせて特定の処理を実行させる場合があります。このような一連のコードのまとまりを「プロシージャ」と呼び、VBAにおける代表的なプロシージャには「Subプロシージャ」と「Functionプロシージャ」があります。プロシージャを作成する際には、「Sub」と「End Sub」、または、「Function」と「End Function」をプロシージャの先頭行と最終行に記述します。なお、プロシージャの名前は、「Sub Font_Change()」のように記述します。

**ワンポイント**

## Function

「Sub」ではなく、「Function」を先頭に付けると、Functionプロシージャになります。Subプロシージャが処理のみを行うのに対し、Functionプロシージャは、処理の結果を呼び出し元に返します。例えば、プロシージャで何らかの計算を行い、計算の結果を取得する場合はFunctionプロシージャを使います。

**解説**

ここでは、[マクロ]ダイアログボックスを表示して、マクロ名が変更されていることを確認することにします。

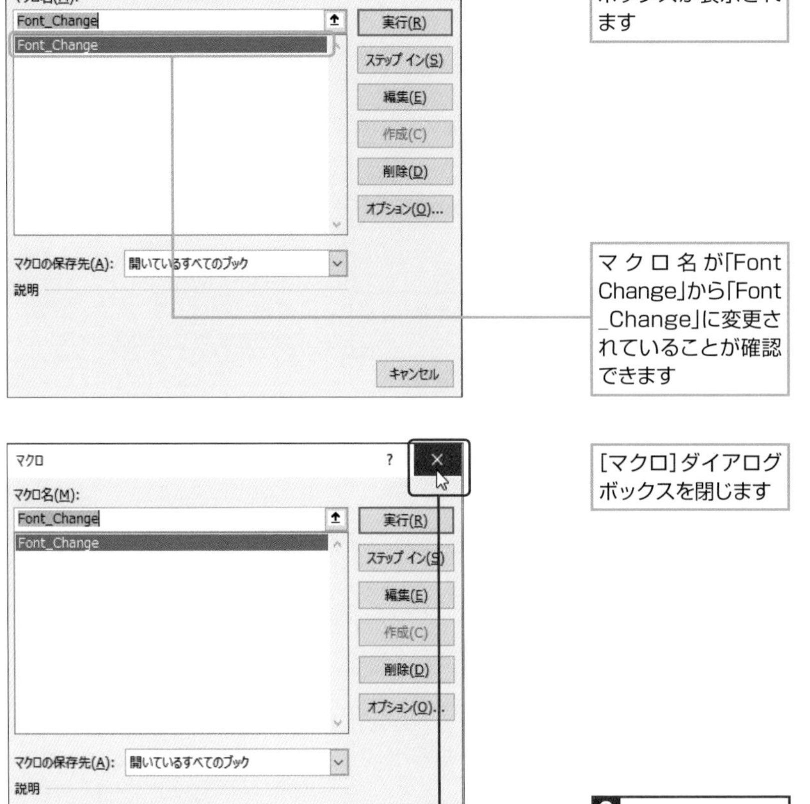


**コラム**

### マクロ専用のボタン

作成したマクロは、マクロ専用のボタンや［クイックアクセス］ツールバーに登録して実行することもできます。詳しくは次章を参照してください。

**コラム**

### SubプロシージャとFunctionプロシージャ

「Subプロシージャ」は、特定の処理だけを行うプロシージャで、「Functionプロシージャ」は、特定の処理を行ったあとで処理結果を返すプロシージャです。詳しくはSECTION43、44を参照してください。

**ワンポイント**

### 大文字と小文字の区別

VBAでは、マクロ名やプロシージャ名に使用したアルファベットの大文字と小文字は区別されません。

**ワンポイント**

### インデントの必要性

作成したマクロのVBAコードを見ると、Subプロシージャ以下のステートメントがインデント（字下げ）されていることに気付きます。

これは、ソースコードの可読性を向上させるための措置で、各ステートメント（命令文）のレベルに応じて、2段、3段、…のインデントを付けるのが、プログラミングの世界では共通の約束事となっています。

もし、インデントを付けずにソースコードを記述すると、どこからどこまでが同じブロックのステートメントなのかわかりづらくなるばかりか、エラーの原因にもなります。

**ワンポイント**

### インデントの設定方法

特定のステートメントにインデントを付けるには、対象のステートメント内にカーソルを置き、メニューバーの［編集］をクリックして、［インデント］を選択します。なお、［インデントを戻す］を選択した場合は、挿入されたインデントを解除して、元の状態に戻ります。

複数行にインデントを設定したい場合は、対象の範囲を選択したあと、メニューバーの［編集］をクリックして、［インデント］を選択します。

**ワンポイント**

### インデント専用のボタン

VBエディターのツールバーには、「インデント」ボタンと「インデントを戻す」ボタンが配置されているので、これらのボタンを使ってインデントの設定と解除を素早く行うことができます。

CHAPTER

# 3

# マクロの徹底活用術

作成したマクロは、様々な方法を使って実行することができます。この章では、様々な状況に応じてマクロをスピーディに実行するための方法や、作成済みのマクロを編集するための方法など、マクロをとことん使いこなす方法について見ていきます。

SECTION 9

# マクロにショートカットキーを割り当てる

「Ctrl＋A」のようなショートカットキーにマクロを割り当てておくと、ショートカットキーを押すだけで、目的のマクロを素早く実行することができます。

チェックポイント ☑ ショートカットキーの割り当て

## ショートカットキーを割り当て、ショートカットキーによりマクロを実行する

### step 1 ショートカットキーを指定してマクロを作成する

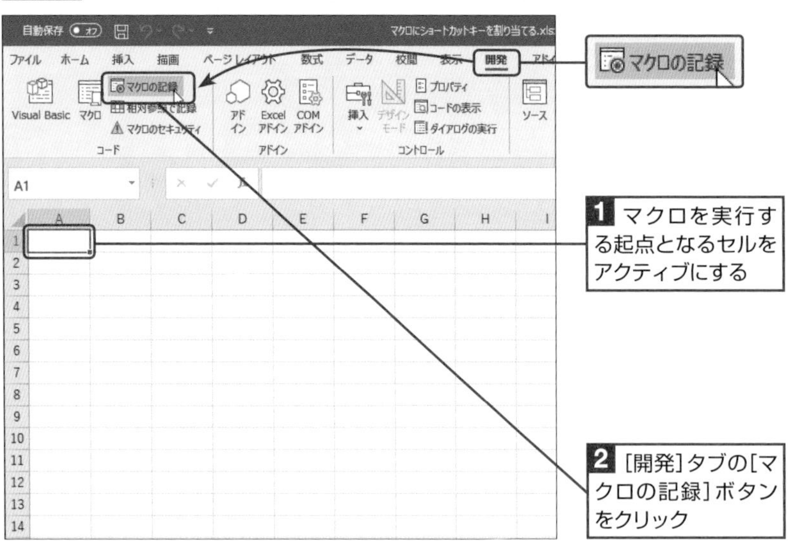


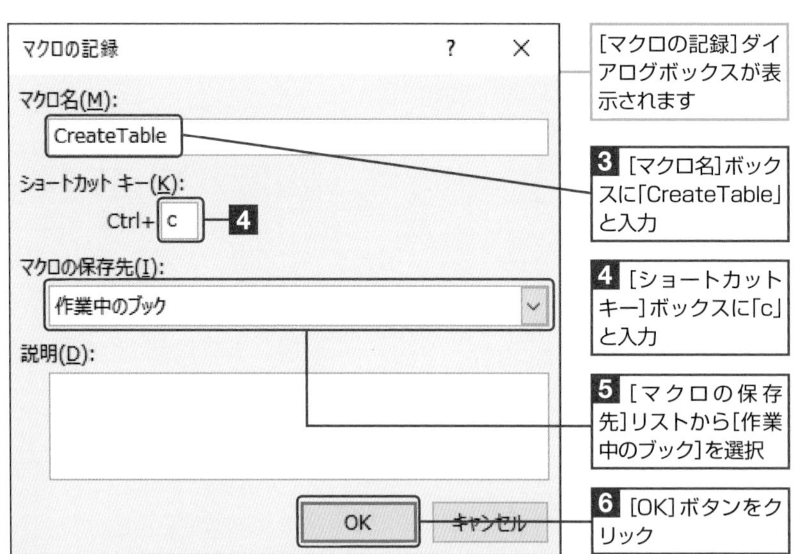


**準備**

新規ブックの「Sheet1」を表示します。

**解説**

ここでは、各店舗の月別の売上状況を示す縦横9×7の表を作成するマクロを作成することにします。

**ワンポイント**

**[マクロ] ボタン**

[マクロ] ボタンをクリックすると、マクロの記録を行うための [マクロの記録] ダイアログボックスを表示することができます。

**解説**

ここでは、これから作成するマクロをショートカットキーCtrl＋Cで実行できるようにしています。

**ワンポイント**

**ショートカットキー**

Excelのショートカットキーは、すべてCtrlキーと任意のアルファベットを組み合わせて作成します。

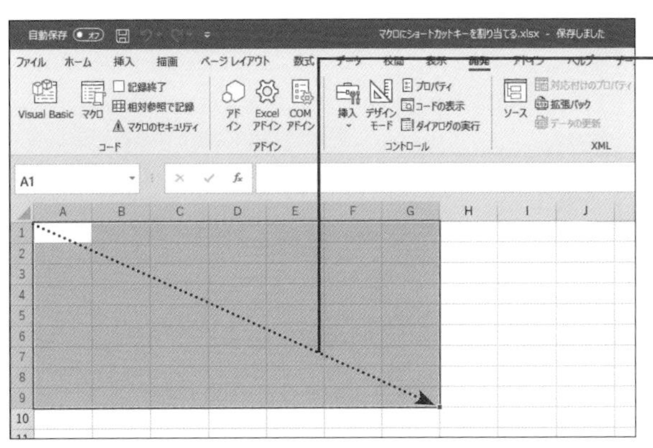

**7** 罫線を引く範囲をドラッグ

**解説**

ここでは、次の操作をマクロとして登録します。

❶罫線を引く範囲の設定
❷罫線の種類の設定
❸セルの塗りつぶしの設定
❹レコード名（行タイトル）とフィールド名（列タイトル）の設定

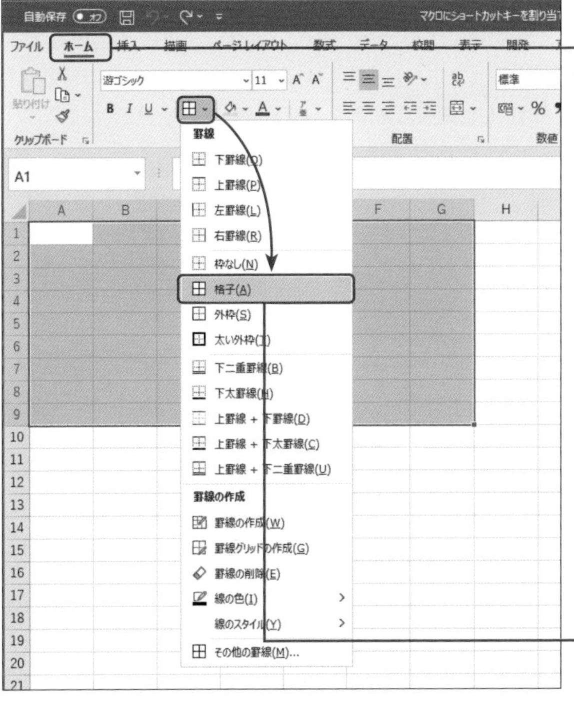

**8** ［ホーム］タブをクリック

**9** ［罫線］ボタンの▼をクリックして［格子］を選択

**解説**

ここでは、［格子］を選択することで、選択したセル範囲に格子状の罫線を表示するようにしています。

**コラム** **Excelのショートカットキー**

Excelには様々なショートカットキーが登録されています。例えば、［マクロ］ダイアログボックスの表示は Alt + F8 、VBエディターの起動は Alt + F11 、文字列を太字に変更するには Ctrl + B 、といったショートカットキーがあります。

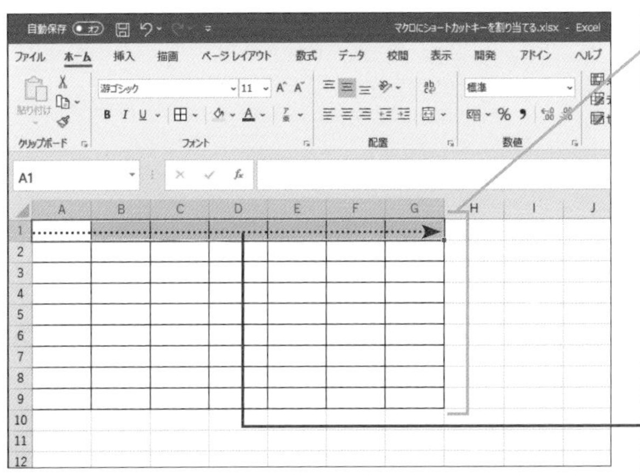

選択した範囲に罫線が表示されます

**10** フィールド名を表示する範囲をドラッグ

**解説**

ここでは、各店舗の月別の売上状況を示す表について、フィールド名（フィールドは表の項目のこと）のセルの色を設定することとします。

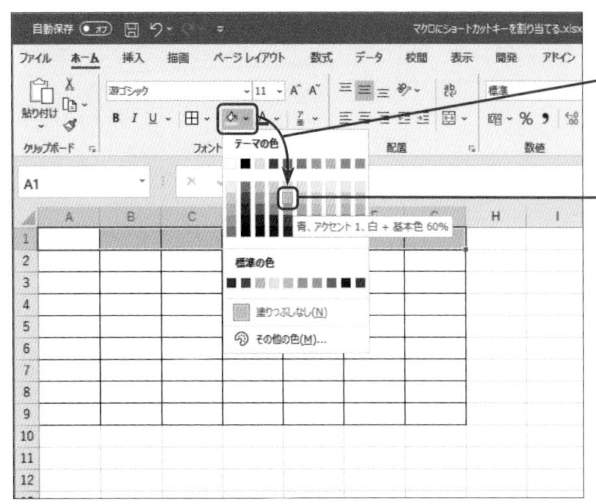


**11** [塗りつぶし]ボタンの▼をクリックしてセルに適用する色を選択

**解説**

ここでは操作手順⑩で選択した範囲のセルに適用する色を選択しています。

### コラム テーブル、フィールド、レコード

データベースの世界では、データを入力する表のことを「テーブル」、データを項目別に分けるための列のことを「フィールド」、実際に入力される行ごとのデータをまとめて「レコード」と呼びます。

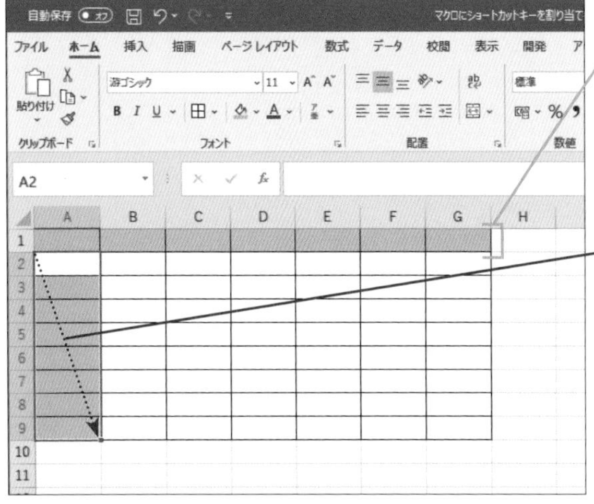

選択した範囲のセルに色が設定されます

**12** レコード名を表示する範囲をドラッグ

**解説**

ここでは、各店舗の月別の売上状況を示す表において、レコード名（レコードはフィールドによって区分けされたセルのデータのこと）のセルの色を設定することとします。

**ワンポイント**

### セルの色の設定

選択した色が、セルのプロパティに適用されることで、セルの色が設定されます。

なお、プロパティについての詳しい解説は、SECTION21を参照してください。

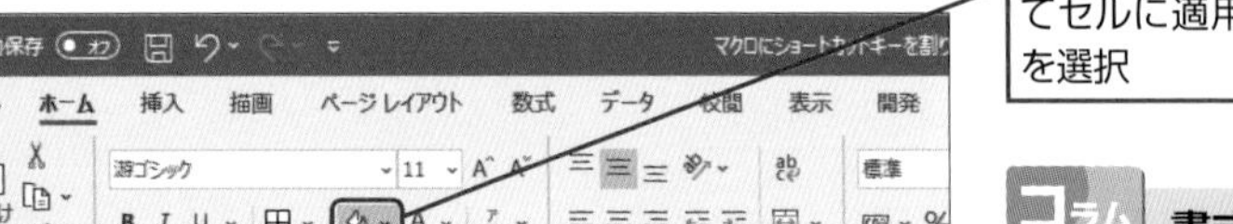


**13** [塗りつぶし]ボタンの▼をクリックしてセルに適用する色を選択

### コラム 書式設定に関するショートカットキー

Excelには、書式設定に関する以下のショートカットキーが登録されています。

| キー | 内容 |
|---|---|
| Ctrl + 2 | [太字] の設定・解除 |
| Ctrl + 3 | [斜体] の設定・解除 |
| Ctrl + 4 | [下線] の設定・解除 |
| Ctrl + 5 | 取り消し線の設定・解除 |
| Ctrl + B | [太字] の設定・解除 |
| Ctrl + Shift + & | [外枠] 罫線を設定 |
| Ctrl + Shift + ! | [桁区切り] スタイルを設定 |
| Ctrl + Shift + # | [日付] スタイルを設定 |
| Ctrl + Shift + $ | [通貨] スタイルを設定 |
| Ctrl + Shift + % | [パーセント] スタイルを設定 |

※数字のキーはテンキー不可。

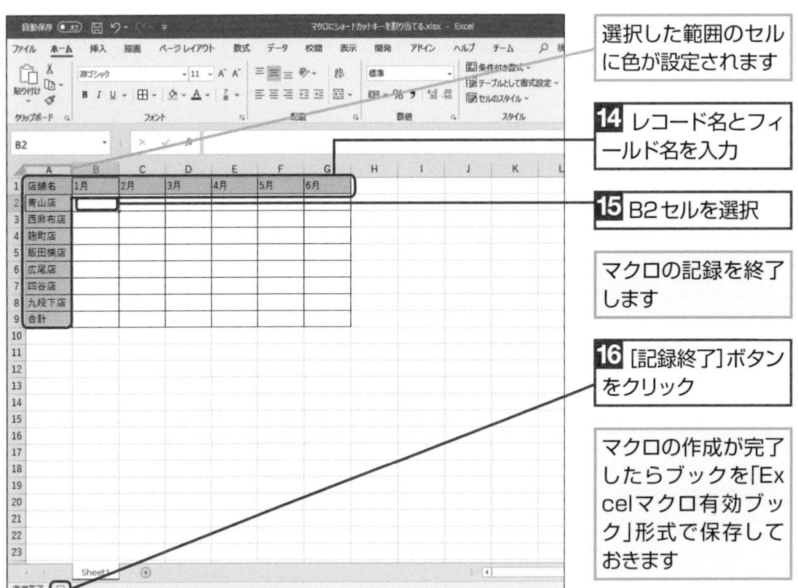

選択した範囲のセルに色が設定されます

14 レコード名とフィールド名を入力

15 B2セルを選択

マクロの記録を終了します

16 [記録終了]ボタンをクリック

マクロの作成が完了したらブックを「Excelマクロ有効ブック」形式で保存しておきます

解説

ここでは、表を作成したあとで、B2セルをアクティブにするために、B2セルを選択してからマクロを終了するようにしています。

3

注意 マクロの作成や編集を行ったあとは、対象のマクロを含むブックを「Excelマクロ有効ブック」形式などのマクロを保存できるファイル形式で保存しておくことが必要です。保存の操作を行わないでブックを閉じてしまうと、マクロを編集した内容が記録されないので注意が必要です。

## step 2 マクロをショートカットキーで実行する

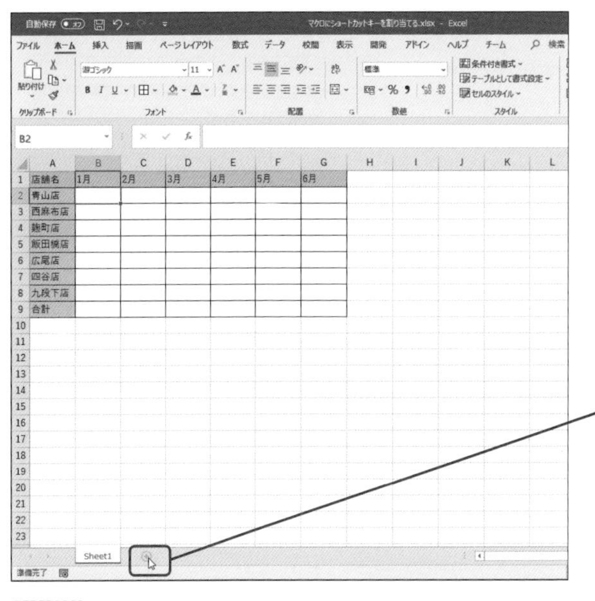

Sheet2を作成します

1 ⊕をクリックしてSheet2を作成

解説

ここでは、「Sheet2」上でマクロ「CreateTable」を実行して、表を作成することにします。

ワンポイント

**アクティブセルの位置**

ここで作成したマクロは、A1セルを起点にして表を作成するので、マクロを実行するときのアクティブセルの位置はどこでもかまいません。

### コラム シート操作に関するショートカットキー

Excelには、シートの操作に関する以下のショートカットキーが登録されています。

| キー | 内容 |
|---|---|
| Ctrl + Y | 直前の操作の繰り返し |
| Ctrl + Z | 直前の操作を元に戻す |
| Ctrl + − | セル・行・列の削除 |
| Ctrl + Shift + + | セル・行・列の挿入<br>（テンキーの + なら Shift 不要） |
| Ctrl + Back space | アクティブセルの表示 |
| Ctrl + End | 最後のセルにジャンプ |

| キー | 内容 |
|---|---|
| Ctrl + Shift + End | アクティブセルから最後のセルまで選択 |
| Ctrl + Home | 先頭のセルにジャンプ |
| Ctrl + Page Up | 次のシートを表示 |
| Ctrl + Page Down | 前のシートを表示 |
| Ctrl + スペース | 列を選択 |
| F4 | 相対・絶対・複合参照の切り替え |
| Shift + F11 | 新規シートの挿入 |

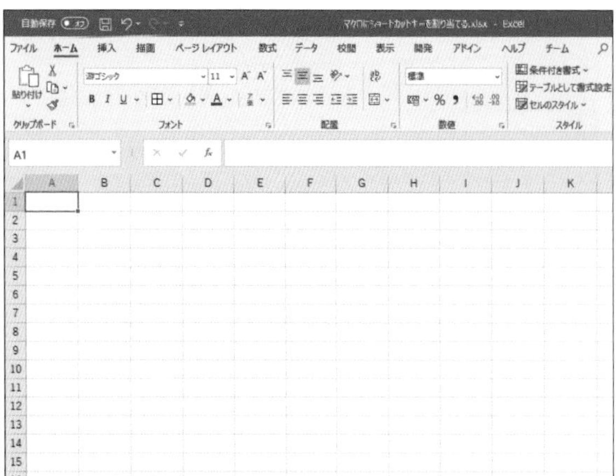

**2** Ctrl＋C を押す

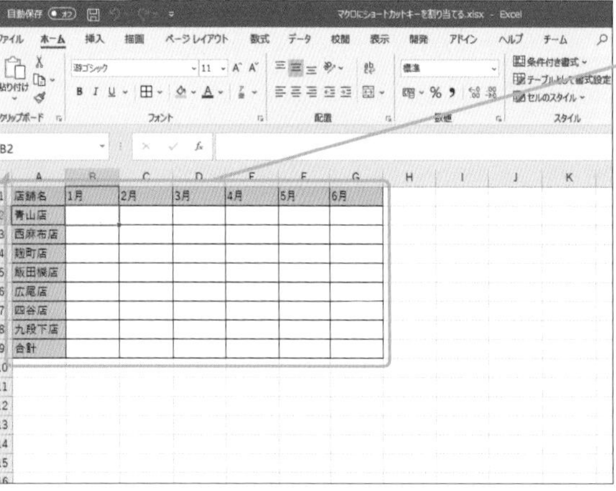

マクロ「CreateTable」が実行されて表が作成されます

## コラム 信頼できる場所を作成する

マクロを記録したブックを「信頼できる場所」に保存しておけば、[セキュリティの警告]を表示せずにブックを開くことができるようになります。

❶[ファイル] タブをクリックします。
❷[オプション] をクリックします。
❸[セキュリティ センター] をクリックします。
❹[セキュリティ センターの設定] をクリックします。
❺[セキュリティ センター] で、[信頼できる場所] をクリックします。
❻[新しい場所の追加] をクリックします。
❼[参照]をクリックし、「信頼できる場所」に設定するフォルダーを選択して[OK]をクリックします。

## ワンポイント

### ショートカットキーの押し方

ショートカットキーを使う場合は、Ctrl キーを押しながら、対象のキーを押すようにします。

## ワンポイント

### 表が作成される位置

マクロ「CreateTable」では、A1セルを起点として表を作成するようになっています。このため、ワークシートのどのセルがアクティブになっていても、常にA1セルを起点とした同じ位置に表が作成されます。

## ワンポイント

### 絶対参照と相対参照

ここで作成したマクロは、A1セルを起点に表を作成するようになっています。このように、特定のセルの位置を起点にする方法を絶対参照と呼びます。

これに対し、特定のセルを起点にするのではなく、マクロの実行時にアクティブになっているセルを起点にマクロを実行する方法を相対参照と呼びます。

このため、マクロを実行するまでは起点となるセルの位置がわからない場合は、相対参照を使います。相対参照については、「SECTION11 相対参照でマクロを記録する」を参照してください。

## 最後に

操作が終了したら、任意の名前で、マクロ有効ブックとして保存します。

## コラム マクロ有効ブックの保存

マクロを作成したあとは、必ず「Excelマクロ有効ブック」形式でファイルを保存し、登録済みのマクロを編集したあとは、ファイルを上書き保存しておくようにしましょう。

SECTION 10

# 作成済みのマクロにショートカットキーを割り当てる

ショートカットキーは、すでに作成したマクロに対しても設定することができます。ここでは、ショートカットキーの割り当てや削除を行う方法について見ていくことにします。



チェックポイント
☑ 作成済みのマクロへのショートカットキーの割り当て
☑ マクロオプション

## 既存のマクロにショートカットキーを割り当てる

### step 1 作成済みのマクロにショートカットキーを割り当てる

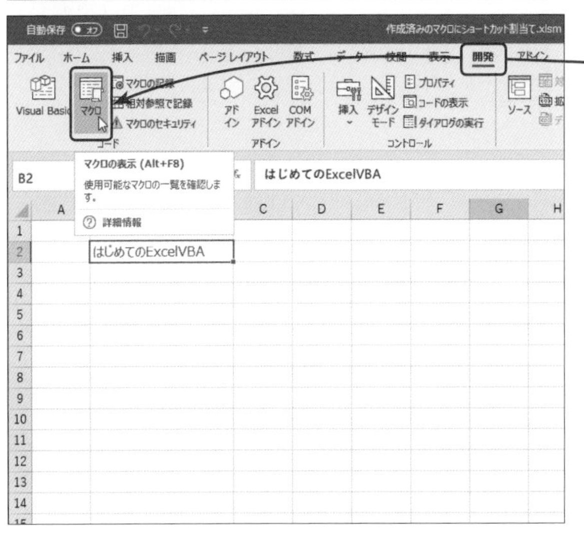


**1** [開発]タブの[マクロ]ボタンをクリック

**準備**

SECTION8で使用したブックの「Sheet1」をマクロが有効な状態で表示します。

**注意** 対象のブックを開く際に、マクロが有効な状態にしておくことが必要です。マクロが有効な状態になっていないと、マクロの編集ができなくなるので注意してください。

**解説**

ここでは、マクロに関する各種の操作を行う[マクロ]ダイアログボックスを表示します。

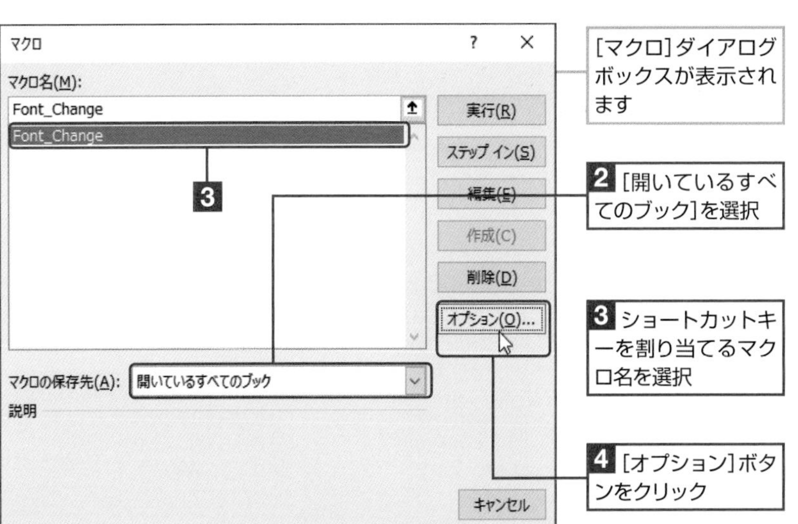


[マクロ]ダイアログボックスが表示されます

**2** [開いているすべてのブック]を選択

**3** ショートカットキーを割り当てるマクロ名を選択

**4** [オプション]ボタンをクリック

**解説**

ここでは、[マクロオプション]ダイアログボックスを表示するための操作を行っています。

**ワンポイント**

**マクロオプション**

[マクロオプション]ダイアログボックスでは、マクロに割り当てるショートカットキーやマクロに関する説明を設定することができます。

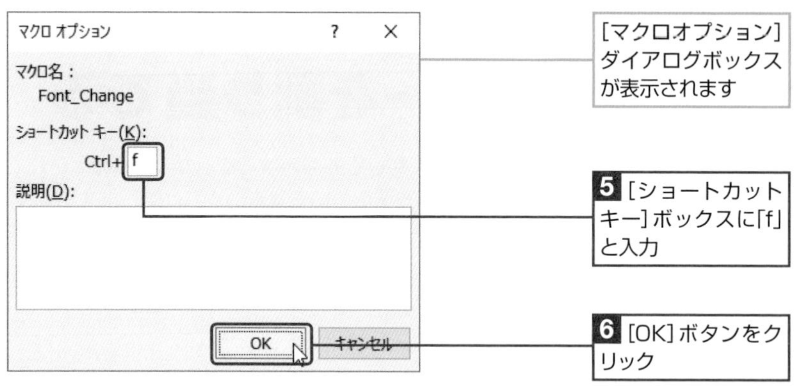

**ショートカットキー**

Excelで作成するマクロのショートカットキーは、すべて Ctrl キーと組み合わせて設定します。このとき、設定するキーをマクロ名の頭文字にしておくなど、マクロの内容がわかるキーを設定しておくと、あとでマクロを実行する際に、どのような操作を行うショートカットキーなのかわかりやすくなります。

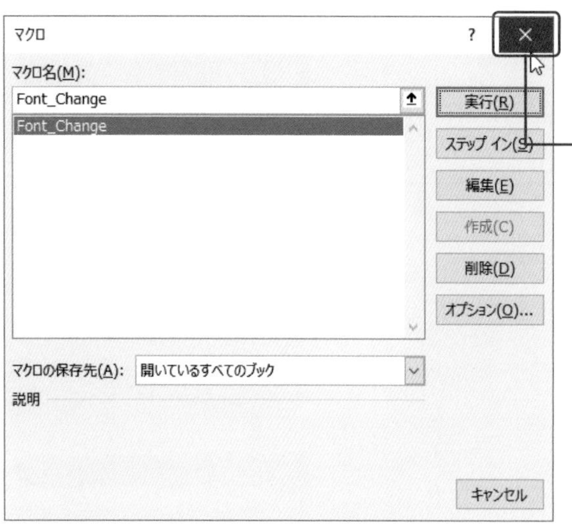


[マクロ]ダイアログボックスを閉じます

**7** [閉じる]ボタンをクリック

**注意** マクロを編集したあとは、対象のマクロを含むブックを「Excelマクロ有効ブック」形式のファイルで保存しておくことが必要です。保存の操作を行わないでブックを閉じてしまうと、マクロを編集した内容が記録されないので注意してください。

### コラム マクロが有効でない場合

マクロが有効な状態になっていない場合は、[マクロ] ダイアログボックスの [オプション] ボタンや [編集] ボタンがアクティブにならないため、マクロの編集ができなくなります。

## step 2 ショートカットキーを削除する

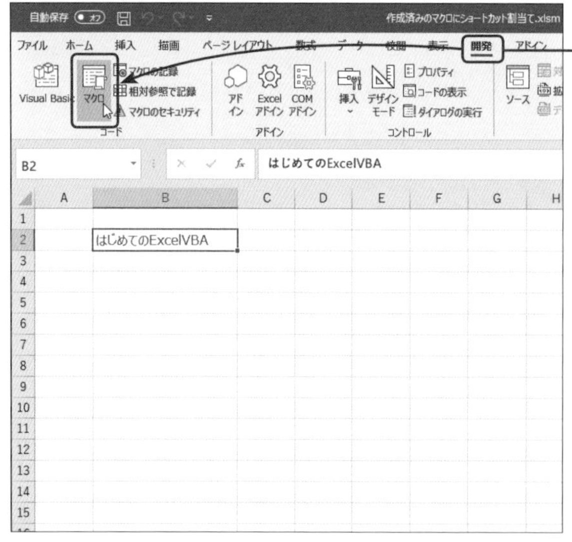


**1** [開発]タブの[マクロ]ボタンをクリック

**解説**

ここでは、step 1で割り当てを行ったショートカットキーを削除することにします。

### コラム ファイル操作に関するショートカットキー

Excelには、ファイル操作に関する以下のショートカットキーが登録されています。

| キー | 操作 |
|---|---|
| Ctrl + N | ブックの新規作成 |
| Ctrl + S | [上書き保存] の実行 |
| Ctrl + W | [閉じる] の実行 |
| Alt + F4 | Excelの終了 |

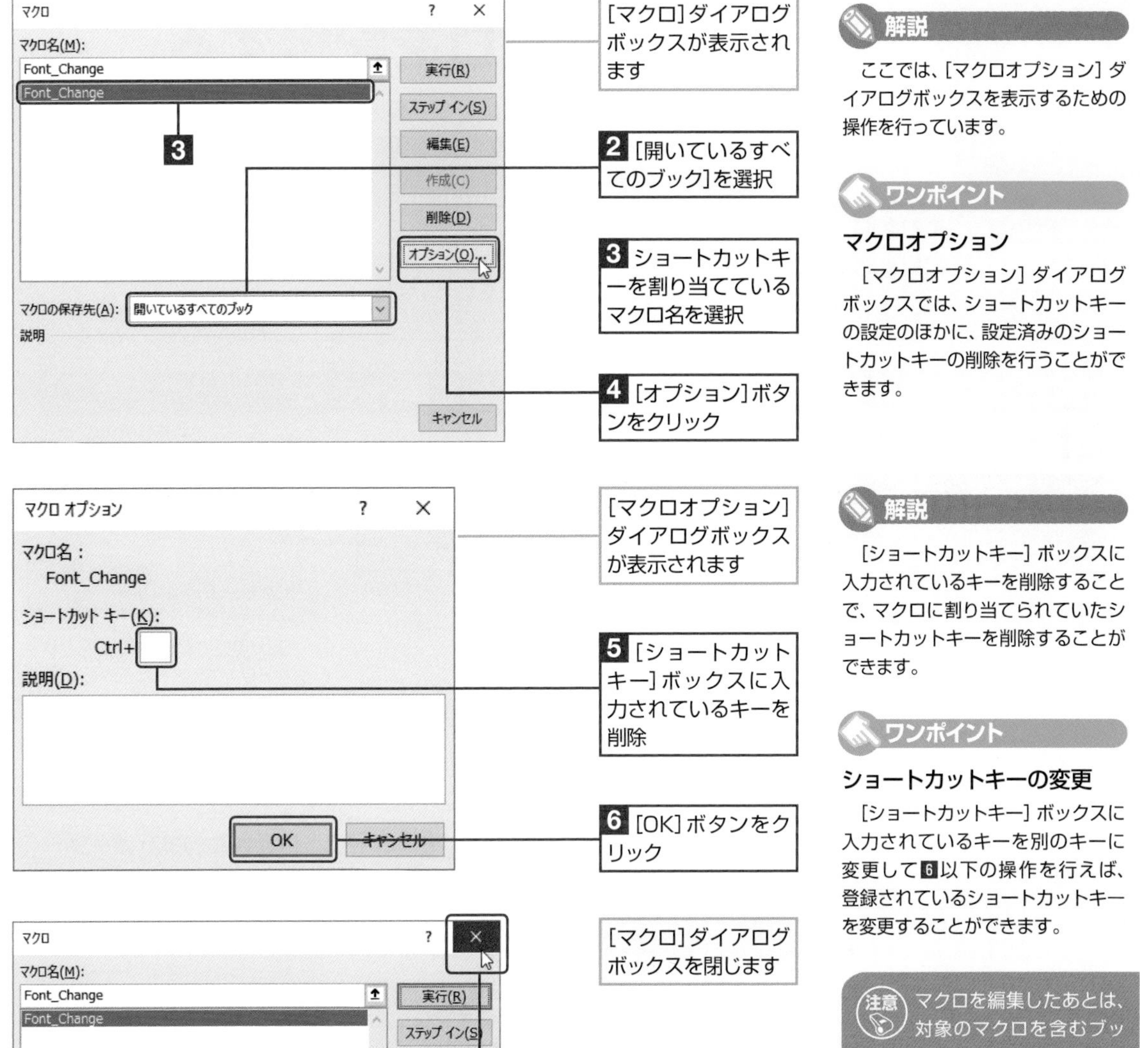


[マクロ]ダイアログボックスを閉じます

7 [閉じる]ボタンをクリック

**解説**

ここでは、[マクロオプション] ダイアログボックスを表示するための操作を行っています。

**ワンポイント**

### マクロオプション

[マクロオプション] ダイアログボックスでは、ショートカットキーの設定のほかに、設定済みのショートカットキーの削除を行うことができます。

**解説**

[ショートカットキー] ボックスに入力されているキーを削除することで、マクロに割り当てられていたショートカットキーを削除することができます。

**ワンポイント**

### ショートカットキーの変更

[ショートカットキー] ボックスに入力されているキーを別のキーに変更して6以下の操作を行えば、登録されているショートカットキーを変更することができます。

**注意** マクロを編集したあとは、対象のマクロを含むブックを保存してください。

SECTION 11

# 相対参照でマクロを記録する

SECTION9で作成したマクロは、A1セルを基準にして、表を作成するマクロでしたが、ワークシート上の任意の位置に表を作成する場合は、相対参照でマクロを作成します。

チェックポイント
☑ 絶対参照
☑ 相対参照

## 相対参照のマクロを作成して実行する

### step 1 相対参照でマクロを作成する

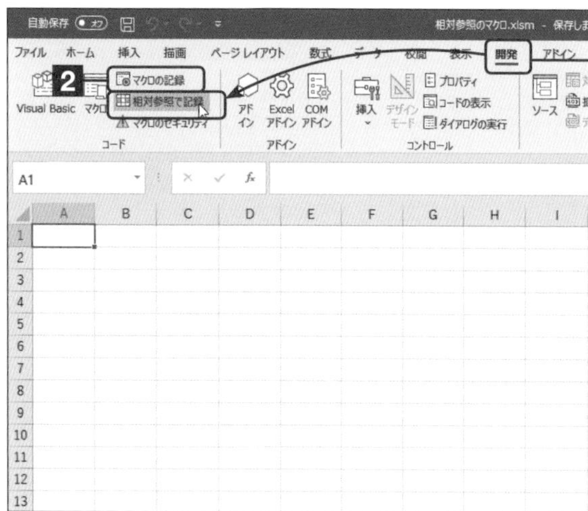

1 [開発]タブの[相対参照で記録]ボタンをクリック

2 [マクロの記録]ボタンをクリック

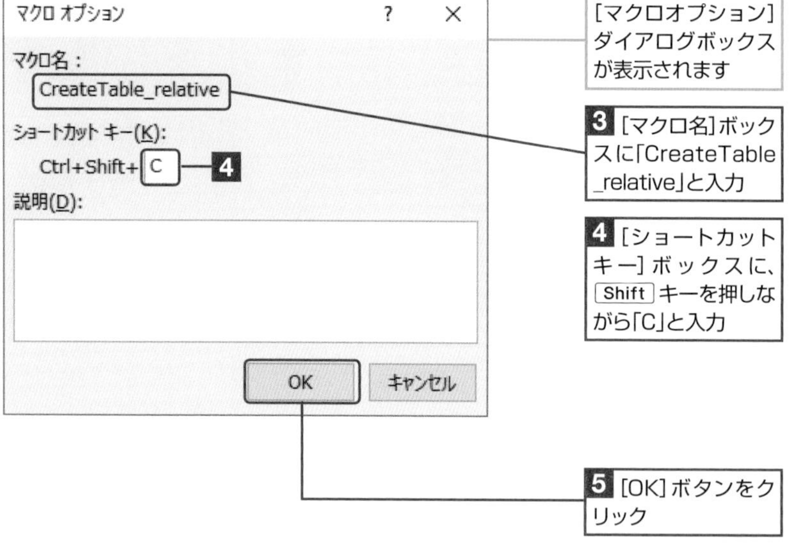

[マクロオプション]ダイアログボックスが表示されます

3 [マクロ名]ボックスに「CreateTable_relative」と入力

4 [ショートカットキー]ボックスに、Shift キーを押しながら「C」と入力

5 [OK]ボタンをクリック

**準備**

新規ブックの「Sheet1」を表示します。

**解説**

[相対参照で記録] ボタンをクリックすることで、これから作成するマクロにおけるセルの参照方式を相対参照で記録するようにしています。

**ワンポイント**

**[相対参照で記録] ボタン**

[相対参照で記録] ボタンが押された状態では、マクロの記録が常に相対参照で行われます。

**解説**

ここでは、これから作成するマクロをショートカットキー Ctrl + Shift + C で実行できるようにします。

**ワンポイント**

**Ctrl + Shift のショートカットキー**

[ショートカットキー] ボックスに、Shift キーを押しながら任意のアルファベットを入力した場合、Ctrl + Shift + <入力したアルファベットのキー>を押すことで、マクロを実行できるようになります。

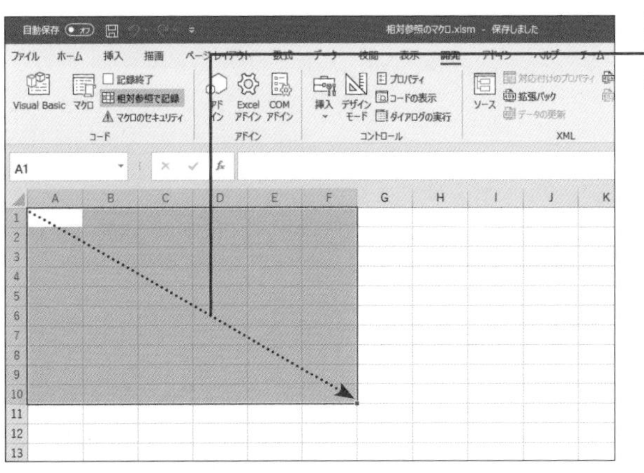

6 罫線を引く範囲をドラッグ

ここでは、縦横10×6の表を作成するマクロを作成することにします。なお、相対参照でマクロを作成するので、起点となるセルはどのセルを選択してもかまいません。

**絶対参照と相対参照**

絶対参照では、ワークシートのどのセルがアクティブになっていても、常に指定されたセルを起点にマクロが実行されます。これに対し、相対参照では、参照するセルの位置が相対的に記録されており、ワークシートで現在、アクティブになっているセルを起点にしてマクロが実行されます。

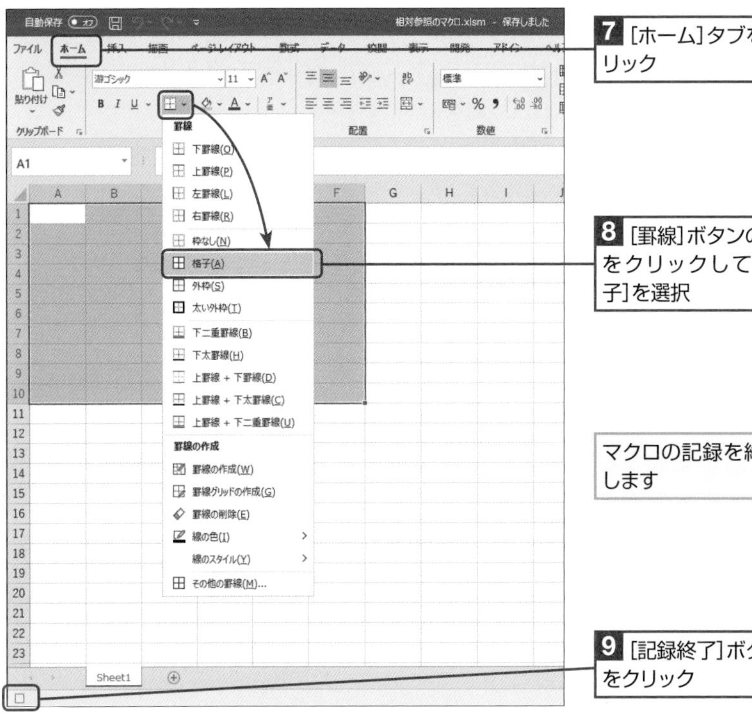

7 [ホーム]タブをクリック

8 [罫線]ボタンの▼をクリックして[格子]を選択

マクロの記録を終了します

9 [記録終了]ボタンをクリック

[罫線] ボタンの▼をクリックして [格子] を選択することで、選択した範囲に格子状の罫線が表示されます。

ワンポイント

**マクロ作成時に作成した表**

マクロを作成するために作成した表が不要な場合は、対象の表を削除しておきます。

## step 2 相対参照のマクロを実行する

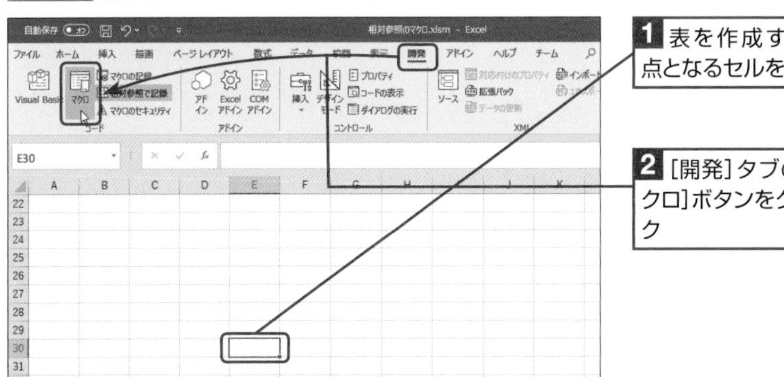

1 表を作成する基点となるセルを選択

2 [開発]タブの[マクロ]ボタンをクリック

解説

ここでは、E30セルをアクティブにすることで、このセルを起点に表を作成するようにしています。

## コラム Excelのショートカットと重複した場合

Excelに登録されているショートカットキーと同じキーをマクロに設定した場合、ショートカットキーを押すと、ユーザーが作成したマクロが実行されます。

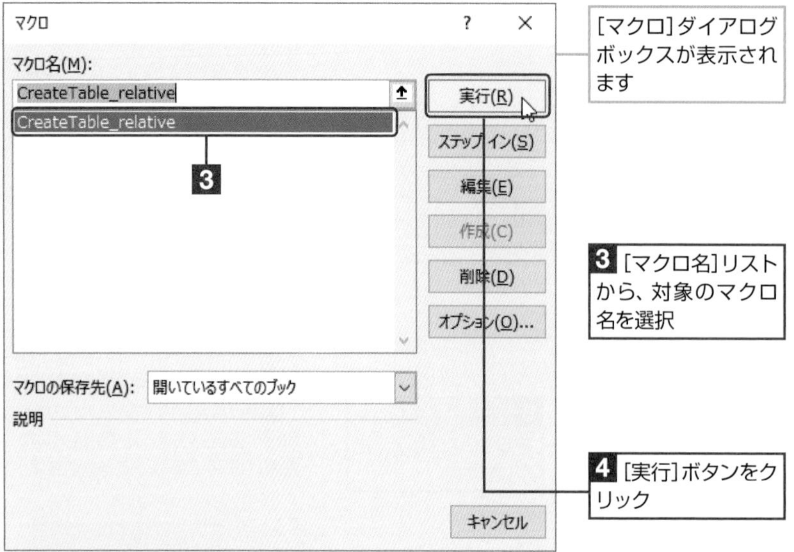


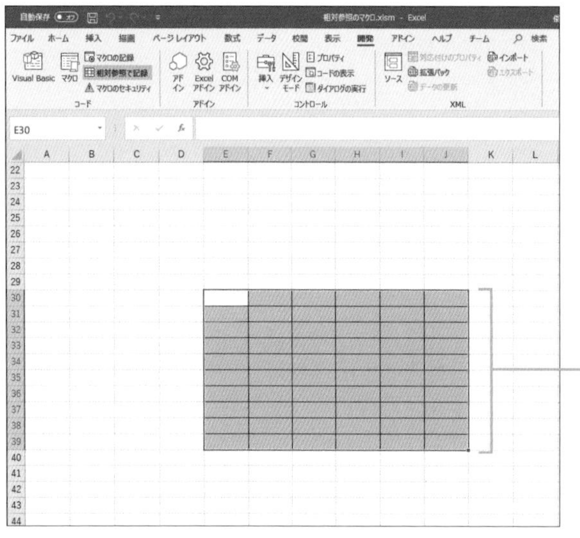

❶で選択したセルを起点にして表が作成されます

## コラム 複合参照

セルの参照方法には、絶対参照と相対参照のほかに、絶対参照と相対参照を組み合わせた複合参照があります。

### ワンポイント ショートカット

対象のマクロには、Ctrl＋Shift＋Cで構成されるショートカットキーが登録されています。このショートカットキーを押すと、❻～❽の操作がマクロとして実行されます。

### 解説

［実行］ボタンをクリックすると、マクロ「CreateTable_relative」が実行されます。

### ワンポイント 相対参照のマクロの実行

操作例では、E30セルを起点にマクロを実行して表を作成していますが、ワークシート上の任意のセルを選択してマクロを実行すれば、選択したセルを起点にして、新たな表を必要なぶんだけ作成できます。

### ワンポイント 相対参照の解除

マクロの記録が完了したら、［相対参照で記録］ボタンをクリックして相対参照による記録モードを解除しておきましょう。

### 最後に

操作が完了したら、マクロ有効ブックとして保存しておきます。

SECTION 12

# [クイックアクセス]ツールバーにマクロを登録する

Excelのタイトルバー上に表示されている[クイックアクセス]ツールバーには任意のマクロを割り当てることができます。頻繁に使用するマクロをここへ登録しておくと便利です。

3

チェックポイント ☑ [クイックアクセス]ツールバー

## [クイックアクセス]ツールバーにマクロを登録してマクロボタンで実行する

### step 1 作成済みのマクロを[クイックアクセス]ツールバーに登録する

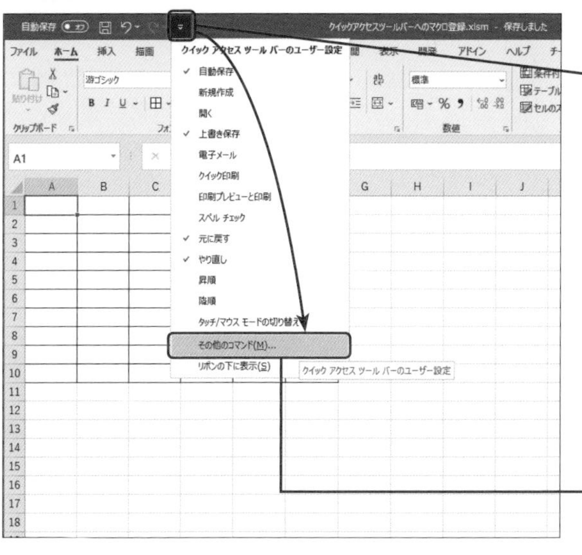


1 [クイックアクセス]ツールバーの右横に表示されているボタンをクリック

2 [その他のコマンド]を選択

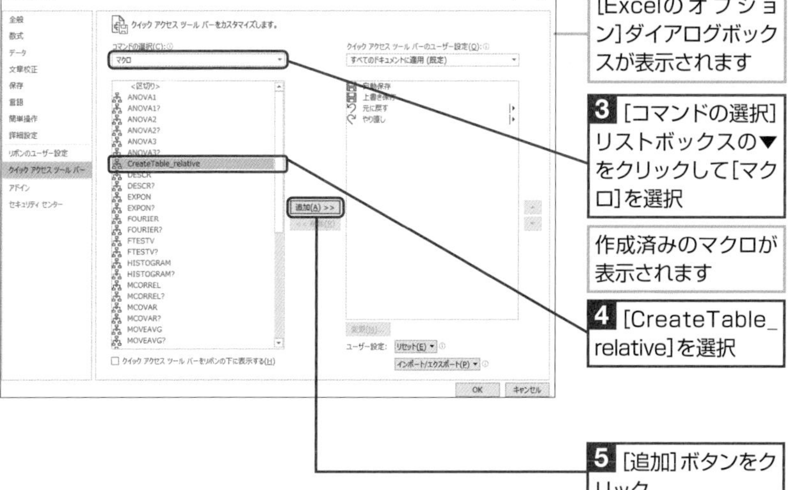


[Excelのオプション]ダイアログボックスが表示されます

3 [コマンドの選択]リストボックスの▼をクリックして[マクロ]を選択

作成済みのマクロが表示されます

4 [CreateTable_relative]を選択

5 [追加]ボタンをクリック

**準備**

SECTION11で使用したブックを開き、「Sheet1」を表示します。

**解説**

ここでは、[Excelのオプション]ダイアログボックスを表示するための操作を行っています。

**ワンポイント**

**[クイックアクセス]ツールバー**

[クイックアクセス]ツールバーは、Excelのタイトルバーに表示されていて、ツールバー上のボタンをクリックすることで、ボタンに登録されている機能を実行することができます。

**ワンポイント**

**[ユーザー設定]カテゴリ**

[Excelのオプション]ダイアログボックスの[クイックアクセスツールバー]カテゴリでは、[クイックアクセス]ツールバーに任意のコマンドを実行するためのボタンを登録・削除することができます。

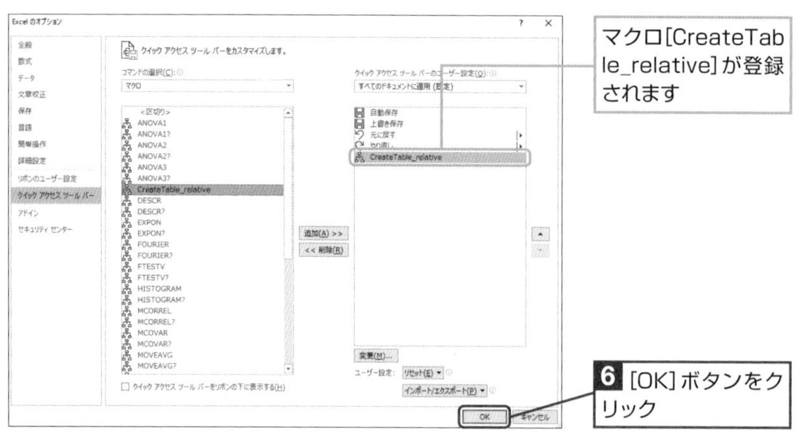

マクロ[CreateTable_relative]が登録されます

**6** [OK] ボタンをクリック

## 解説

[Excelのオプション] ダイアログボックスの [OK] ボタンをクリックすることで、新たに登録したボタンが [クイックアクセス] ツールバーに表示されるようになります。

## ワンポイント

[クイックアクセス] ツールバーの設定はExcel本体に反映されるので、他のブックを開いた際もボタンが表示され、登録済みのマクロが実行されるようになります。

## コラム ボタンのデザイン

ボタンのデザインを変更したい場合は、操作手順の**5**までの操作を行ったあと、[変更] ボタンをクリックし、[ボタンの変更] ダイアログボックスの [アイコン] ボックスから任意のボタンを選択して [OK] ボタンをクリックし、操作手順の**6**の操作を行います。

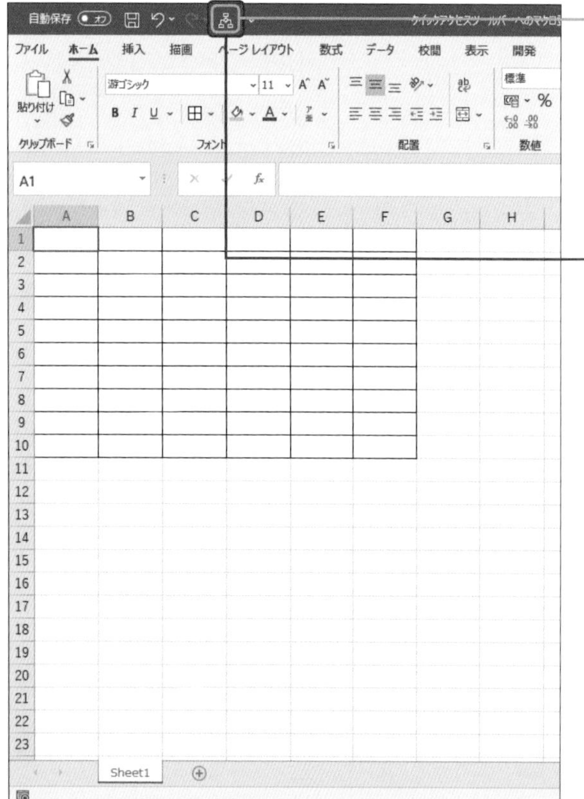

マクロ[CreateTable_relative]が登録されたことが確認できます

## ワンポイント

### 登録したボタンの削除

[クイックアクセス] ツールバーに登録したボタンを削除する場合は、対象のボタンを右クリックし、[クイックアクセスツールバーから削除] を選択します。

## コラム ファイル操作に関するショートカットキー

Excelには、ファイル操作に関する以下のショートカットキーが登録されています。

| キー | 内容 |
|---|---|
| Ctrl + N | ブックの新規作成 |
| Ctrl + S | [上書き保存] の実行 |
| Ctrl + W | [閉じる] の実行 |
| Alt + F4 | Excelの終了 |

## step 2 [クイックアクセス] ツールバーからマクロを実行する

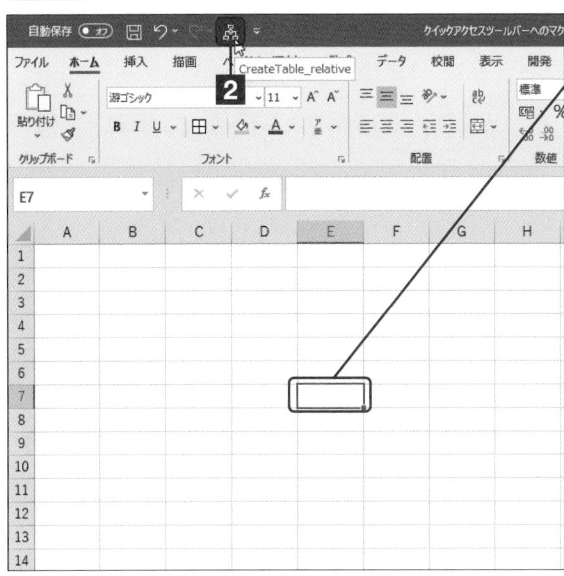


**1** 任意のセルを選択

**2** [クイックアクセス]ツールバーに表示されているマクロ実行用のボタンをクリック

マクロ[CreateTable_relative]が実行されて表が作成されます

### 解説

マクロ [CreateTable_relative] は、選択中のセルを起点に表を作成するマクロなので、あらかじめ起点となるセルを選択しておきます。

### ワンポイント

**マクロの実行**

ここでは、マクロを [クイックアクセス] ツールバーに登録したので、ボタンをクリックするだけで、即座にマクロを実行することができます。

### コラム [クイックアクセス] ツールバーのリセット

[クイックアクセス] ツールバーを初期状態に戻すには、[Excelのオプション] ダイアログボックスの [リボンのユーザー設定] カテゴリを表示し、[リセット] ボタンをクリックして[すべてのユーザー設定をリセット]を選択し、確認を求めるダイアログボックスの [はい] ボタンをクリックします。ただし、この操作は [クイックアクセス] ツールバーだけでなくリボン全体を初期状態に戻すので、リボンをカスタマイズしている場合はこの操作を行わず、マクロの実行ボタンだけを削除するようにしてください。

### コラム コピーや貼り付けに関するショートカットキー

Excelには、コピーや貼り付けに関する以下のショートカットキーが登録されています。

| キー | 内容 |
|---|---|
| Ctrl + C | [コピー] の実行 |
| Ctrl + X | [切り取り] の実行 |
| Ctrl + V | [貼り付け] の実行 |
| Ctrl + D | 上のセルのコピー&貼り付け |
| Ctrl + R | 左のセルのコピー&貼り付け |

SECTION 13

# マクロ実行用のボタンを作成する

ここでは、コマンド実行用のボタンに、任意のマクロを割り当てて、ボタンをクリックすることでマクロを実行する方法について見ていきます。

チェックポイント ☑ フォームコントロール

## マクロ実行用のボタンを作成してマウスクリックで実行する

### step 1 マクロ実行用のボタンを作成する

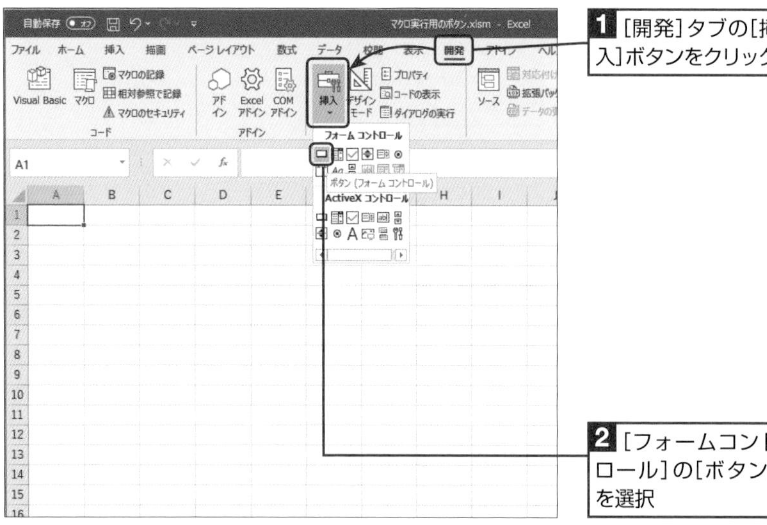


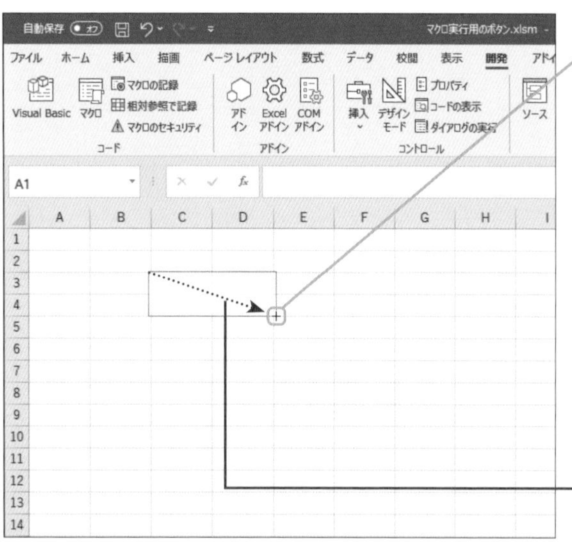


**準備**

ここではSECTION11で作成したマクロをワークシート上に配置したボタンに登録することにします。

**ワンポイント**

**フォーム**

VBAのフォームとは、ボタンやラベル、テキストボックスなどを配置するユーザーインターフェイス用の基板のことです。フォーム上に配置するボタンなどの要素は、コントロールと呼ばれます。

これらのコントロールは、直接、ワークシート上に配置することができます。

**ワンポイント**

**ボタン**

フォームのボタンは、マウスをドラッグすることで、サイズや表示する位置を自由に設定することができます。

**解説**

ここでは、ワークシート上に配置したボタンに作成済みのマクロを登録することで、ボタンをクリックすると登録したマクロが実行されるようにします。

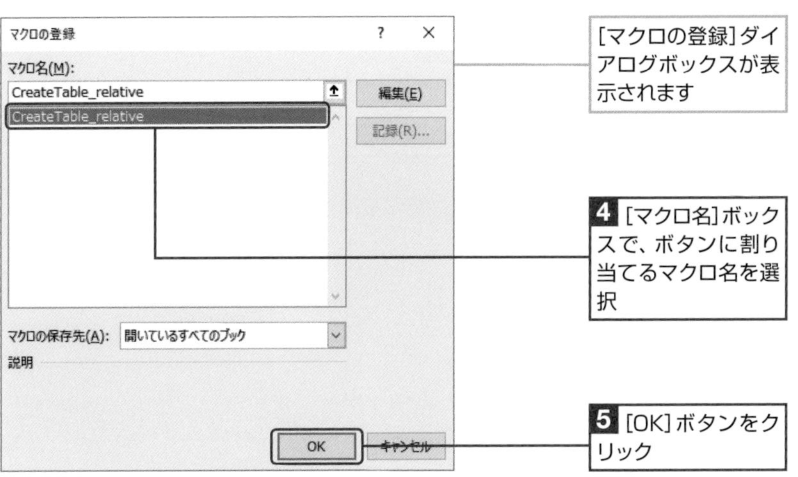


[マクロの登録] ダイアログボックスが表示されます

**4** [マクロ名] ボックスで、ボタンに割り当てるマクロ名を選択

**5** [OK] ボタンをクリック

**解説**

ここでは、SECTION11で作成したマクロ「CreateTable_relative」をボタンに割り当てることにします。「CreateTable_relative」は、選択中のセルを起点にして、縦横10×6の表を作成する機能を持つマクロです。

## コラム ActiveXコントロール

Excelには、フォームコントロールのほかに、より高度な機能を持つ「ActiveXコントロール」が追加されました。フォームコントロールとActiveXコントロールの各パーツの外観はほぼ同じですが、ActiveXコントロールの方が多機能です。

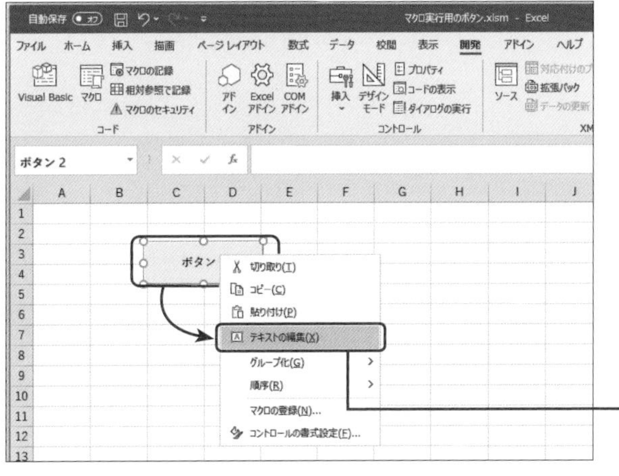


作成したボタンが表示されます

**6** ボタンを右クリックして [テキストの編集] を選択

**注意** 操作例のようなコンテキストメニューが表示されない場合は、もう一度ボタンを右クリックしてみてください。マウスの右ボタンを長押ししないのがコツです。

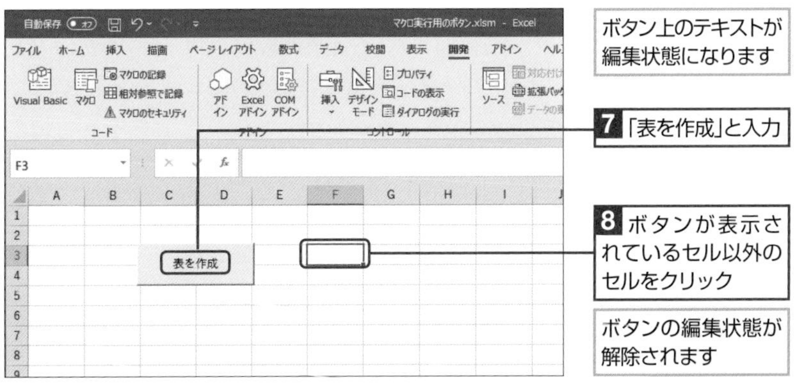


ボタン上のテキストが編集状態になります

**7** 「表を作成」と入力

**8** ボタンが表示されているセル以外のセルをクリック

ボタンの編集状態が解除されます

**ワンポイント**

### 編集状態の解除

ボタン上のテキストの編集状態を解除するには、操作手順**8**の「ボタンの領域セル以外のセルをクリックする方法」のほかに、「ボタンを右クリックして [テキスト編集の終了] を選択する方法」があります。

## step 2 ワークシート上のボタンを使ってマクロを実行する

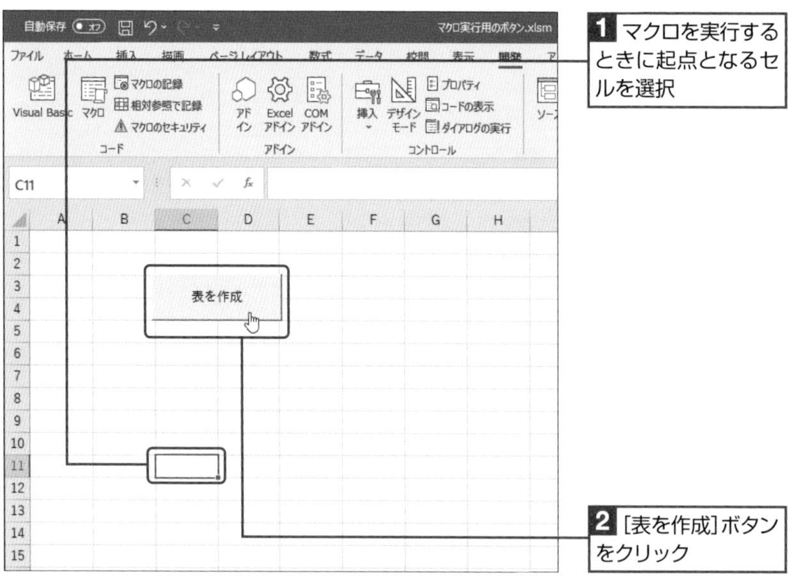


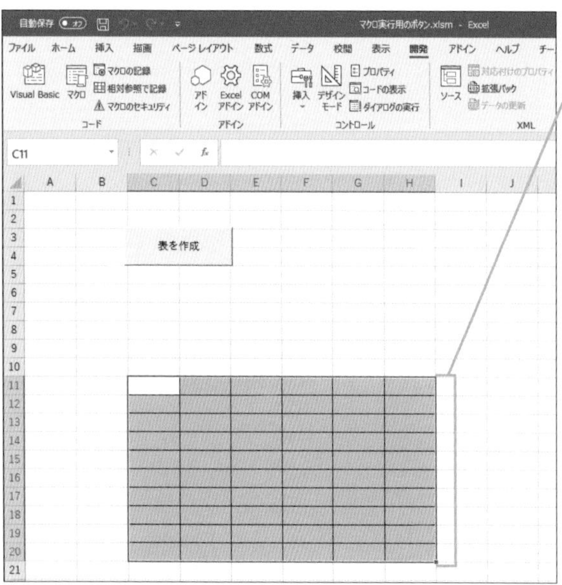


ボタンに登録したマクロが実行されます

### 解説

ここでは、マクロを実行したことにより、A10セルを起点に、縦横10×6の表が作成されます。

### 最後に

操作が完了したら、別名のマクロ有効ブックとして保存します。

### コラム ボタンの削除

作成したボタンが不要になった場合は、Ctrl キーを押しながら対象のボタンをクリックして、Delete キーを押すと、ボタンを削除することができます。

### コラム 操作画面の表示に関するショートカットキー

Excelには、操作画面の表示に関する以下のショートカットキーが登録されています。

| キー | 内容 |
|---|---|
| Ctrl + O | [開く] の表示 |
| Ctrl + P | [印刷] の表示 |
| Ctrl + 1 | [書式設定] ダイアログボックスの表示<br>※「1」はテンキー不可 |
| Ctrl + F | [検索 (と置換)] ダイアログボックスの表示 |
| Ctrl + H | [(検索と) 置換] ダイアログボックスの表示 |
| Ctrl + G | [ジャンプ] ダイアログボックスの表示 |
| Ctrl + K | [ハイパーリンクの挿入] ダイアログボックスの表示 |
| Alt + F8 | [マクロ] ダイアログボックスの表示 |

SECTION 14

# 画像にマクロを登録する

マクロは、フォームのほかに、様々なオブジェクトに対して割り当てることができます。ここでは、クリップアートを例に、画像にマクロを割り当てる方法について見ていきます。

3

チェックポイント ☑ クリップアートへのマクロの割り当て

## オンライン画像にマクロを割り当て、クリップアートから実行する

### step 1 オンライン画像を貼り付ける

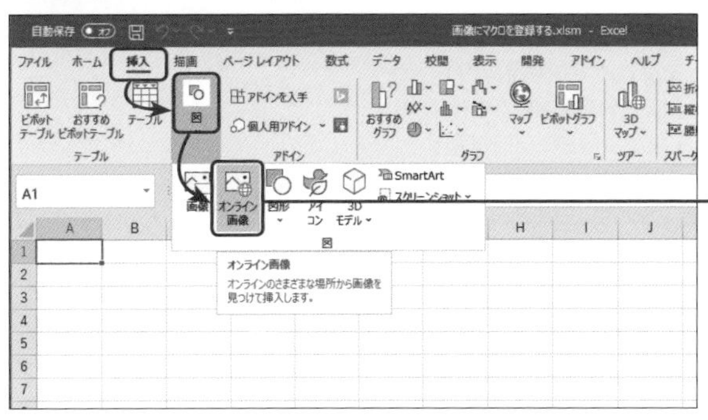


**1** [挿入]タブの[図]➡[オンライン画像]ボタンをクリック

**2** オンライン画像のジャンルを選択する

**3** 目的の画像をクリック

**4** [Insert]ボタンをクリック

クリップアートがワークシートに貼り付けられます

**5** サイズを調整し、ドラッグして目的の位置へ移動

**準備**

SECTION9で使用したブックを開き、新規のワークシートを作成してマクロを有効な状態にします。

**解説**

ここでは、ワークシート上にオンライン画像を配置し、これをクリックしたときに、マクロが実行されるようにします。

**解説**

画像を配置して、マクロを実行しても差し支えない位置に移動します。

## step 2 クリップアートにマクロを登録する

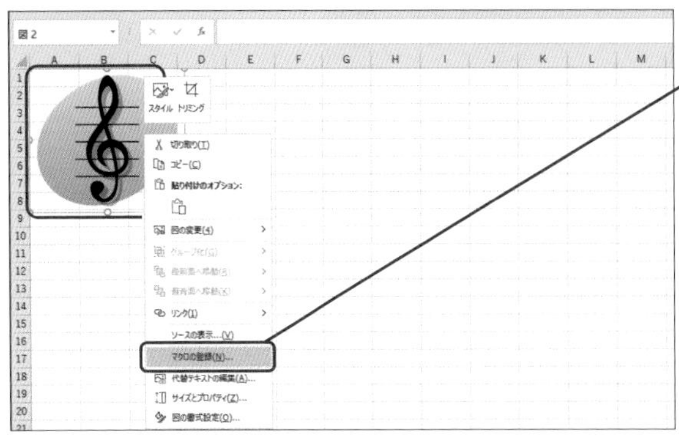

**1** クリップアートを右クリックして、[マクロの登録]を選択



### オートシェイプの場合

オートシェイプにマクロを割り当てる場合は、対象のオートシェイプを右クリックして［マクロの登録］を選択します。

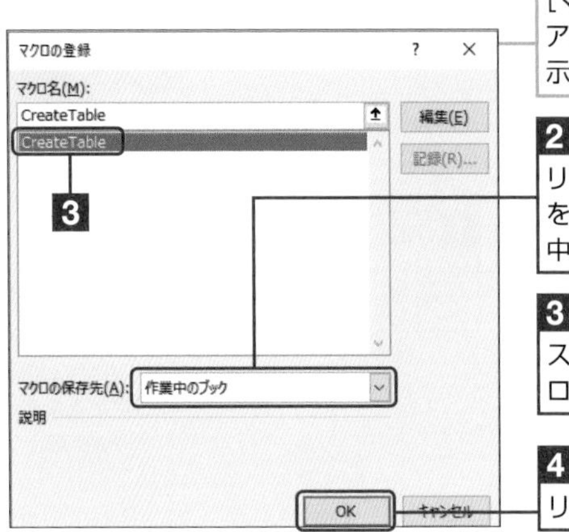


[マクロの登録]ダイアログボックスが表示されます

**2** [マクロの保存先]リストボックスの▼をクリックして[作業中のブック]を選択

**3** [マクロ名]ボックスから登録するマクロを選択

**4** [OK]ボタンをクリック

### 解説

ここまでの操作で、クリップアートにマクロが登録されます。

## step 3 クリップアートからマクロを実行する

**1** A1セルをクリック

**2** クリップアートをクリック

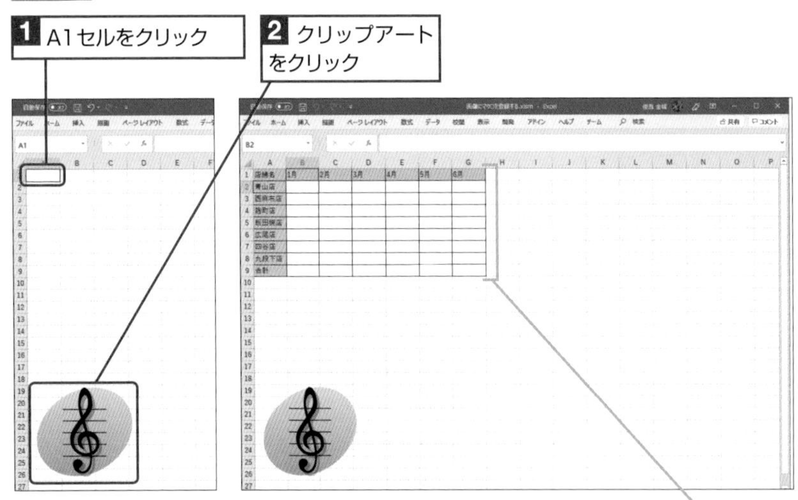

マクロが実行されて表が作成されます

### ワンポイント

**マクロを実行せずに クリップアートを選択する**

マクロを実行せずにクリップアートを選択したい場合は、Ctrl キーを押しながら対象のクリップアートをクリックします。これは、画像やオートシェイプでも同様です。

### 最後に

ブックを別名のマクロ有効ブックとして保存します。



### グラフに割り当てる場合

グラフにマクロを割り当てる場合は、対象のグラフを右クリックして［マクロの登録］を選択します。

SECTION 15

# マクロの残骸を消去する

ブックに含まれるすべてのマクロを消去しても、その次にブックを開いたときに、[セキュリティの警告] メッセージバーが表示されてしまうことがあります。

3

チェックポイント
☑ [プロジェクトエクスプローラー]
☑ モジュール

## マクロを完全に消去する

### step 1 マクロを消去したブックを開く

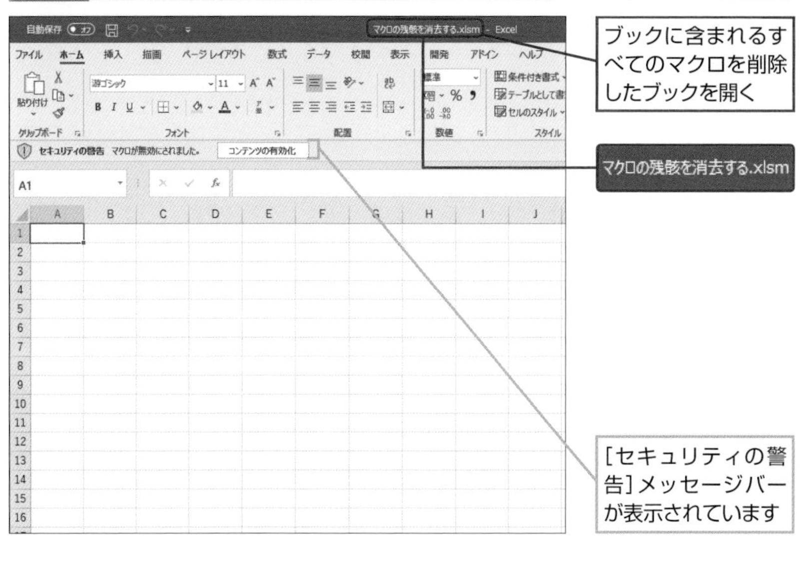


**準備**

次の手順で、サンプル用のブックを作成します。

❶新規のブックで、任意のマクロを作成します。
❷作成したマクロを削除します。
❸ブックを保存してブックを閉じます。
❹対象のブックを開きます。

なお、実験用のマクロなので、マクロの中身は簡単な操作に留めておきます。

### step 2 マクロの残骸を取り除く

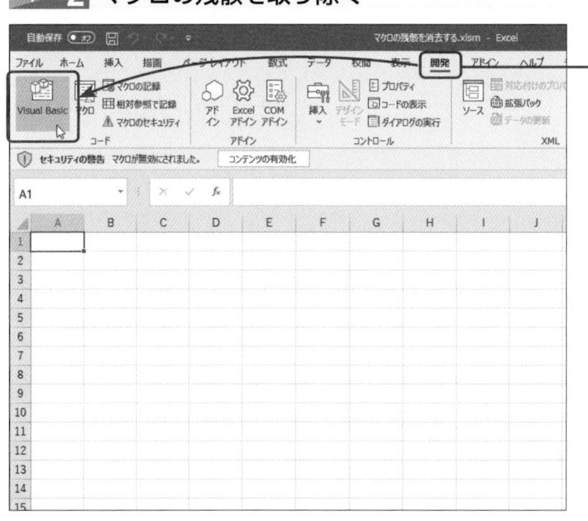


**解説**

ここでは、VBエディターを起動するための操作を行っています。

**ワンポイント**

**マクロの削除**

[マクロ] ダイアログボックスでマクロを消去しても、マクロを記録していた「標準モジュール」と呼ばれる要素は残ってしまいます。このため、マクロを完全に消去したい場合は、VBエディターを使って「標準モジュール」を無効にするための操作が必要です。

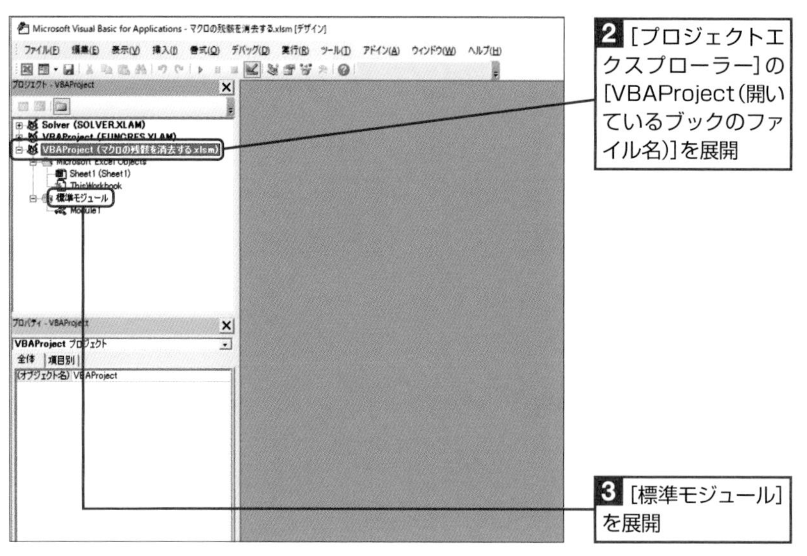


### ワンポイント

**[プロジェクトエクスプローラー]**

Excelのブックには、VBAのコードを記録しておく部分が存在します。[プロジェクトエクスプローラー]には、これらの要素をツリー状に表示し、各要素へアクセスするための機能が搭載されています。

### コラム モジュール

プロジェクトエクスプローラーには、「Sheet1」や「Module1」などが表示されていて、これらの要素はモジュールと呼ばれます。VBAのコードは、モジュールに記録されます。

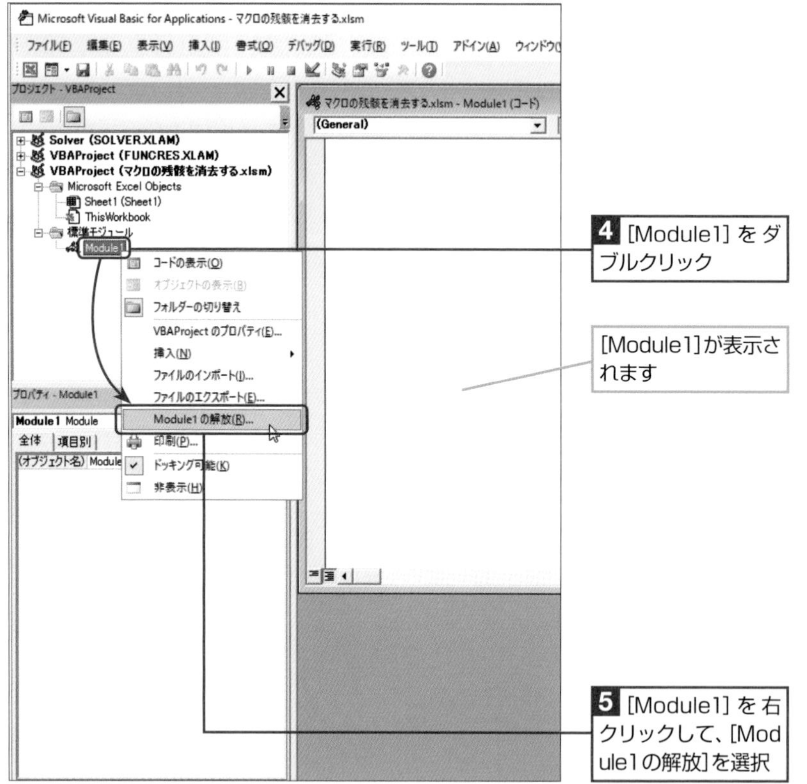


### ワンポイント

**マクロの残骸**

[プロジェクトエクスプローラー]に「Module1」と表示されているのが、これまで「マクロの残骸」と呼んでいた部分(モジュール)です。モジュールの中身は、[プロジェクトエクスプローラー]の「Module1」をダブルクリックすると表示できます。これまで、空のモジュールが存在することが原因で、マクロを消去しても、ブックを開くたびに[セキュリティの警告]メッセージバーが表示されていたというわけです。

削除する前に「Module1」をエクスポートするかどうかを確認するダイアログボックスが表示されます

**6** [いいえ]ボタンをクリック

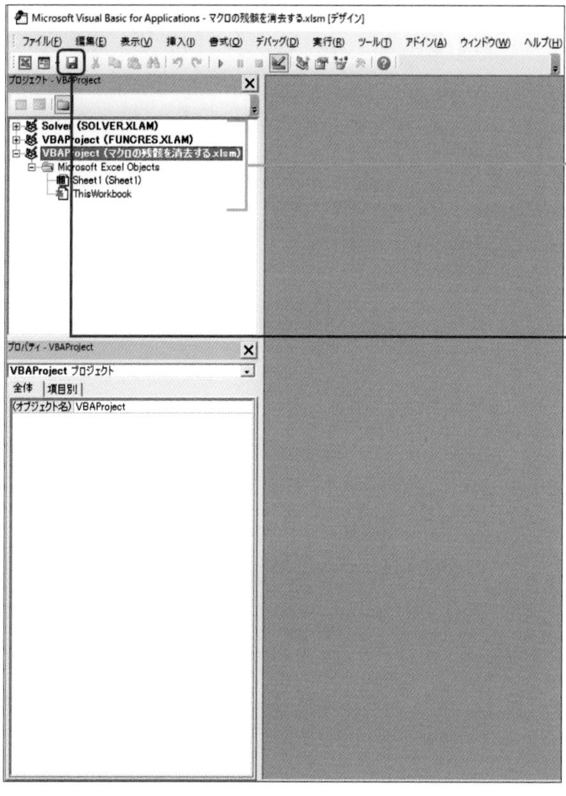


右側のウィンドウに表示されていた「Module1」の[コードウィンドウ]が消えたことが確認できます。[プロジェクトエクスプローラー]からも「標準モジュール」フォルダーと「Module1」が消えていることが確認できます

**7** [上書き保存]ボタンをクリック

**解説**

ここでは、作業内容を保存しておくこととします。これによって、次回からブックを開いても、[セキュリティの警告] メッセージバーが表示されないようになります。

### コラム モジュールとは

モジュールとは、VBAのコードを記録しておくための仕組み（ファイルのようなものとお考えください）のことです。マクロを作成する際にモジュールが作成されて、マクロを実行するためのコードがモジュールに記録されます。

なお、モジュールは、ブックを保存する際に他のデータと一緒にブック用のファイルに保存されます。

### コラム [コードウィンドウ] の表示

VBエディターの [プロジェクトエクスプローラー] で任意のモジュールをダブルクリックすると、ダブルクリックしたモジュールの [コードウィンドウ] がVBエディターの右側の画面に表示され、コードの入力や編集が行えるようになります。

### コラム マクロを削除したのにセキュリティの警告が…

マクロは、[開発]タブの[マクロ]ボタンをクリックすると表示される[マクロ]ダイアログボックスを使って削除することができます。

しかし、この方法を使って削除した場合、マクロを実行するためのVBAのコードは削除されますが、コードを記録する土台となるモジュールは削除されません。このため、マクロを削除したにもかかわらず、ブックを開く際にセキュリティの警告が表示される場合があります。

このようなことから、マクロを完全に削除したい場合は、本編の操作を行ってモジュールごと削除しておくことが必要です。

ただし、今後マクロを登録することがないのであれば、ブックを[Excelブック (*.xlsx)]として保存し直せばマクロそのものが無効になるので、本編で紹介した作業は必要ありません。

SECTION 16

# 個人用マクロブックを作成する

Excelには、マクロを管理するための「個人用マクロブック」が用意されていて、ここへマクロを保存しておけば、どのブックからもマクロを実行することができます。

チェックポイント ☑ 個人用マクロブック

## 個人用マクロブックに登録し、登録したマクロを実行する

### step 1 個人用マクロブックに保存するマクロを作成する

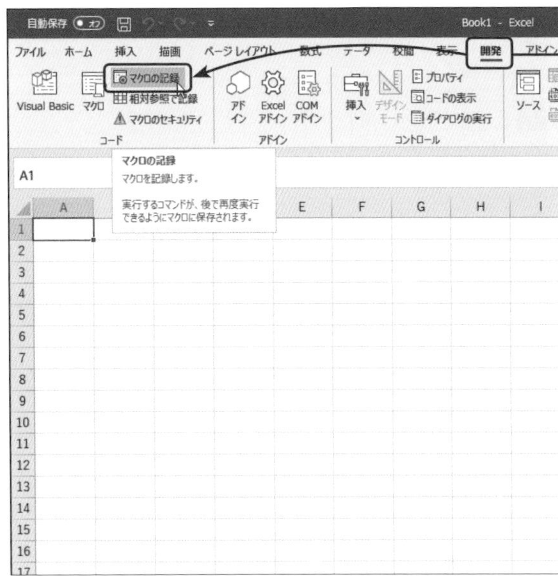


**1** [開発] タブの[マクロの記録]をクリック

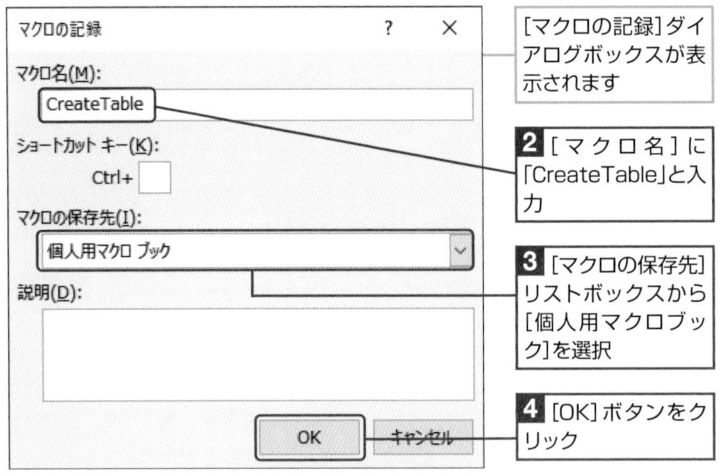


[マクロの記録] ダイアログボックスが表示されます

**2** [マクロ名] に「CreateTable」と入力

**3** [マクロの保存先] リストボックスから [個人用マクロブック] を選択

**4** [OK] ボタンをクリック

**準備**

新規のブックを作成して、「Sheet 1」を表示します。

**コラム 個人用マクロブックのメリット**

個人用マクロブックにマクロを保存するメリットは、すべてのブックでマクロが利用できるほかに、ブックを開くと同時にマクロが有効になるので、マクロを有効にする操作が不要になることが挙げられます。

**解説**

ここでは、例として、A1セルを基準に縦横8×6の表を作成するマクロを作成することとします。

**ワンポイント**

**マクロの保存先**

マクロの保存先で、[個人用マクロブック] を選択することで、個人用マクロブックに、これから作成するマクロを保存することができます。

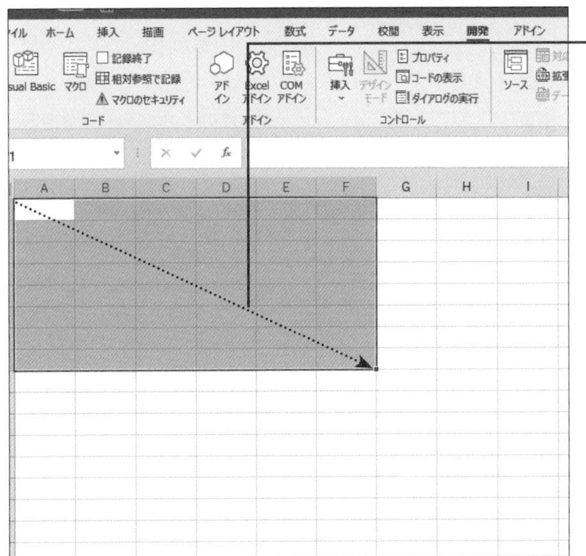

5 表を作成する範囲を選択

A1セルからF8セルまでを選択します。

ワンポイント

**個人用マクロブックが有効でない場合**

個人用マクロブックを選択してマクロを記録しようとしても、エラーを通知するメッセージが表示される場合は、次の方法で個人用マクロブックを有効にします。

❶[ファイル]タブをクリックして[オプション]をクリックします。
❷カテゴリの[アドイン]をクリックします。
❸[管理]で[使用できないアイテム]を選択して[設定]ボタンをクリックします。
❹一覧に表示されている[Personal.xlsb]を選択して[有効にする]をクリックします。
❺[閉じる]➡[OK]ボタンをクリックします。

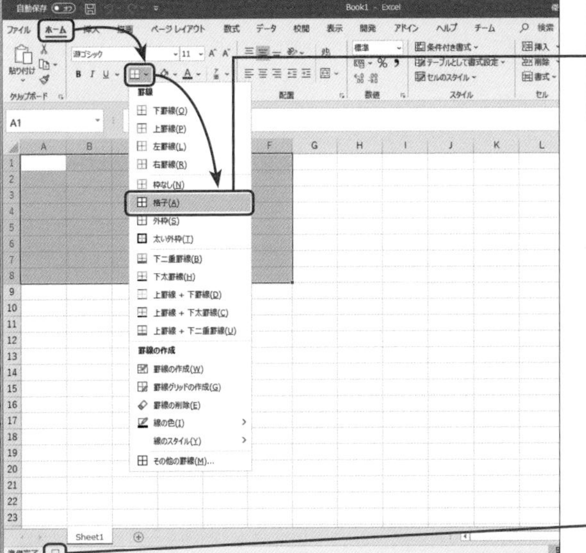

6 [ホーム]タブをクリックし、[罫線]ボタンの▼をクリックして[格子]を選択

7 [マクロの記録]ボタンをクリック

以上の操作でマクロ「Create Table」が作成されます。

注意 マクロ「CreateTable」は、この段階では保存されていません。このため、次の操作を行って個人用マクロブックにマクロを保存することが必要です。

## step 2 作成したマクロを個人用マクロブックに保存する

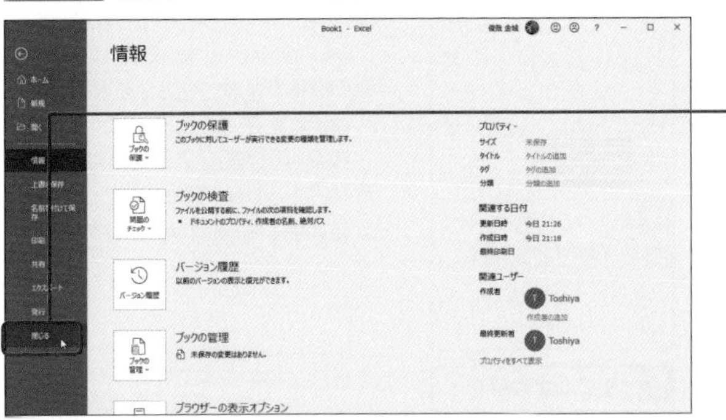

1 [ファイル]タブをクリックして[閉じる]をクリック

解説

マクロの個人用マクロブックへの保存は、Excelの終了時に行われます。そのため、ここでは、Excelを終了する操作を行うことにします。

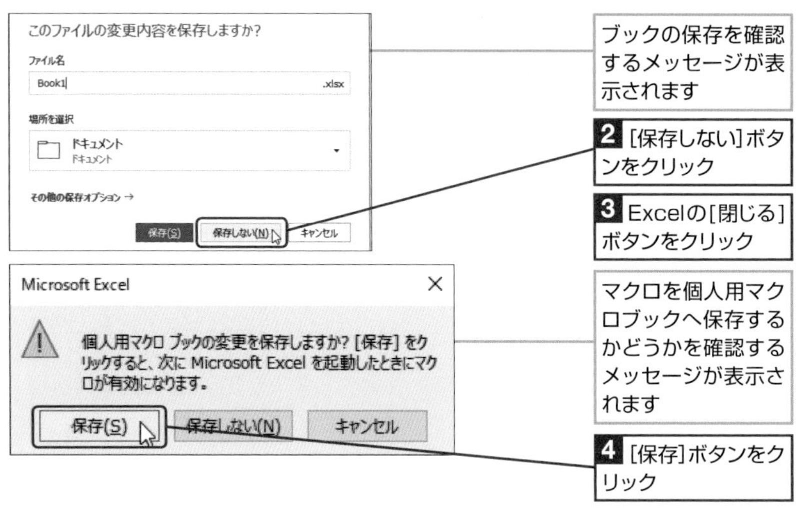


ブックの保存を確認するメッセージが表示されます

**2** [保存しない]ボタンをクリック

**3** Excelの[閉じる]ボタンをクリック

マクロを個人用マクロブックへ保存するかどうかを確認するメッセージが表示されます

**4** [保存]ボタンをクリック

## step 3 個人用マクロブックに保存されたマクロを実行する

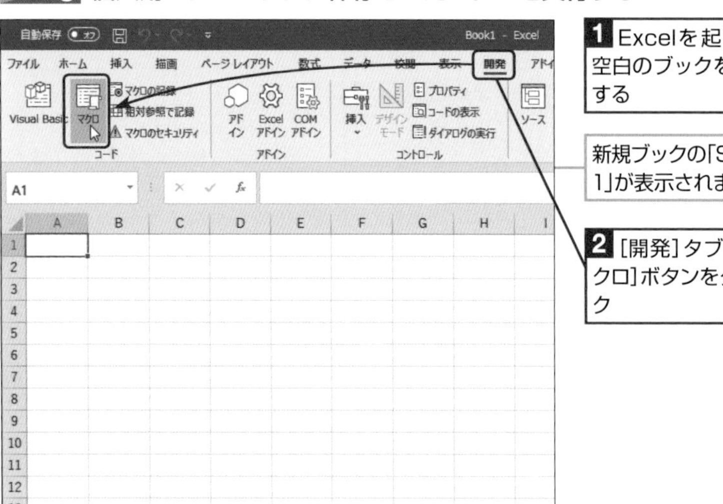


**1** Excelを起動し、空白のブックを表示する

新規ブックの「Sheet1」が表示されます

**2** [開発]タブの[マクロ]ボタンをクリック

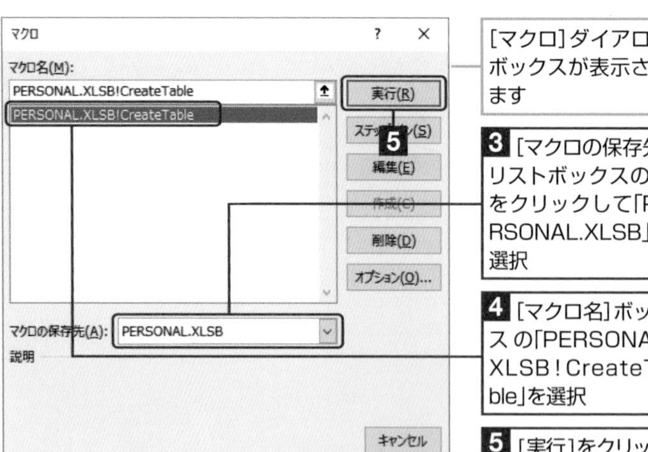


[マクロ]ダイアログボックスが表示されます

**3** [マクロの保存先]リストボックスの▼をクリックして「PERSONAL.XLSB」を選択

**4** [マクロ名]ボックスの「PERSONAL.XLSB!CreateTable」を選択

**5** [実行]をクリック

### 解説

ここでは、マクロを個人用マクロブックへ保存することが目的なので、ワークシート上で操作した内容は保存せずに終了することとします。

### 解説

手順**4**の操作を行うことで、作成したマクロが個人用マクロブックに保存されます。

### ワンポイント

**個人用マクロブックの読み込み**

個人用マクロブックは、Excelの起動時に自動的に読み込まれます。このとき、マクロが有効な状態でブックが開くため、マクロを含むブックを開いたときに表示される[セキュリティの警告]メッセージバーは表示されません。

### ワンポイント

**個人用マクロブックのマクロ**

[マクロの保存先]リストボックスで「PERSONAL.XLSB」を選択すると、個人用マクロブックに保存されているすべてのマクロが[マクロ名]ボックスに表示されます。

### ワンポイント

**PERSONAL.XLSBを表示しないようにする**

個人用マクロブックを作成すると、Excelの起動時に「PERSONAL.XLSB」が表示される場合があります。PERSONAL.XLSBは次の方法で表示しないようにできます。

❶[表示]タブをクリックします。
❷[ウィンドウ]グループの[表示しない]をクリックします。
❸PERSONAL.XLSBを上書き保存します。

なお、再び表示する場合は[再表示]をクリック➡PERSONAL.XLSBを選択➡[OK]をクリックします。

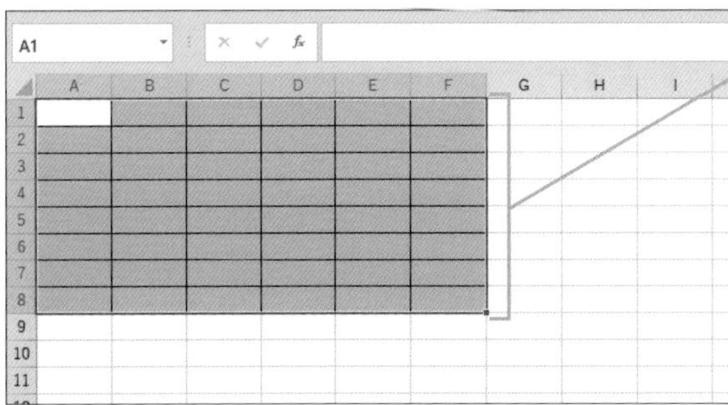

選択したマクロが実行されます

## コラム 個人用マクロブック内のマクロ名

「PERSONAL.XLSB！CreateTable」は、個人用マクロブック「PERSONAL.XLSB」に保存されている「CreateTable」のことです。

## step 4 個人用マクロブックを削除する

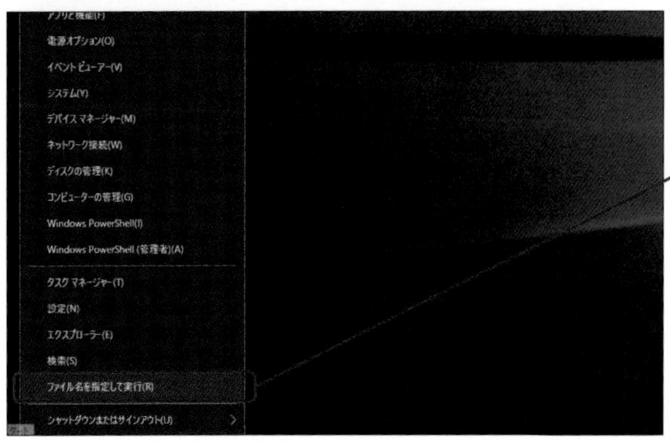


**1** Excelを終了する

**2** [スタートボタン]を右クリックして[ファイルを指定して実行]を選択

ファイル名を指定して実行

実行するプログラム名、または開くフォルダーやドキュメント名、インターネット リソース名を入力してください。

名前(O): C:¥Users¥Toshiya¥AppData¥Roaming¥Microsoft¥Excel¥X

OK　キャンセル　参照(B)...

[ファイル名を指定して実行]ダイアログボックスが表示されます

**3** [名前]ボックスに「C：¥Users¥ユーザー名¥AppData¥Roaming¥Microsoft¥Excel¥XLSTART」と入力

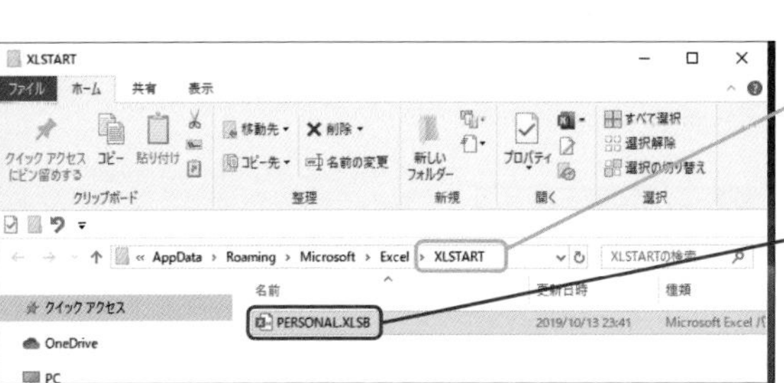


「XLSTART」フォルダーが開きます

**4** 「PERSONAL.XLSB」を選択

**5** Deleteキーを押す

## コラム 「PERSONAL.XLSB」の削除

「PERSONAL.XLSB」を完全に削除するには、「PERSONAL.XLSB」を選択したあと、Shiftキーを押しながらDeleteキーを押します。

### ワンポイント

**Windows 8の場合**

画面の左下を右クリックして、[ファイル名を指定して実行]を選択します。

### ワンポイント

**個人用マクロブックの保存場所**

個人用マクロブックは、Cドライブの「ユーザー」➡「ユーザー名」➡「AppData」➡「Roaming」➡「Microsoft」➡「Excel」➡「XLSTART」フォルダーに保存されています。

**注意** 「AppData」以下のフォルダーは隠しフォルダーとなっているため、Cドライブの「Users」フォルダーから順に開いていく場合、「AppData」フォルダーは表示されません。隠しフォルダーを表示するには、[表示]タブをクリックして、[隠しファイル]にチェックを入れます。Windows 7の場合は、任意のフォルダーウィンドウの[ツール]メニューをクリックして[フォルダーオプション]を選択し、[表示]タブの[すべてのファイルとフォルダーを表示する]をオンにして、[OK]ボタンをクリックします。

### 解説

以上の操作で個人用マクロブックが削除されます。

### 最後に

操作が完了したら、マクロ有効ブックとして保存します。

SECTION 17

# マクロのセキュリティを設定する

マクロに関するセキュリティの設定は、４つのオプションの中から選ぶことができます。

チェックポイント ☑ マクロのセキュリティオプション

## セキュリティオプションを設定し実行結果を確認する

### step 1 マクロを実行する場合のセキュリティを設定する

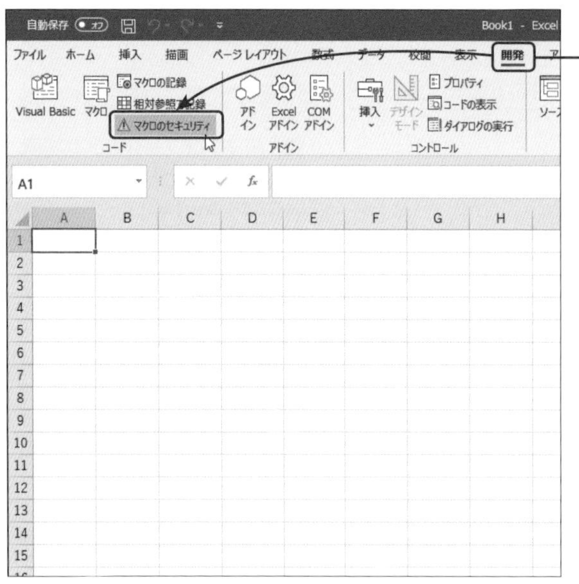


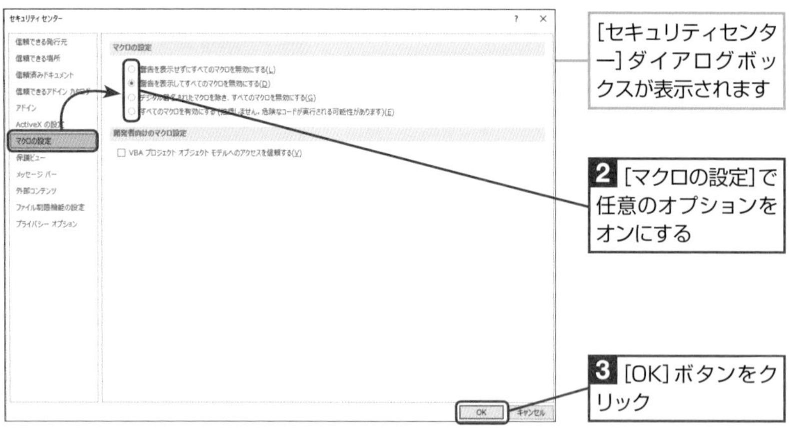


**準備**

任意のブックを開くか、または新規のブックを開きます。

**ワンポイント**

**[マクロの設定]**

[マクロの設定]には、ブックを開く際に、マクロを有効にするか無効にするかを設定する4つのオプションが用意されています。

**ワンポイント**

**セキュリティの設定**

一度、[セキュリティの警告]メッセージバーの[マクロを有効にする]ボタンをクリックしてマクロを有効にしたブックに対しては、ここで紹介するマクロを無効にする設定は反映されません。この場合、次回以降に作成したマクロを含むブックに対して設定が適用されるようになります。

## step 2 [警告を表示してすべてのマクロを無効にする] をオンにして、ブックを開く

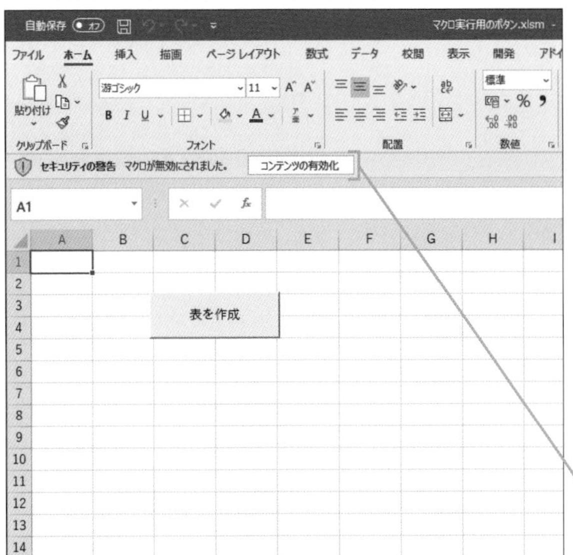


**ワンポイント**

**[セキュリティの警告]**

[セキュリティの警告] メッセージバーの [オプション] ボタンをクリックすると、マクロを有効にするかどうかを設定するためのダイアログボックスが表示されます。

3

### コラム 個人用マクロブックを使用している場合

個人用マクロブックを使用している場合は、ここでの操作にかかわらず、個人用マクロブックに登録したマクロが有効な状態でブックが開きます。

## step 3 [警告を表示せずにすべてのマクロを無効にする] をオンにして、ブックを開く

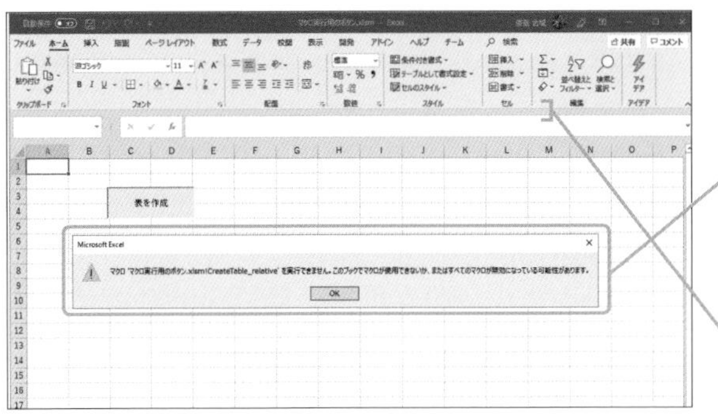


**ワンポイント**

**[警告を表示せずにすべてのマクロを無効にする]**

step 1の操作手順2で [警告を表示せずにすべてのマクロを無効にする] オプションをオンにした場合、マクロを有効にするための [セキュリティの警告] メッセージバーが表示されないので、マクロに関する操作を行うことができません。

## step 4 [すべてのマクロを有効にする] をオンにして、ブックを開く

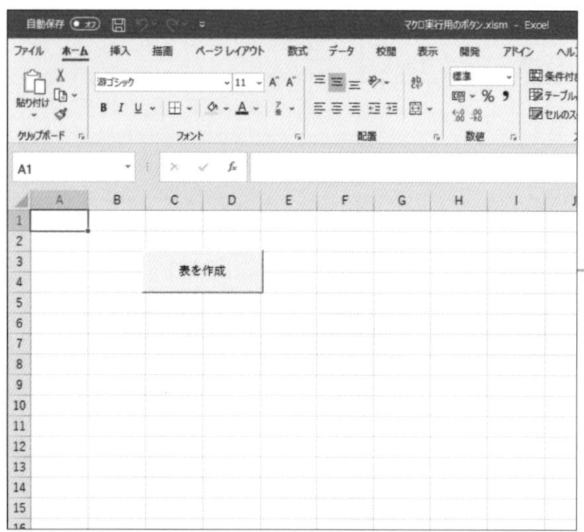


**ワンポイント**

**[すべてのマクロを有効にする]**

[すべてのマクロを有効にする] をオンにした場合は、ブックを開く際に、無条件でマクロが有効になります。このため、信頼できる環境で操作できる場合を除き、通常はこのオプションを使わないようにしてください。

### コラム 常に有効にする

常にマクロが有効な状態でブックを開きたい場合は、個人用マクロブックを使用した方が便利です。

### コラム マクロを無効にする

[セキュリティの警告]メッセージバーの[マクロを有効にする]ボタンをクリックしてマクロを有効にして開いたブックは、このままの状態でセキュリティオプションでマクロを無効にしても設定は反映されません。対象のブックのマクロを無効にする、あるいは、無効にした状態でメッセージを表示するようにしたい場合は、対象のブックをいったん閉じてから再度、開いてください。そうすれば、セキュリティオプションの設定が反映された状態でブックを開くことができます。

### コラム デジタル証明書とは

[セキュリティセンター]の[マクロの設定]には、[デジタル署名されたマクロを除き、すべてのマクロを無効にする]という項目があります。

デジタル署名にはデジタル証明書が必要となります。デジタル証明書とは、マクロが本人のものであることを証明するためのデータで、「公開鍵暗号方式」と呼ばれる暗号化技術が使われています。

**・デジタル証明書の役割**

デジタル証明書には、ファイル作成者に関する情報や証明書を発行した証明機関に関する情報や有効期間などの情報が記録されています。デジタル証明書による署名が付いていることで、ファイルの作成者が信頼できるかどうかを確認できます。

また、ファイルの内容が勝手に変更されていないかどうかも確認できるようになっています。

**・デジタル証明書を取得するには**

デジタル証明書は、「認証局(CA)」と呼ばれる認証機関が調査の上、発行します。なお、個人的な用途で使用する証明書を作成することも可能です(Officeオンラインのページhttp://office.microsoft.com/ja-jp/excel-help/HA010354308.aspxを参照)。

CHAPTER

# 4

# VBエディターの徹底活用術

Excelには、マクロの作成や編集を行うためのVBエディター（VBE：Visual Basic Editor）が標準で搭載されています。この章では、VBエディターを便利に使いこなすためのテクニックについて見ていきます。

SECTION 18

# VBエディターの起動と終了を行う

VBエディターは、マクロの作成や編集を行うためのツールです。ここでは、VBエディターの起動と終了を行う操作について見ていくことにしましょう。

チェックポイント ☑ Visual Basic Editor（VBE、VBエディター）

## VBエディターを起動して終了する

### step 1 VBエディターを起動する

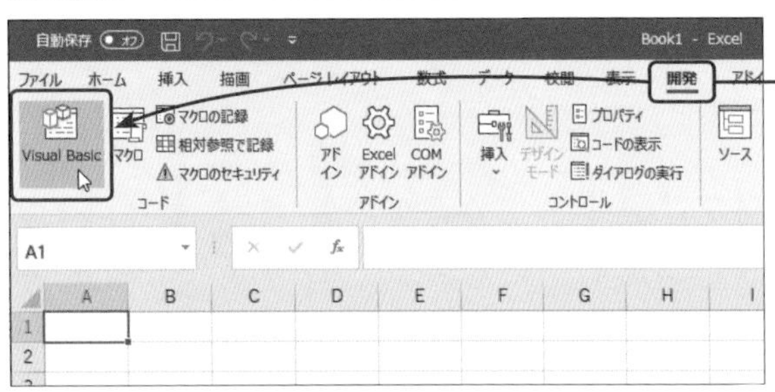


[開発]タブの[Visual Basic]ボタンをクリック

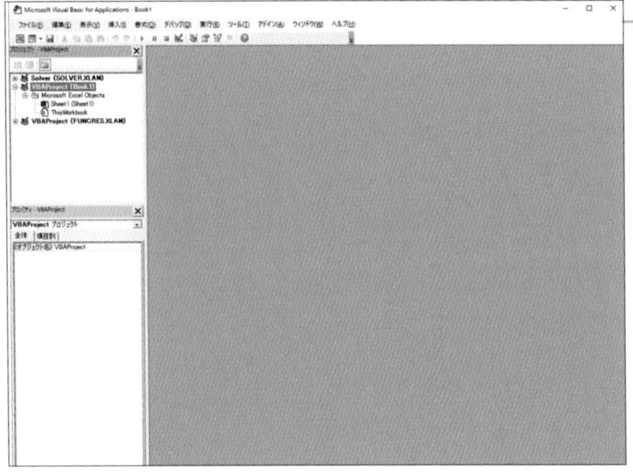


VBエディターが起動します

### step 2 VBエディターを終了する

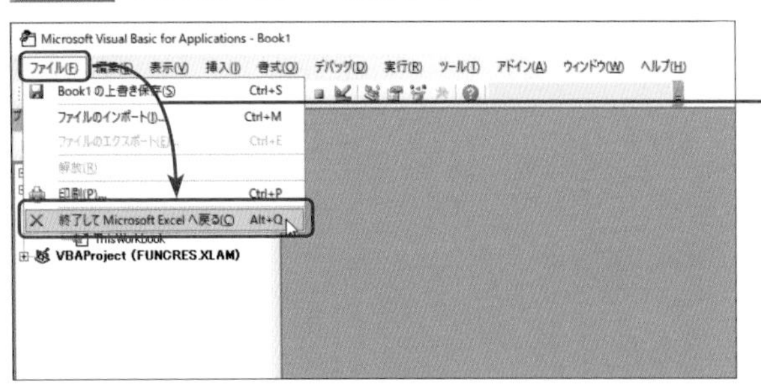


[ファイル]メニューをクリックし、[終了してMicrosoft Excelへ戻る]を選択

**準備**

新規のブックを用意します。

**解説**

VBエディターは、[開発] タブの [マクロ] ボタンをクリックし、[マクロ] ダイアログボックスに表示されているマクロ名を選択して [編集] ボタンをクリックすると、対象のマクロが編集できる状態でVBエディターが起動します。ただし、まだマクロを作成していない場合や、VBエディターの機能をすぐに利用したい場合は、ここで紹介した方法を使ってVBエディターを起動します。

**解説**

ここでの操作を行うことで、VBエディターが終了すると同時にExcelが表示されます。

**ワンポイント**

### VBエディターの終了

VBエディターは、他のWindowsアプリケーションと同様に、タイトルバーの [閉じる] ボタンをクリックして終了することもできます。

コラム
## VBエディターとExcelの終了

VBエディターを終了してもExcelは終了しませんが、Excelを終了するとVBエディターも一緒に終了します。

## step 3 画面表示をVBエディターからExcelに切り替える

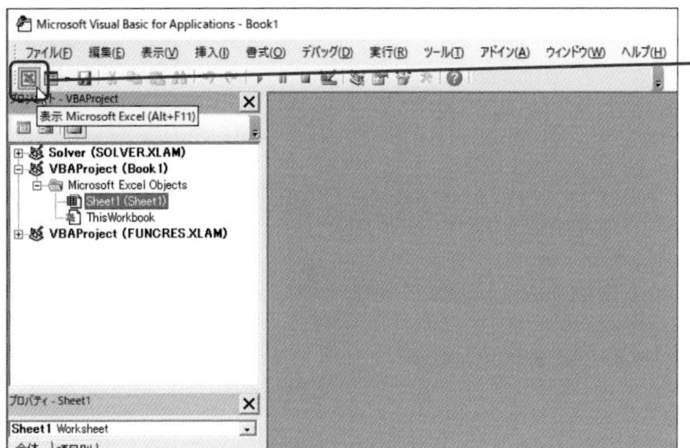


ツールバーの[表示 Microsoft Excel]ボタンをクリック

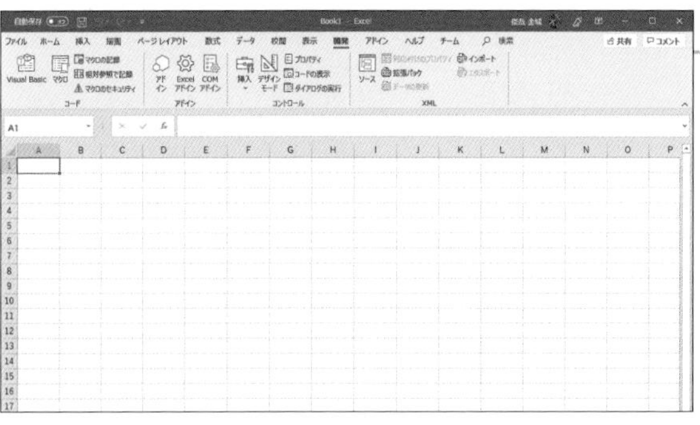

表示がExcelに切り替わります

## step 4 ショートカットキーで瞬時に画面を切り替える

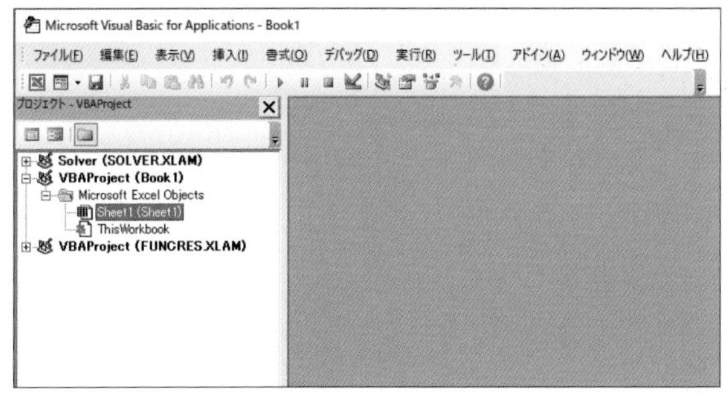


Alt + F11 キーを押す

## ExcelとVBエディターの切り替え

ExcelとVBエディターを切り替えるにはいくつかの方法がありますが、Windowsのタスクバーを使うのが基本となる方法です。

ワンポイント

### VBエディターに表示されるモジュール

VBエディターを起動した際に「FUNCRES.XLAM」というモジュールが表示される場合があります。このモジュールはExcelに標準で組み込まれているマクロのためのもので、画面左の[プロジェクトエクスプローラー]で「VBAProject (FUNCRES.XLAM)」の項目を折りたためば非表示になります。

解説

ここでは、VBエディターが起動した状態で、Excelの画面に切り替えるための操作を行っています。

ワンポイント

### タスクバーを使う

VBエディターを起動した状態で、WindowsのタスクバーのExcelのボタンをクリックすると、VBエディターがタスクバーに縮小表示されます。タスクバーに縮小表示されているExcelとVBエディターのボタンをクリックすることで、画面を切り替えることができます。

解説

Alt + F11 キーを押すたびに、VBエディターとExcelが交互に表示されるので、Excelのワークシートを確認しながら頻繁にVBエディターで編集を行う場合に使うと便利です。

SECTION 19

# VBエディターの画面構成を確認する

ここでは、VBエディターの画面構成について見ていくことにしましょう。

チェックポイント
☑ [プロジェクトエクスプローラー]
☑ [プロパティウィンドウ]
☑ [コードウィンドウ]

## VBエディターの画面構成

### step 1 VBエディターの画面構成を見る

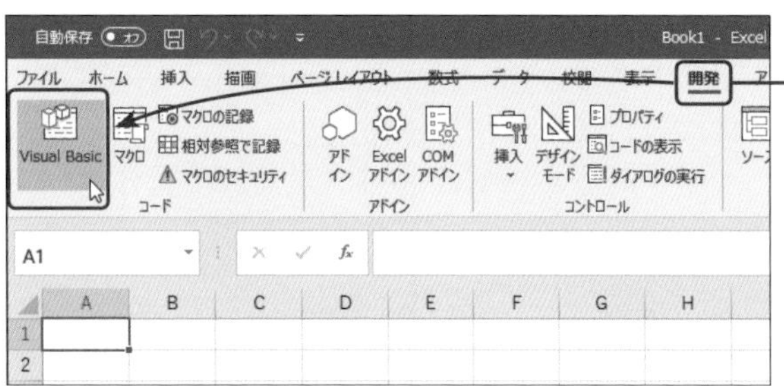


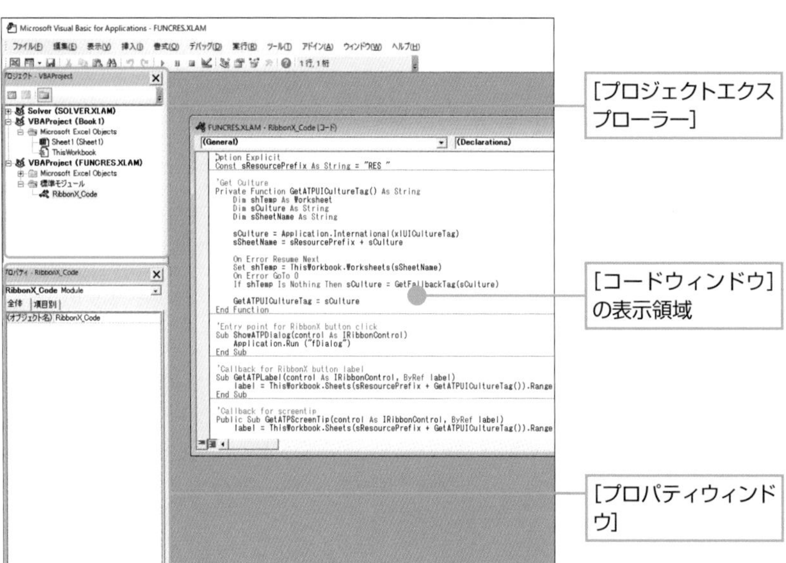


**コラム [コードウィンドウ]**

VBAプログラミングは、すべて[コードウィンドウ]を使って行います。

**準備**

新規のブックを用意します。

**ワンポイント**

**[コードウィンドウ]**

ブックにマクロが登録されていない場合は、[コードウィンドウ]は表示されません。

**ワンポイント**

**VBエディターに表示されるウィンドウ**

VBエディターには、次のウィンドウが表示されます。

- **[プロジェクトエクスプローラー]**
  VBAのコードを管理するためのウィンドウです。VBAは主に「標準モジュール」フォルダー内の「Module1」などに記述します。
- **[コードウィンドウ]**
  VBAを記述するためのウィンドウです。[プロジェクトエクスプローラー]で「Module1」をダブルクリックするとModule1の[コードウィンドウ]が表示されます。
- **[プロパティウィンドウ]**
  プロパティ(属性)を設定します。VBAではユーザーフォーム(または「フォーム」)と呼ばれる操作画面を使ってマクロを実行できます。ユーザーフォームには、ボタンやテキスト表示用の部品を配置します。これらの部品の外観や機能をプロパティを操作することで設定します。

## step 2 マクロを［コードウィンドウ］に表示する

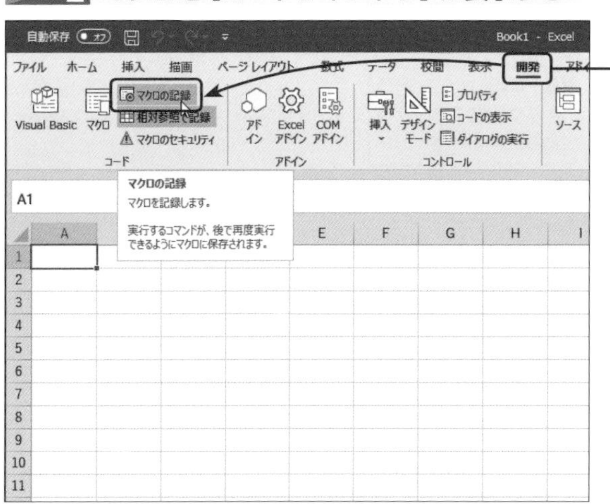


**1** ［開発］タブの［マクロの記録］ボタンをクリック

［マクロの記録］ダイアログボックスが表示されます

**2** ［マクロ名］ボックスに「Macro1」と入力

**3** ［マクロの保存先］リストボックスで［作業中のブック］を選択

**4** ［OK］ボタンをクリック

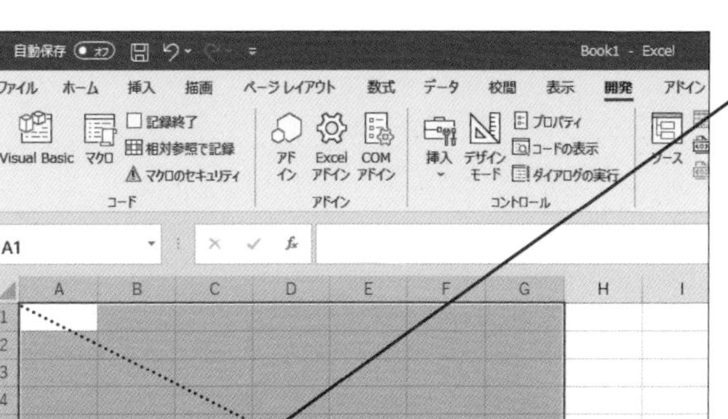


**5** A1セルからG10セルまでドラッグ

### 解説

ここでは、新規にマクロを作成し、作成したマクロを［コードウィンドウ］で表示することにします。

### ワンポイント

**作業中のブック**

マクロの保存先として［作業中のブック］を選択した場合は、マクロを実行するために記述されたVBAのコードが編集中のブックの中に埋め込まれて、ブックのデータと一緒に保存されます。このため、マクロを有効にしてブックを開けば、常にマクロが使用できる状態になります。

### 解説

ここでは、A1セルを起点に、縦横7×10の表を作成するマクロを作成します。

### コラム ［相対参照で記録］ボタン

ここでは、絶対参照を使って、A1セルを起点に表を作成するマクロを作成していますが、相対参照で記録したい場合は、マクロの記録を開始する前に［相対参照で記録］ボタンをクリックしておきます。

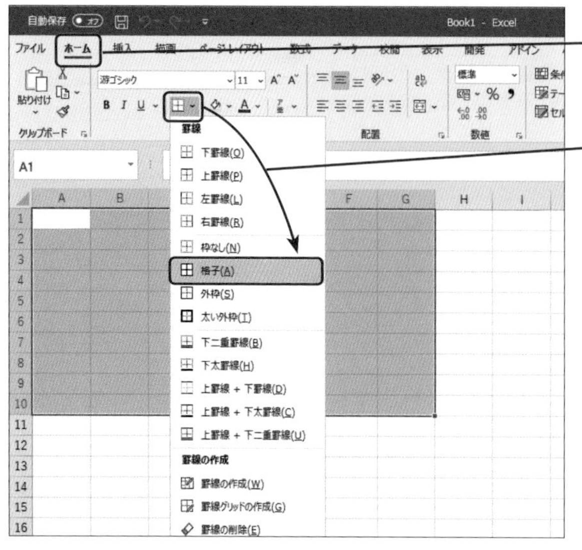


**6** [ホーム]タブをクリック

**7** [罫線]ボタンをクリックして[格子]を選択

**ワンポイント**

### [マクロ] ボタン

[マクロ] ボタンをクリックし、[マクロ] ダイアログボックスで目的のマクロ名を選択し、[編集] ボタンをクリックしてVBエディターのコードを表示させることもできます。

**コラム**

### 絶対参照

絶対参照とは、「A1」や「C12」などのセル番地を使ってセルを参照する方法のことです。当然、A1と指定すれば、必ずA1セルが参照されます。現在、アクティブなセルがどの位置にあっても、「A1セルからB3セルまでをコピー」というマクロを実行すれば、常にA1からB3までのセル範囲がコピーされます。

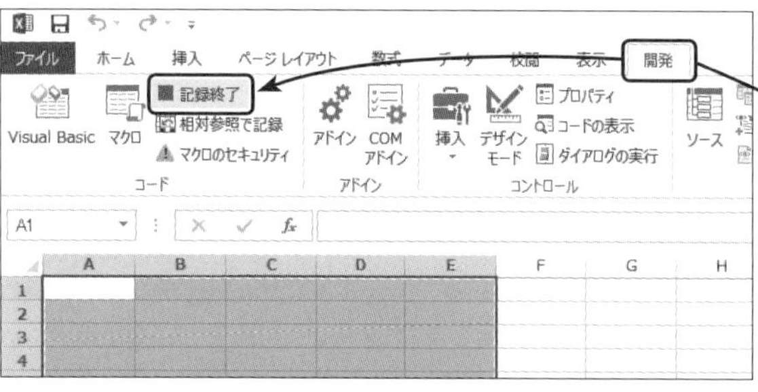


**8** [開発]タブの[記録終了]ボタンをクリック

**解説**

[記録終了] ボタンをクリックすると、マクロの記録を終了することができます。

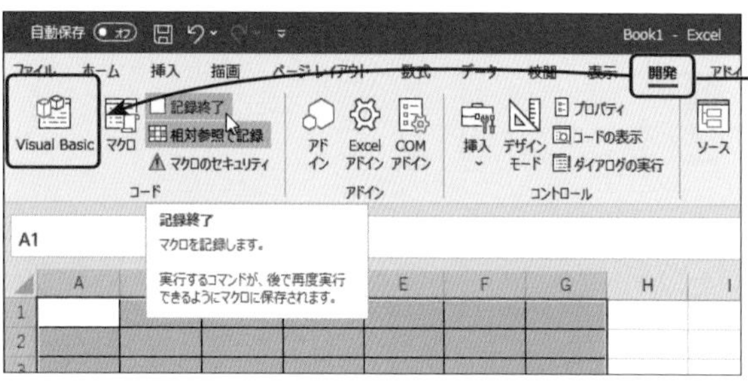


**9** [開発]タブの[Visual Basic]ボタンをクリックする

**コラム**

### 相対参照

相対参照とは、基点となるセルを決め、そのセルからの位置情報をもとにしてセルを参照する方法のことです。相対参照は「$A$1」のように列番号と行番号の前に「$」を付けます。

例えば、現在、アクティブなセルがA1で、このセルを起点にして「$B$1」を参照するマクロを作成したとします。この場合、実際にマクロを実行した際のアクティブなセルがA1であった場合はB1セルが参照されますが、アクティブなセルがA2の場合は、参照されるセルがB2になります。

このように相対参照は、常に基点となるセルと参照されるセルとの位置関係が決まっていて、基点となるセルの位置がどこであっても参照されるセルとの位置関係が保持されます。

このようなことから、「常に右へ2つ目のセルの値をコピーする」というようなマクロを作成する場合は、相対参照を使ってセルの位置を指定します。

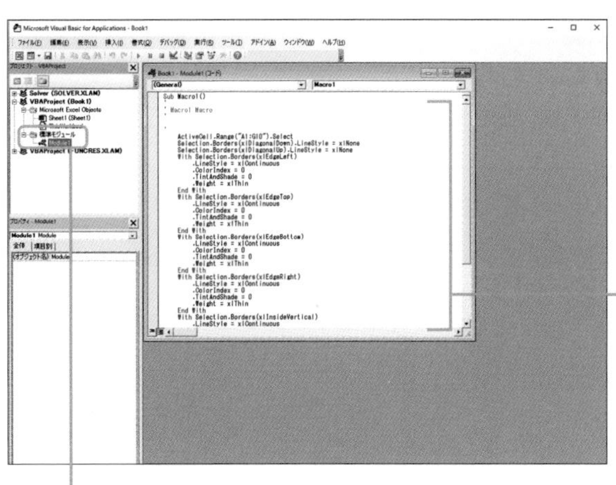

**10** [プロジェクトエクスプローラー]で「VBAProject(ブック名)」➡「標準モジュール」を展開し、「Module1」をダブルクリックする

マクロを構成するVBAのコードが、VBエディターの[コードウィンドウ]に表示されます

マクロのコードを保存するための「Module1」が「標準モジュール」フォルダー内に作成されています

**ワンポイント**

### [コードウィンドウ] が表示されていない場合

[コードウィンドウ] が表示されていない場合は、[プロジェクトエクスプローラー]で[標準モジュール]を展開し、[Module1]をダブルクリックします。

**コラム**

### マクロに記録する操作を誤った場合

マクロに記録する操作を誤った場合は、ステータスバーの [マクロの記録] ボタンをクリックし、マクロを削除した上で、もう一度最初からやり直してください。

4

## step 3 [プロジェクトエクスプローラー] の表示／非表示を切り替える

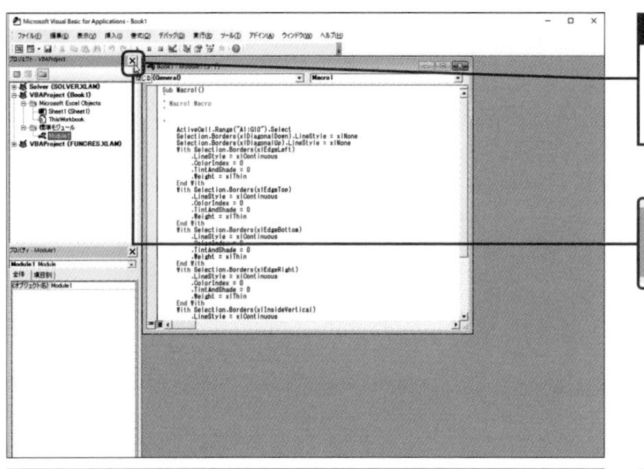

**1** [プロジェクトエクスプローラー]の[閉じる]ボタンをクリック

[プロジェクトエクスプローラー]が非表示になります

**2** [表示]メニューをクリックして[プロジェクトエクスプローラー]を選択

このあと[プロジェクトエクスプローラー]が再び表示されます

**ワンポイント**

### [プロジェクトエクスプローラー]

[プロジェクトエクスプローラー]は、ブックや個人用マクロブックに登録されているマクロを管理するためのウィンドウです。なお、「プロジェクト」とは、ブックに含まれているすべてのマクロの総称で、VBエディターでは、ブックに登録されたマクロや個人用マクロブックのマクロをそれぞれのプロジェクト単位で扱います。

**ワンポイント**

### タイトルバーの右クリックメニュー

[プロジェクトエクスプローラー]のタイトルバーを右クリックして、[非表示]を選択して閉じることもできます。

## step 4 [プロパティウィンドウ] の表示/非表示を切り替える

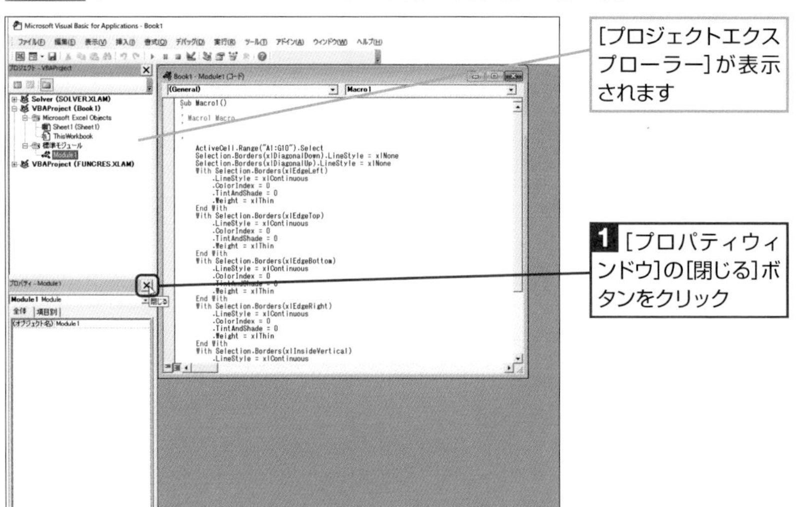

[プロジェクトエクスプローラー]が表示されます

**1** [プロパティウィンドウ]の[閉じる]ボタンをクリック

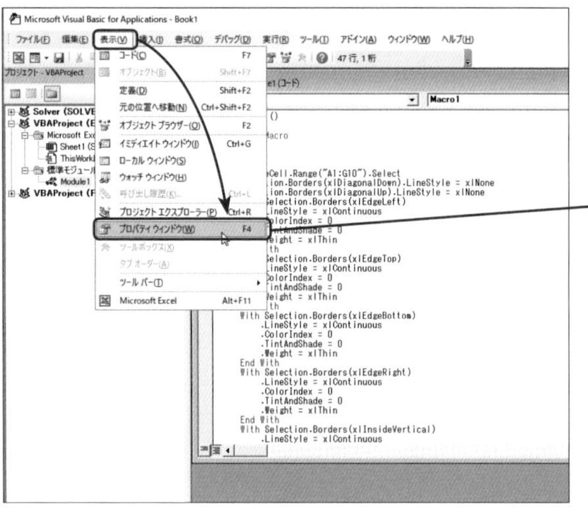

[プロパティウインドウ]が非表示になります

**2** [表示]メニューをクリックして[プロパティウィンドウ]を選択

このあと、[プロパティウィンドウ]が再び表示されます

**ワンポイント**

### [プロパティウィンドウ]

[プロパティウィンドウ] は、[プロジェクトエクスプローラー] で選択されているオブジェクト([Sheet1] などのモジュールやフォーム)のプロパティ(外観や機能などオブジェクトが備えている要素のこと)を設定、変更するためのプロパティの一覧を表示します。

**ワンポイント**

### タイトルバーの右クリックメニュー

[プロパティウィンドウ] のタイトルバーを右クリックして[非表示]を選択して、閉じることもできます。

**ワンポイント**

### 表示サイズの調整

[プロジェクトエクスプローラー] や [プロパティウィンドウ] の表示サイズは、上下左右の表示領域の境界部分をドラッグすることで変更できます。

**最後に**

作成したブックを「画面構成」という名前のマクロ有効ブックとして保存します。

**コラム**

### [コードウィンドウ] の最大化

[コードウィンドウ] のタイトルバーに表示されている [最大化] ボタンをクリックすると、[コードウィンドウ] の表示領域いっぱいに拡大されて表示されます。

**コラム**

### ウィンドウのフローティング表示

[プロジェクトエクスプローラー] や [プロパティウィンドウ] のタイトルバーをポイントした状態で、VBエディターの中央付近へドラッグすると、フローティング表示 (移動可能な状態) にすることができます。

各ウィンドウを使いやすい位置に変更したい場合は、フローティング表示にするとよいでしょう。

なお、元の状態に戻したい場合は、タイトルバーをポイントした状態でVBエディターの左端へドラッグすれば、再びVBエディターの左側に固定されます。

SECTION 20

# マクロ用モジュールを別のブックから読み込む

[プロジェクトエクスプローラー] を使うと、現在、開かれているブックのモジュールを一覧で表示したり、モジュールのファイルへの書き出しや読み込みを行うことができます。

チェックポイント
- ☑ モジュール
- ☑ ファイルのエクスポート
- ☑ ファイルのインポート

## ファイルのインポートとエクスポートを行う

### step 1 モジュールを独立したファイルに書き出す

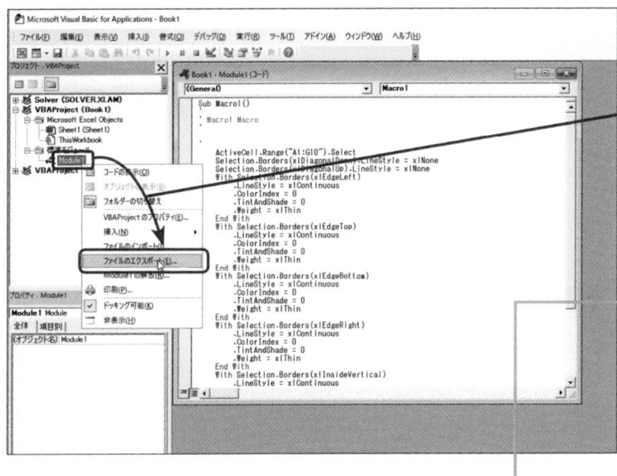

**1** [プロジェクトエクスプローラー]で「Module1」を右クリックして[ファイルのエクスポート]を選択

[ファイルのエクスポート]ダイアログボックスが表示されます

**2** [保存する場所]で保存先のフォルダーを選択

**3** [ファイルの種類]で[標準モジュール]を選択

**4** [ファイル名]に「MyModule1」と入力

**5** [保存]ボタンをクリック

**6** 「画面構成.xlsm」を閉じる

**コラム マクロのコピー**

複数のブックを開いている場合、他のブックに登録されているマクロを作業中のブックで利用することができますが、単にマクロを実行するのではなく、作業中のブックにマクロを組み込みたい場合は、目的のマクロをファイルにエクスポートした上で、作業中のブックにインポートします。

**準備**

SECTION19で作成したブック「画面構成」をマクロが有効な状態で表示して、VBエディターを表示します。

**解説**

[ファイル] メニューをクリックして [ファイルのエクスポート] を選択しても同じ結果になります。

**ワンポイント**

**モジュール**

モジュールはVBAのコードを管理するための単位のことです。

**解説**

ここでは、標準モジュール「Module1」を「MyModule1」という名前で保存します。これによって、選択したフォルダー内に「MyModule1.bas」というファイルが作成されます。

**ワンポイント**

**ファイルのエクスポート**

ファイルのエクスポートとは、選択したモジュールを独立したファイルに書き出すことです。ファイルのエクスポート先は、自由に選択することができます。

## step 2 モジュールを読み込む

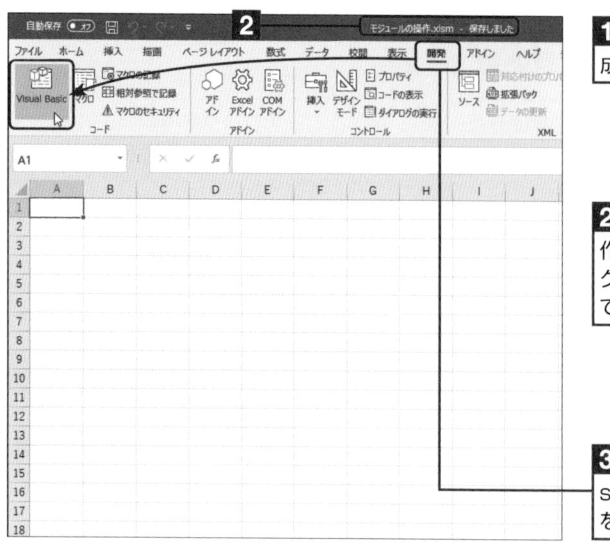


**1** 新規のブックを作成

**2** 「モジュールの操作」という名前のマクロ有効ブックとして保存

**3** [開発]タブの[Visual Basic]ボタンをクリック

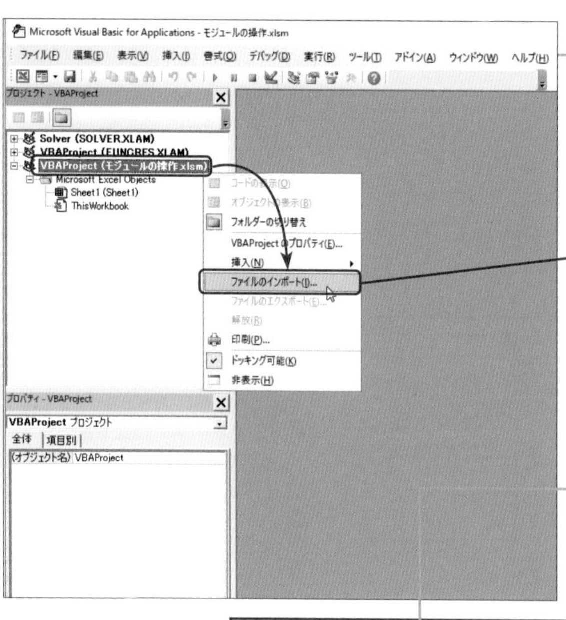


VBエディターが表示されます

**4** [プロジェクトエクスプローラー]で[VBAProject(モジュールの操作.xlsm)]を右クリックして[ファイルのインポート]を選択

[ファイルのインポート]ダイアログボックスが表示されます

**5** [ファイルの場所]で「MyModule1.bas」が保存されているフォルダーを選択

**6** [VBファイル(*.frm,*.bas,*.cls)]を選択

**7** 「MyModule1.bas」を選択

**8** [開く]ボタンをクリック

### ワンポイント

**モジュールの実体**

モジュールとは、マクロを保存しておくための単位のことで、「Microsoft Excel Objects」フォルダーや「標準モジュール」フォルダーに保存されています。これらのモジュールは独立したファイルではなく、ブックのファイルの中にまとめて保存されています。詳しくは「SECTION27 VBAプログラムの実体を見る」を参照してください。

### 解説

[ファイル]メニューをクリックして[ファイルのインポート]を選択しても同じ結果になります。

### ワンポイント

**ファイルのインポート**

ファイルのインポートとは、独立したファイルに書き出したモジュールを読み込むことを意味します。

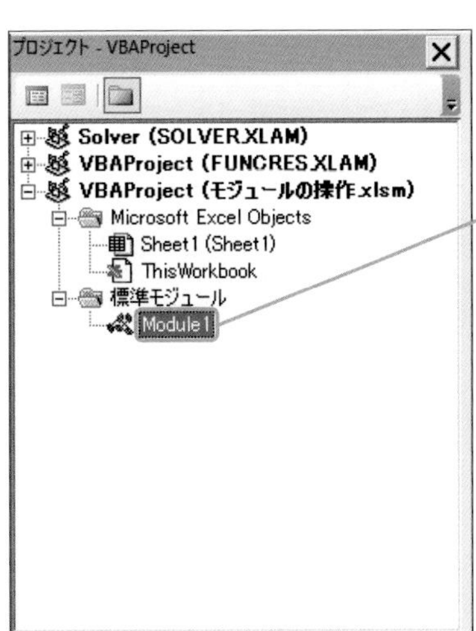


「VBAProject」に「標準モジュール」フォルダーが作成され、「MyModule1.bas」に保存されているマクロのコードが「Module1」という名前のモジュールに読み込まれます

**ワンポイント**

**プロジェクト**

Excelでは、ブックに保存されているモジュールをプロジェクトと呼ばれる単位で管理します。詳しくは、「SECTION27 VBAプログラムの実体を見る」を参照してください。

4

**コラム　コードの表示**

［プロジェクトエクスプローラー］では、特定のモジュールを選択して、［コードの表示］ボタンをクリックすると、選択したモジュールのコードが［コードウィンドウ］に表示されます。

## step 3 モジュールを追加する

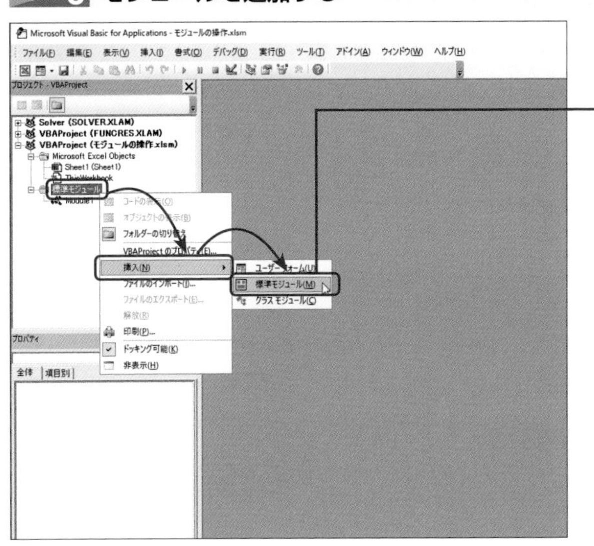


［プロジェクトエクスプローラー］でモジュールを追加するフォルダーを右クリックして［挿入］➡［標準モジュール］を選択

**解説**

ここでは、「標準モジュール」フォルダーに新規のモジュールを追加することにします。

**ワンポイント**

**モジュールの追加**

追加できるモジュールは、「標準モジュール」、「クラスモジュール」、「ユーザーフォーム」の3つです。

一般的なマクロ（ユーザーフォームを使用しないマクロ）は、標準モジュールに保存します。

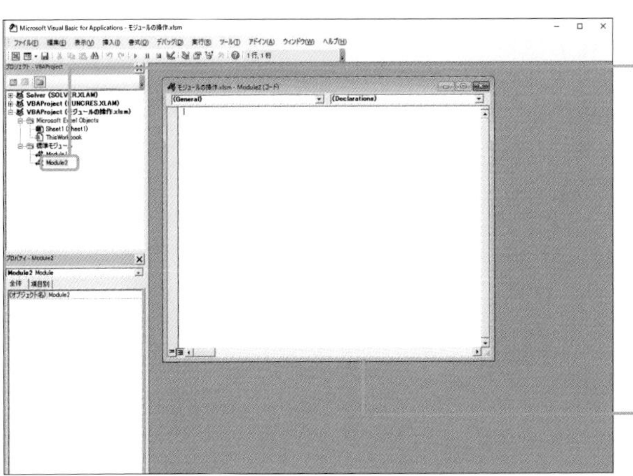

新規のモジュール「Module2」が作成されます

「Module2」が［コードウィンドウ］に表示されます

## step 4 モジュールを削除する

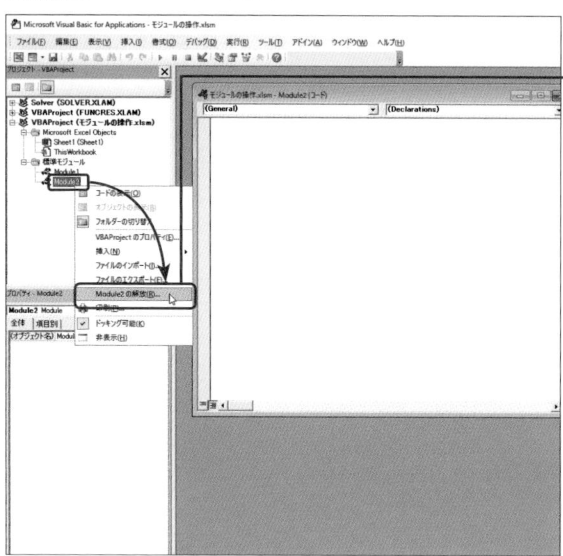

**1** [プロジェクトエクスプローラー]で「Module2」を右クリックして[Module2の解放]を選択

ここでは、「step 3」で作成した「Module2」を削除することにします。

**ワンポイント**

**モジュールの解放**

[ファイル] メニューをクリックして [Module2の解放] を選択しても同じ結果になります。

**コラム モジュールの解放とは**

VBエディターでは、モジュールを削除することを「解放」と表現しています。

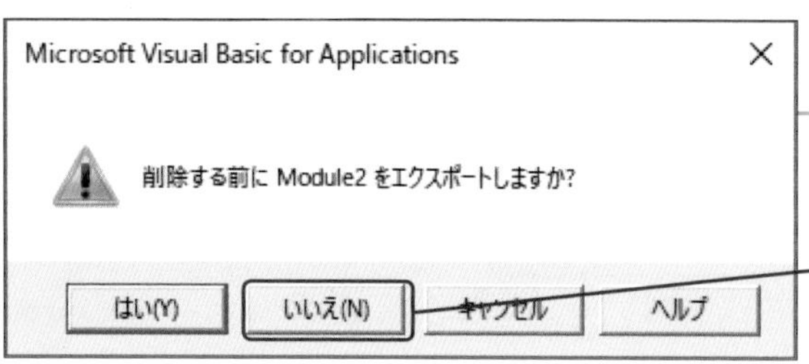


エクスポートを行うかどうかを確認するダイアログボックスが表示されます

**2** [いいえ]を選択

選択したモジュールが削除されます

**解説**

ブックから対象のモジュールを削除すると同時に、モジュールをファイルとして保存したい場合は、[はい] ボタンをクリックしてファイルのエクスポートを行います。

## step 5 プロジェクトをパスワードで保護する

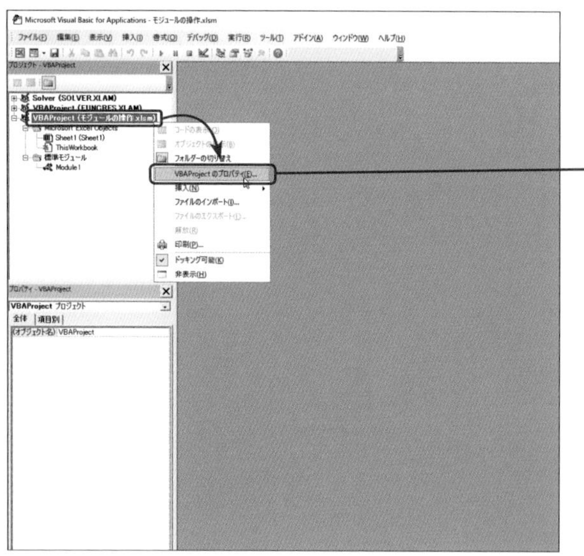

**1** [プロジェクトエクスプローラー]で[VBAProject(モジュールの操作.xlsm)]を右クリックして[VBAProjectのプロパティ]を選択

**解説**

ここでは、ブック「モジュールの操作」のプロジェクトをパスワードで保護することにします。

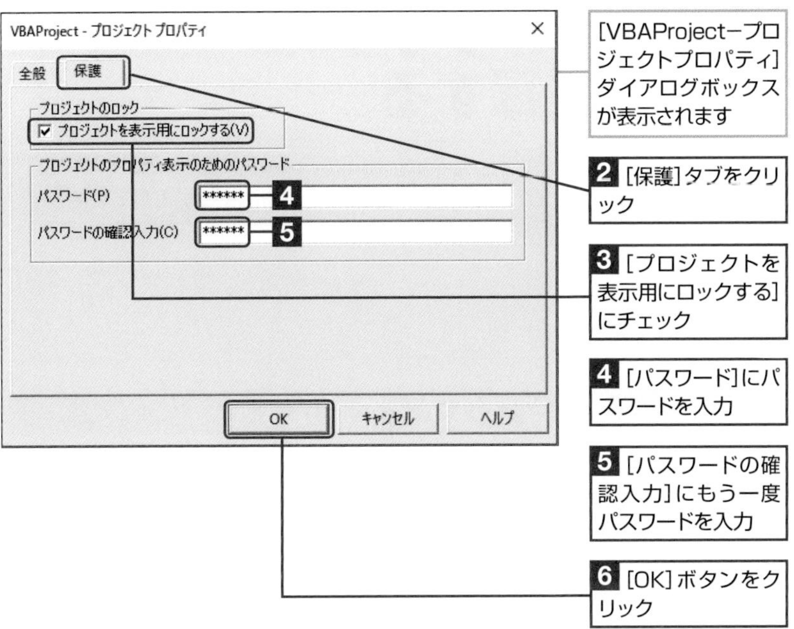


[VBAProject－プロジェクトプロパティ] ダイアログボックスが表示されます

**2** [保護] タブをクリック

**3** [プロジェクトを表示用にロックする] にチェック

**4** [パスワード] にパスワードを入力

**5** [パスワードの確認入力] にもう一度パスワードを入力

**6** [OK] ボタンをクリック

ブックを保存します

**解説**

［プロジェクトを表示用にロックする］にチェックを入れて、パスワードを入力することで、対象のプロジェクトにパスワードが設定されます。

プロジェクトの内容を他人に変更されたくない場合に利用すると便利です。

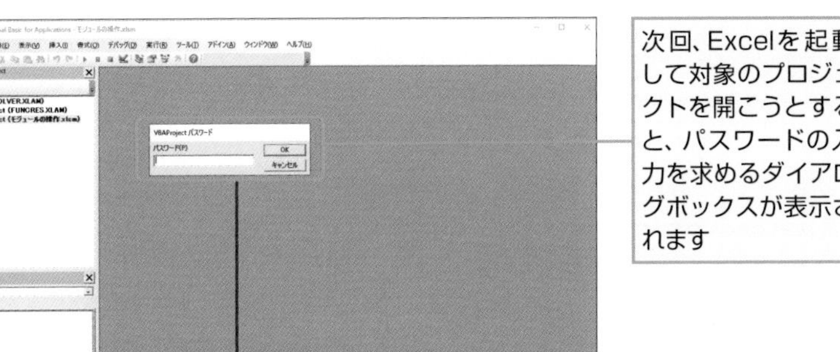

次回、Excelを起動して対象のプロジェクトを開こうとすると、パスワードの入力を求めるダイアログボックスが表示されます

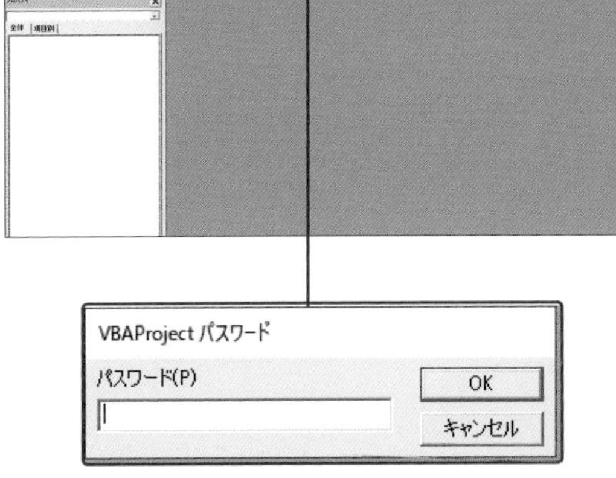


**ワンポイント**

**パスワードの解除**

設定したパスワードを解除するには、[VBAProject － プロジェクトプロパティ] ダイアログボックスを表示して、[保護] タブの [プロジェクトを表示用にロックする] のチェックを外し、[パスワード] と [パスワードの確認入力] ボックスに入力されているパスワードを削除して、[OK] ボタンをクリックします。

**コラム**

**パスワードによるプロジェクトの保護**

プロジェクトに保存した内容を他のユーザーに変更されたくない場合は、ここで紹介した方法を使って、プロジェクトにパスワードを設定しておくようにします。

SECTION 21

# ワークシートやブックの設定情報を登録する

プロパティとは、ワークシートやモジュールなどに設定されている属性のことです。ここでは、［プロパティウィンドウ］を使ってプロパティの設定を行う方法について見ていきます。

チェックポイント
☑ プロパティ
☑ ［プロパティウィンドウ］

## ワークシートとブックのプロパティを設定する

### step 1 ワークシートのプロパティを設定する

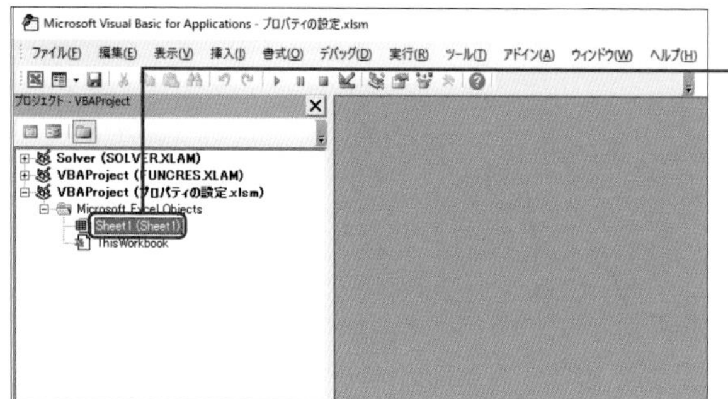


1 ［プロジェクトエクスプローラー］でブック用のプロジェクトを展開し、「Sheet1」を選択

プロパティ - Sheet1

Sheet1 Worksheet

全体 | 項目別

| | |
|---|---|
| (オブジェクト名) | Sheet1 |
| DisplayPageBreaks | False |
| DisplayRightToLeft | False |
| EnableAutoFilter | False |
| EnableCalculation | True |
| EnableFormatConditionsCalculation | True |
| EnableOutlining | False |
| EnablePivotTable | False |
| EnableSelection | 0 - xlNoRestrictions |
| Name | Myworksheet01 |
| ScrollArea | |
| StandardWidth | 8.38 |
| Visible | -1 - xlSheetVisible |

2 ［プロパティウィンドウ］で［Name］を選択

3 「MyWorksheet01」と入力

「Sheet1」の表示が「MyWorksheet01」に変更されます

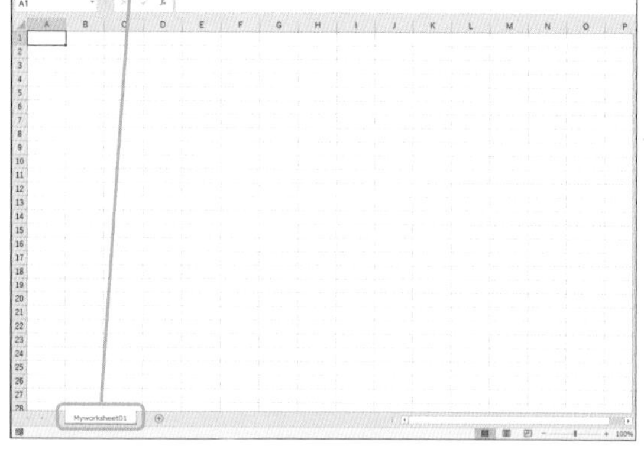

**準備**

新規のブックを作成して、VBエディターを表示します。

**ワンポイント**

**プロパティ**

プロパティとは、特定の対象物（オブジェクト）が備えている特性のことです。例えば、ワークシートの場合は、ワークシート名を設定する「Name」プロパティがあります。詳しくは「SECTION28　プロパティが何であるかをとことん理解する」を参照してください。

**解説**

ここでは、ワークシートの名前を設定する「Name」プロパティの値を「MyWorksheet01」に変更することにします。

**コラム　プロパティの設定**

プロパティは、VBAのコードを記述して設定することもできます。

## step 2 ブックのプロパティを設定する

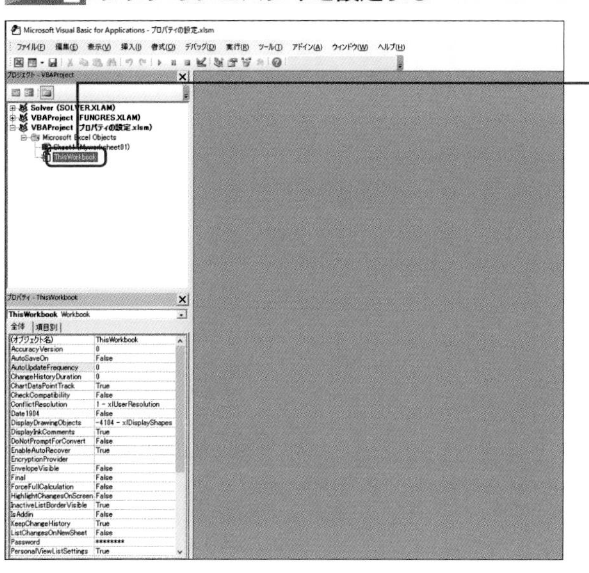


**1** [プロジェクトエクスプローラー]で「ThisWorkbook」を選択

### ThisWorkbook

[プロジェクトエクスプローラー]に表示されている「ThisWorkbook」は、作業中のブックのプロパティやVBAのコードを保存しておくためのものです。

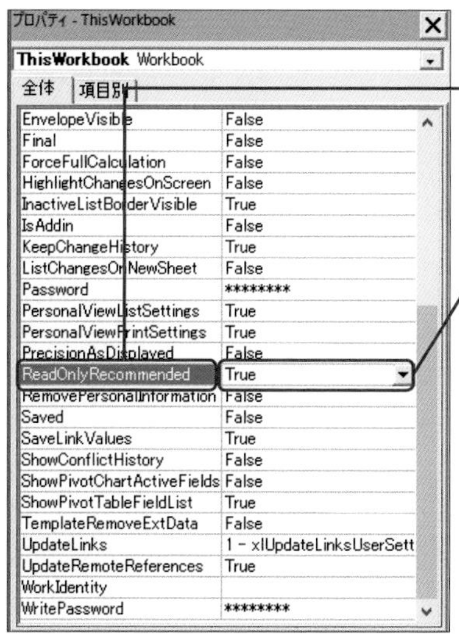


**2** [プロパティウィンドウ]で[ReadOnly Recommended]を選択

**3** リストボックスの▼をクリックして「True」を選択

**4** ブックを保存する

ここでは、ブックの上書きに関する設定を行う「ReadOnlyRecommended」プロパティの値を「True」にすることで、ブックを読み取り専用に設定しています。

次回、ブックを表示する際に次のように、ブックが読み取り専用になっていることを通知するメッセージが表示されます

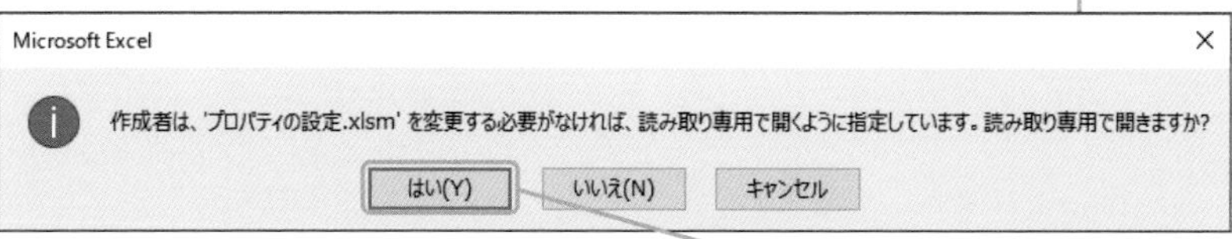


[はい]をクリックすると、ブックが読み取り専用で開きます

**最後に**

ブックをマクロ有効ブックとして保存します。

### コラム 読み取り専用で上書きするには

ブックを読み取り専用にした場合は、[いいえ] ボタンをクリックすると、上書きが可能な状態でブックが開きます。

# プロジェクトに含まれる要素(メンバー)を専用のウィンドウに表示する

[オブジェクトブラウザー] では、編集中のブックのプロジェクトで利用できるクラスやクラスに含まれるメンバーの一覧を表示することができます。

チェックポイント
☑ オブジェクト
☑ クラス
☑ メンバー
☑ 標準モジュール

## クラスとメンバーを表示する

### step 1 [オブジェクトブラウザー] を表示する

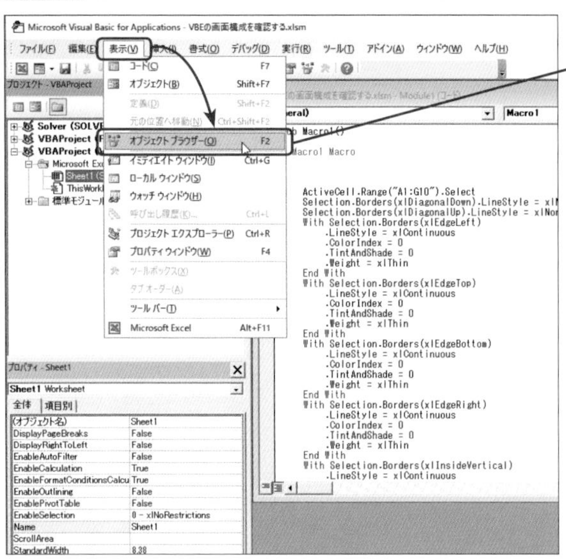

[表示]メニューをクリックして[オブジェクトブラウザー]を選択

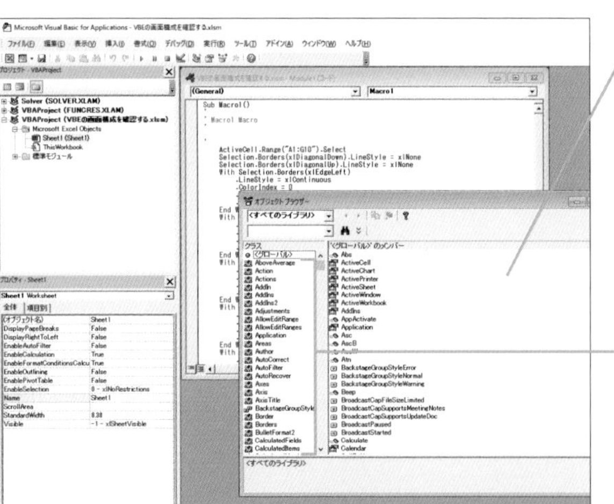

[オブジェクトブラウザー]が表示されます

現在、作業中のブックで利用できるクラスの一覧が表示されます

**準備**

SECTION19で作成したブックをマクロが有効な状態で表示して、VBエディターを表示します。

**ワンポイント**

#### オブジェクト

オブジェクトとは、操作の対象を指す用語です。このため、オブジェクトの意味は多岐にわたり、ワークシートやブックのほか、ワークシート上のグラフや画像、さらには、プロジェクトやモジュールなどの要素を表す用語として広く使われます。

**ワンポイント**

#### クラスとメンバー

[オブジェクトブラウザー] では、[クラス] ボックスで特定のクラス名を選択すると、クラスに含まれるメンバーの一覧が ['クラス名'のメンバー] ボックスに一覧で表示されます。なお、クラスとメンバーについては、step 2のワンポイントを参照してください。

**ワンポイント**

#### ショートカットキー

[オブジェクトブラウザー] は F2 キーを押して表示することもできます。

## step 2 Excelで利用できるクラスを表示する

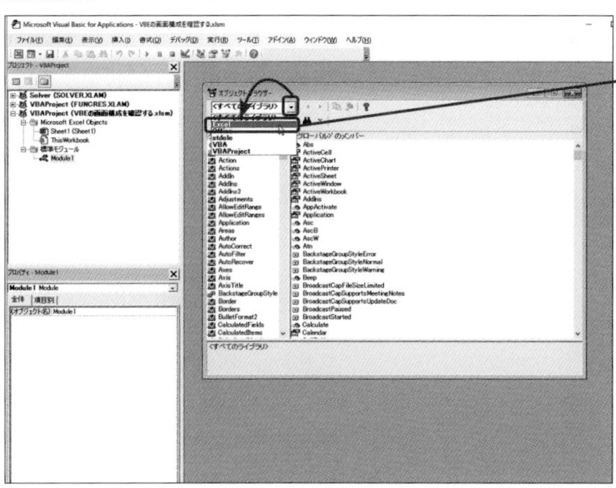

**1** [プロジェクト/ライブラリ]ボックスの▼をクリックして[Excel]を選択

**解説**

ここでは、Excelのライブラリファイルに収録されているクラスの一覧を表示するようにしています。



**コラム　クラスの保存先**

Excelにあらかじめ用意されているクラスは、専用のライブラリファイル（拡張子「.dll」）に保存されています。ただし、コンパイル（プログラムコードをCPUが読み込めるコードに変換すること）済みなので、コード自体を見ることはできません。

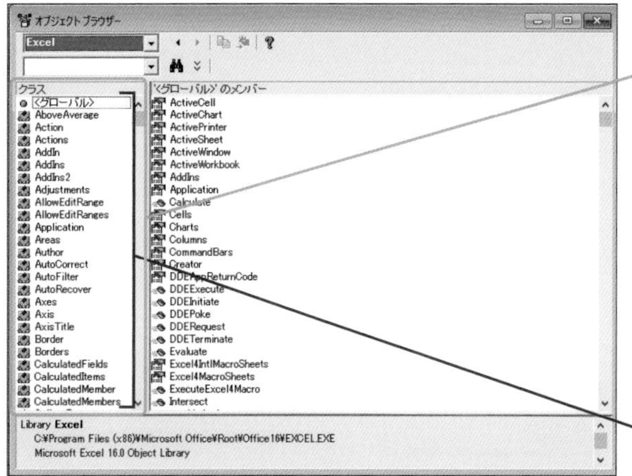

Excelで利用できるクラスの一覧が[クラス]ボックスに表示されます

**2** [クラス]ボックスで任意のクラス名を選択

**ワンポイント**

### クラスとメンバー

クラスとは、プロシージャやデータなどの要素を持つコードブロックのことを指します。Excelには、Microsoft社が作成した、特定の処理を実行する様々な種類のクラスが用意されていて、任意のクラスを呼び出すコードを記述することで、クラスを利用して特定の処理を行わせることができます。なお、VBエディターでは、ユーザーが作成した標準モジュールもクラスとして扱うようになっています。

メンバーとは、クラスに含まれるメソッド（名前付きのソースコード）のことを指します。クラスには必要な数だけメソッドを定義できるのでこのような呼び方がされます。

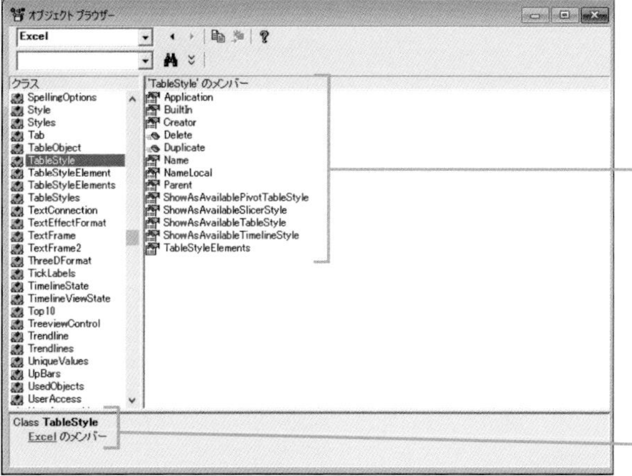

選択したクラスのメンバーが一覧で表示されます

クラスの説明が表示されます

**ワンポイント**

### クラスの説明

[オブジェクトブラウザー]では、[クラス]ボックスで特定のクラスを選択した場合、[オブジェクトブラウザー]の下部にクラスの説明が表示されます。このとき、メンバー名の左に表示された文字列が「Module」の場合は標準モジュール、「Class」の場合はクラス、「Enum」の場合は定数であることを示します。

## step 3 特定のメンバーを検索する

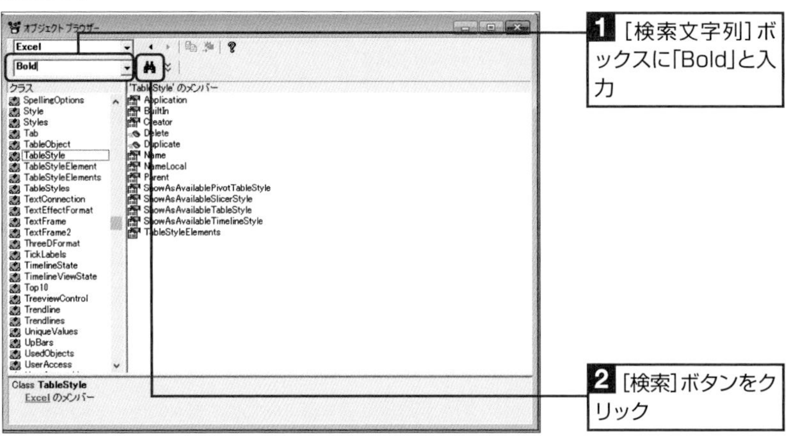

解説

ここでは、「Font」クラスに含まれる「Bold」プロパティを検索することにします。

ワンポイント

**メンバー**

メンバーとは、クラスに含まれる要素のことで、プロシージャやメソッド、プロパティ、データ（変数や定数）などを指します。

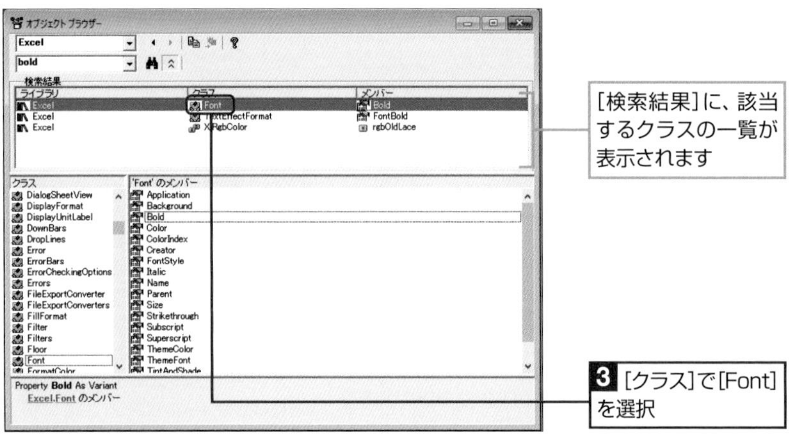


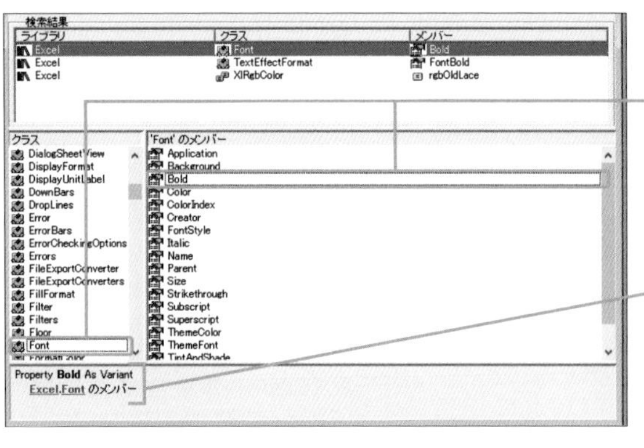

[クラス]ボックスで[Font]が選択され、['Font'のメンバー]で[Bold]が選択された状態になります

[Bold]の説明が表示されます

ワンポイント

**メンバーの種類**

[オブジェクトブラウザー]では、['クラス名'のメンバー]ボックスで特定のメンバーを選択した場合、[オブジェクトブラウザー]の下部にメンバーの説明が表示されます。このとき、メンバー名の左に表示された文字列が「Property」の場合はプロパティ、「Sub」または「Function」の場合はメソッド、「Enum」の場合は定数、「Event」の場合はイベントであることをそれぞれ示します。

コラム **検索結果の非表示**

検索結果を非表示にする場合は、ツールバーの[検索結果の非表示]ボタンをクリックします。

## step 4 プロジェクトで利用できるメンバーを表示する

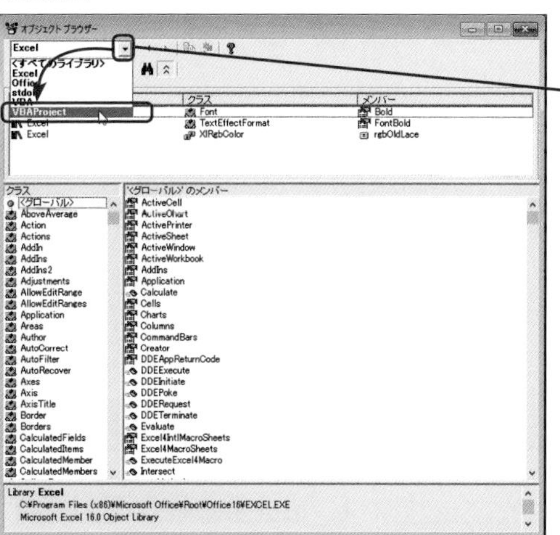

**1** [プロジェクト/ライブラリ]リストボックスの▼をクリックして[VBAProject]を選択

ここでは、現在、開いているプロジェクトに登録されているマクロの一覧を表示するようにしています。

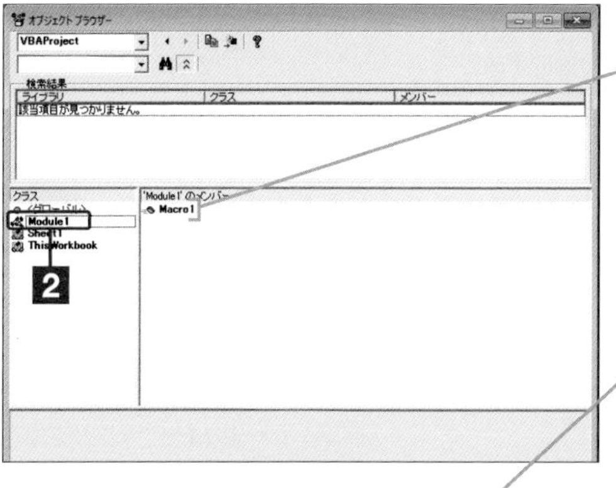

プロジェクトに含まれるマクロの一覧が表示されます

**2** [クラス]ボックスで[Module1]を選択

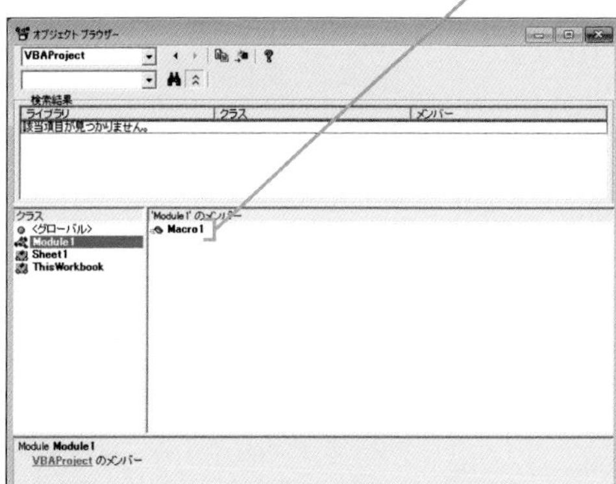

[Module1]に含まれるプロシージャが表示されます

### クラスと標準モジュール

VBエディターでは、標準モジュールのほかにクラスを作成することができます。両者の違いは、標準モジュールは共有可能なメンバーで構成されるのに対し、クラスは共有ができないメンバーで構成することもできるようになっている、という点です。

### コラム 検索の使い道

検索は、目的のメンバーがどのクラスに含まれていたかを調べる場合に使うと便利です。

### コラム クラスの由来

クラスは、「オブジェクト指向」と呼ばれるタイプのプログラミング言語で使用される、関連するコードをまとめておく単位のことです。オブジェクト指向プログラミングでは、関連するコードを任意のクラスに記述することでプログラミングを行います。

クラスには任意の名前を付けることができ、クラス名を指定して目的のクラスを呼び出すことで必要な処理を行います。

前述のように、クラスには関連するコードをまとめておくので、「印刷」を行うクラス、「書式の設定」を行うクラスなど、一つの部品としての機能をクラスは持っています。また、特定のクラスの機能を受け継いで新たなクラスを作成することができるなど、柔軟な使いやすさもクラスの特徴です。

VBAでは特にクラスを意識する機会は少ないのですが、クラスという用語の意味は知っておいた方がよいでしょう。

SECTION 23

# [標準] ツールバーのボタンを見る

VBエディターには、操作を行うための様々な機能を搭載したツールバーが用意されています。ここからは、必要に応じてツールバーの表示と非表示を切り替える方法について見ていきます。

チェックポイント ☑ [標準] ツールバー

## [標準] ツールバーの使用方法を確認する

### step 1 [標準] ツールバーの表示/非表示を切り替える

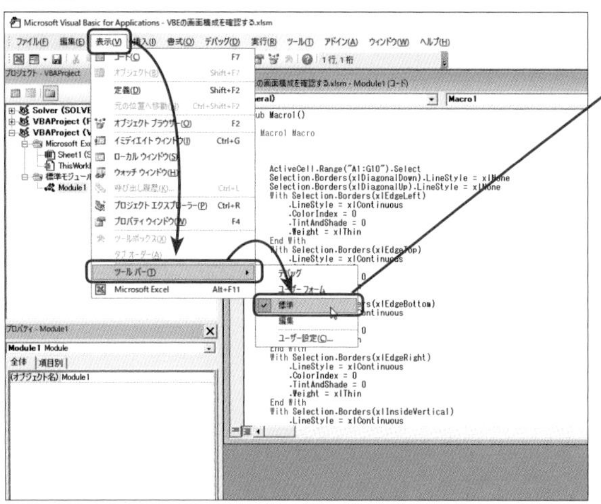

**1** [表示] メニューをクリックして [ツールバー] ➡ [標準] を選択してチェックが付かない状態にする

[標準] ツールバーが非表示になります

**2** [表示] メニューをクリックして [ツールバー] ➡ [標準] を選択

[標準] ツールバーが元のように表示されます

**準備**

任意のブックを開き、[開発] タブの [Visual Basic] ボタンをクリックして、VBエディターを表示します。

**解説**

[標準] ツールバーは、初期状態で表示されるようになっているため、ここでは、ツールバーを非表示にする操作から行うことにします。

**ワンポイント**

**[標準] ツールバー**

VBエディターで頻繁に使用される基本的な機能を持つボタンを表示します。

**解説**

[ツール] メニューをクリックして [ツールバー] をポイントすると、ツールバーの一覧が表示されます。このとき、現在、表示状態になっているツールバーには、チェックマークが付いています。

**ワンポイント**

**コンテキストメニューを使う**

ツールバー上で右クリックすると、各ツールバーの表示/非表示を切り替えるためのコンテキストメニューが表示されるので、目的のツールバー名を選択して、表示/非表示を切り替えることができます。

**コラム　コードの記録先**

作成したマクロのコードは、[標準モジュール] に記録されます。[標準モジュール] については、「CHAPTER5」を参照してください。

**ワンポイント**

**ツールバーの [閉じる] ボタン**

ツールバーがフローティング表示の場合は、タイトルバーの [閉じる] ボタンをクリックして、ツールバーを閉じることもできます。

## step 2 [標準] ツールバーを使う

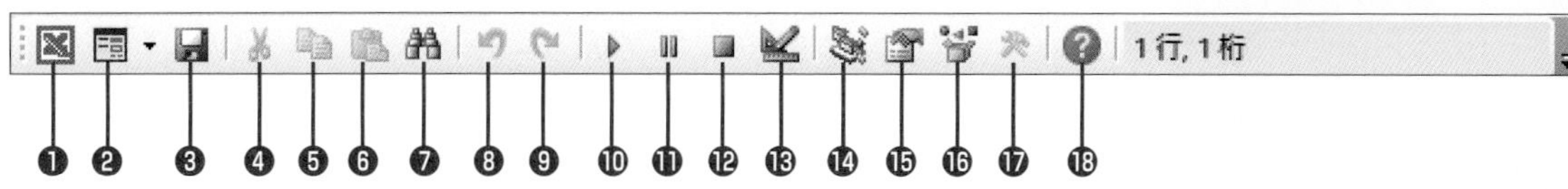


❶ **表示Microsoft Excel**
表示をExcelに切り替える。

❷ **ユーザーフォームの挿入**
フォームやモジュールを挿入する。

❸ **上書き保存**
編集中のマクロを含むブックを上書き保存する。

❹ **切り取り**
選択したコードやコントロールを切り取る。

❺ **コピー**
選択したコードやコントロールをコピーする。

❻ **貼り付け**
切り取りやコピーを行ったコードやコントロールを貼り付ける。

❼ **検索**
[コードウィンドウ]内の任意の文字列を検索する。

❽ **元に戻す**
実行した操作を取り消す。

❾ **やり直し**
取り消した操作を再度実行する。

❿ **Sub/ユーザーフォームの実行**
アクティブになっている[コードウィンドウ]のマクロやフォームに登録されたマクロを実行する。

⓫ **中断**
マクロの実行を中断する。

⓬ **リセット**
実行中のマクロを終了する。

⓭ **デザインモード**
デザインモードの表示／非表示の切り替えを行う。

⓮ **プロジェクトエクスプローラー**
[プロジェクトエクスプローラー]を表示する。

⓯ **プロパティウィンドウ**
[プロパティウィンドウ]を表示する。

⓰ **オブジェクトブラウザー**
[オブジェクトブラウザー]を表示する。

⓱ **ツールボックス**
フォームで使用する各コントロールを配置するためのボタン群を表示する。

⓲ **Microsoft Visual Basic for Applicationsヘルプ**
Visual Basicのヘルプを表示する。

**ワンポイント**

**ツールバーのフローティング表示**

各ツールバーは、ツールバーの左端の部分をポイントしてVBエディターの中央付近へドラッグすると、フローティング表示（表示位置を自由に変えられる状態）にすることができます。表示位置を固定するのではなく、[コードウィンドウ] の位置や表示サイズに合わせてツールバーを見やすい位置に変えたい場合などは、フローティング表示にしておくと便利です。

**コラム　[標準]ツールバー**

ツールバーの中では、最も使用頻度が高いのが [標準] ツールバーです。また、VBAのプログラムコードの編集を頻繁に行うのであれば、次のセクションで紹介する [編集] ツールバーを表示しておくと便利です。

SECTION 24

# [編集] ツールバーのボタンを見る

[編集] ツールバーには、[コードウィンドウ] 上でコードの編集を行うときに必要なコマンドを実行するボタンが登録されています。

チェックポイント ☑ 編集ツールバー

## [編集] ツールバーの使用方法を確認する

### step 1 [編集] ツールバーを表示する

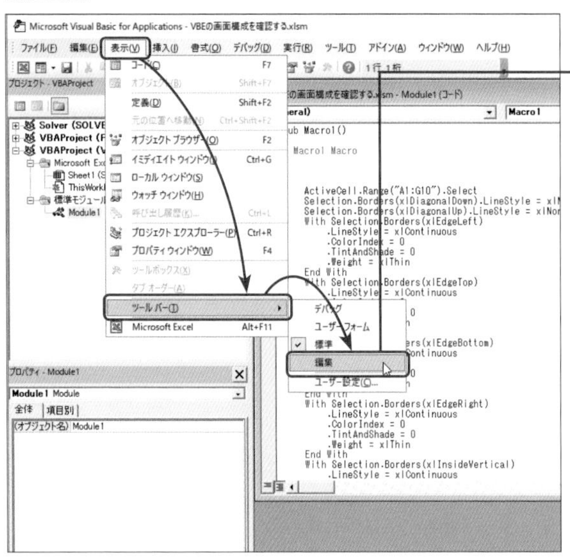


### step 2 [編集] ツールバーをドッキングする

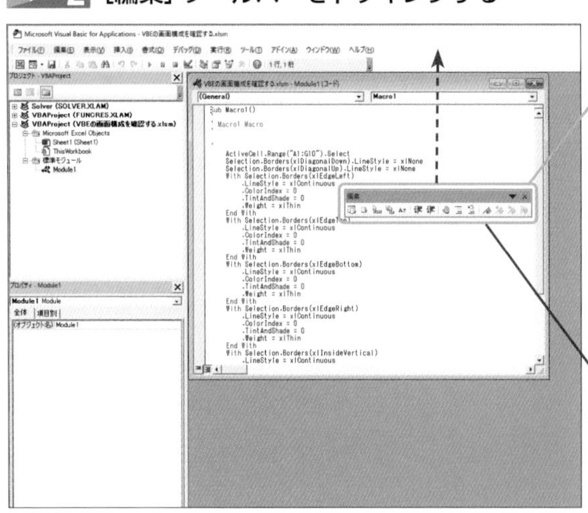


**準備**

任意のボタンをクリックして、VBエディターを表示します。

**解説**

ここでは、[標準] ツールバーの下に [編集] ツールバーをドラッグして、ドッキングするようにしています。

**ワンポイント**

**ドッキングとは**

ドッキングとは、ツールバーをVBエディターの上下左右のいずれかの端に固定することです。

**ワンポイント**

**ドッキングの位置**

ツールバーをツールバーの表示領域にドッキングする場合は、ドラッグする位置によって、ドッキングする位置が異なります。例えば、[標準] ツールバーの先頭部分にドラッグすると、左から [編集] ツールバー➡[標準] ツールバーの順で表示され、[標準] ツールバーの終端部分にドラッグすると、左から [標準] ツールバー➡[編集] ツールバーの順で表示されます。また、[標準] ツールバーの上部にドラッグすれば、[編集] ツールバーを上段に2段で表示され、下部にドラッグすれば、[標準] ツールバーを上段に2段で表示されます。

## コラム ツールバーをVBエディターの右端に固定する

ツールバーを［コードウィンドウ］の右横へドラッグすると、ツールバーが［コードウィンドウ］の右側に縦になって表示されます。操作の邪魔にならないので、この方法を使っても便利です。

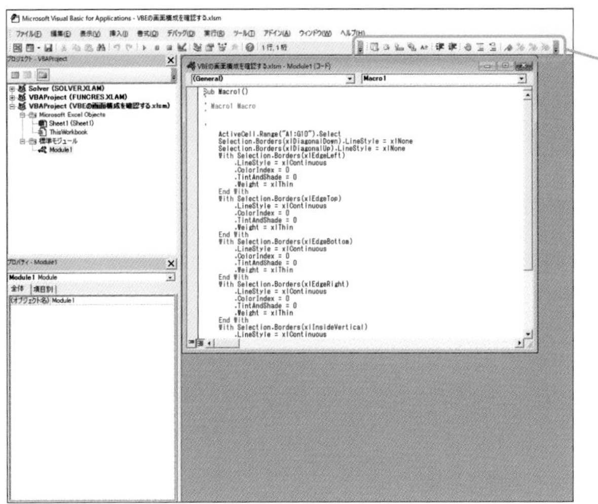

［編集］ツールバーが［メニュー］バーの下にドッキングします

### step 3 ［編集］ツールバーを非表示にする

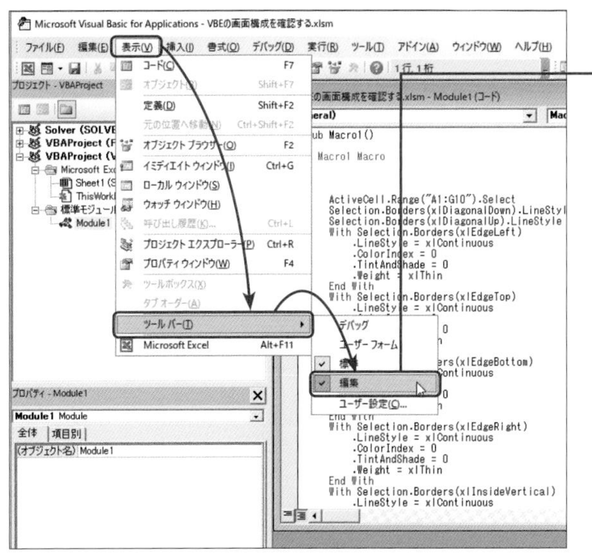

［表示］メニューをクリックして、［ツールバー］➡［編集］を選択

［編集］ツールバーが非表示になります

**ワンポイント**

**［編集］ツールバーのフローティング表示**

［編集］など各種のツールバーは、ツールバーの左側の部分をクリックした状態でVBエディターの中央付近へドラッグすると、フローティング表示になります。

なお、フローティング表示のツールバーを移動、またはドッキングするには、ツールバー上部のタイトル部分をクリックした状態で目的の位置へドラッグします。

**解説**

［表示］メニューをクリックして［ツールバー］をポイントすると、ツールバーの一覧が表示され、現在、表示状態になっている［編集］ツールバーにチェックマークが付いています。

**ワンポイント**

**コンテキストメニューを使う**

ツールバー上で右クリックすると、各ツールバーの表示／非表示を切り替えるためのコンテキストメニューが表示されるので、目的のツールバー名を選択して、表示／非表示を切り替えることができます。

**ワンポイント**

**ツールバーの［閉じる］ボタン**

ツールバーがフローティング表示の場合は、タイトルバーの［閉じる］ボタンをクリックして、ツールバーを閉じることもできます。

### step 4 [編集] ツールバーを使う

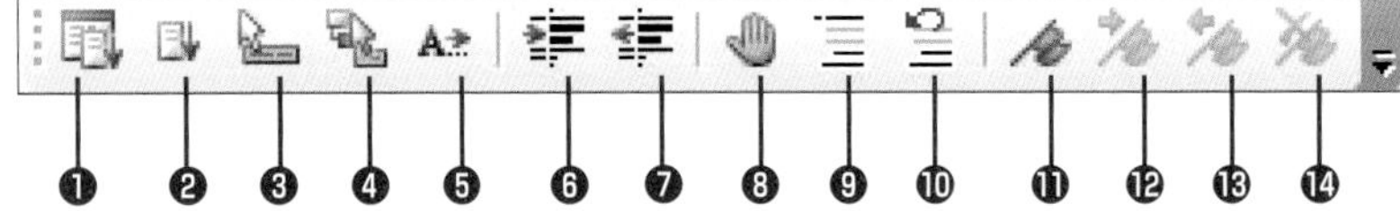


❶ **プロパティ/メソッドの一覧**
選択したオブジェクトに含まれるプロパティやメソッドの一覧を表示する。

❷ **定数の一覧**
選択したオブジェクトに含まれる定数の一覧を表示する。

❸ **クイックヒント**
メソッドなどの選択中のコードに関するヒントを表示する。

❹ **パラメーターヒント**
選択したパラメーター（引数）の情報を表示する。

❺ **入力候補**
コードの入力中に、次に入力するキーワードのリストを表示する。

❻ **インデント**
カーソルがある行にインデントを挿入して字下げを行う。

❼ **インデントを戻す**
挿入したインデントを解除する。

❽ **ブレークポイントの設定/解除**
ブレークポイント（プログラムコードの実行を一時的に停止させるためのポイントのこと）の挿入や解除を行う。

❾ **コメントブロック**
カーソルがある行をコメント用の行にする。

❿ **非コメントブロック**
コメント用の行をコード用の行に変更する。

⓫ **ブックマークの設定/解除**
ブックマーク（コードの先頭行に付く目印のこと）の設定／解除を行う。

⓬ **次のブックマーク**
カーソルがある行の次のブックマークに移動する。

⓭ **前のブックマーク**
カーソルがある行の前のブックマークに移動する。

⓮ **すべてのブックマークの解除**
[コードウィンドウ] 内のすべてのブックマークを解除する。

**コラム インデントのメリット**

ソースコードを記述する場合は、内容によってインデント（字下げ）することで、読みやすいコードにすることができます。これはVBAに限ったことではなく、多くのプログラミング言語で使われています。

SECTION 25

# デバッグ用のツールバーのボタンを見る

[デバッグ] ツールバーには、[コードウィンドウ] 上で編集したマクロをデバッグするためのボタンが登録されています。

チェックポイント ☑ デバッグツールバー

4

## [デバッグ] ツールバーの使用方法を確認する

### step 1 [デバッグ] ツールバーを表示する

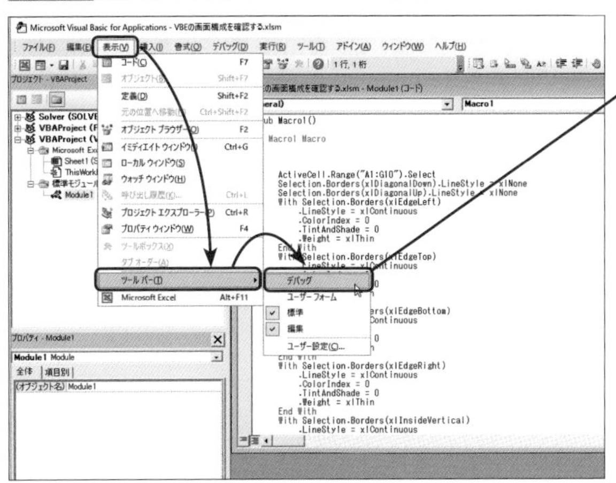

[表示] メニューをクリックして、[ツールバー] ➡ [デバッグ] を選択

**準備**

任意のブックを開き、[開発] タブの [Visual Basic] ボタンをクリックして、VBエディターを表示します。

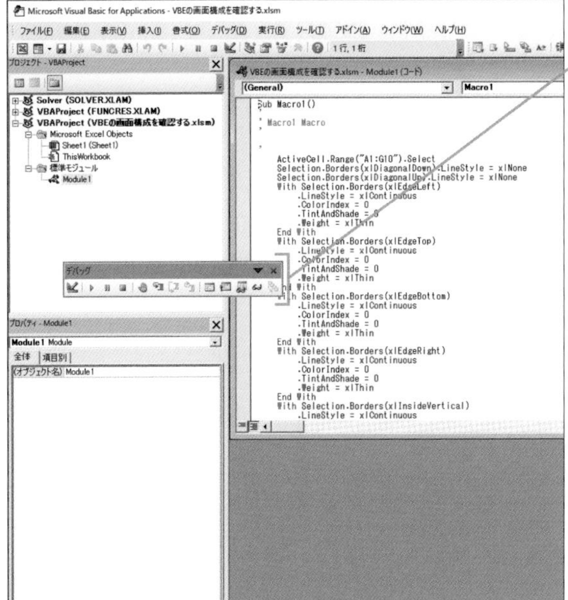

[デバッグ] ツールバーがドッキング、またはフローティング状態で表示されます

**ワンポイント**

**[デバッグ] ツールバーのドッキング**

[デバッグ] ツールバーをドッキングするには、SECTION24の「step 2 [編集] ツールバーをドッキングする」で紹介した操作を行います。

## step 2 [デバッグ] ツールバーを非表示にする

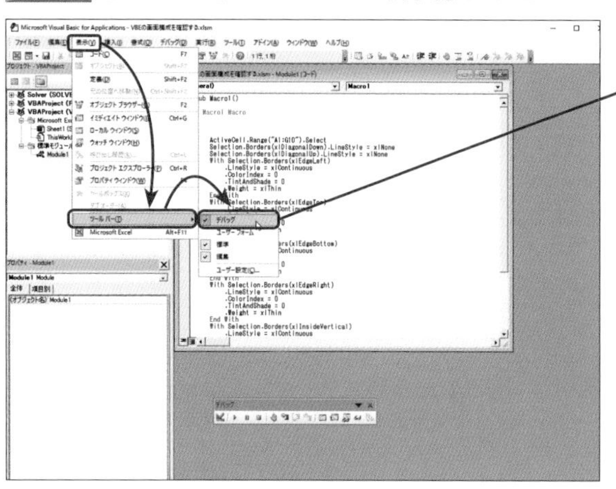

[表示]メニューをクリックして、[ツールバー]➡[デバッグ]を選択

[デバッグ]ツールバーが非表示になります

## step 3 [デバッグ] ツールバーを使う

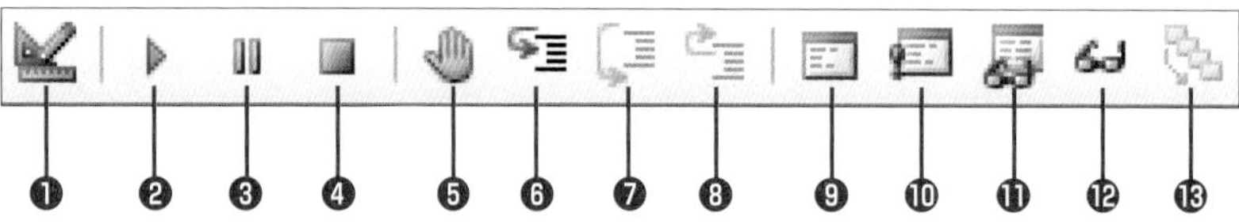

**❶ デザインモード**
デザインモードの表示/非表示を切り替える。

**❷ Sub/ユーザーフォームの実行**
アクティブになっている[コードウィンドウ]のマクロやフォームに登録されたマクロを実行する。

**❸ 中断**
マクロの実行を中断する。

**❹ リセット**
実行中のマクロを終了する。

**❺ ブレークポイントの設定/解除**
ブレークポイント(プログラムコードの実行を一時的に停止させるためのポイントのこと)の挿入や解除を行う。

**❻ ステップイン**
マクロのコードを1行ずつ実行する。

**❼ ステップオーバー**
マクロのコードを1行ずつ実行し、他のプロシージャ(特定の処理を実行するプログラムコードのまとまりのこと)を呼び出す場合に、呼び出したプロシージャをすべて実行する。

**❽ ステップアウト**
実行の途中で停止中のマクロの残りの部分をすべて実行する。

**❾ ローカルウィンドウ**
[ローカルウィンドウ]を表示する。

**❿ イミディエイトウィンドウ**
[イミディエイトウィンドウ]を表示する。

**⓫ ウォッチウィンドウ**
[ウォッチウィンドウ]を表示する。

**⓬ クイックウォッチ**
選択中のプログラムコードが保持している値を表示する。

**⓭ 呼び出し履歴**
実行中のマクロが呼び出したプロシージャの一覧を表示する。

### 解説

[表示]メニューをクリックして[ツールバー]をポイントすると、ツールバーの一覧が表示され、現在、表示状態になっている[デバッグ]ツールバーにチェックマークが付いています。

### ワンポイント

**コンテキストメニューを使う**

ツールバー上で右クリックすると、各ツールバーの表示/非表示を切り替えるためのコンテキストメニューが表示されるので、[デバッグ]を選択して、表示/非表示を切り替えることができます。

### ワンポイント

**ツールバーの[閉じる]ボタン**

ツールバーがフローティング表示の場合は、タイトルバーの[閉じる]ボタンをクリックして、ツールバーを閉じることもできます。

### コラム ステップインとは

ステップインとは、マクロのコードを1行ずつ実行させることで、記述したコードを1行ずつ確認しながらマクロを実行させたいときに使います。

SECTION 26

# ユーザーフォーム用のツールバーのボタンを見る

[ユーザーフォーム] ツールバーには、フォーム上に配置したコントロールを操作するためのボタンが登録されています。

チェックポイント ☑ ユーザーフォームツールバー

4

## [ユーザーフォーム] ツールバーの使用方法を確認する

### step 1 [ユーザーフォーム] ツールバーを表示する

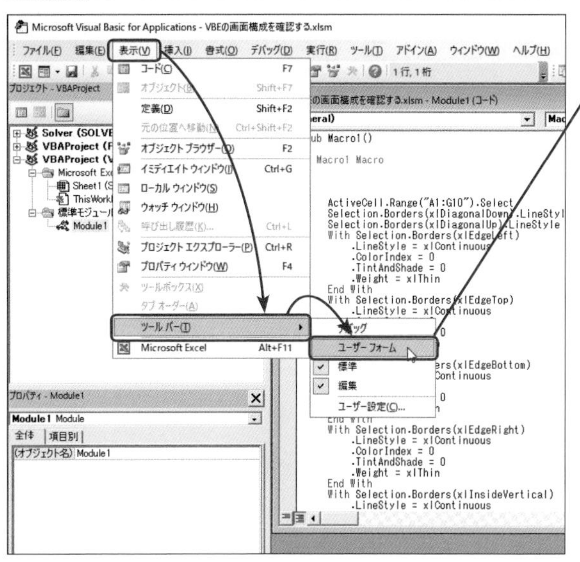

[表示]メニューをクリックして、[ツールバー]➡[ユーザーフォーム]を選択

**準備**

SECTION19で作成した「画面構成」ブックを開き、[開発] タブの [Visual Basic] ボタンをクリックして、VBエディターを表示します。

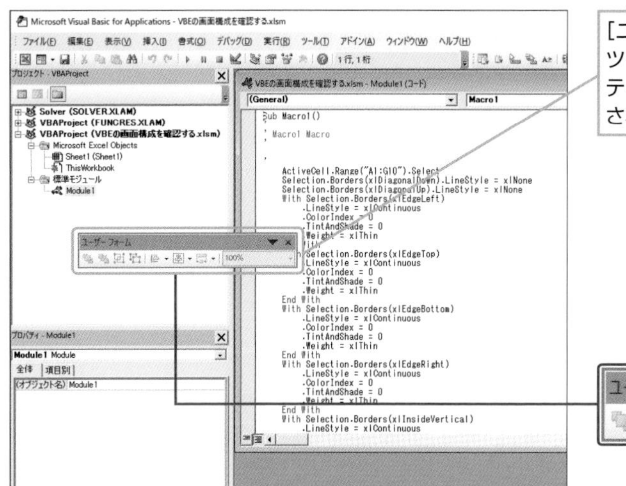

[ユーザーフォーム] ツールバーがフローティング状態で表示されます

**ワンポイント**

**[ユーザーフォーム] ツールバーのドッキング**

[ユーザーフォーム] ツールバーをドッキングするには、SECTION 24の「step 2 [編集] ツールバーをドッキングする」で紹介した操作を行います。

## step 2 ［ユーザーフォーム］ツールバーを非表示にする

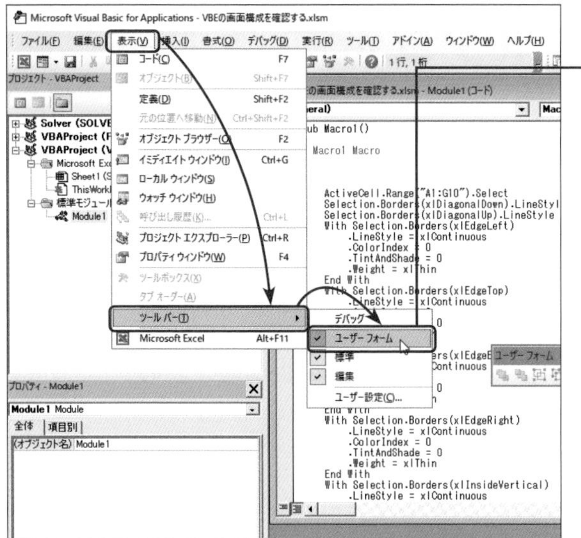

［表示］メニューをクリックして、［ツールバー］➡［ユーザーフォーム］を選択

［ユーザーフォーム］ツールバーが非表示になります

## step 3 ［ユーザーフォーム］ツールバーを使う

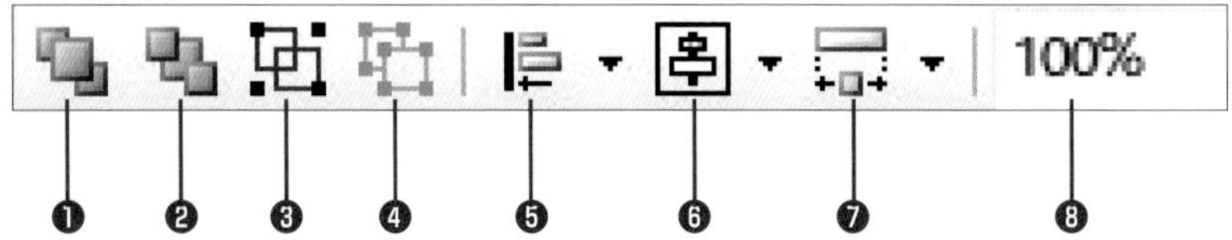


❶ **最前面へ移動**
選択したコントロールを画面の最前面に移動する。

❷ **最背面に移動**
選択したコントロールを画面の最背面に移動する。

❸ **グループ化**
選択した複数のコントロールを1つのグループにする。

❹ **グループ解除**
設定したグループを解除する。

❺ **整列**
選択した複数のコントロールを整列させる。

❻ **配置**
選択したコントロールを上下、または左右方向の中央に配置する。

❼ **サイズを揃える**
選択した複数のコントロールのサイズを揃える。

❽ **ズーム**
ユーザーフォームの表示サイズを10～400%の範囲で設定する。

### 解説

［表示］メニューをクリックして［ツールバー］をポイントすると、ツールバーの一覧が表示され、現在、表示状態になっている［ユーザーフォーム］ツールバーにチェックマークが付いています。

### ワンポイント

**コンテキストメニューを使う**

ツールバー上で右クリックすると、各ツールバーの表示／非表示を切り替えるためのコンテキストメニューが表示されるので、［ユーザーフォーム］を選択して、表示／非表示を切り替えることができます。

### ワンポイント

**ツールバーの［閉じる］ボタン**

ツールバーがフローティング表示の場合は、タイトルバーの［閉じる］ボタンをクリックして、ツールバーを閉じることもできます。

CHAPTER

# 5

# VBAプログラミングのキモ

VBAのコードを入力してマクロを作成するには、VBAのコードを管理する方法やVBAの文法を知っておくことが必要です。文法と聞くと難解なイメージがありますが、わかりやすく解説していきますので、安心して読み進めてください。

# VBAプログラムの実体を見る

Excelでは、VBエディターを使うことで、VBAで作成したマクロを管理します。ここでは、マクロのコードはどのように記述され、どのように保存されるのかについて見ていきます。

チェックポイント
☑ モジュール ☑ ステートメント ☑ プロシージャ
☑ 標準モジュール ☑ 関数 ☑ 引数
☑ プロジェクト ☑ リテラル

## モジュールを作成してVBAのコードを記述する

### step 1 空のモジュールを作成する

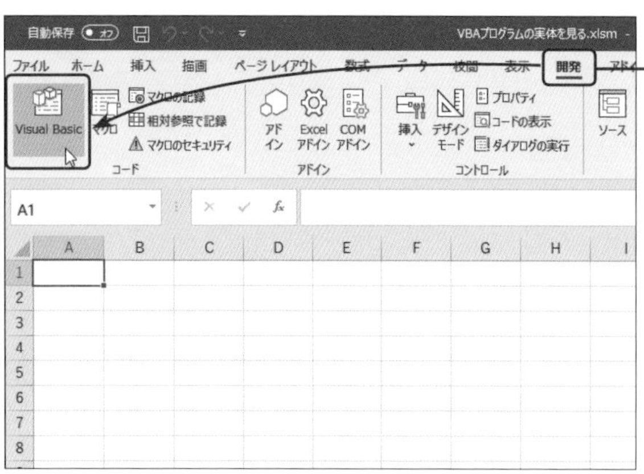

**1** [開発]タブの[Visual Basic]ボタンをクリック

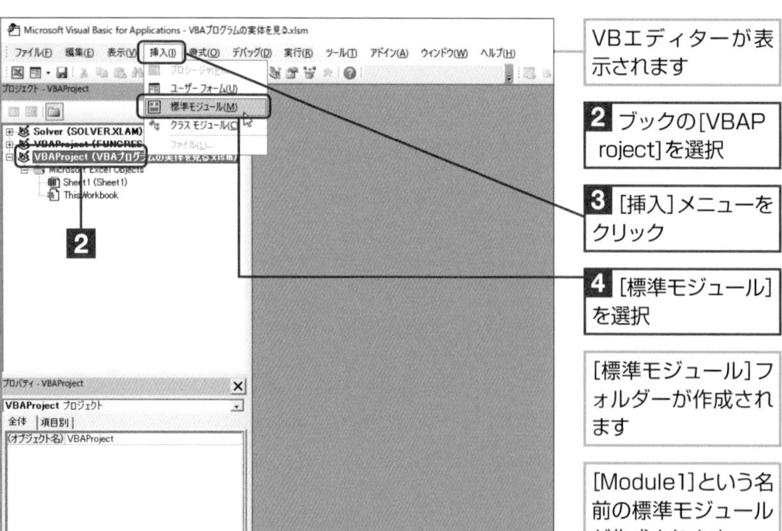

VBエディターが表示されます

**2** ブックの[VBAProject]を選択

**3** [挿入]メニューをクリック

**4** [標準モジュール]を選択

[標準モジュール]フォルダーが作成されます

[Module1]という名前の標準モジュールが作成されます

[Module1]の[コードウィンドウ]が表示されます

**準備**

新規ブックを作成し、「Sheet1」を表示します。

**ワンポイント**

**空のモジュール**

VBAのコードは、モジュールに記述します。空のモジュールを開いてコードの入力を行うことは、「メモ帳」で空のテキストファイルを開いて文書作成を行うときと同じ要領です。

**ワンポイント**

**挿入可能なモジュール**

VBエディターでは、「標準モジュール」のほかに、「クラスモジュール」、「ユーザーフォームモジュール」を挿入することができます。

**解説**

ここでは、空の標準モジュールを作成することにします。

**解説**

［標準モジュール］フォルダーや標準モジュール［Module1］は、記録式のマクロを作成した場合は、自動的に作成されますが、ここでは、手動で作成しています。

## コラム 記録式のマクロ

ここでは、[開発] タブの [マクロの記録] や [相対参照で記録] ボタンを使って、実際にマクロに実行させる操作を行ってマクロを作成する方式を「記録式のマクロ」と呼んでいます。

## step 2 モジュールを確認する

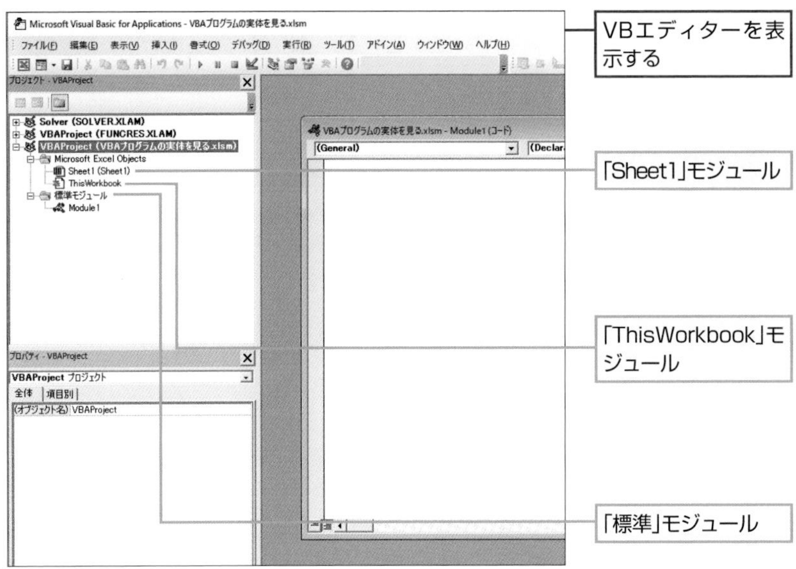


## step 3 プロジェクトを確認する

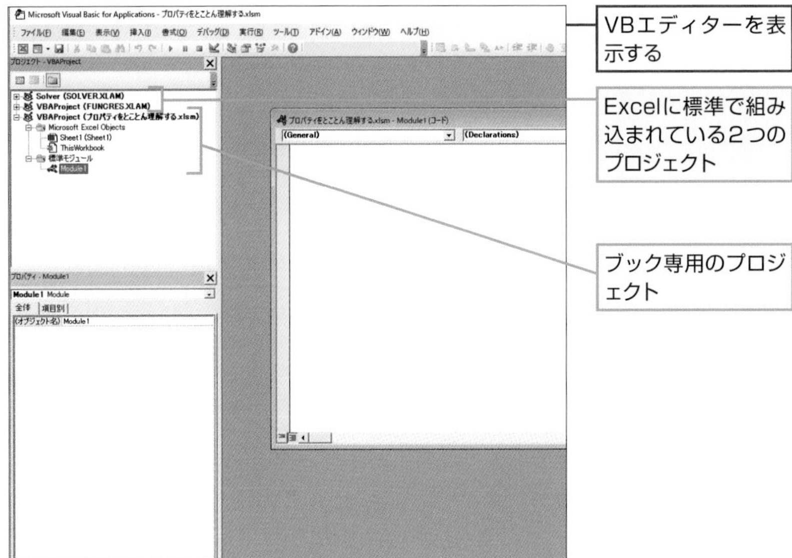

**ワンポイント**

### ソースコードの入力先

マクロを構成するソースコードは、すべて [標準モジュール] に記述します。このため、[開発] タブの [マクロの記録] ボタンを使って、記録式のマクロを作成した場合は、[標準モジュール] フォルダー→標準モジュール [Module1] が自動的に作成され、マクロを実行するためのコードが記述されます。

**解説**

[プロジェクトエクスプローラー] には、フォルダーやモジュールが階層構造で表示されます。

**ワンポイント**

### モジュール

モジュールとは、VBAのコードを管理するための単位のことで「Microsoft Excel Objects」フォルダーや「標準モジュール」フォルダーに保存されています。Visual Basicの場合は、各モジュールを独立したファイルとして保存しますが、VBエディターでは、操作が簡単に行えるように、これらのモジュールは独立したファイルではなく、ブックのファイルの中にまとめて保存されています。

**ワンポイント**

### 標準モジュール

本セクションで作成した標準モジュールは、ブック内で共通して利用できるマクロのコードを保存する場合に使用します。「Sheet1」「Sheet2」「Sheet3」などのモジュールは、それぞれのシートに対応したマクロを登録する際に使用します。

**解説**

ブック専用のプロジェクト「VBAProject(プロジェクト名.xlsm)」のほかに、Excelに標準で組み込まれている「VBAProject(FUNCRES.XLAM)」、「Solver(SOLVER.XLAM)」の3つのプロジェクトが表示されています。

5

## コラム Visual Basicのモジュール

Visual Basicでは、プロジェクト内のモジュールは、「Module1.vb」、「Class1.vb」などの独立したファイルとして保存されるようになっています。

## step 4 VBエディターのコードを記述する（ステートメントの作成）

▼メッセージボックスを表示するステートメント

```
MsgBox "Hello, World!"
```

**1** VBエディターを表示する

**2** 「Module1」の[コードウィンドウ]に左記のコードを入力

▼コード解説

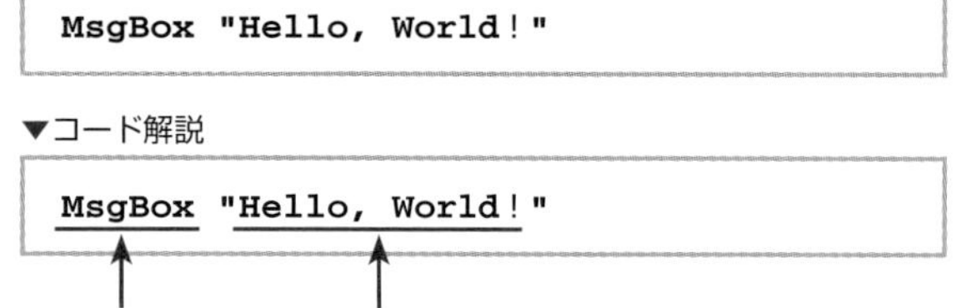


▼コード入力後の［コードウィンドウ］

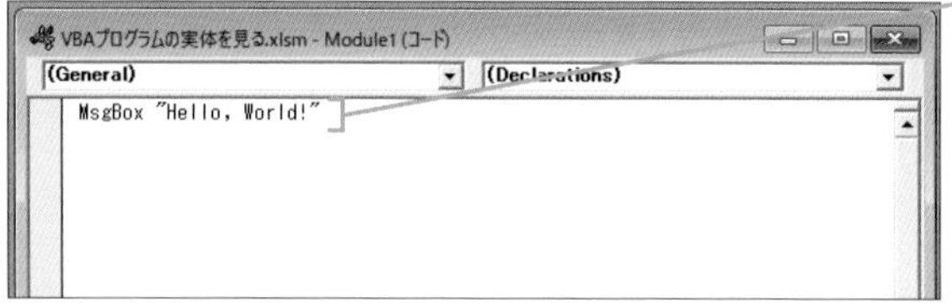


ここでは、メッセージボックスを表示するMsgBox関数を使って、「Hello, World!」という文字列を表示するようにしています

## step 5 プロシージャを作成する

▼プロシージャを作成するためのキーワードの入力

「Module1」の[コードウィンドウ]の[コードペイン]に次のコードを入力

▼コード解説

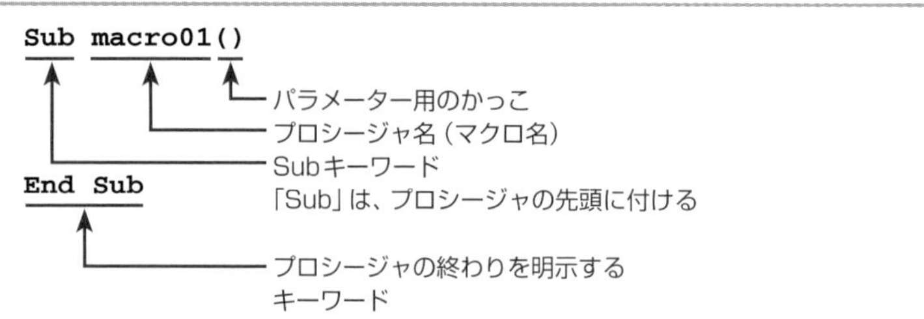


「Sub」と「End Sub」でステートメントを囲むことで、プロシージャを作成することができます。「Sub」キーワードの次には、半角スペースを入れて、プロシージャ名を入力します。このプロシージャ名は、マクロ名としても使われます。なお、マクロ名のあとにある「()」は、パラメーターを書くためのもので、パラメーターを使わない場合は「()」のように記述します。

### ワンポイント

**プロジェクト**

プロジェクトは、関連するモジュールをまとめた単位のことです。「VBA Project(プロジェクト名.xlsm)」には、「Microsoft Excel Objects」フォルダーの「Sheet1」、「ThisWorkbook」の各モジュール、そして「標準モジュール」フォルダーの「Module1」モジュールが登録されています。なお、個人用マクロブックに登録したマクロは、「VBAProject(PERSONAL.XLSB)」という名前のプロジェクトの「標準モジュール」フォルダーに、「Module1」として登録されます。

### 解説

ここでは、MsgBox関数を使うことで、任意の文字列をメッセージボックスに表示するためのステートメントを記述します。

### ワンポイント

**ステートメント**

ステートメントとは、VBAの命令文のことで、通常は1行で記述されます。

### ワンポイント

**関数**

関数とは、何らかの処理を行って、処理した結果を呼び出し元に返す名前付きのコードブロックのことで、VBAでいうところのFunctionプロシージャです。ExcelでおなじみのSUM関数（指定したセル範囲の合計値を求める）は、Functionプロシージャとして定義され、Excelに標準で組み込まれています。また、Excelには「統計関数」、「財務関数」を始めとする様々な定義済みの関数が組み込まれていますが、これらの関数群は、VBAの世界から見れば、Functionプロシージャということになります。

### ワンポイント

**リテラル**

「リテラル」とは、プログラムで使用される数値や文字列などのデータのことです。

▼《構文》Subプロシージャ

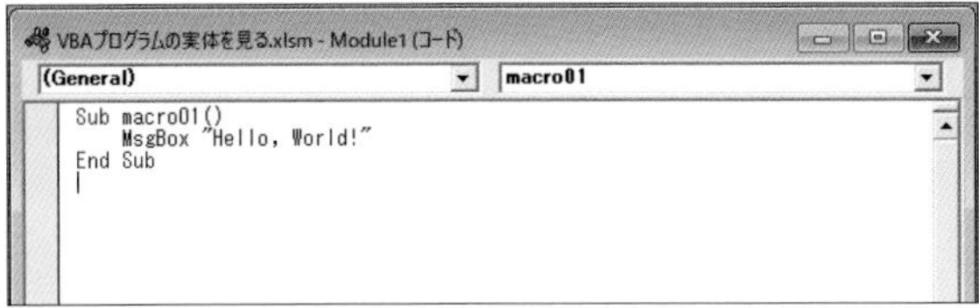
```
Sub プロシージャ名 (パラメーター)
        ステートメント
        ・
        ・
End Sub
```

**コラム インデントの挿入**

インデントを入れる場合は、インデントを入れる行の先頭にマウスカーソルを移動し、[編集]ツールバーの[インデント]ボタンをクリック、または Tab キーを押します。

▼コード入力後の [コードウィンドウ]

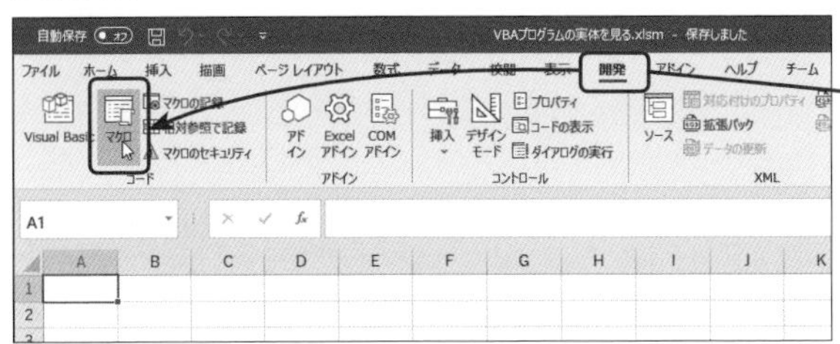


## step 6 作成したマクロを実行する

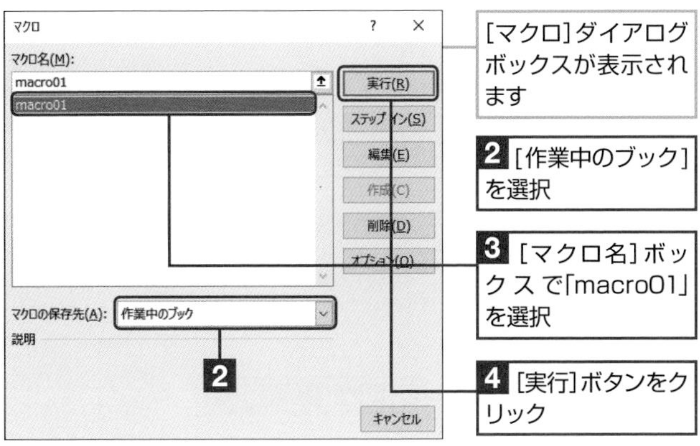

1 [開発]タブの[マクロ]ボタンをクリック

[マクロ]ダイアログボックスが表示されます

2 [作業中のブック]を選択

3 [マクロ名]ボックスで「macro01」を選択

4 [実行]ボタンをクリック

**コラム メッセージボックスのタイトル**

「MsgBox ("Hello, World", vbOKOnly, "マクロ実行中")」と記述すれば、「マクロ実行中」という文字列をメッセージボックスのタイトルバーに表示させることができます。

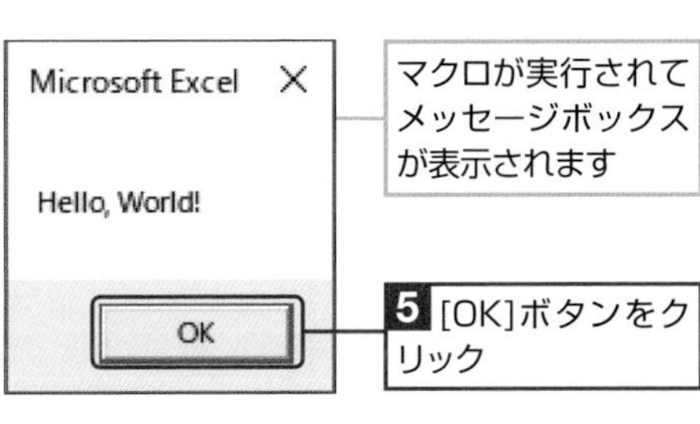


マクロが実行されてメッセージボックスが表示されます

5 [OK]ボタンをクリック

**解説**

VBAのステートメントは、必ずプロシージャの中に記述しなければなりません。

**ワンポイント**

### VBAのプロシージャ

VBAには、Subプロシージャのほかに、Functionプロシージャがあります。Subプロシージャは、特定の処理を実行するだけなのに対し、Functionプロシージャは、プロシージャの実行結果を呼び出し元に返します。また、プロパティの操作を行うためのPropertyプロシージャがあります。なお、「Functionプロシージャ」と「関数」は同義語ですが、Excelに標準搭載されている関数はFunctionプロシージャとは呼びません。Functionプロシージャは、VBA(プログラミング)側だけの呼び方であり、Excel(使用者)側にすればあくまで関数なのです。さらに言えば、Excelの用語であるマクロは「ユーザーが独自に作成したプロシージャ」です。

**ワンポイント**

### 引数とパラメーター

プロシージャを実行するときに、値を渡して処理を行わせることができます。このように、プロシージャに渡す値のことを「引数(ひきすう)」と呼びます。一方、プロシージャ側では、引数として渡されてくる値のことを「パラメーター」と呼びます。

**ワンポイント**

### マクロを素早く実行する

[標準] ツールバーには、編集中のマクロを実行するための [Sub/ユーザーフォームの実行] ボタンがあり、クリックすると即座にマクロを実行します。

**最後に**

ブックをマクロ有効ブックとして保存します。

5

SECTION 28

# プロパティが何であるかをとことん理解する

プロパティとは、オブジェクトの属性のことです。ここでは、プロパティを設定するプロシージャやプロパティの値を取得するプロシージャを定義（作成）してみることにします。

チェックポイント ☑ プロパティ

使用するプロパティ
- Worksheet.Name
- ActiveSheet.Name
- Application.Version

## プロパティを設定するプロシージャを定義（作成）する

### step 1 ［プロパティウィンドウ］を使ってプロパティを設定する

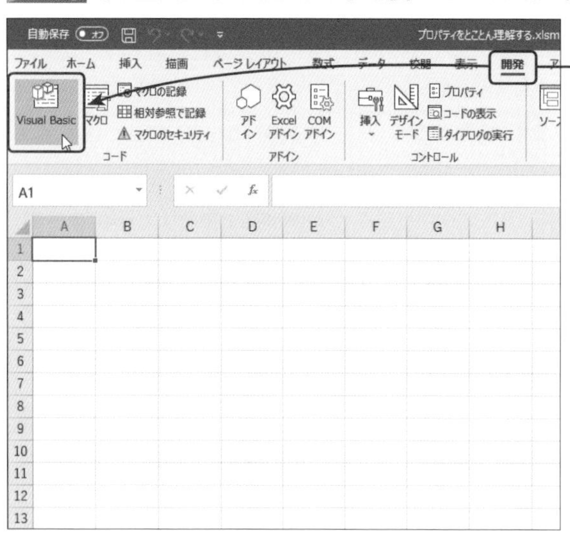

**1** ［開発］タブの［Visual Basic］ボタンをクリック

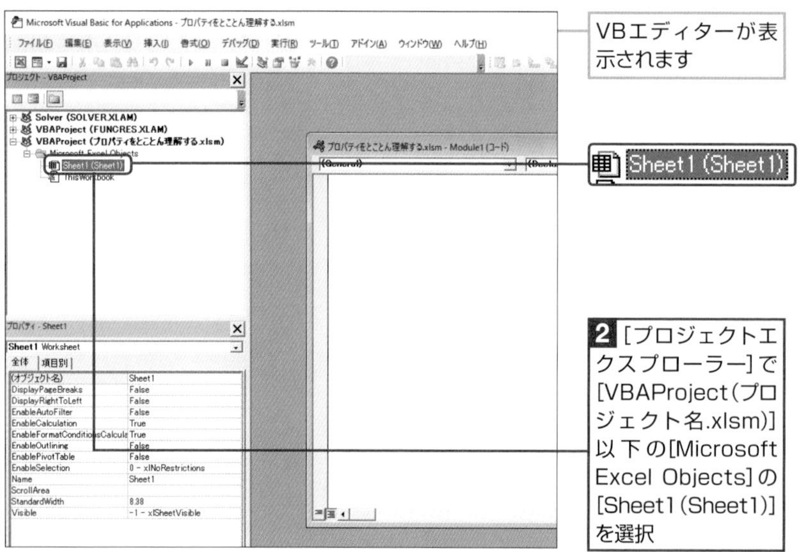

VBエディターが表示されます

Sheet1 (Sheet1)

**2** ［プロジェクトエクスプローラー］で［VBAProject（プロジェクト名.xlsm）］以下の［Microsoft Excel Objects］の［Sheet1（Sheet1）］を選択

**準備**

新規のブックを作成し、「Sheet1」を表示します。

**ワンポイント**

**プロパティとは**

プロパティとは、操作の対象が保持している設定値（属性）のことです。例えば、Excelブックの名前は、Nameというプロパティに設定されます。MyBookという名前のブックであれば、Nameプロパティの値はMyBookになります。

一方、画像データであれば、表示サイズを設定するHeight（高さ）とWidth（幅）というプロパティに設定した値で表示サイズが決定されます。

このように、プロパティは、プログラムで扱う対象の特性を設定する重要な要素です。

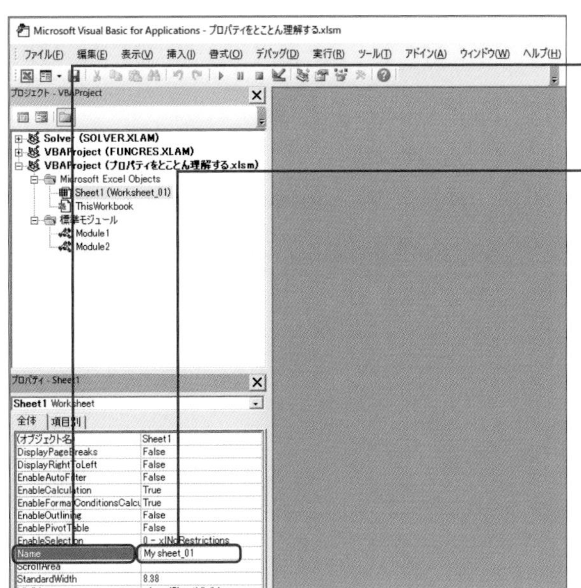

3 [プロパティウィンドウ]の[Name]を選択

4 「MySheet_01」と入力して Enter キーを押す

ワンポイント

**Nameプロパティ**

Nameプロパティは、ワークシートの表示名を設定する役割を持っています。

## Nameプロパティの情報を見る

Nameプロパティの情報を見るためには、[オブジェクトブラウザー] の [プロジェクト/ライブラリ] リストボックスの▼をクリックして [VBAProject] を選択し、[クラス] ボックスで [Sheet1] を選択します。[Sheet1のメンバー] ボックスに「Name」が表示されるので、これを選択するとNameプロパティに関する情報が表示されます。

5

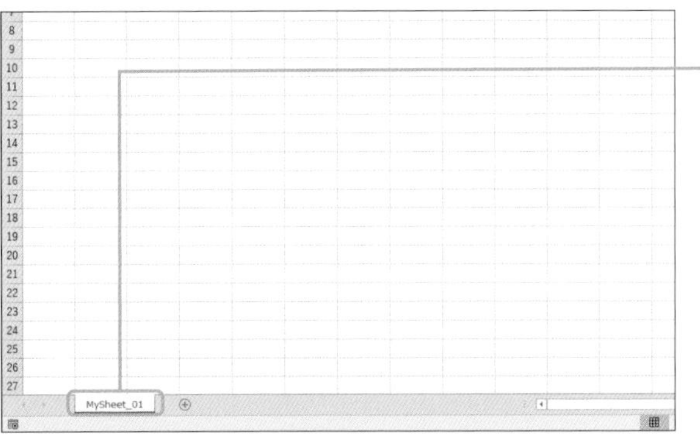

ワークシート「Sheet1」が「MySheet_01」に変更されています

解説

ここでは、ワークシート「Sheet1」の表示名を、Nameプロパティを利用することで「MySheet_01」に変更しています。なお、操作が済んだら、次のstep 2に進む前に、ワークシート名を元の「Sheet1」に戻しておいてください。

## step 2 プロパティを設定する関数を定義する

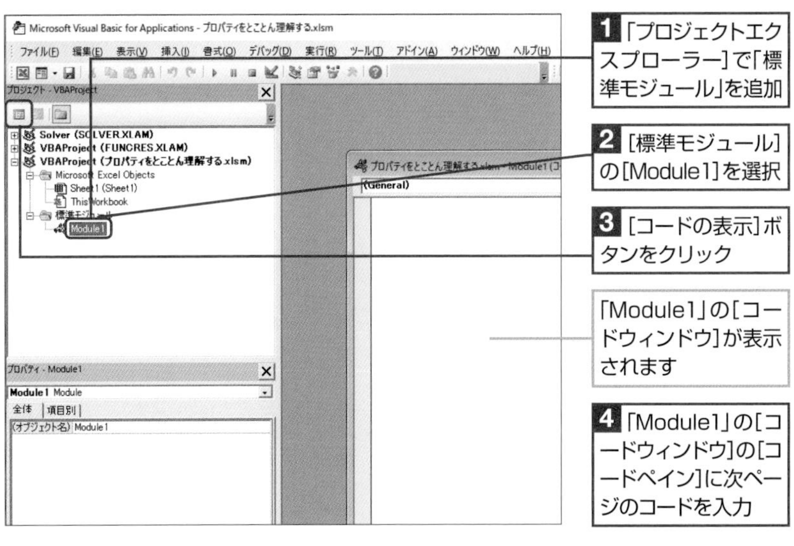

1 「プロジェクトエクスプローラー」で「標準モジュール」を追加

2 [標準モジュール]の[Module1]を選択

3 [コードの表示]ボタンをクリック

「Module1」の[コードウィンドウ]が表示されます

4 「Module1」の[コードウィンドウ]の[コードペイン]に次ページのコードを入力

ワンポイント

**コードの表示**

[プロジェクトエクスプローラー]で[VBA Project(プロジェクト名.xlsm)] の [標準モジュール] の [Module1] をダブルクリックしても同じ結果になります。

▼ワークシートの表示名を変更するプロシージャ

```
Sub SheetNameChange()
    ActiveSheet.Name = "Worksheet_01"
    MsgBox "ワークシート名が変更されました。"
End Sub
```

▼コード解説

```
ActiveSheet.Name = "Worksheet_01"
```

- ActiveSheet：アクティブなワークシートを取得するプロパティ
- Name：ワークシートの名前を設定／取得するプロパティ
- "Worksheet_01"：ワークシートの表示名に設定する文字列

```
MsgBox "ワークシート名が変更されました。"
```

- MsgBox：メッセージボックスを表示する関数
- "ワークシート名が変更されました。"：メッセージボックスに表示する文字列

▼《構文》プロパティを設定する

```
プロパティ名 = プロパティに代入する値
```

▼コード入力後の［コードウィンドウ］

## step 3 ワークシート名を変更するマクロを実行する

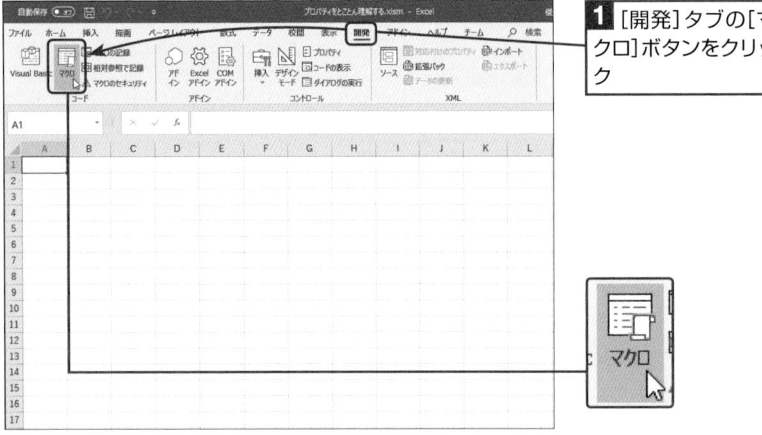


### 解説

ここでは、現在アクティブになっているワークシートの名前を「Worksheet_01」に変更し、「ワークシート名が変更されました。」とメッセージボックスに表示するSubプロシージャを定義しています。

### ワンポイント

**ActiveSheet.Name プロパティ**

ActiveSheet.Nameプロパティは、現在、アクティブなワークシートの名前を設定／取得するためのプロパティです。

### ワンポイント

ActiveSheetオブジェクトは、ActiveSheetクラスから生成されるオブジェクトで、Excelのワークシートを作成する際に、Excelの内部で生成されます。なお、ActiveSheet.Nameは、ActiveSheetクラスの内部で定義されているプロパティです。なので、ActiveSheet.Nameとすることで、アクティブなワークシートの名前を設定したり取得することができるというわけです。このように、プロパティ（またはメソッド）を使用する場合は、必ず

　オブジェクト名（クラス名）.プロパティ名

という書き方をします。

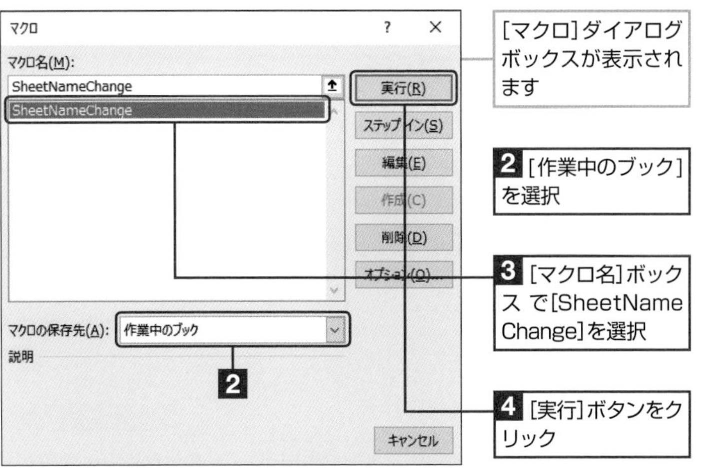


[マクロ]ダイアログボックスが表示されます

**2** [作業中のブック]を選択

**3** [マクロ名]ボックスで[SheetName Change]を選択

**4** [実行]ボタンをクリック

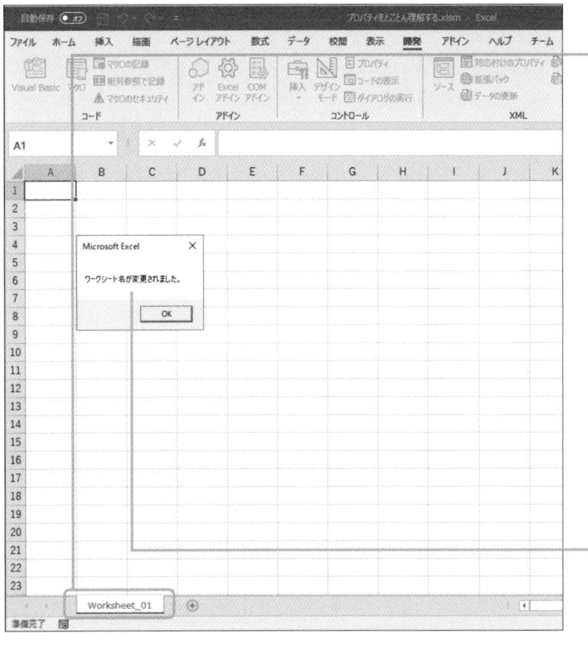


「Sheet1」の表示名が「Worksheet_01」に変更されます

ワークシート名を変更したことを通知するメッセージが表示されます

## コラム ワークシートの名前

操作例では、ワークシートの表示名を「Worksheet_01」に変更するマクロを作成していますが、すべてのワークシートで使えるようにするには「ActiveSheet.Name = "Worksheet_"」のように番号を入れないシート名にしておいて、名前を変更したあとに末尾の番号のみを手動で入力するようにします。

### ワンポイント

**MsgBox関数なのに( )が付いてない!**

通常、関数を呼び出すときは、MsgBox(引数リスト)のように関数名のあとに()を付けなければなりません。しかし、VBAでは関数の戻り値(もどりち、処理結果)を取得する必要がない場合に限り、関数名のあとの()は付けないルールになっています。少々、面倒くさいルールですが、思わぬエラーの原因となることもあるので、覚えておいてください。

### 解説

ここでは、ワークシート名を変更したことを通知するメッセージが表示されるので、内容を確認したら、[OK]ボタンをクリックします。

### ワンポイント

**メッセージボックスの表示サイズ**

メッセージボックスは、表示する文字列の文字数に合わせたサイズで表示されます。このため、表示する文字列の文字数が多い場合は、操作例よりも大きいサイズで表示されます。

### ワンポイント

**MsgBox関数は値を返す**

MsgBox関数は、メッセージを表示するだけなので、関数ではなくSubプロシージャのように思えます。しかし、ユーザーが「どのボタンを押したか」という結果を返すれっきとした関数です。例えば、

```
re = MsgBox("OKですか?",
vbYesNo)
```

と書くと、ユーザーが「はい」「いいえ」のどのボタンを押したかという戻り値を変数reに格納することができます。

5

## step 4 プロパティの値を取得する

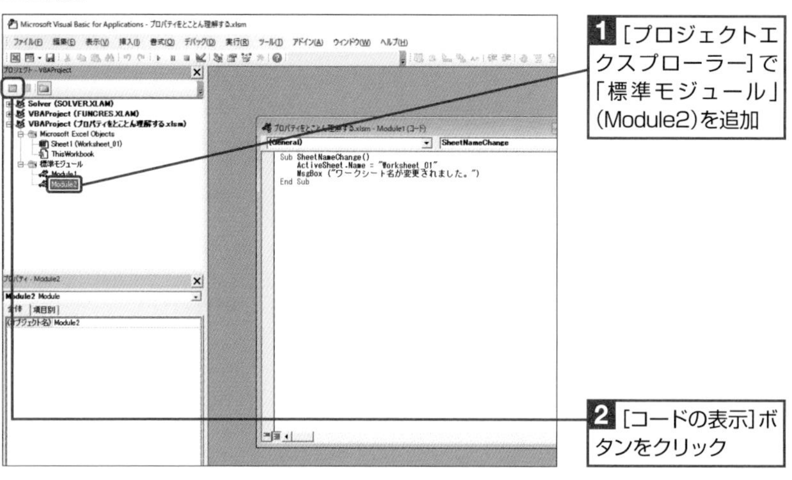


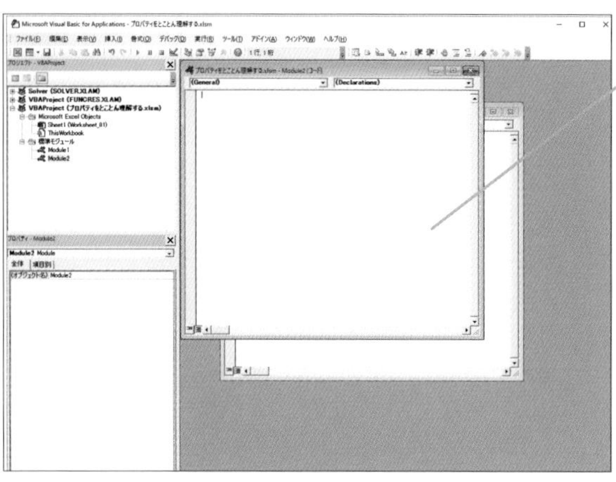

「Module2」の[コードウィンドウ]が表示されます

3 「Module2」の[コードウィンドウ]の[コードペイン]に次のコードを入力

▼Excelのバージョンを取得するプロシージャ

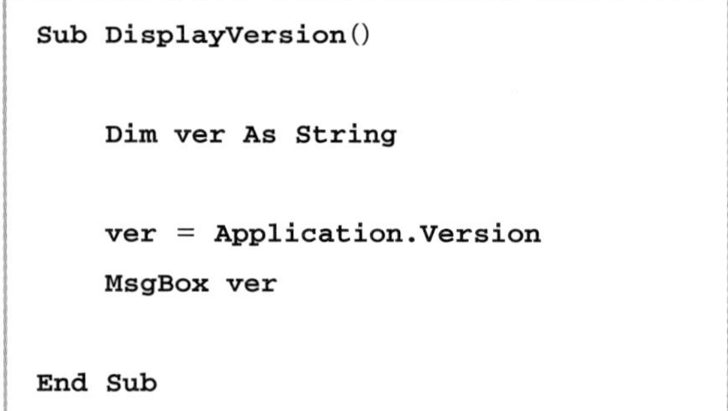

```
Sub DisplayVersion()

    Dim ver As String

    ver = Application.Version
    MsgBox ver

End Sub
```

▼コード解説

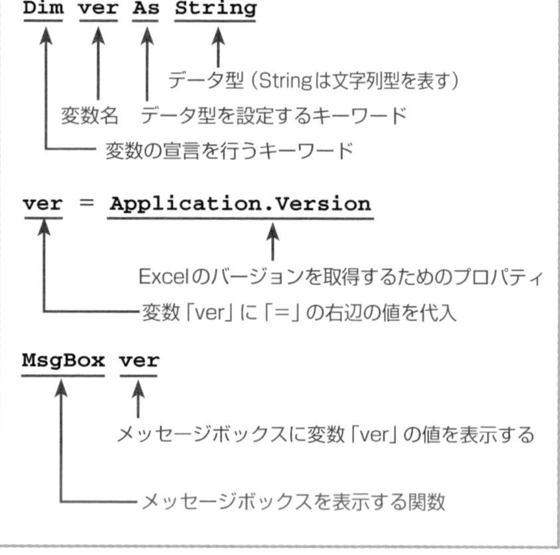


**ワンポイント**

### Application.Version プロパティ

Application.Versionプロパティは、Excelのバージョンを取得するためのプロパティです。プロパティには、値を設定するプロパティのほかに、値を取得するだけのプロパティがあり、Application.Versionプロパティは、後者に属します。

**ワンポイント**

### Applicationオブジェクト

操作例で使用したApplication.Versionプロパティは、Applicationオブジェクトを定義するApplicationクラスの内部で定義されています。

▼コード入力後の［コードウィンドウ］

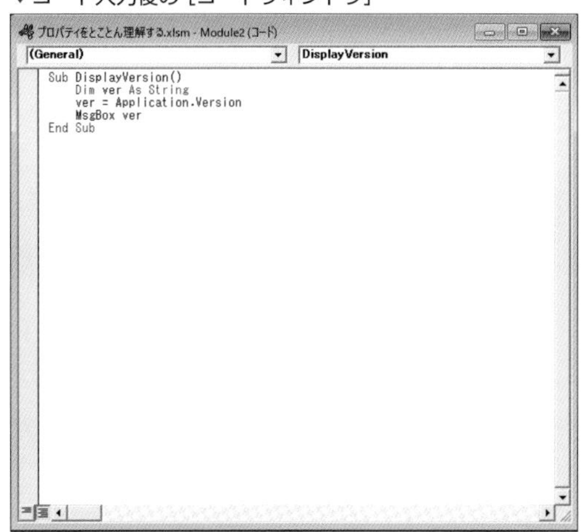


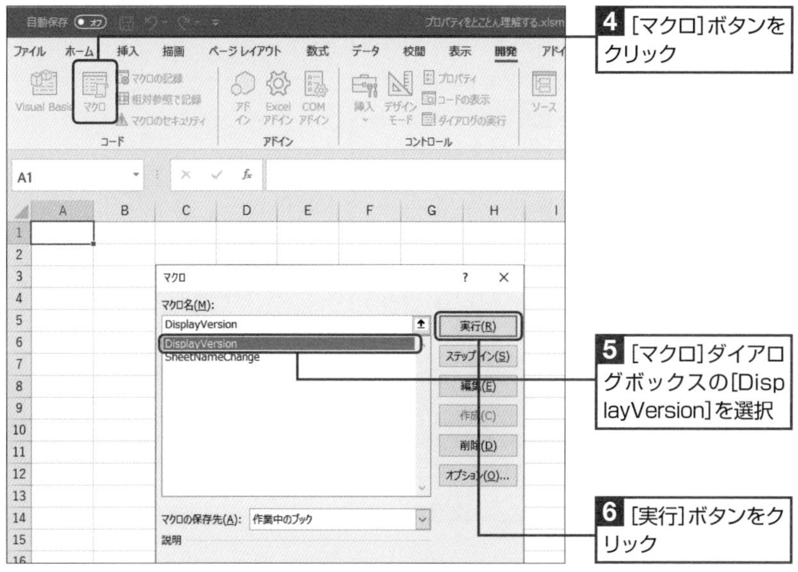


**4** ［マクロ］ボタンをクリック

**5** ［マクロ］ダイアログボックスの［DisplayVersion］を選択

**6** ［実行］ボタンをクリック

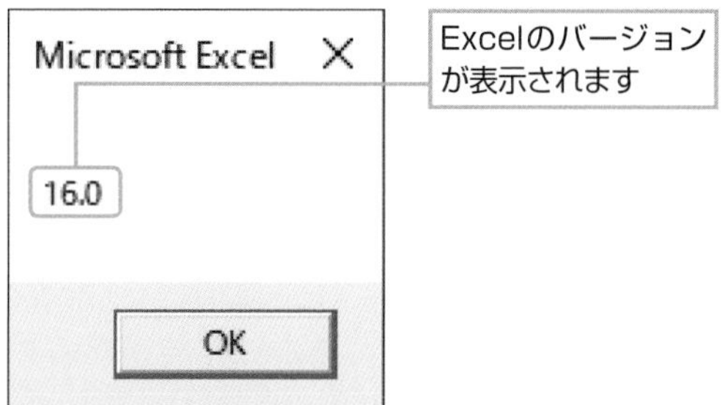


Excelのバージョンが表示されます

## 解説

ここでは、文字列型の変数「ver」を宣言し、「Application.Version」プロパティの値を変数に代入後、MsgBox関数を使って、変数に格納された値をメッセージボックスに表示するためのステートメントを記述しています。

## ワンポイント

### 変数

変数とは、プログラム内で使用するデータを格納しておくための文字列のことで、変数名には任意の文字列を設定することができます。なお、変数は、どのようなデータを使うのかを示すデータ型を指定し、「Dim」キーワードを使って宣言を行うことで、使用できるようになります。変数についての詳細は、「CHAPTER6　データ操作のツボ」で紹介しています。

## 解説

ここでは、Excelのバージョンを通知するメッセージが表示されるので、内容を確認したら、［OK］ボタンをクリックします。

## 最後に

ブックをマクロ有効ブックとして保存します。

## コラム　値の設定はできない

Application.Versionプロパティは、値の取得専用のプロパティなので、値を設定することはできません。

SECTION 29

# メソッドをとことん理解する

メソッドとは、オブジェクトの処理を行う、名前付きのコードブロックのことです。オブジェクトの設定値がプロパティであるのに対し、オブジェクトの処理を行うのがメソッドの役目です。

チェックポイント ☑ メソッド

使用するメソッド

- Clear

## メソッドを実行するSubプロシージャを定義して実行する

### step 1 メソッドを実行するSubプロシージャを作成する

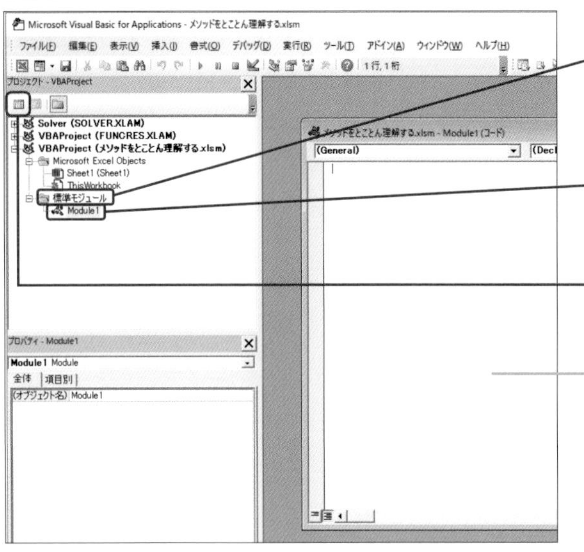

**1** [プロジェクトエクスプローラー]で「標準モジュール」を追加

**2** [標準モジュール]の[Module1]を選択

**3** [コードの表示]ボタンをクリック

「Module1」の[コードウィンドウ]が表示されます

**4** 「Module1」の[コードウィンドウ]の[コードペイン]に次のコードを入力

**準備**

新規のブックを作成し、マクロ有効ブックとして保存したあと、VBエディターを表示します。

**ワンポイント**

**コードの表示**

[プロジェクトエクスプローラー]で[VBAProject(プロジェクト名.xlsm)]の[標準モジュール]の[Module1]をダブルクリックしても同じ結果になります。

▼セルに入力された値を消去するプロシージャ

```
Sub ContentsClear()
    Range("A1").Clear
    MsgBox "A1セルの内容を削除しました。"
End Sub
```

▼コード解説

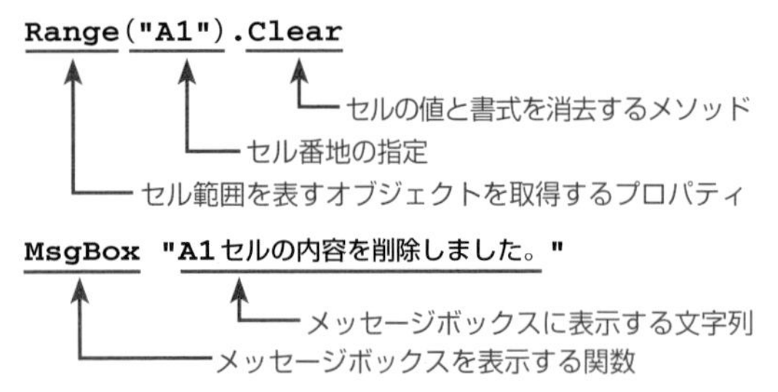


ここでは、セル範囲を表すRangeオブジェクトをRangeクラスのRangeプロパティを使って取得し、Clearメソッドでセルに入力された値を削除するようにしています。なお、Rangeプロパティは、Rangeオブジェクトを定義するRangeクラスのプロパティですが、操作例のようにオブジェクト名(クラス名)を省略してRange(セル範囲)とだけ記述した場合は、ActiveSheet.Range(セル範囲)と見なされ、現在アクティブなワークシートのセル範囲が取得されます。ActiveSheetは、現在アクティブなワークシートを表すオブジェクトです。このことから、操作例の場合は内部的にActiveSheet.Range("A1").Clearとして処理され、アクティブシートのA1セルの値が削除されます。

▼《構文》メソッドを使用する

```
オブジェクト名.メソッド名(引数)
```
引数が必要ない場合は空欄

▼コード入力後の［コードウィンドウ］

## コラム 代入演算子

プロパティの値を設定する場合は、代入演算子の「=」を使います。これによって、「=」の右辺の値が、左辺のプロパティに設定されます。

## step 2 メソッドを含むマクロを実行する

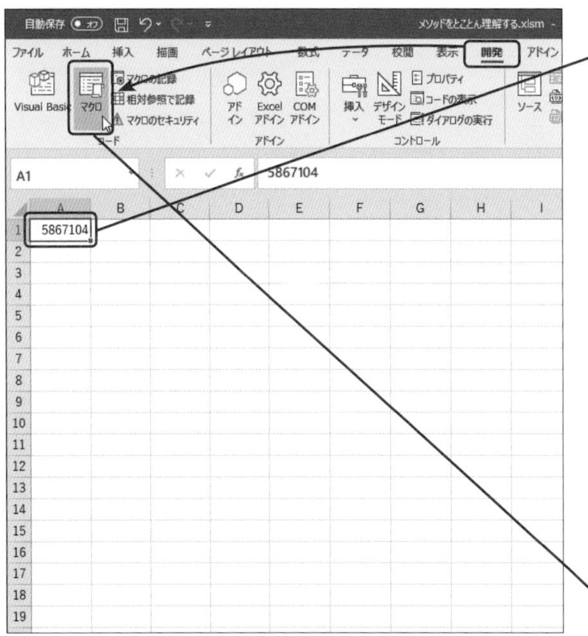


1 A1セルに任意の値を入力

2 ［開発］タブの［マクロ］ボタンをクリック

解説

ここでは、A1セルの値を消去したあと、MsgBox関数を使うことで、処理の完了を通知するSubプロシージャを作成しています。

ワンポイント

### Rangeオブジェクト

Rangeは、Rangeクラスから生成されるオブジェクトで、1つ以上のセルを含むセル範囲を表します。Rangeクラスにはセルの操作を行うための様々なメソッドやプロパティが定義されていて、「Rangeオブジェクト.メソッドまたはプロパティ名」と書くことでこれらのメソッドやプロパティを使うことができます。

▼Rangeオブジェクトのメソッド

**Range.Clear** メソッド
セルの値と書式を消去する

**Range.ClearContents** メソッド
セルの値だけを削除する

**Range.ClearFormat** メソッド
セルの書式だけを削除する

▼Rangeオブジェクトのプロパティ

**Range.Range** プロパティ
引数としてセル番地またはセル範囲を設定し、Rangeオブジェクトを取得する

**Range.ActiveCell** プロパティ
アクティブなセルのRangeオブジェクトを取得する

なお、前ページで説明したように「Range(セル範囲).Clear」のようにRangeオブジェクトを省略した場合は、Clearメソッドはアクティブシートを表すActiveSheetオブジェクトに対して実行されます。

ワンポイント

### オブジェクトの取得

「オブジェクトの取得」とは、指定したオブジェクト（セルやワークシートなどの操作の対象のこと）を参照し、オブジェクトが持っている情報を取得することを指します。実際には、オブジェクトのすべての情報をいっぺんに取得するのではなく、メソッドやプロパティを使って必要な情報だけを取得します。

5

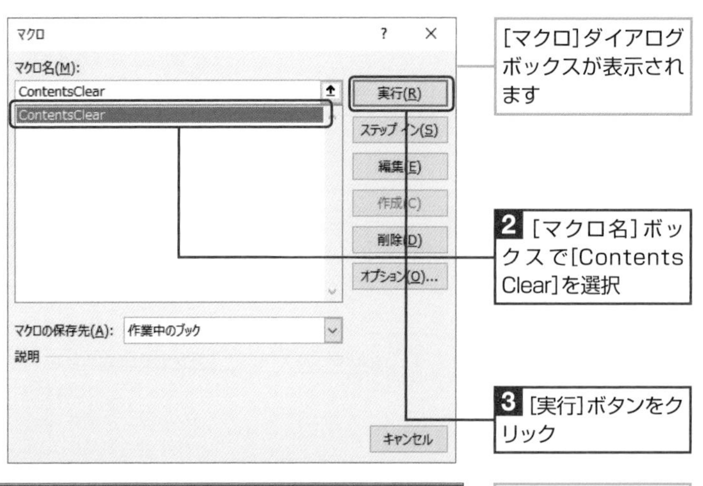


[マクロ]ダイアログボックスが表示されます

**2** [マクロ名]ボックスで[ContentsClear]を選択

**3** [実行]ボタンをクリック

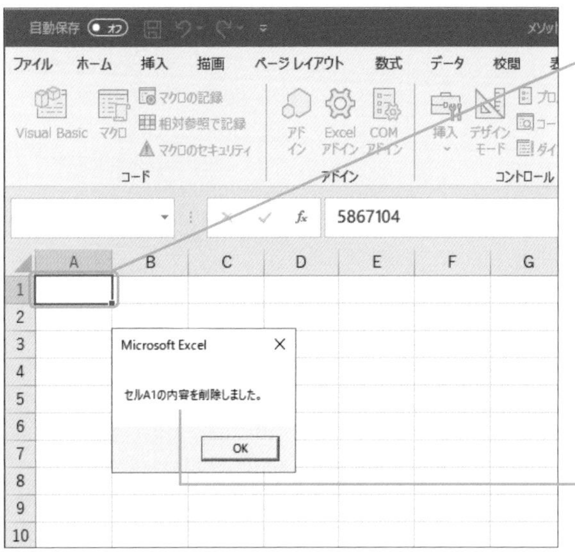


A1セルに入力されていた値が消去されます

値の消去を完了したことを通知するメッセージが表示されます

### ClearContentsメソッドの使い方

ClearContentsメソッドは、Rangeオブジェクトに含まれるメソッドで、指定したセルが保持する値、または数式だけを消去します。セルの指定は、Rangeプロパティを使用し、「Range("A1")」のようにセル番地を「()」内に記述します。

ワンポイント

### プロパティやメソッドの指定

VBエディターのライブラリファイル（拡張子「.dll」）には、膨大な数のクラスが登録されています。中には、名前が重複するメソッドやプロパティがあります。そこで考えられたのが、各要素を階層形式でグループ分けする方法です。これを「オブジェクトモデル」と呼びます。例えば、「Range」オブジェクトの場合は、「Applicationオブジェクト.Workbookオブジェクト.Worksheetオブジェクト」の下層に登録されています。対象のオブジェクトを指定する場合は、階層の最上位から順に「.（ピリオド）」で区切って記述します。実際に記述する場合は、「Application.ActiveWorkbook.ActiveSheet.Range("A1").Clear」のように記述します。

解説

内容を確認したら、[OK] ボタンをクリックします。

ワンポイント

### 階層表記の省略

オブジェクトの種類によっては、階層表記を行わなくても指定できるオブジェクトがあります。前述のように、ここで扱っているRangeオブジェクトの場合は、Range("A1")と記述すれば、ActiveSheet.Range("A1")と見なされます。

ブックを上書き保存します。

コラム

### プロパティの設定

プロパティを設定する場合は、「オブジェクト名.プロパティ名 = 値」のように、プロパティに値を代入する形式で記述します。これは、一種の命令文に相当するので、プロパティはメソッドの一種だと考えることができます。

コラム

### 「'」によるコメント化

VBAでは、先頭に「'」（シングルクォート）を付けると、その行はすべて「コメント」として扱われます。つまり、ソースコードとは見なされないので、自由に文字を書くことができます。ソースコードを記述するときはわかっていても、あとから見ると何のことなのか思い出せないことがよくあります。このような場合は、コメントとして説明を入れておけば、ソースコードの意味がいつでも参照できるので便利です。

プログラミングでは、必要に応じてコメントを入れるのが常なので、ソースコードを記述するときはコメントも入れておく習慣を付けるとよいでしょう。

CHAPTER

# 6

# データ操作のツボ

VBAでプログラミングする際は、様々なデータを扱います。ここでは、VBAを使う上で、知っておきたい各種のデータ操作について紹介します。

SECTION 30

# 変数を使う

VBAでデータを扱う場合には、変数を使います。変数を使うことで、ユーザーが入力した値や計算結果の受け渡しができるようになります。

チェックポイント
- ☑ 変数の宣言
- ☑ Dimステートメント
- ☑ Integer

## 変数の概要と変数の実践的な使い方を確認する

### step 1 変数とは

変数とは、プログラム内部で使用するデータを一時的に格納するための文字列のことです。VBAでは、計算結果の格納や、データの受け渡しをすべて変数を使って行います。

#### ● 変数の使用例

ここでは、変数の使い方の例として、200円の品物を2個買ったときの1000円、5000円、10000円からの釣銭を計算するプログラムを見てみることにしましょう。

◦ 200円の商品を2個売り上げた場合の釣銭を求めるプログラム

```
1000 − ( 200 ＊ 2 )    '1000円からの釣銭を計算
5000 − ( 200 ＊ 2 )    '5000円からの釣銭を計算
10000 − ( 200 ＊ 2 )   '10000円からの釣銭を計算
```

上記の計算では、1000円、5000円、10000円に対して、それぞれ売上金額を求める計算を行います。しかし、売上金額を先に計算しておいて、求めた金額をsalesという変数に格納しておけば、つり銭を計算するソースコードをシンプルに書くことができます。

◦ 売上金額を格納する変数salesを使う

```
Dim sales As Integer  '変数の宣言
sales = 200 ＊ 2      '(200 ＊ 2 )の計算結果を変数salesに格納する

1000 − sales          '1000円からの釣銭を計算
5000 − sales          '5000円からの釣銭を計算
10000 − sales         '10000円からの釣銭を計算
```

**ワンポイント**

変数の実体は、パソコンのメモリー上に確保された領域です。変数を宣言すると、指定したデータ型に基づいて、メモリーに変数用の領域が確保されます。例えば、整数型の変数「var」を宣言し、「100」を代入した場合は、メモリー上に4バイトの領域が確保され、この領域を使って「100」の値が保存されます。

**ワンポイント**

**変数の宣言**

変数は、宣言を行うことで使用できるようになります。変数の宣言には、Dimステートメントを使います。

**ワンポイント**

**演算子「＊」**

VBAでは足し算や掛け算などの演算を「演算子」を使って行います。「＊」は掛け算を行うための演算子です（演算子についてはSECTION 38を参照）。

## ● 確定しない値の受け渡しに変数を使う

変数は、プログラミングの段階では確定しないデータの受け渡しにも使われます。先の例では、200円の品物を2個というように、商品の単価と個数が決まっていましたが、この場合、常に同じ値の計算しかできません。

### ◦入力された値を変数に格納

そこで、商品の単価をprice、個数をnumという変数に割り当てて、キーボードから入力された値をそれぞれの変数に格納する場合、計算を行う部分のコードは次のようになります。

```
◦商品単価と個数を入れる変数を使う

price･･･商品単価を格納する変数
num･･･個数を格納する変数

sales = price ＊ num  '( price ＊ num )の計算結果を変数salesに格納する
1000 − sales         '1000円からの釣銭を計算
5000 − sales         '5000円からの釣銭を計算
10000 − sales        '10000円からの釣銭を計算
```

ここでは、計算式だけを記述しておき、未確定なデータを変数に割り当てることで、キーボードからの入力に対応して計算が行えるようにしています。このように、変数を使うと、プログラムを作成する時点で値が確定していなくても、指定した処理を行わせるコードを記述することができます。

**コラム　変数と定数**

変数には、任意の値を代入することができますが、一度代入したら変えてはならない値を扱う場合は、定数を使います。定数の値をプログラミング時に代入しておくことで、プログラムの実行中は常に同じ値を使うことができます。

## ● 変数を使用するためのコードを記述する

変数に、データ（リテラル）を格納することを代入と呼びます。変数に値を代入するには、代入演算子「=」を使います。

### ◦代入演算子「=」を使って変数に値を格納する

x ＊ yの計算結果を変数zに格納する場合は、次のように記述します。

```
z = x * y
```

**ワンポイント**

**代入演算子「=」と数学の「=」の違い**

数学で使用する「=」（イコール）は、右辺（=の右側）の式や値が左辺と等価であることを示します。

これに対し、プログラミングで使用する「=」は、右辺の値を左辺に代入する働きをします。

6

### ◦データ型の指定

変数で扱うデータの種類を指定しておくことで、変数に必要な記憶領域がコンピューターのメモリー上に確保されます。なお、指定した種類以外のデータを格納することはできません。例えば整数型の変数に文字列を格納することは不可です。

このことから、変数は、整数や小数を含む値、文字列など、扱うデータの種類ごとに用意することになります。変数を使うには、変数名とデータ型をセットで指定します。これを「変数の宣言」と呼びます。

### ◦変数の宣言を行う

変数の宣言を行うときは、Dim、Asというキーワード(VBAの予約語)を使って次のように記述します。

▼《構文》変数の宣言

```
Dim 変数名 As データ型
```

### ◦複数の変数をまとめて宣言する

「変数名 As データ型」の次に「,(カンマ)」を付けることで、複数の変数をまとめて宣言することができます。

▼《構文》複数の変数宣言

```
Dim 変数名1 As データ型, 変数名2 As データ型, 変数名3 As データ型, …
例:Dim a As Integer, b As Integer, c As Integer
```

同じデータ型の変数を宣言する場合も、異なるデータ型の変数を宣言する場合も書き方は同じです。

例えば、整数型(Integer)のintという変数と、文字列型(String)のstrという変数を宣言する場合は、次のようになります。

```
Dim int As Integer, str As String
```

#### 変数が使用できる範囲(スコープ)の設定

変数には、使用できる範囲を設定することができます。変数を宣言する場合によって、プロシージャ内部に限定するのか、モジュール内部に限定するのか、あるいはプロジェクト内のすべてのモジュールで使用できるようにするのか、を設定できます。

#### Dim

「Dim」は、変数用のメモリー領域を確保し、どのような種類のデータが格納されるのか示す、つまり変数の宣言を行うためのキーワードです。Asは、具体的なデータ型を示すためのキーワードです。

#### 変数宣言を記述する箇所

変数の宣言は、変数を利用するステートメントの前の行であれば、任意の箇所に記述することができます。この場合、コードブロックの先頭にまとめて記述しておくやり方もあります。こうすることで、入力ミスや変数の混同を減らせる場合があります。

#### データ型の概要

データ型とは、プログラムで扱うデータの種類のことです。データには、数値や文字列のようなデータがあり、同じ数値データでも、整数値や小数点を含む数値があり、それぞれ確保すべきメモリー領域が異なります。そこで、データ型という概念を使うことで、どんなデータであるかを明示すると共に、必要なメモリーサイズを確保できるようにしているというわけです。

例えば、整数を扱う場合はInteger型、文字列を扱う場合はString型などのデータ型を使います。なお、データ型の詳しい解説は、「SECTION33 VBAで扱うデータにはどんな種類がある?」を参照してください。

◦ **変数に値を代入する**

変数に値を代入するには、代入演算子「=」を使用します。

▼《構文》変数への値の代入

```
変数名 = 値
```

次のように記述した場合、整数型の変数xに関連付けられたメモリー領域（4バイト）が確保され、2行目において、10という数値が代入されます。

```
Dim x As Integer
x = 10
```

このあとに続くプログラムの中で、xと記述すれば、xが指し示す整数型のメモリー領域に格納されている10という値を取り出すことができます。

**コラム 変数への値の代入**

変数に値を代入する場合は、「x = 100」のように、変数を「=」の左辺に、代入する値を右辺に記述します。

## step 2 変数を宣言する

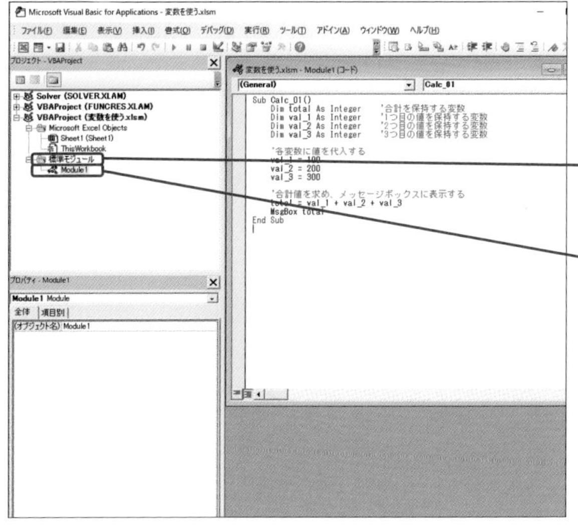


メソッドを実行するプロシージャを作成する

1 [プロジェクトエクスプローラー]で「標準モジュール」を追加

2 [標準モジュール]の[Module1]を選択

3 [コードの表示]ボタンをクリック

「Module1」の[コードウィンドウ]が表示されます

4 「Module1」の[コードウィンドウ]の[コードペイン]に次のコードを入力

**ワンポイント**

### バイト

バイト（byte）とは、コンピューターの世界において、データのまとまりを表す単位のことです。コンピューターは、0と1だけを使用する2進数のデータを使ってすべての処理を行います。この0と1の並びのことを「ビット列」と呼び、個々の0または1のことを「ビット」と呼びます。

1バイトは8ビットで表され、10進数の「255」は「11111111」のように1バイト（=8ビット）のデータになります。

**ワンポイント**

### 代入

変数に値を格納することを「代入」と呼びます。

**準備**

新規のブックを作成してマクロ有効ブックとして保存し、VBエディターを表示します。

**ワンポイント**

### 標準モジュールの作成場所

標準モジュールは、「VBAProject（プロジェクト名.xlsm）」以下に作成します。

▼整数値を扱う変数の宣言

```
Dim total As Integer     '合計を保持する変数
Dim val_1 As Integer     '1つ目の値を保持する変数
Dim val_2 As Integer     '2つ目の値を保持する変数
Dim val_3 As Integer     '3つ目の値を保持する変数
```

▼変数への値の代入

```
val_1 = 100              '変数val_1に100を代入
val_2 = 200              '変数val_2に200を代入
val_3 = 300              '変数val_3に300を代入
```

▼計算式

```
total = val_1 + val_2 + val_3
```

▼計算結果の表示

```
MsgBox total
```

▼コード解説

ここでは、total、val_1、val_2、val_3という名前のInteger型（整数型）の変数を宣言し、それぞれの変数に値を代入したあと、次の計算式を使って、すべての変数の合計値をtotalに代入するようにしています。

```
total = val_1 + val_2 + val_3
```

計算結果を代入する変数（total）

計算結果は、MsgBox関数を使って、メッセージボックスに表示します。

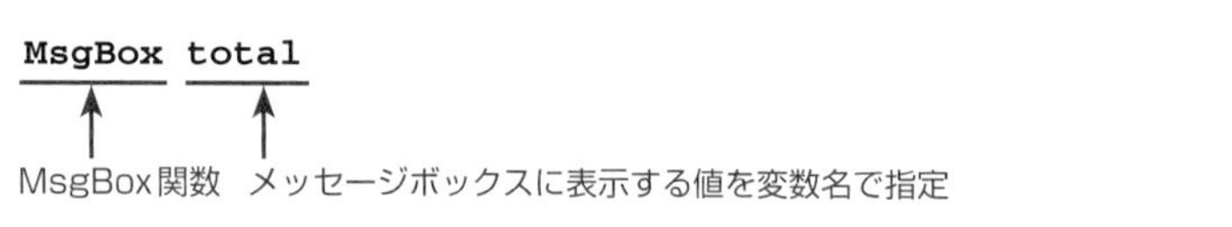

### 変数の有効期間

変数が値を保持する期間のことを「変数の有効期間」と呼びます。

例えば、特定のプロシージャ内で宣言した変数は、プロシージャの実行中が、変数の有効期間にあたります。

### 変数の初期化

プロシージャが実行されると、プロシージャ内で宣言された変数の初期化が行われます。

例えば、数値を扱うデータ型が指定された変数の値は「0」、文字列型が指定された変数の値は「""」（長さが0の文字列を表す）が格納されます。

これを「変数の初期化」と呼びます。

変数の初期化とは、変数に初めて値を代入することと覚えておいてください。

### MsgBox関数

MsgBox関数は、" "で囲んだ文字列を表示するほかに、操作例のように変数を指定して、変数の内容を表示することもできます。

**5** Subプロシージャを作成する

▼Subプロシージャの作成

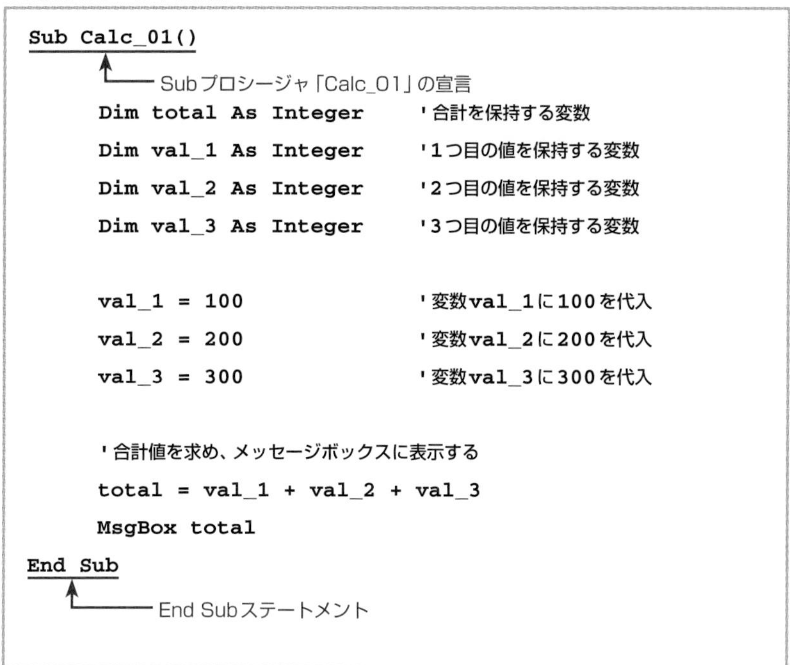

```
Sub Calc_01()
    Dim total As Integer      '合計を保持する変数
    Dim val_1 As Integer      '1つ目の値を保持する変数
    Dim val_2 As Integer      '2つ目の値を保持する変数
    Dim val_3 As Integer      '3つ目の値を保持する変数

    val_1 = 100               '変数val_1に100を代入
    val_2 = 200               '変数val_2に200を代入
    val_3 = 300               '変数val_3に300を代入

    '合計値を求め、メッセージボックスに表示する
    total = val_1 + val_2 + val_3
    MsgBox total
End Sub
```



▼コード入力後の［コードウィンドウ］

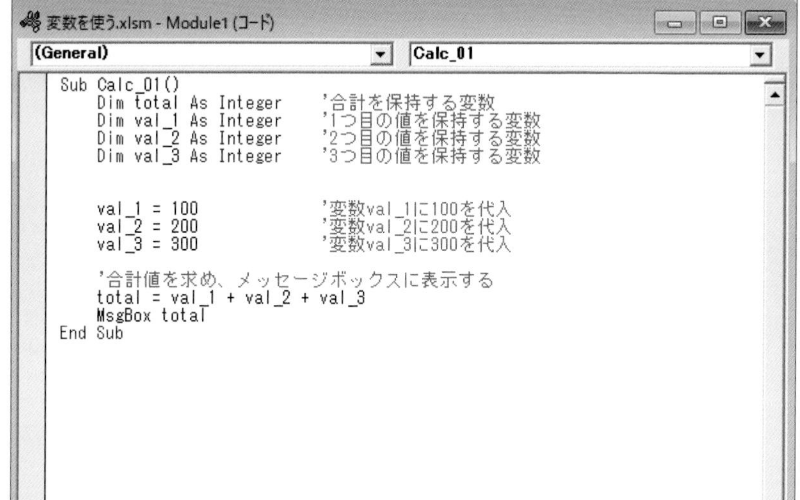



### コラム 変数と定数の違い

変数は、プログラムが実行されるまでは確定しないデータの受け渡しに利用されます。これに対し、プログラム内で変わることのない値を使う場合は定数を利用します。

ワンポイント

### End Subステートメント

End Subステートメントは、Subで始まるプロシージャの宣言を記述して Enter キーを押すと自動的に入力されます。ただし、コードを記述していく中で誤って上書きしたり、消してしまう場合があるので、コードを記述したあとは、Subプロシージャの最後にEnd Subステートメントが正しく記述されているか確認するようにしましょう。

ワンポイント

### 変数の宣言

変数の宣言は、「Dim」キーワードを使って、「Dim 変数名 As データ型」のように記述します。このステートメントを「Dimステートメント」と呼びます。

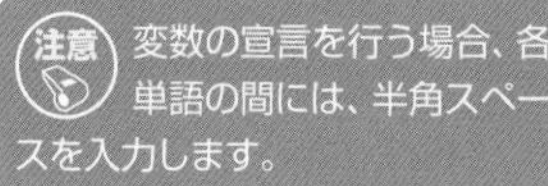

注意 変数の宣言を行う場合、各単語の間には、半角スペースを入力します。

## step 3 作成したプロシージャを実行する

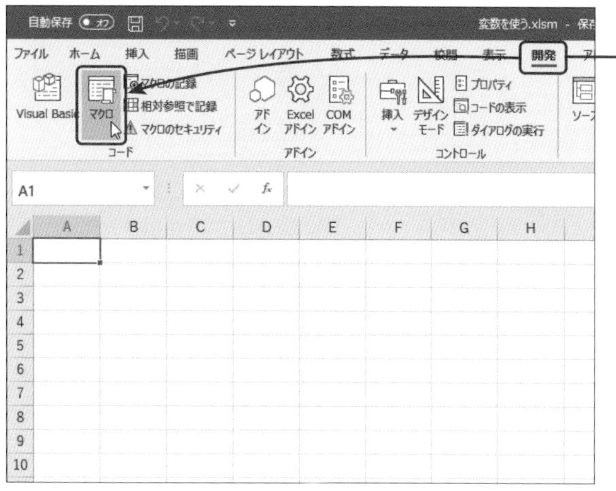


**1** [開発]タブの[マクロ]ボタンをクリック

[マクロ]ダイアログボックスが表示されます

**2** [マクロ名]ボックスで[Calc_01]を選択

**3** [実行]ボタンをクリック

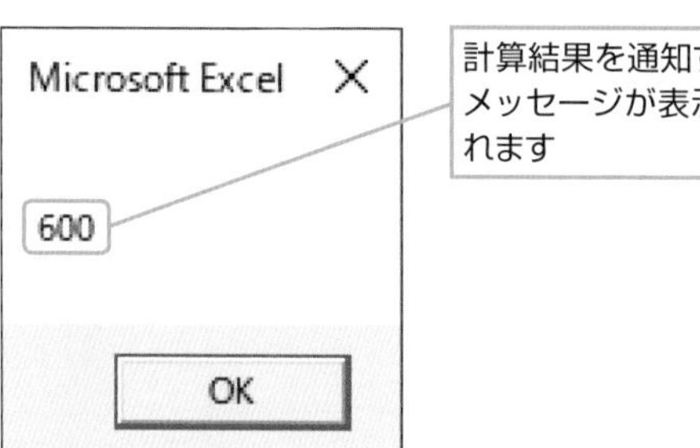


計算結果を通知するメッセージが表示されます

### Visual Basicでは変数の宣言を省略できない

VBAでは、変数の宣言を省略することができますが、VBAの元であるVisual Basicでは、変数の宣言を省略するとエラーが発生するようになっています。これは、変数の混同や誤った使い方を避けるための措置です。

### 変数名に使用できる文字

変数名には、次の文字が使用できます。

- アルファベットのa～zまでの小文字
- アルファベットのA～Zまでの大文字
- 0～9までの数字
- アンダースコア( _ )

### 変数名の制限

変数名を付けるときは、以下の制限があります。

- スペース、ピリオド(.)や#、$、@などの記号は使用できない
- 変数名の先頭文字に数字を使うことはできない
- 変数名は半角で255文字以内
- VBAのキーワードを使うことはできないが、変数名の一部に含めることは可能

内容を確認したら、[OK]ボタンをクリックします。

ワンポイント

### データ型

データ型とは、プログラム内で扱うデータの種類のことです。プログラミング言語では、データ型を指定することで、変数の定義を行います。データ型には、文字列を扱う「String」型や、整数を扱う「Integer」型などがあります。詳しくは、「SECTION 33 VBAで扱うデータにはどんな種類がある?」を参照してください。

### 変数の宣言の省略

VBAでは、変数の宣言を省略しても、任意の文字列を変数として使うことができます。しかし、変数の宣言を省略した場合、その変数がどのようなデータを扱うのか、非常にわかりにくくなってしまいます。このため、変数を使う場合は、常に宣言してから使うようにしましょう。

## step 4 変数の宣言を1行で記述してみる

▼変数の宣言部の書き換え

```
Dim total As Integer, val_1 As Integer, val_2 As Integer, val_3 As Integer
```

▼書き換え後の[コードウィンドウ]

**1** 上記のように変数宣言のコードを書き換える

### コラム データ型を指定する理由

変数にデータ型を指定するのは、メモリーの使い方を示すためです。例えば、Integer型の場合、値を格納するための4バイトのメモリー領域が確保されます。

6

## step 5 変数名の付け方を確認する

変数名の付け方には、次のような方式があります。

| 表記法 | 内容 | 例 |
|---|---|---|
| ハンガリアン記法 | 変数名の先頭にデータ型を示す 1 ～ 3 文字程度の接頭辞(プリフィックス)を付ける。 | strName |
| Camel記法 | 先頭は小文字、あとに続く単語がある場合は単語の先頭を大文字にする。 | userName |
| パスカル方式 | 複数の単語を組み合わせて変数名を設定し、各単語の先頭を大文字にする。 | UserName |
| 大文字方式 | 変数名をすべて大文字にする。定数名のときに使う。 | NAME |

## step 6 状況に応じた変数の宣言方法について確認する

変数の宣言方法を確認しておきましょう。

▼《構文》複数の変数をまとめて宣言

```
Dim 変数名1 As データ型, 変数名2 As データ型, …
例:Dim x As Integer, y As Integer, z As Integer
```

▼《構文》異なるデータ型を持つ変数の宣言

```
Dim 変数名1 As データ型, 変数名2 As データ型, …
例:Dim x As Integer, y As String
```

**ワンポイント**

### 変数名の付け方

変数名の先頭の文字は、特別な理由がない限り小文字にしましょう。したがって、変数名はすべて小文字にするか、Camel記法を用いるのが一般的です。大文字方式は、定数名のときにのみ用います。

**ワンポイント**

### 複数の変数の宣言

複数の変数をまとめて宣言する場合は、各変数名を「,(カンマ)」で区切って記述します。

**ワンポイント**

### 異なるデータ型の変数宣言

異なるデータ型の変数宣言を1行で書く場合は、「<変数名1> As <データ型>」のような各変数の宣言部を「,(カンマ)」で区切って記述します。

▼《構文》変数の宣言に続いて値を代入

```
Dim 変数名 As データ型
変数名 = 代入する値
例:Dim x As Integer
   x = 1
```

**「=」**

値を代入するときに使う「=」を「代入演算子」と呼びます。

**変数名の付け方**

変数名を付ける方式のうち、最も普及しているのがCamel記法です。先頭の文字は小文字にするのが一般的です。

**コラム プロシージャ、関数、メソッドの違い**

プロシージャとソースコードの構造は同じでも、関数、メソッドという呼び方があり、何かと混同しがちです。ここで、それぞれの違いについて確認しておきましょう。

・プロシージャ

VBA独自の用語で、処理だけを行うSubプロシージャと、処理した結果(戻り値)を呼び出し元に返すFunctionプロシージャがあります。

・関数

戻り値を返すFunctionプロシージャのことを一般的なプログラミング用語では、「関数」と呼びます。このため、Excel側からすれば、Functionプロシージャは関数ということになります。

・メソッド

プロシージャの定義は、モジュールで直に行います。これに対し、クラスの内部で定義されたものを「メソッド」と呼びます。プロシージャの呼び出しは、

　プロシージャ名(引数のリスト)

という書き方をするのに対し、メソッドは、

　オブジェクト名.メソッド名(引数のリスト)

のように、オブジェクト名を必ず指定します。プロシージャは単独で実行できるのに対し、メソッドは「オブジェクトに対して作用する」という大きな違いがあります。

SECTION 31

# 変えてはいけない値には定数を使う

プログラム内で利用するデータを一時的に格納する用途で利用するのが変数ですが、これとは別に、不変の値を保持するために利用するのが定数です。

チェックポイント
☑ 定数の宣言
☑ Constステートメント

6

## 定数の概要と定数の実践的活用方法を確認する

### step 1 定数とは

定数とは、プログラム内部で使用する不変（変えてはいけない）のデータを格納しておくための文字列のことです。定数に格納した値は、プログラムの実行中に変更することができないので、消費税率などの固定の値を扱う場合は、定数を使います。

定数の宣言を行う場合は、変数と同じように、データ型を指定します。

#### ● 定数の宣言

定数の宣言は、次の構文を使って行います。

▼《構文》定数を宣言する

```
Const 定数名 As データ型 = 代入する値
```

### step 2 定数を使うメリットを確認する

定数は、プログラミング時にセットした値を変えることはできないので、消費税率などのような固定の値を扱う場合に利用します。

変数にセットした値は、プログラム内で自由に変更できますが、定数にセットした値は、プログラムの実行中に変更することはできません。このような定数を使うメリットには、以下のようなものがあります。

**・宣言以外では値を変更できない**

定数の最大の特長は、定数にセットした値を宣言時以外には変更できないことです。このため、消費税率のような固定の値を扱う場合、プログラム内で誤って値を変更してしまうことがありません。

**・入力ミスを減らすことができる**

例えば、消費税を扱うVBAプログラムで、税率の0.1をZEIRITUという定数にセットしておけば、いちいち0.1という数値を記述しなくても、ZEIRITUと入力するだけで済みます。0.1のような値ではピンとこないかもしれませんが、「3.1415926535」のような値を使用する場合に定数を利用すると、複雑な数値を何度も打ち込まずに済むので、入力ミスを減らすことができます。

ワンポイント

**Constステートメント**

定数の宣言には、Constキーワードを使い、データ型の指定にはAsキーワードを使います。

ワンポイント

**定数の種類**

VBAの定数には、以下の3つの種類があります。

- 組み込み定数（あらかじめ、VBAで定義されている定数です）
- 条件付きコンパイル定数
- ユーザー定義定数

このセクションで扱うのは、ユーザー定義定数です。

・値の変更が一括して行える

税率をZEIRITUという定数にセットしている場合、税率が0.1から0.15に上がったとしても、定数宣言のコードを、0.1から0.15に修正するだけで済みます。当然ですが、ソースコードのすべての定数を探し出して修正する必要はありません。

**コラム 定数の宣言時におけるメモリーの確保**

変数では、変数名に関連付けられたメモリー領域が確保されますが、定数についても同様に、定数に指定したデータ型に基づいて、メモリー領域が確保されます。

## step 3 定数を使用するためのコードの書き方を見る

定数を使うには、定数の宣言を行います。定数の宣言は、Constステートメントを使って次のように記述し、代入演算子「=」を使って値の代入を行います。

### ● 定数を宣言する構文

定数の宣言は、Constキーワードを使って次のように記述します。

▼《構文》定数の宣言

```
Const 定数名 As データ型 = 代入する値
```

### ● 定数を宣言して値を代入する

定数を宣言して値を代入するには、次のように記述します。

▼《構文》定数を宣言して値を代入

```
Const TAXRATE As Integer = 0.1
```

**コラム データ型の選択**

変数および定数では、適切なデータ型を指定することで、メモリーの消費量を減らすことができます。例えば、0～255までの値しか扱わない場合はByte型を指定することができます。メモリーの消費量は、Integer型が4バイトであるのに対し、Byte型は1バイトです。ただ、現在のコンピューターは高性能なので、VBAに関してはメモリーの節約はほとんど考えなくてもよいでしょう。メモリーの容量が少ない場合は、このようなこともある、という程度にお考えください。

**ワンポイント**

**定数名**

定数名の命名規則は特にありませんが、すべて大文字で記述しておけば、定数であることがわかりやすくなるので、大文字にするのが一般的です。なお、定数名に使用できる文字は、変数の場合と同じです。

**ワンポイント**

**定数の宣言**

定数の宣言と値の代入は、同時に行います。

**ワンポイント**

**英語を使え！**

プログラミングを行う際に推奨されているのが、変数名や関数名などに「英語を使う」ことです。例えば、本文にあるように税率を保持する定数の場合、ZEIRITUではなくTAXRATEです。

これは、組み込みの関数などにはすべて英語が使われているので整合性をとるため、というだけでなく、ソースコードを他の人が読む場合にも配慮してのことだと思われます。VBAは簡易型ではありますが、れっきとしたプログラミング言語ですので、このような慣習に従って英語を使うようにしましょう。

SECTION 32

# 変数や定数が使える範囲って？

変数や定数にアクセスできる範囲のことをスコープと呼びます。スコープは、変数や定数を宣言した場所によって決定します。

チェックポイント
- ☑ ブロックスコープ
- ☑ プロシージャスコープ
- ☑ モジュールスコープ
- ☑ パブリックスコープ
- ☑ Staticキーワード

使用する関数
- InputBox

## スコープの種類と適用範囲を確認する

6

### step 1 変数や定数のスコープの種類を確認する

変数や定数は、宣言した場所によって、以下のスコープを持つようになります。

#### ● ブロックスコープ

For...Nextのようなループ構造や、If...Thenのような条件判断構造などの制御構造に含まれるステートメントのまとまりを「コードブロック」と呼びます。これらのコードブロック内で宣言された変数や定数のスコープは、宣言されたブロック内になります。ただし、「VBAのコードは必ずプロシージャ内に書く」という決まりがあります。したがってForブロックもIfブロックもプロシージャ内部に書くことになるので、VBAの場合は、

**ブロックスコープ = プロシージャスコープ**

となり、ForやIfブロック内で宣言していても、必然的にプロシージャ内部であればアクセス可能になります。

◦ **ブロックスコープの変数の宣言場所**

制御構造や条件判断構造のコードブロック内

◦ **ブロックスコープの変数の宣言例**

「Dim i As Integer」

#### ● プロシージャスコープ（ローカルスコープ）

プロシージャの内部で宣言された変数や定数のスコープは、宣言されたプロシージャ内だけとなり、他のプロシージャから利用することはできません。このようなプロシージャスコープの変数のことを「プロシージャレベル変数」または、「ローカル変数」と呼びます。

プロシージャレベル変数は、Dimキーワードのほかに Staticキーワードを使って宣言することができます。Dimで宣言したプロシージャレベル変数は、プロシージャの処理が終了すると、保持していた値が破棄されますが、Staticで宣言したプロシージャレベル変数は、プロシージャの処理が終了しても値を保持し続ける、という違いがあります。

ワンポイント

**スコープとは**

スコープとは、有効範囲のことを指します。「変数のスコープ」の場合は、変数が使用できる範囲のことを指します。

ワンポイント

**条件判断構造と制御構造**

条件判断構造では、「○○の場合は××」のように、特定の条件に一致した場合は指定した処理を行います。制御構造では、一定の条件を満たす限り、指定した処理を繰り返し実行（ループ処理）します。

ワンポイント

**Static**

「Static」は、ローカルスコープの「静的変数」を作成するためのキーワードです。静的変数とは、プロシージャの処理が終了しても値を保持し続ける変数のことです。Dimキーワードで宣言されたローカル変数の値はプロシージャの処理が終了すると消えて（破棄されて）しまいますが、静的変数の値はプログラムの実行中は消えずに残り続けるので、プロシージャの処理後に、前回実行したときの値を再利用して処理を行うことができます。

◦ **ローカル変数の宣言場所**

プロシージャ内部

◦ **ローカル変数の宣言**

「Dim variable As Integer」、または「Static variable As Integer」

### ● モジュールスコープ

プロシージャの外で宣言した変数や定数のスコープは、宣言されたモジュール内になり、同一のモジュール内のすべてのプロシージャから利用することができます。ただし、他のモジュールからは利用することはできません。

このようなモジュールレベルの変数のことを「モジュール変数」と呼びます。

◦ **モジュール変数の宣言場所**

プロシージャ外部

◦ **モジュール変数の宣言例**

「Dim var As Integer」、または「Private var As Integer」

### ● グローバルスコープ（パブリックスコープ）

モジュール内で、Publicキーワードを使って宣言した変数や定数のスコープは、宣言されたモジュールが含まれるプロジェクト内になります。同一のプロジェクト内であれば、すべてのモジュールから利用することができます。

このような変数を「グローバル変数」、または「パブリック変数」と呼びます。

◦ **パブリック変数の宣言場所**

モジュール内のプロシージャ外部

◦ **パブリック変数の宣言例**

「Public var As Integer」

### ● 変数や定数のスコープ

| 種類 | 記述する場所 | 使用するキーワード | 有効範囲(スコープ) | 有効期間 |
|---|---|---|---|---|
| ブロックスコープ | If...Thenのようなコードブロック内 | なし | 宣言したコードブロック内部、ただしVBAではプロシージャ内部となる | プロシージャの実行中 |
| プロシージャスコープ | プロシージャ内 | DimまたはStatic | 宣言したプロシージャ内部 | プロシージャの実行中（Staticの場合はプログラムが終了するまで） |
| モジュールスコープ | モジュール内（プロシージャの外部） | DimまたはPrivate | 宣言したモジュール | モジュールの処理が終了するまで |
| グローバルスコープ | 同一のプロジェクト内のモジュール(プロシージャの外部) | Public | 同一のプロジェクト | プログラムが終了するまで |

**Private**

モジュールレベルでは、DimとPrivateを使うことができます。どちらの場合も変数としての機能は同じですが、モジュール変数はPrivateで宣言し、ローカル変数はDimで宣言するようにすれば、コードを見たときにそれぞれの変数のスコープ（適用範囲）がわかりやすくなるメリットがあります。このようなことから、モジュールレベル変数の宣言にはPrivateを使用することが推奨されています。

ちなみに、Visual BasicやJavaなどの言語では、Privateは変数の使用範囲をクラス内部に限定するための修飾子として使われています。

**コラム スコープの使い分け**

他のモジュールから変数の値を変更されないようにするには、モジュールスコープの変数を使用し、他のモジュールで変数の値を取得したり変更する場合は、グローバルスコープの変数を使います。

**コラム 有効期間**

変数や定数の「有効期間」とは、変数が値を保持する期間のことを指します。

## ● スコープの概要

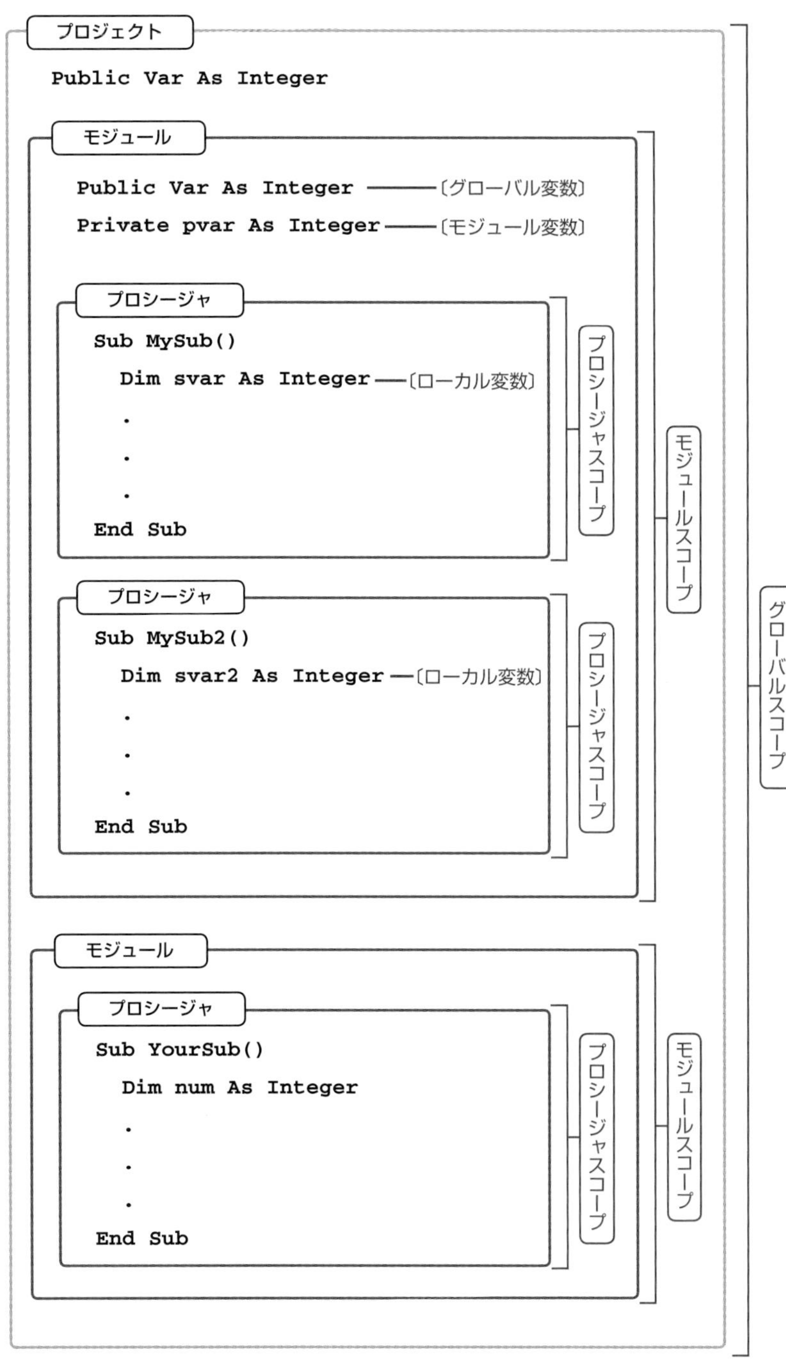


ワンポイント

### プロシージャから別のプロシージャを呼び出す場合

Dimステートメントで宣言したプロシージャスコープの変数は、プロシージャの実行が終了するまで値を保持します。一方、プロシージャ内で別のプロシージャを呼び出した場合は、呼び出し元のプロシージャが終了するまでの間、引き続き値が保持されます。

ワンポイント

### プロシージャ間で同じ変数を共有したい場合

モジュール内のプロシージャ間で同じ変数を使いたい場合は、Privateを使ってモジュールレベルの変数を宣言するようにします。変数を宣言するコードは、プロシージャの外部で記述します。

## step 2 モジュールスコープの変数を使う (Privateキーワード)

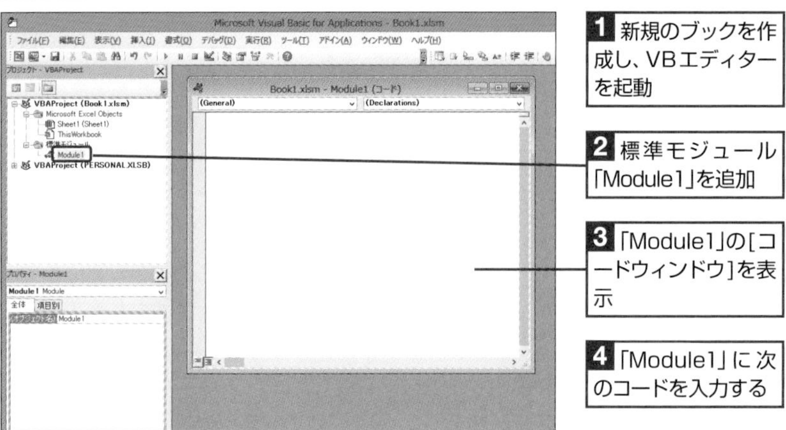


▼モジュール変数の宣言

```
Private moduleVar As Integer
```

▼モジュール変数に1加算するSubプロシージャ

```
Sub NumSet_1()
    '1加算する
    moduleVar = moduleVar + 1
    '変数の値をメッセージボックスに出力
    MsgBox "現在のモジュール変数の値=" & moduleVar
End Sub
```

▼モジュール変数に10加算するSubプロシージャ

```
Sub NumSet_2()
    '10加算する
    moduleVar = moduleVar + 10 '10加算する
    '変数の値をメッセージボックスに出力
    MsgBox "現在のモジュール変数の値=" & moduleVar
End Sub
```

**ワンポイント**

### スコープ

本書では、「プロシージャスコープ」のように、「スコープ」という用語を使用していますが、スコープの代わりに「レベル」という用語が使われることもあります。この場合、「プロシージャレベル」、「モジュールレベル」のように表します。

**解説**

モジュールスコープの変数(モジュール変数)は、モジュール内のすべてのプロシージャで使用することができます。ここでは、モジュール変数に1を加算するSubプロシージャと10を加算するSubプロシージャを作成し、それぞれを実行してモジュール変数の値がどう変わっていくのかを見てみたいと思います。うまく行けば、モジュール変数にNumSet_1プロシージャで1加算したあと、NumSet_2でさらに10加算する、といった具合にモジュール変数の値を2つのプロシージャで共有しつつ処理が行えるはずです。

**ワンポイント**

### &演算子

演算子の「&」は、文字列の連結を行うための演算子で、連結する文字列と文字列の間に記述することで、前後の文字列を連結します。

▼コード入力後の［コードウィンドウ］

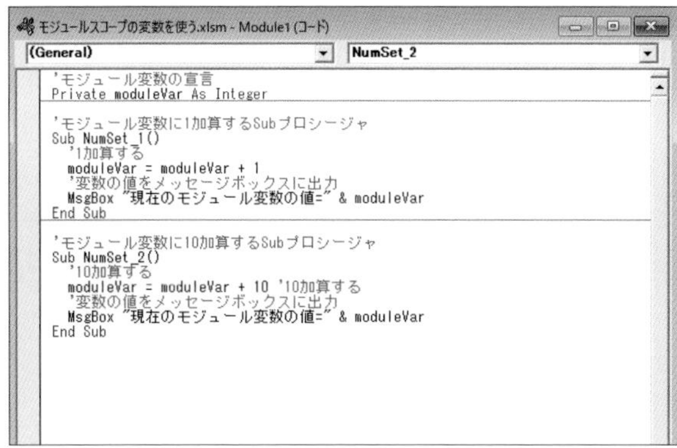


ここでは、モジュールの1行目にモジュール変数を宣言するコードを記述し、続いて2つのSubプロシージャを定義しています。

・moduleVar

Integer型のモジュール変数です。

・NumSet_1

モジュール変数に1を加算するSubプロシージャです。加算したあと、モジュール変数の値をメッセージボックスに出力します。

・NumSet_2

モジュール変数に10を加算するSubプロシージャです。加算したあと、モジュール変数の値をメッセージボックスに出力します。

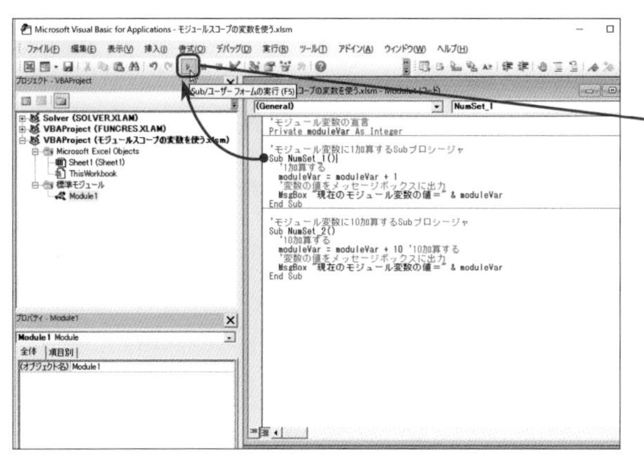


**5** NumSet_1プロシージャ内にカーソルを置いた状態で、ツールバーの[Sub/ユーザーフォームの実行]ボタンをクリック

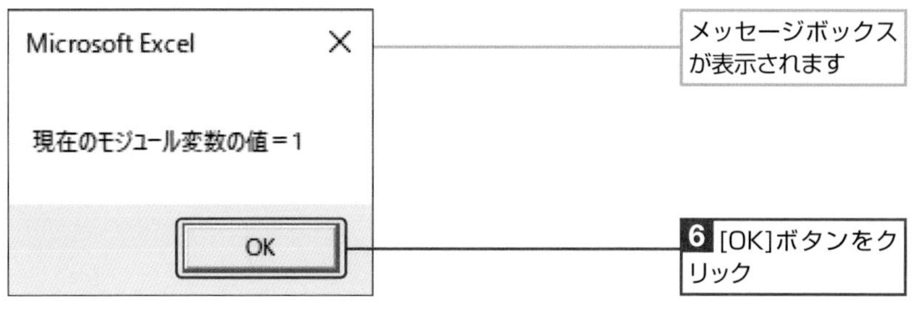


メッセージボックスが表示されます

**6** [OK]ボタンをクリック

**解説**

ここでは、プロシージャをExcelの［マクロ］ダイアログボックスで実行するのではなく、VBエディターの［Sub/ユーザーフォームの実行］ボタンを使って、NumSet_1とNumSet_2プロシージャをそれぞれ1回ずつ実行し、モジュール変数の値がどのように変化するかを見ていきます。

**ワンポイント**

### [Sub/ユーザーフォームの実行]ボタン

[ツールバー]の[Sub/ユーザーフォームの実行]ボタンをクリックすると、現在、カーソルが置かれているプロシージャを直接、実行することができます。

**ワンポイント**

### モジュール変数の値

NumSet_1プロシージャを実行した結果、モジュール変数moduleVarに1が加算されたことが確認できます。ただ、加算といってもモジュール変数には何も代入されていなかったので、初期値は0と見なされて、1が加算された結果、「1」が表示されています。

6

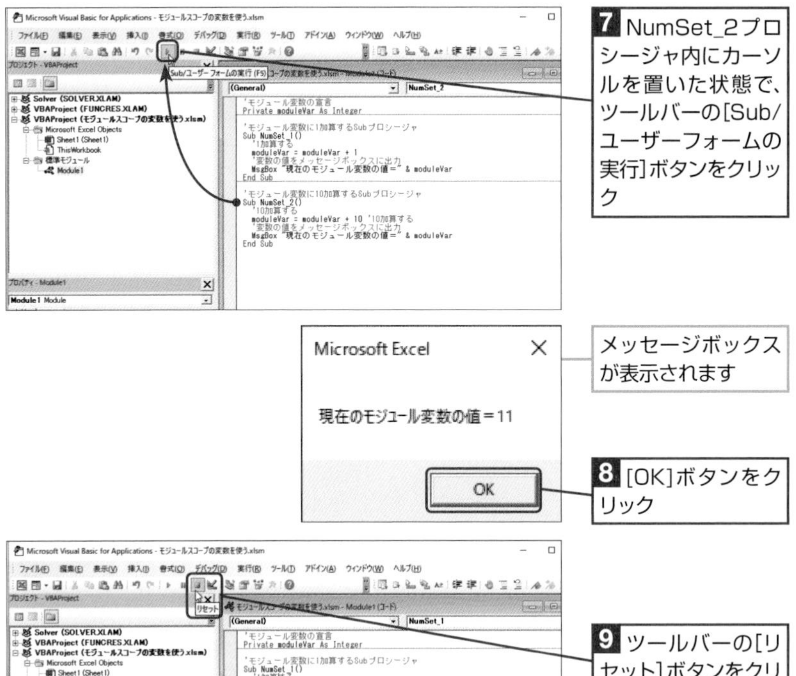

**7** NumSet_2プロシージャ内にカーソルを置いた状態で、ツールバーの[Sub/ユーザーフォームの実行]ボタンをクリック

メッセージボックスが表示されます

**8** [OK]ボタンをクリック

**9** ツールバーの[リセット]ボタンをクリック

## step 3 プロシージャスコープの静的変数を使う（Staticキーワード）

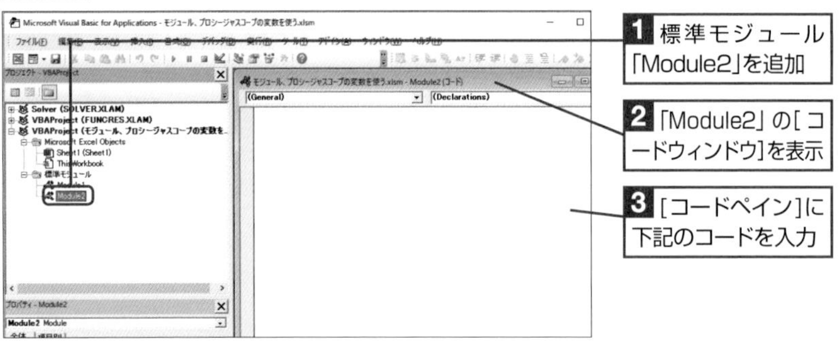

**1** 標準モジュール「Module2」を追加

**2** 「Module2」の[コードウィンドウ]を表示

**3** [コードペイン]に下記のコードを入力

▼静的変数に値を加算するプロシージャ

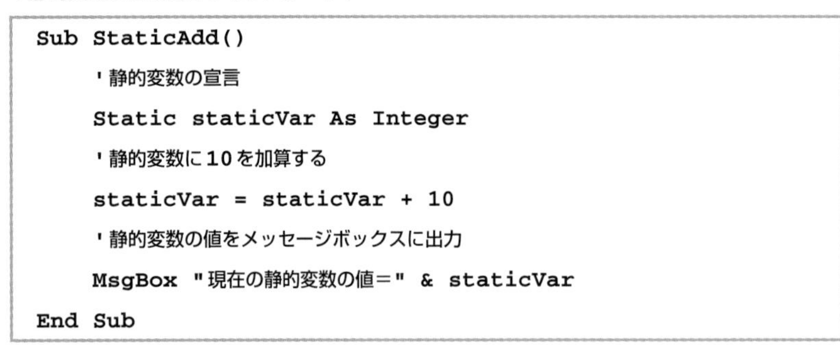

```
Sub StaticAdd()
    '静的変数の宣言
    Static staticVar As Integer
    '静的変数に10を加算する
    staticVar = staticVar + 10
    '静的変数の値をメッセージボックスに出力
    MsgBox "現在の静的変数の値=" & staticVar
End Sub
```

**ワンポイント**

### モジュール変数の値

NumSet_1プロシージャを実行した結果モジュール変数moduleVarの値は「1」でした。続いてNumSet_2プロシージャを実行したので、10が加算され、モジュール変数の値が「11」になりました。プロシージャの処理が終了しても、モジュール変数の値は保持され続けているためです。操作例では各プロシージャを1回ずつ実行しましたが、このままさらにプロシージャを実行すれば、モジュール変数の値はどんどん増えていきます。

このように、モジュールが有効である、言い換えるとモジュールを含むExcelブックを閉じない限り、モジュール変数は値を保持し続けます。なので、同じ変数に対して、モジュール内の複数のプロシージャから異なる処理を行いたい場合は、モジュール変数を使うことになります。

**解説**

[リセット]ボタンを使って、これまでの処理結果を破棄し、モジュールを終了します。

**ワンポイント**

### [リセット]ボタン

本来、モジュールを終了し、モジュール変数の値を破棄するには、これらを含むExcelブックを閉じることになりますが、[リセット]ボタンを使えば、Excelブックを閉じなくてもモジュールを終了し、プログラムの実行前の状態に戻すことができるので、VBAで開発を行うときにとても便利です。

**注意 Staticによる静的変数の宣言**

Staticを使用した静的変数の宣言は、プロシージャ内部でのみ行えます。プロシージャ外部のモジュールレベルで宣言するとエラーが発生し、プログラムを実行することができないので注意してください。

▼コード入力後のコードウィンドウ

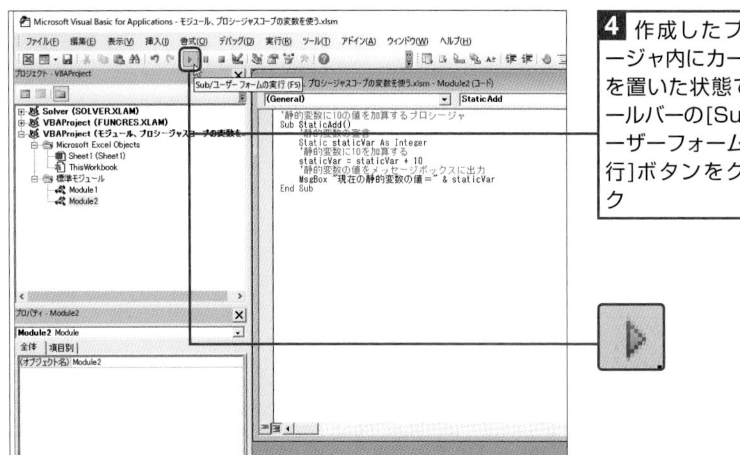


**4** 作成したプロシージャ内にカーソルを置いた状態で、ツールバーの[Sub/ユーザーフォームの実行]ボタンをクリック

**解説**

Staticキーワードで宣言する静的変数は、Dimキーワードで宣言したプロシージャレベル変数とは異なり、プロシージャの処理が終了しても値を保持し続けるという特徴があります。

ここでは、静的変数に10を加算するSubプロシージャを作成し、プロシージャを繰り返し実行して、モジュール変数の値がどう変わっていくのかを見てみたいと思います。うまく行けば、プロシージャを実行するたびに、静的変数の値は10ずつ増えていくはずです。

**ワンポイント**

### 静的変数のスコープ

【注意】で述べたように、静的変数を宣言する場所はプロシージャ内に限られるので、静的変数のスコープは必然的にプロシージャスコープとなります。

**解説**

ここでは、作成したStaticAddプロシージャを繰り返し実行して、プロシージャを実行するたびに静的変数の値が増えていくことを確認します。

### コラム Dim と Static

プロシージャスコープの変数は、Dimキーワードのほかに Staticキーワードを使って宣言することができます。Dimで宣言したプロシージャレベル変数は、プロシージャの処理が終了すると、保持していた値が破棄されますが、Staticで宣言したプロシージャレベル変数は、プロシージャの処理が終了しても値を保持し続ける、という違いがあります。

Microsoft Excel

現在の静的変数の値＝10

OK

メッセージボックスに静的変数の値が表示されます

**5** [OK]ボタンをクリック

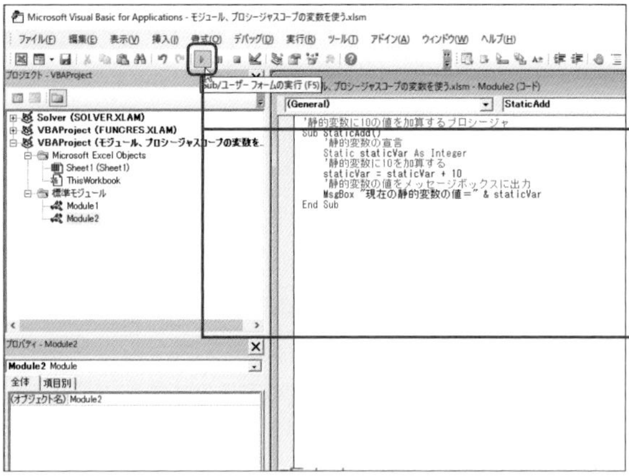

**6** 再度、プロシージャ内にカーソルを置いた状態で、ツールバーの[Sub/ユーザーフォームの実行]ボタンをクリック

```
'静的変数に10の値を加算するプロシージャ
Sub staticAdd()
    '静的変数の宣言
    Static staticVar As Integer
    '静的変数に10を加算する
    staticVar = staticVar + 10
    '静的変数の値をメッセージボックスに出力
    MsgBox "現在の静的変数の値=" & staticVar
End Sub
```

Microsoft Excel

現在の静的変数の値＝20

OK

メッセージボックスに静的変数の値が表示されます

**7** [OK]ボタンをクリック

Microsoft Excel

現在の静的変数の値＝30

OK

**8** もう一度、プロシージャ内にカーソルを置いた状態で[Sub/ユーザーフォームの実行]ボタンをクリック

**9** [OK]ボタンをクリック

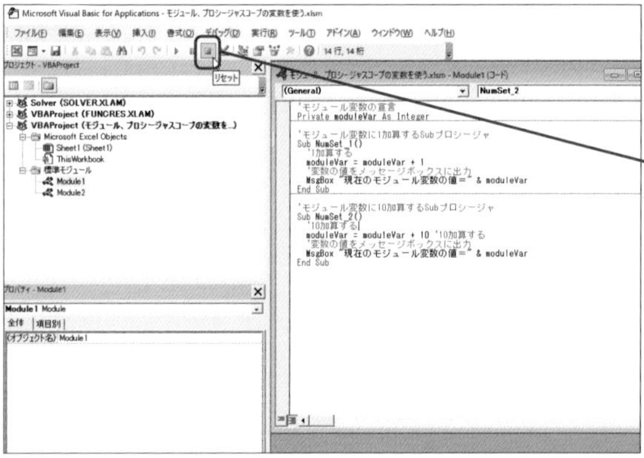

**10** ツールバーの[リセット]ボタンをクリック

ワンポイント

### メッセージボックスを閉じる

[OK]ボタンをクリックすると、メッセージボックスが閉じますが、静的変数が保持している「10」の値は破棄されません。

もう一度、StaticAddプロシージャを実行し、静的変数の現在の値に10が加算されることを確認します。

前回、プロシージャを実行したときの静的変数の値は「10」でした。今回は、さらに10が加算されて「20」になっていることが確認できます。

解説

[リセット] ボタンを使って、これまでの処理結果を破棄し、モジュールを終了します。

ワンポイント

### 静的変数の値をクリア(初期化)する方法

VBAで静的変数をクリアする方法として、
①ブックをいったん閉じる
②新しいプロシージャを作成する
③Endステートメントを使用する
がありますが、②と③の方法はモジュールのソースコードを追加することになるので、実用的ではありません。やはり、ここでもVBエディターの [リセット] ボタンを使うのが最も簡単です。

ワンポイント

### 静的変数の使いどころ

プロシージャを終了しても値を残しておきたい場合は、ワークシートの特定のセルを利用して値を保持する方法がありますが、セルを使うのが面倒な場合に便利なのが静的変数です。

ブックを上書き保存します。

SECTION 33

# VBAで扱うデータにはどんな種類がある？

VBAを習得する上で、データ型という用語が頻繁に登場します。データ型とは、「データの種類とデータが使用するメモリーリイズを示す仕組み」のことです。

チェックポイント
☑ データ型 ☑ 日付型
☑ 整数型 ☑ 通貨型
☑ 文字列型 ☑ オブジェクト型

## VBAのデータ型を確認する



### step 1 VBAのデータ型について知る

VBAのデータ型は、後述のとおり8つのカテゴリで構成されます。ただ、これらのデータ型をすべて覚える必要はまったくありません。最もよく使われるデータ型は、長整数型(Long)と倍精度浮動小数点数型(Double)、文字列型(String)なので、この3つを覚えておいて、あとは必要に応じて日付型(Date)などのデータ型を覚えればよいでしょう。

整数を格納する型は、長整数型(Long)のほかに整数型(Integer)もあり、本書ではこれまで整数を扱う場合はこれを使用してきましたが、Integer型の変数には－32,768～32,767の整数値しか代入できません。特別な理由がなければ、整数を扱うときは長整数型(Long)の変数を宣言するようにしてください。

#### ● VBAのデータ型

◦ 数値を扱うデータ型

▼整数を扱う型

| データ型の種類 | データ型を示すキーワード | メモリーサイズ | 値の範囲 |
|---|---|---|---|
| バイト型 | Byte | 1バイト | 0～255 |
| 整数型 | Integer | 2バイト | −32,768～32,767 |
| 長整数型 | Long | 4バイト | −2,147,483,648～2,147,483,647 |

▼小数を含む値を扱う型

| データ型の種類 | データ型を示すキーワード | メモリーサイズ | 値の範囲 |
|---|---|---|---|
| 単精度浮動小数点数型 | Single | 4バイト | (正の値) 1.401298E−45～3.402823E38<br>(負の値) −3.402823E38～−1.401298E−45 |
| 倍精度浮動小数点数型 | Double | 8バイト | (正の値)<br>4.94065645841247E−324<br>～1.79769313486232E308<br>(負の値)<br>−1.79769313486231E308<br>～−4.94065645841247E−324 |

◦ 文字列を扱うデータ型

| データ型の種類 | データ型を示すキーワード | メモリーサイズ | 値の範囲 |
|---|---|---|---|
| 文字列型<br>(可変長文字列) | String | 10バイト＋文字列の長さ<br>(英数字1文字あたり1バイト*) | 最大で約20億(231)文字 |
| 文字列型<br>(固定長) | String | 文字列の長さ | 1～約65,400文字<br>「String*文字列の数」で指定する |

(*) 全角文字は1文字あたり2バイトのメモリーサイズが必要。

### コラム 1バイト=8ビット

1バイトは8ビットで構成され、1バイトの変数には、0〜255までの256(2の8乗)種類の値を格納することができます。

### コラム 指数表記

指数表記は、非常に大きな数値や、0に近い小さい数値を表現するときに使われる表記方法で、

$m \times R^e$

のように表記します。Rは基数、mを仮数部、eを指数部と呼びます。eまたはEは「exponent(指数)」の頭文字です。0.00123456の指数表記は、$1.23456 \times 10^{-3}$、1234567の指数表記は、$1.234567 \times 10^6$となります。さらにコンピューターでの指数表記では、基数R=10として、仮数部と指数部の間にeまたはEを挟みます。

- 0.00123456の指数表記は、1.23456E−3
- 1234567の指数表記は、1.234567E+6

◦日付や時刻を扱うデータ型

| データ型の種類 | データ型を示すキーワード | メモリーサイズ | 値の範囲 |
|---|---|---|---|
| 日付型 | Date | 8バイト | 西暦100年1月1日0:00:00AM<br>〜9999年12月31日11:59:59 PM |

◦通貨を扱うデータ型

| データ型の種類 | データ型を示すキーワード | メモリーサイズ | 値の範囲 |
|---|---|---|---|
| 通貨型 | Currency | 8バイト | −922,337,203,685,477.5808<br>〜922,337,203,685,477.5807 |

◦論理的な真偽を扱う型

| データ型の種類 | データ型を示すキーワード | メモリーサイズ | 値の範囲 |
|---|---|---|---|
| ブール型 | Boolean | 2バイト | TrueまたはFalse |

◦任意のデータ型を扱う型

| データ型の種類 | データ型を示すキーワード | メモリーサイズ | 値の範囲 |
|---|---|---|---|
| オブジェクト型 | Object | 4バイト | オブジェクトを参照するためのメモリーアドレス |

◦バリアント型

| データ型の種類 | データ型を示すキーワード | メモリーサイズ | 値の範囲 |
|---|---|---|---|
| バリアント型 | Variant | 22バイト+文字列の長さ(64ビットシステムでは24バイト) | 可変長文字列型と同じ範囲 |

◦ ユーザー定義型

| データ型の種類 | データ型を示すキーワード | メモリーサイズ | 値の範囲 |
|---|---|---|---|
| ユーザー定義型 | ユーザーに依存 | 指定されたデータ型のメモリーサイズ | 指定されたデータ型の範囲 |

## step 2 データ型の使い方を知る

### ● 数値を扱うデータ型の使い方

◦ バイト型（Byte）

バイト型は、バイナリデータを扱うためのデータ型で、1バイトのメモリー領域に、0～255までの整数値を格納することができます。

▼バイト型の変数宣言と値の代入

```
Dim b As Byte
b = 123
```

Byte型の変数bに整数値の「123」を代入

◦ 整数型（Integer）

整数型は、整数を扱うためのデータ型で、2バイトのメモリー領域に、−32,768～32,767までの整数値を格納することができます。ただ、代入できる値の範囲が狭いので、整数を扱う場合にInteger型を使うことはまず、ありません。

▼整数型の変数宣言と値の代入

```
Dim int As Integer
int = 12345
```

Integer型の変数intに整数値の「12345」を代入

◦ 長整数型（Long）

長整数型は、整数値を扱うためのデータ型で、4バイトのメモリー領域に、−2,147,483,648～2,147,483,647までの整数値を格納できます。整数を扱う場合は、このLong型を使うのが基本です。

▼長整数型の変数宣言と値の代入

```
Dim num As Long
num = 123456789
```

Long型の変数numに整数値の「123456789」を代入

**コラム ユーザー定義型**

ユーザー定義型では、ユーザーが任意のデータ型を複数、組み合わせることで、1つのデータ型を作ることができます。また、データ型の型名は、自由に設定することができます。

**ワンポイント**

**超便利なバリアント型（Variant）**

変数を宣言する際に、「整数を代入するのかそれとも小数を含む値を代入するのかプログラムを実行してみるまでわからない」ということはよくあります。あるいは、「そもそも数値を代入するのか日付データ、あるいは文字列を代入するのか事前にわからない」ことだってあるかもしれません。そこで、VBAには「どんなデータでも代入できる万能の型」としてバリアント型(Variant)が用意されています。Variant型の変数には、整数、小数を含む値、文字列、さらには配列やオブジェクトまで、VBAで扱えるデータであれば何でも格納できます。バリアント型(Variant)の変数の宣言は、

Dim 変数名 As Variant

と書きますが、

Dim 変数名

とだけ書いてもVariant型を指定したと見なされるのでOKです。

◦ 単精度浮動小数点数型（Single）

単精度浮動小数点数型は、実数を扱うためのデータ型で、4バイトのメモリー領域に、正の値の場合は、$1.401298 \times 10^{-45}$～$3.402823 \times 10^{38}$、負の値の場合は、$-3.402823 \times 10^{38}$～$-1.401298 \times 10^{-45}$までの実数を格納することができます。

▼単精度浮動小数点数型の変数宣言と値の代入

```
Dim sgl As Single
sgl = 1.234567
```

Single型の変数に「1.234567」を代入

ワンポイント

**実数**

ここでは、小数点以下の小数部を含む数値のことを「実数」と呼んでいます。

◦ 倍精度浮動小数点数型（Double）

倍精度浮動小数点数型は、実数を扱うためのデータ型で、8バイトのメモリー領域に、正の値の場合は、$4.94065645841247 \times 10^{-324}$～$1.79769313486232 \times 10^{308}$、負の値の場合は、$-1.79769313486231 \times 10^{308}$～$-4.94065645841247 \times 10^{-324}$までの実数を格納することができます。

▼倍精度浮動小数点数型の変数宣言と値の代入

```
Dim dbl As Double
dbl = 1.2345678901234
```

Double型の変数dblに「1.2345678901234」を代入

ワンポイント

**SingleとDouble、どっちを使う？**

Single型はメモリーサイズが4バイトで、Double型は8バイトです。以前はメモリー節約のためにSingle型を使うことがありましたが、現在のコンピューターのメモリーは大容量です。小数を含む値を扱う場合は、迷わずDouble型を使いましょう。

コラム

**データ型の変換**

変数宣言を行ったときに指定したデータ型は、プログラムの実行中に、他のデータ型に変換することができます。この場合、データ型を変換する専用の関数を使用します。

## ● 文字列を扱うデータ型の使い方

◦ 文字列型（String）

文字列型は、漢字、ひらがな、カタカナ、数字、英字、記号などの文字列を扱うデータ型で、1バイト～約2Gバイトのメモリー領域に最大で約20億（$2^{31}$）文字を格納することができます。

なお、文字列型では、1バイト～約2Gバイトのメモリー領域に格納できる範囲で文字列を格納する可変長の文字列型と、あらかじめ使用する文字列の数を指定する固定長の文字列型があります。

▼文字列型の変数宣言と値の代入（可変長）

```
Dim str As String
str = "はじめてのExcel VBA"
```

String型の変数strに「はじめてのExcel VBA」という文字列を代入

ワンポイント

**固定長の文字列型**

固定長文字列型で文字列の数を指定する場合、全角文字は、1文字で2バイトのメモリー領域を使用することを計算に入れて、文字列の数を指定します。もし、指定した文字数よりも代入する文字列の数が少ない場合は、文字列の末尾に半角スペースが追加されます。逆に代入する文字列の数が多い場合は、オーバーした文字列は切り捨てられます。

なお、固定長の文字列型は、特別な理由がない限り、使うことはめったにありません。

▼文字列型の変数宣言と値の代入（固定長）

```
Dim str As String * 9
str = "はじめてのエクセル"
```

String型の９文字ぶんを扱う変数strに「はじめてのエクセル」という文字列を代入

**ワンポイント**

**文字列の代入**

変数に文字列を代入する場合、代入する文字列を「"（ダブルクォーテーション）」で囲むことが必要です。これによって、代入する値が文字列として扱われるようになります。

## ● 日付や時刻を扱うデータ型の使い方

### ◦日付型（Date）

日付型は、日付と時刻を扱うためのデータ型で、８バイトのメモリー領域に、日付と時刻を表す実数の数値が格納されます。

日付型で扱える範囲は、西暦100年1月1日0:00:00AM～9999年12月31日11:59:59 PMまでの範囲です。

▼日付型の変数宣言と値の代入

```
Dim dt As Date
dt = #5/31/2020#
```

Date型の変数dtに「2020年5月31日」の日付を代入

**ワンポイント**

**日付の代入**

Date型の変数や定数には、例で示した「日付・時刻リテラル形式」で日付データを代入します。この場合、日付や時刻を示す数字の前後を「#」で囲みます。なお、日付の順序は、アメリカ方式の「月/日/年」の順で記述し、月、日、および年を「/（スラッシュ）」で区切るようにします。

## ● 論理的な真偽を扱うデータ型の使い方

### ◦ブール型（Boolean）

ブール型は、「真（True）」と「偽（False）」の２つの値だけを扱うデータ型で、２バイトのメモリー領域に、True、またはFalseを表す値を格納します。TrueおよびFalseの文字列が格納されるのではなく、Trueの場合は「−1」、Falseの場合は「0」の値が格納されます。

▼ブール型の変数宣言と値の代入

```
Dim bool As Boolean
bool = True
```

Boolean型の変数boolに「True（真）」を代入

**コラム　固定長の文字列型**

ワンポイントでも述べましたが、固定長の文字列型の場合、代入した文字列が指定した文字数よりも短い場合は、残りのメモリー領域に半角スペースが埋め込まれます。これに対し、代入した文字列が文字数をオーバーした場合は、オーバーしたぶんだけ切り捨てられます。

SECTION 34

# オブジェクトを変数に代入する

Excelは、ブックやワークシート、さらにはセル範囲などの情報を「オブジェクト」として保持しています。オブジェクト型は、これらのオブジェクトを扱うためのデータ型です。

チェックポイント
☑ オブジェクト型
☑ 「New」キーワード

使用するプロパティ
- Range
- Cells

## オブジェクト型の役割と使い方を確認する

### step 1 オブジェクト型(Object)について知る

#### ● オブジェクト型の特徴

オブジェクト型は、指定したオブジェクトを参照するための情報を扱うデータ型で、4バイトのメモリー領域に、ブックやワークシートを表すオブジェクトを格納することができます。

▼オブジェクト型の変数宣言と値の代入

```
Dim obj As New Object
Set obj = Workbooks("オブジェクト変数.xlsm").WorkSheets("Sheet1")
```

▼《構文》オブジェクト型の変数に参照情報を代入する

```
Set 変数名 = オブジェクト(の参照情報)
```

#### ● オブジェクト変数

ここでは、オブジェクトを格納する変数のことを「オブジェクト変数」と呼ぶことにします。こうして宣言したオブジェクト変数には、任意のオブジェクトを代入することができるのですが、オブジェクトそのものを代入するわけではありません。代入されるのは、オブジェクトが存在するメモリー番地(これを「オブジェクトの参照情報」と言います)が代入されます。メモリー番地がわかれば、わざわざオブジェクトをコピーして変数に代入する必要がないからです。オブジェクト変数は、Dim、Public、Private、Staticステートメントを使って宣言することができますが、バリアント型(Variant)かオブジェクト型(Object)、または固有オブジェクト型であることが必要です。

Object型のオブジェクト変数は、すべてのオブジェクトへの参照を格納することができるので、プロシージャを実行するまでオブジェクトの種類が特定できない場合に使用します。

#### ● 固有オブジェクト型

固有オブジェクト型とは、VBAであらかじめ定義されているオブジェクトのことです。先に紹介したWorkbookやWorksheetのほかに、セル範囲を参照するRangeオブジェクトがあります。

**準備**

新規のブックを開き、「オブジェクト変数」という名前のマクロ有効ブックとして保存したあと、VBエディターを起動します。

**ワンポイント**

**オブジェクトとは**

VBAでは、ブックやワークシート、セルなどの操作の対象を「オブジェクト」と呼びます。操作の対象がすべてオブジェクトなので、選択中のセルやセル範囲もオブジェクトとして扱われます。これらのオブジェクトの構造は、ブックであればWorkbookクラス、ワークシートであればWorksheetクラスで定義されていて、それぞれのクラスに属するメソッドやプロパティを使ってブックやワークシート、セルなどを操作します。

このようなオブジェクトの概念は、中々理解するのが難しいですが、「オブジェクトはオブジェクトを定義しているクラスに従った形式で作成されるモノ」とお考えください。「モノ」なんて少々、抽象的な言い方ですが、ブックを操作する場合やワークシートを操作する場合は、プログラム内でWorkbookオブジェクト、Worksheetオブジェクトを生成し、オブジェクトの情報をメモリーに読み込ませておきます。この「メモリーに読み込まれた情報」がすなわちオブジェクトの実体です。もちろん、別のブックを操作したいときは、別のWorkbookオブジェクトを新たに生成し、別のワーク

このことから、オブジェクト変数の宣言を行う場合に、オブジェクトの種類がわかっているのであれば、対象の固有オブジェクト型（の名前）を指定するようにします。

固有オブジェクト型として宣言しておけば、VBエディターのデータ型の自動チェックによって、プログラムのバグを避けることができるためです。また、型名を見ることでコードの意味がわかりやすくなるメリットもあります。

◦ **主な固有オブジェクト型**

| オブジェクト名 | 内容 |
|---|---|
| Dialog | Excel の組み込みダイアログボックスを表します。 |
| Chart | ブック内のグラフを表します。 |
| Font | オブジェクトのフォント属性（フォント名、フォントサイズ、色など）を表します。 |
| ListObject | ワークシート内のテーブルを表します。 |
| Range | セル、行、列など 1 つ以上のセルを含むセル範囲を表します。 |
| Workbook | Excel ブックを表します。 |
| Worksheet | ワークシートを表します。 |

◦ **固有オブジェクト型の宣言と値の代入**

セル範囲を扱う「Range」オブジェクトを利用する場合は、次のように記述します。

```
Dim rng As Range
Set rng = Range("A1:D10")
```

## step 2 特定のワークシートを参照するオブジェクト変数を作る

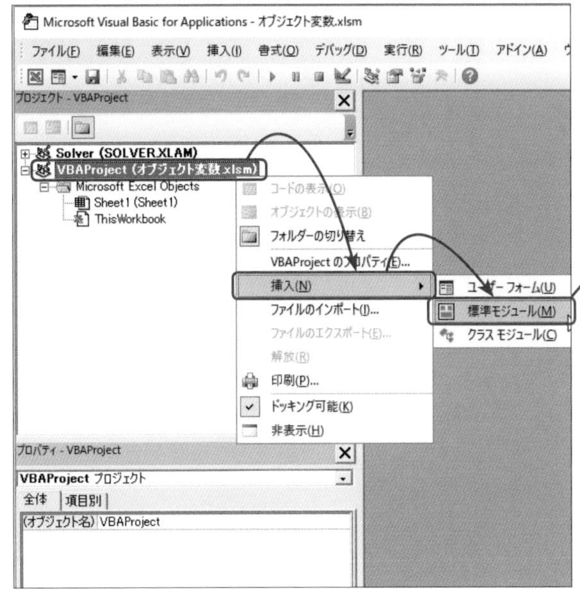


**1** ブック「オブジェクト変数」のVBエディターを表示

**2** [プロジェクトエクスプローラー]で、[VBAProject(オブジェクト変数.xlsm)を右クリックして[挿入]➡[標準モジュール]を選択

プロジェクトに「Module1」が追加されます

**3** 「Module1」の[コードウィンドウ]の[コードペイン]に次ページのコードを入力

シートを操作したいときはWorksheetオブジェクトを新たに生成して利用します。

なお、ここではオブジェクトとオブジェクトの定義を混同しないように「クラス」という言い方をしていますが、公式のVBAリファレンスを始め、文献によってはクラスもオブジェクトという呼び方をしているので注意してください。

**ワンポイント**

### オブジェクト変数にはSetキーワード

オブジェクト変数にオブジェクトを代入する場合、他のデータ型の変数とは異なり、ステートメントの先頭にSetキーワードが付きますので注意してください。

**ワンポイント**

### オブジェクト変数を使うメリット

オブジェクト変数を使うメリットは、特定のオブジェクトの参照情報を変数に格納することで、以降は、変数名を記述すれば、対象のオブジェクトを参照できるようになることです。例えば、ブック「Work」の「Sheet1」を参照する場合、「Workbooks("Work.xlsm").WorkSheets("Sheet1")」のような長い記述を何度も記述するのはとても面倒です。この場合、対象のオブジェクトを「obj」というオブジェクト変数に代入しておけば、以降は、「obj」と記述するだけで、ブック「Work」の「Sheet1」が参照できます。長いコードを記述する必要がなくなるので、コード自体もシンプルになります。

**解説**

ここでは、ブック「オブジェクト変数」の「Sheet1」の「A1」、「A2」、「A3」セルに整数値を自動入力するマクロを作成します。

6

▼指定したセルに値を代入するプロシージャ

```
Sub ValueSet()
    'Worksheet型の変数を宣言
    Dim wst As Worksheet
    'ブック「オブジェクト変数.xlsm」のSheet1のオブジェクトを取得
    Set wst = Workbooks("オブジェクト変数.xlsm").Worksheets
("Sheet1")

    wst.Cells(1, 1).Value = 1000   'A1セルに値を入力
    wst.Cells(2, 1).Value = 2000   'A2セルに値を入力
    wst.Cells(3, 1).Value = 3000   'A3セルに値を入力

    ' 処理終了のメッセージ
    MsgBox "A1〜A3セルまでの値をセットしました。"
End Sub
```

▼コード解説

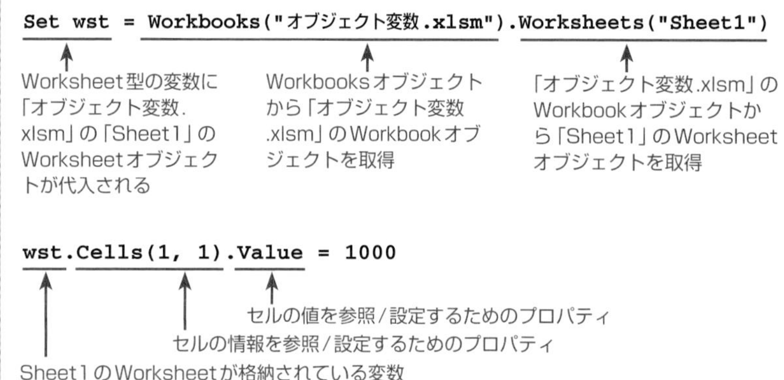


▼コード入力後のコードウィンドウ

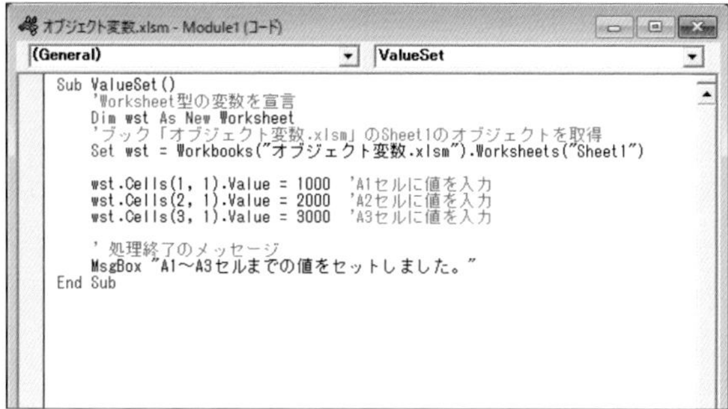


ワークシートを操作するには、まず、ワークシートを含むブックのWorkbookオブジェクトを取得し、それからワークシートのWorksheetオブジェクトを取得する必要があります。現在開かれているブックのWorkbookオブジェクトは、Workbooksオブジェクトでまとめて管理されていますので、

Workbooks("オブジェクト変数.xlsm")

と記述して、Workbooksオブジェクトから「オブジェクト変数.xlsm」のWorkbook

**ワンポイント**

### Workbooksオブジェクトと Worksheetsオブジェクト

Workbooksは、現在開いているすべてのブックのオブジェクトをまとめて格納しているオブジェクトです。Worksheetsは、ブックのすべてのワークシートのオブジェクトをまとめて格納しているオブジェクトです。step 2の例では、「オブジェクト変数.xlsm」というブックのSheet1のオブジェクトを取り出して変数wstに代入しています。

**ワンポイント**

### Cellsプロパティ

Cellsプロパティは、セル範囲の情報を持つRangeオブジェクトを取得するプロパティです。セルの指定は、行➡列の順で行います。例えば、「B3」セルを指定する場合は、「Cells(3,2)」のように記述します。

**解説**

ここでは、オブジェクト変数「wst」に、ワークシートSheet1のWorksheetオブジェクトを格納しています。これによって、「Workbooks("オブジェクト変数.xlsm").Worksheets("Sheet1").Cells(1,1)」ではなく、「wst.Cells(1,1)」と書くだけで、A1セルの値を参照/設定できるようになります。

**ワンポイント**

### Setステートメント

Setキーワードは、オブジェクト型や固定オブジェクト型の変数にオブジェクトを代入する働きがあります。

オブジェクトを取得します。一方、ワークシートのWorksheetオブジェクトは、Worksheetsオブジェクトでまとめて管理されていますので、

Workbooks("オブジェクト変数.xlsm").Worksheets("Sheet1")

のように書いて、Workbookオブジェクトに対してWorksheets("Sheet1")を実行します。すると、「オブジェクト変数.xlsm」のWorkbookオブジェクトのWorksheetsから「Sheet1」のWorksheetオブジェクトが取得できますので、

Set wst = Workbooks("オブジェクト変数.xlsm").Worksheets("Sheet1")

として、Worksheet型の変数wstにオブジェクト（の参照）を代入します。

あとは、wstと書けばSheet1のWorksheetオブジェクトを参照できるようになりますので、

wst.Cells(1, 1).Value

と書けば、Sheet1のA1セルの値を参照／設定することができます。1000を設定する場合は、

wst.Cells(1, 1).Value = 1000

です。

## step 3 指定したセルへ値を入力するプロシージャを実行する

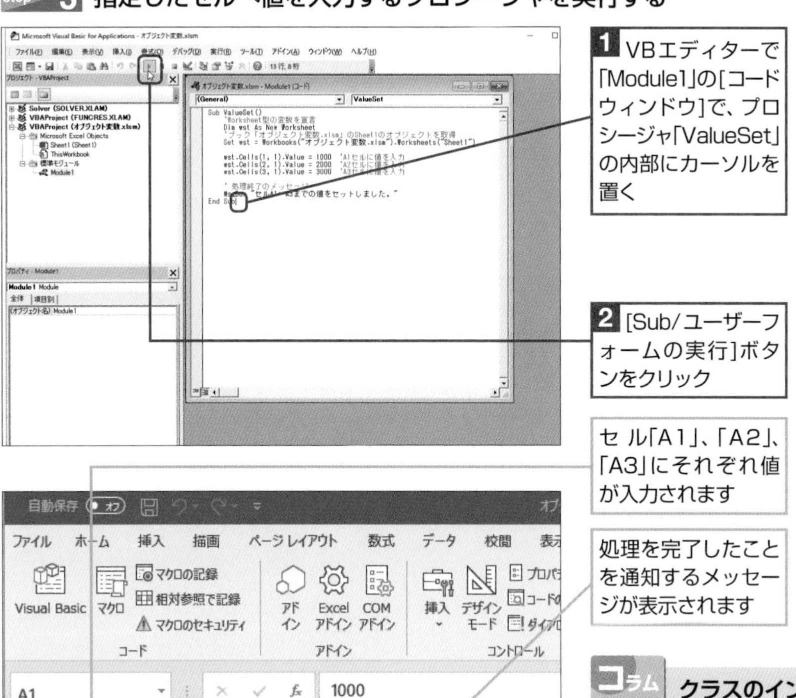


### 解説

作成したValueSetプロシージャを実行して、Sheet1のA1～A3セルに、指定した値が入力されるかを確認します。

### コラム クラスのインスタンス化とは

Visual BasicやVisual C#などのオブジェクト指向型のプログラミング言語では、「クラスのインスタンス化」という用語が頻繁に登場します。これらの言語では、VBAもそうしているように、クラスをインスタンス化し、クラスの要素を実体化（クラスの情報をメモリー上に展開）することで様々な処理を行います。

## step 4 特定のセル範囲を参照するオブジェクト変数を作る

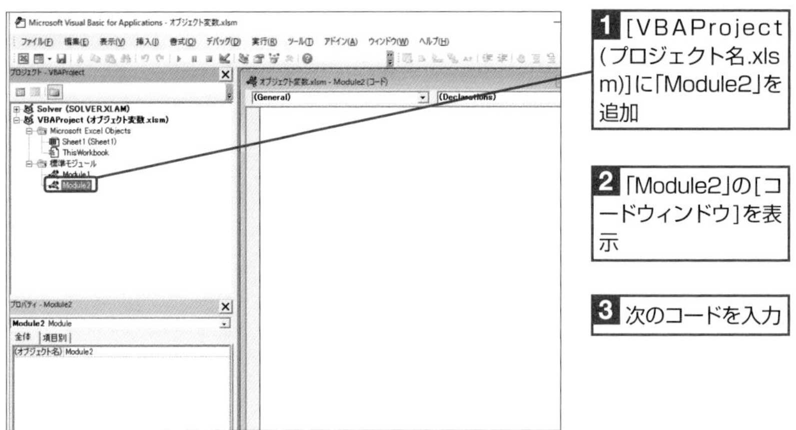

**1** [VBAProject(プロジェクト名.xlsm)]に「Module2」を追加

**2** 「Module2」の[コードウィンドウ]を表示

**3** 次のコードを入力

▼指定した範囲の文字列を太字にするプロシージャ

```
Sub FontSet()
    'RangeオブジェクトはWorksheetオブジェクトに
    '含まれるので直接Newはできないため、
    'Object型
    Dim rng As Object
    ' セル範囲を表すRangeオブジェクトをrngに代入
    Set rng = Range("A1:A3")
    'RangeオブジェクトのFontプロパティでFontオブジェクトを取得
    'FontオブジェクトのFontStyleプロパティに太字を設定
    rng.Font.FontStyle = "Bold"

    'メッセージを表示
    MsgBox "A1～A3セルまでのフォントを設定しました。"
End Sub
```

▼コード解説

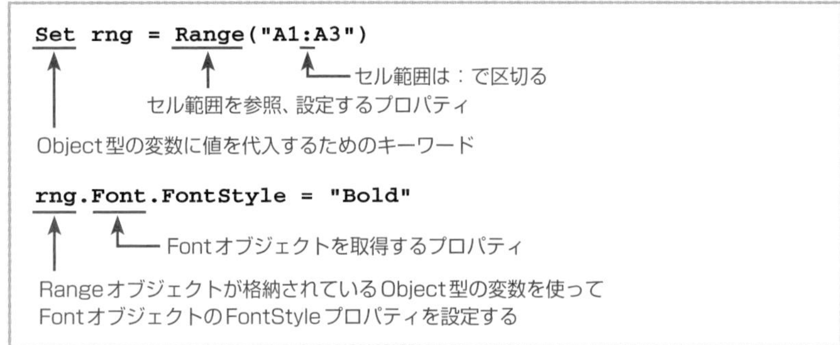


**ワンポイント**

### Rangeプロパティ

「Range」プロパティは、セル範囲の情報を持つRangeオブジェクトを取得するためのプロパティです。セル範囲の指定は、「Range("A1:A3")」のようにかっこで括って記述します。

**注意 Rangeオブジェクトは直接Newできない**

Rangeオブジェクトを代入する変数を宣言する場合、
(×)Dim rng As New Range
のように書きたいところですが、RangeオブジェクトはWorksheetオブジェクトに含まれるため、直接Newすることはできません。このため、ここではObject型の変数rngを宣言しています(Object型もNewできないのでさらに注意)。

**ワンポイント**

### ソースコード内のコメント

これまでソースコード内にコメントを入れていますが、もちろん、必要なければ入れなくてもまったく問題ありません。このあともコメント入りのコードが出てきますが、コメントを入れるか入れないかは、ご自身で判断してください。

## コラム オブジェクト変数に代入できる要素

オブジェクト変数に代入できるのは、オブジェクトを参照する式と「Nothing」のいずれかです。

▼コード入力後の［コードウィンドウ］

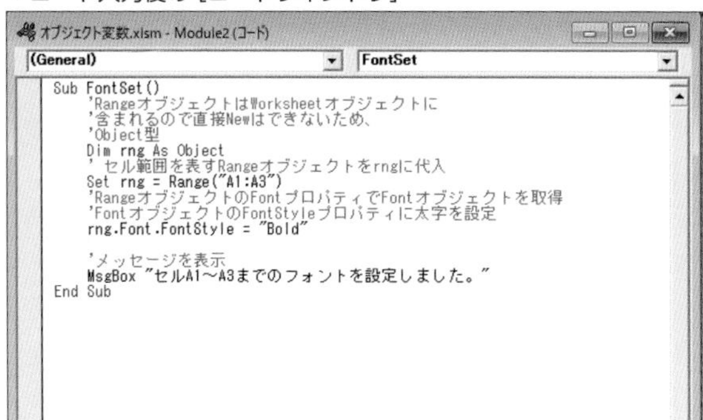


### 解説

ここでは、A1～A3までのセル範囲を参照する情報を、オブジェクト変数rngに代入しています。これによって、「Range("A1:A3").Font.FontStyle = "Bold"」と記述する代わりに「rng.Font.FontStyle = "Bold"」のようにシンプルに記述することができます。

6

## step 5 指定したセル範囲のフォントを設定するマクロプログラムを実行する

**1** プロシージャ「FontSet」の内部にカーソルを置く

**2** ［Sub/ユーザーフォームの実行］ボタンをクリック

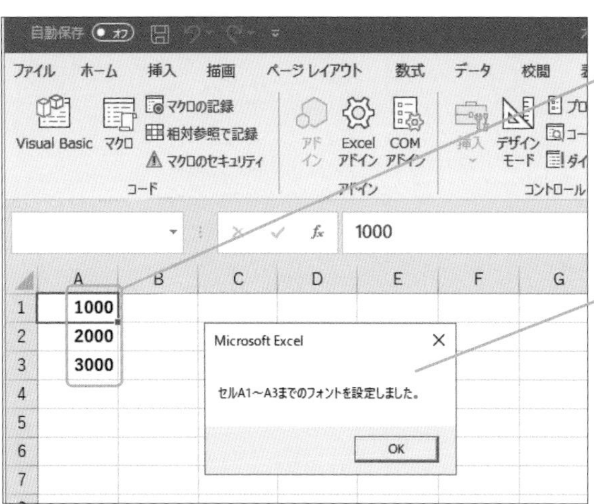

A1、A2、A3セルのフォントが太字になります

処理を完了したことを通知するメッセージが表示されます

### ワンポイント

**FontStyleプロパティ**

FontオブジェクトのFontStyleプロパティでは、以下の設定が行えます。

▼FontStyleプロパティに設定可能な定数

| プロパティ | 設定可能な定数 | 説明 |
|---|---|---|
| FontStyle | "標準" | 標準 |
| | "斜体" または "Italic" | 斜体 |
| | "太字" または "Bold" | 太字 |
| | "太字 斜体" または "Bold Italic"<br>※単語間の空白は半角スペース | 太字＋斜体 |

### 最後に

ブックを上書き保存します。

## Workbooksオブジェクト

現在、開かれているブックのWorkbookオブジェクトをまとめて保持しているオブジェクトです（Workbooksと複数形になっていることに注目）。

Workbooks(1)

と書けば、Workbooksオブジェクトから1番先に開かれたブックのWorkbookオブジェクトを取得することができます。このほかに、ブック名を直接指定して、

Workbooks("オブジェクト変数.xlsm")

という書き方もできます。

## Worksheetsオブジェクト

ブックに含まれるワークシートのWorksheetオブジェクトをまとめて保持しているオブジェクトです（Worksheetsと複数形になっていることに注目）。

Workbooks("オブジェクト変数.xlsm").Worksheets("Sheet1")

と書けば、「オブジェクト変数.xlsm」のWorksheetsオブジェクトからSheet1のWorksheetオブジェクトを取得することができます。このように、WorksheetsオブジェクトからワークシートのワークシートのWorksheetオブジェクトを取得する場合は、「ワークシートを含むブックのWorkbookオブジェクトを取得」➡「Worksheetsオブジェクトを取得」の順番でコードを記述します。なお、WorkbooksとWorksheetsの間にある「.」は「オブジェクト参照演算子」と呼ばれ、「○○オブジェクトに対して」という意味を持ちます。ですので、先のコードは「Workbooksオブジェクトに対してWorksheetsオブジェクトを実行する」という意味になり、これを整理すると「Workbookオブジェクトから Worksheetオブジェクトを取得する」ということになります。

## Fontオブジェクトのプロパティ

次は、Fontオブジェクトの主なプロパティです。

▼Fontオブジェクトの主なプロパティ

| プロパティ | プロパティの説明 | プロパティの設定値と説明 |
|---|---|---|
| Name | フォント名 | フォント名を指定 |
| FontStyle | フォントスタイル | 「ワンポイント　FontStyleプロパティ」を参照 |
| Bold | 太字 | True、False |
| Italic | 斜体 | True、False |
| Size | フォントサイズ | 8、12、72などの整数値 |
| Strikethrough | 取り消し線 | True、False |
| Superscript | 上付き文字 | True、False |
| Subscript | 下付き文字 | True、False |
| Underline | 下線の種類 | xlUnderlineStyleNone<br>xlUnderlineStyleSingle<br>xlUnderlineStyleDouble<br>xlUnderlineStyleDoubleAccounting |
| Color | フォントの色 | RGB値、またはVBAの定数（右記ワンポイント参照） |

## 色を表す定数

VBAには、色を表す以下の定数が用意されています。

▼色を表す定数

| 定数 | 色 |
|---|---|
| vbBlack | 黒 |
| vbRed | 赤 |
| vbGreen | 緑 |
| vbYellow | 黄 |
| vbBlue | 青 |
| vbMagenta | マゼンタ |
| vbCyan | シアン |
| vbWhite | 白 |

### Newキーワード

オブジェクト変数を宣言する際は、「Dim 変数名 As New オブジェクトの型」のような書き方をしますが、Newキーワードには「オブジェクトをインスタンス化する」という役目があります。インスタンス化とは、オブジェクトを定義している「クラスを読み込んでオブジェクトを生成する」ことです。固有オブジェクト型のインスタンス化は、

```
Dim wst As New Worksheet
```

のように書きます。ただし、オブジェクトが生成されるタイミングは、オブジェクト変数が使用されるタイミングなので、実際には

```
Set obj = Workbooks("オブジェクト変数.xlsm").Worksheets("Sheet1")
```

のコードが実行されるタイミングでオブジェクトが生成される（インスタンス化される）ことになります。ではなぜ、わざわざNewを付けるのかというと、これは「この変数にはインスタンス化されたオブジェクトが代入されますよ」ということを明示的に示すという理由からです。一方、何でも格納できるObject型は、オブジェクトを代入するまで具体的な型名がわからないため、Newを付けるとエラーになるので注意してください。

なお、Newは省略可とされていて、先のコードでNewの記述をしなくてもエラーにはなりません。

SECTION 35

# どんなデータ型も格納できるバリアント型を使う

データ型を指定しないで、定数、変数、または引数を宣言すると、バリアント型（Variant）が自動的に設定されます。ここでは、バリアント型について見ていきます。

チェックポイント ☑ バリアント型

## バリアント型の概要と使用方法を確認する

### step 1 バリアント型について知る

バリアント型（Variant）として宣言した変数には、文字列、日付、時間、ブール値、数値、オブジェクトなどのすべてのデータ型を格納することができます。

また、冒頭で述べたように、データ型を指定しない変数や定数、引数には、自動的にバリアント型が設定されます。

#### ● バリアント型の特徴

バリアント型の特徴として、まず挙げられるのが、代入する値によって、データ型が動的に変更されることです。バリアント型の変数に数値を代入すると、16バイトのメモリー領域が確保され、文字列を代入した場合は、文字列に必要なメモリーサイズに22バイトを加えたメモリー領域が確保されます。

#### ● バリアント型の使い方

バリアント型を指定した変数では、多くのメモリー領域を使用します。ですが、プログラムを実行するまではデータ型が確定しない場合は、バリアント型の変数を使うしかありません。

また、データ型をまだ理解していない場合など、どのデータ型を指定してよいかわからないうちは、積極的にバリアント型を使うのも一つの方法です。

**準備**

新規ブックを作成し、マクロ有効ブックとして保存しておきます。

**ワンポイント**

**変数宣言時のデータ型の省略**

変数を宣言する際にデータ型の指定を省略すると、自動的にバリアント型が設定されます。

**ワンポイント**

**バリアント型が使用するメモリーサイズ**

バリアント型の変数に数値を代入した場合は、16バイトのメモリー領域が割り当てられます。また、文字列を代入した場合は、文字列に必要なメモリーサイズに22バイトを足した領域が割り当てられます。

このように、バリアント型は、データ型を明示的に指定した場合よりも多くのメモリーサイズを必要とします。

**コラム 変数は全部Variant型にしてもいい？**

どんなデータでも格納できる超便利なVariant型ですので、少なくとも「どのデータ型を指定すればよいのかわからない」ときはVariant型を使いましょう。さらに一歩進めて、データ型の指定が面倒、あるいはデータ型そのものを覚えるのが面倒であれば、すべての変数をVariant型にするという手があります。ただし、Variant型は従来から「なるべく使わないように」とも言われています。その理由は、主に「プログラムの実行速度が遅くなる」「誤動作を招く原因になる」というものです。しかし、現在のパソコンは非常に高速で動作するので、その差はごく僅かです。また、Variant型の変数str1に「10」を文字列として代入し、str2に「100」を文字列として代入した場合、

```
str1 + str2
```

とすると、結果は「10100」となります。これは文字列に対して+演算子を使うと、&演算子と同じように文字列同士が結合された結果です。10 + 100の計算を行いたいのであれば、変数str1、str2に文字列ではなく整数の10と100をそれぞれ代入しておかないと思わぬ結果を招くことがあります。ただ、これも気を付けていれば防ぐことができるので、特に問題ではないでしょう。もちろん、理想は、適切なデータ型を指定して変数を宣言するようになることです。ですが、慣れないうちはデータ型の指定に戸惑うこともよくあるので、まずはVariant型を使いつつ、データ型を学習して徐々に切り替えていくのも一つの方法です。

## step 2 バリアント型の変数を使用するSubプロシージャを作成する

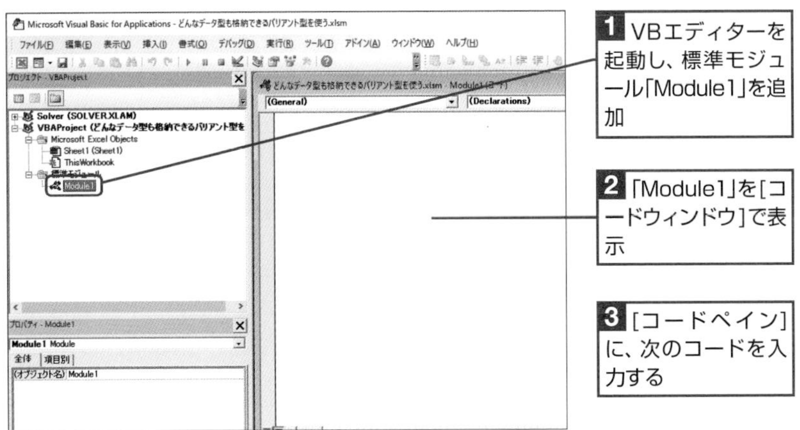


▼バリアント型の変数を使用するプロシージャ

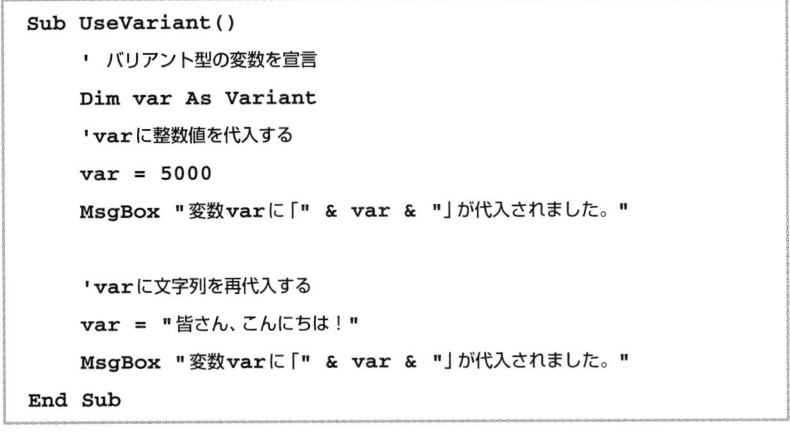

```
Sub UseVariant()
    ' バリアント型の変数を宣言
    Dim var As Variant
    'varに整数値を代入する
    var = 5000
    MsgBox "変数varに「" & var & "」が代入されました。"

    'varに文字列を再代入する
    var = "皆さん、こんにちは！"
    MsgBox "変数varに「" & var & "」が代入されました。"
End Sub
```

▼コード解説

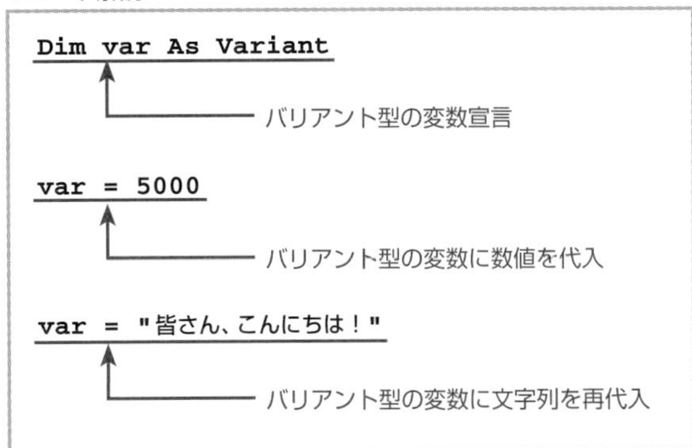


### 解説

ここでは、バリアント型の変数に数値を代入し、代入した値をメッセージボックスに表示するようにし、次に、バリアント型の変数に文字列を代入し、代入した文字列を再びメッセージボックスに表示するようにしています。

### ワンポイント

**バリアント型の指定**

ここでは、変数宣言の際に、バリアント型を明示的に指定していますが、「Dim var」だけにしてもエラーにはなりません。

### コラム バリアント型変数の中身

変数宣言を行わずに「x = 100」とした場合、xはバイト型の変数として扱われます。さらに、「x = x & "の整数値"」と続けて記述すると、xは、String型に変化し、xに格納されている値は、文字列の「100の整数値」となります。

▼コード入力後の [コードウィンドウ]

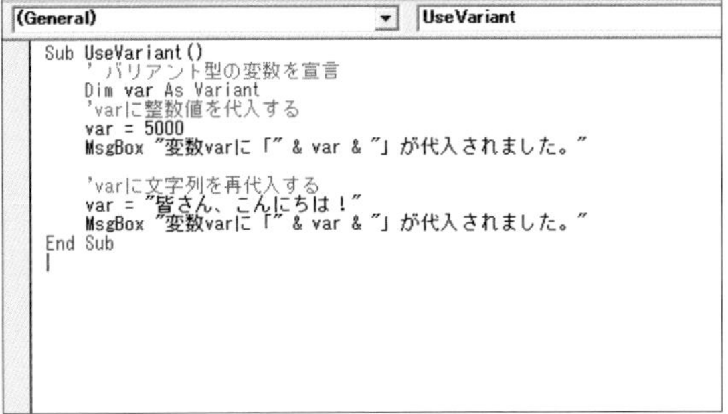

## step 3 バリアント型を使用したSubプロシージャを実行する

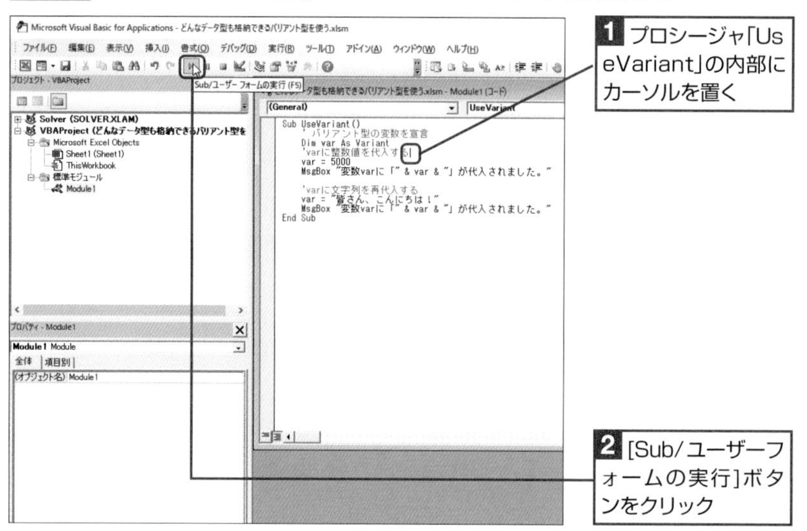


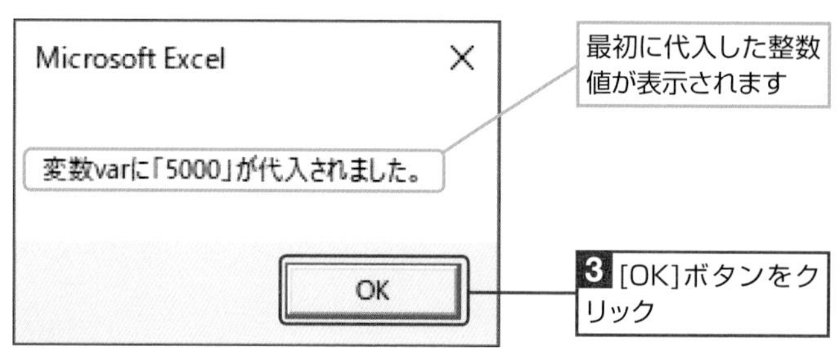


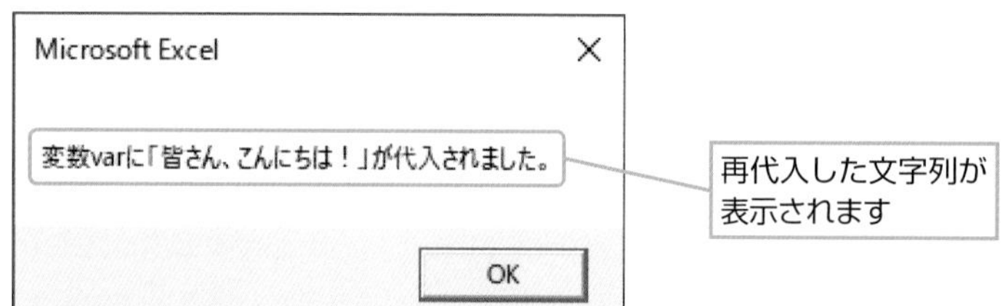


### コラム 暗黙の型変換

実は、変数varに整数値を代入し、メッセージボックスに変数に格納されたデータを表示するときにも、暗黙の型変換が行われています。メッセージボックスには文字列しか表示できないので、数値型から文字列型へ変換されたというわけです。ただし、メッセージボックスに表示する値が変換されただけであり、元の変数のデータ型は変わりません。

### バリアント型

バリアント型は、どんなデータ型も格納できる便利な型ですが、その反面で変数に実際、どのようなデータが格納されるのかが、コードを見ただけではわかりにくくなります。そこで、バリアント型を使うときは、変数の用途をコメントとして入れておくことをおすすめします。

**解説**

数値型の変数に文字列を代入しようとすると、当然ですがエラーになります。しかし、ここではバリアント型を指定しているので、変数のデータ型が数値型から文字列型へ動的に変更され、エラーとはなりません。

**ワンポイント**

### 暗黙の型変換

操作例のように、明示的にデータ型の変換を行わなくても、バリアント型の変数は、代入される値によって、データ型が自動的に変換されます。このようなデータ変換を「暗黙の型変換」と呼びます。

ブックを上書き保存します。

SECTION 36

# 必要なデータ型をまとめて独自のデータ型を作る

VBAでは、ユーザーが独自に定義できる「ユーザー定義型」のデータ型があります。ここでは、ユーザー定義型の変数宣言と使い方について見ていくことにしましょう。

チェックポイント ☑ Typeステートメント

## ユーザー定義型の概要とそれを使用したプログラムの作成

### step 1 ユーザー定義型について知る

「ユーザー定義型」とは、ユーザーが独自に作成できるデータ型のことです。例えば、ユーザー定義型「usrUnique」をLong型、Byte型、String型を扱う型として宣言しておくことができます。

#### ● ユーザー定義型の特徴

ユーザー定義型の最大の特徴は、複数のデータ型を1つのデータ型にまとめることができるという点です。

ユーザー定義型「Customer」をLong型、String型、Date型をまとめて扱う型として宣言しておけば、これらのデータ型を1つの型で扱えるようになります。顧客データの管理に必要なID、氏名、生年月日、郵便番号、住所、電話番号などの異なるデータ型をまとめて扱いたい場合に便利です。

**ワンポイント**

**ユーザー定義型は構造体とも呼ばれる**

ここで紹介するユーザー定義型のことをプログラミングの用語で「構造体」と呼びます。

#### ●「ユーザー定義型」の定義

「Type」キーワードと「End Type」を使って、次のように記述します。

▼《構文》ユーザー定義型を定義する

```
アクセス修飾子〔省略可〕 Type 型名
        登録する変数の宣言
        登録する変数の宣言
        ・
        ・
        ・
        ・
End Type
```

**ワンポイント**

**メンバー変数**

構造体の内部で宣言する変数のことを「メンバー変数」と呼びます。

6

## ● ユーザー定義型を定義してみる

実際にユーザー定義型を定義するには、次のように記述します。

▼ユーザー定義型の定義

```
Private Type Customer
    Id As Long          ' ID
    Name As String      ' 氏名
    Birthday As Date    ' 生年月日
    Zipcode As Long     ' 郵便番号
    Address As String   ' 住所
    Tel As String       ' 電話番号
End Type
```

## ● ユーザー定義型の変数への値の代入

ユーザー定義型の変数を宣言して、型で定義されている変数（メンバー変数）に値を代入するには、次のように記述します。

▼顧客データをCustomer型の変数に代入するプロシージャ

```
Sub CstmRegister()
    'Customer型の変数を宣言
    Dim usr As Customer

    'メンバー変数に値を代入する
    usr.Id = 1001                              ' ID
    usr.Name = "秀和太郎"                      ' 氏名
    usr.Birthday = #8/10/1991#                 ' 生年月日
    usr.Zipcode = 9990001                      ' 郵便番号
    usr.Address = "東京都中央区築地100-100"    ' 住所
    usr.Tel = "03(0000)0000"                   ' 電話番号
End Sub
```

### コラム ユーザー定義型のメンバー変数

ユーザー定義型には、1つ以上のメンバー変数を定義できるほか、定義済みの別のユーザー定義型のメンバー変数を宣言することもできます。

**準備**

新規のブックを開き、マクロ有効ブックとして保存しておきます。

**ワンポイント**

### スコープの設定

Type型の変数宣言を行う場合、ステートメントの先頭に、Dim、Public、Private、Staticを指定して宣言することができます。

**ワンポイント**

### Type型に含める要素

Typeを使ってユーザー定義型を宣言すると、指定した名前のユーザー定義型が定義されます。次に、利用するデータ型を変数宣言の要領で定義し、End Typeで締めくくります。定義済みのユーザー定義型で定義されたデータ型を呼び出す場合は、Typeで定義した型名を使って呼び出します。

**ワンポイント**

### Type型を使う

Typeで定義したユーザー定義型を使う場合は、まず、型名（ここでは「Customer」）を指定して、変数を宣言します。次に、変数名のあとにピリオド（.）を付けてメンバー変数名を指定し、「変数名.メンバー変数名=代入する値」のように書いて値を代入します。

## step 2 ユーザー定義型を利用するSubプロシージャを作成する

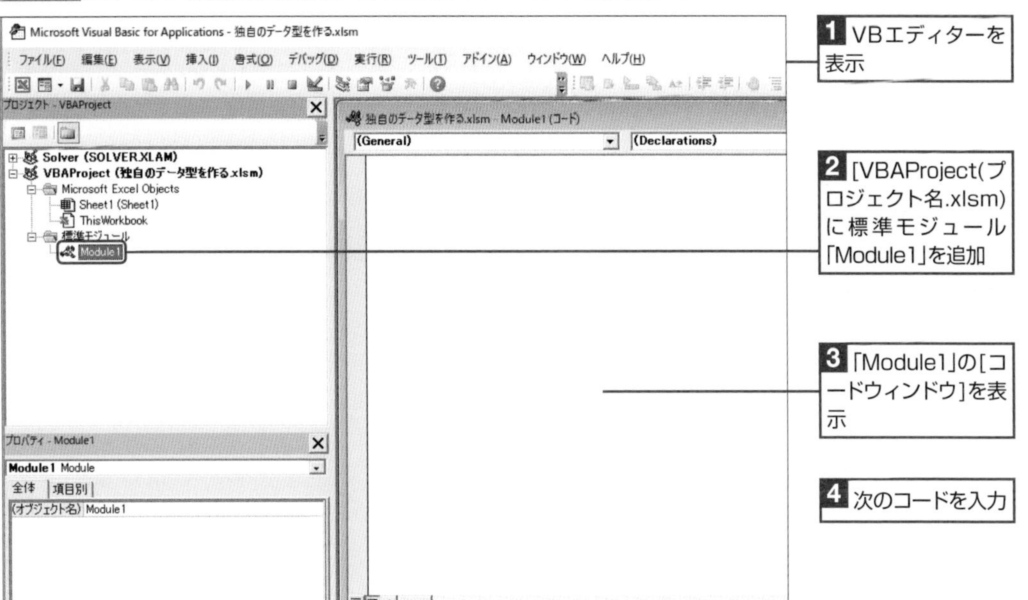


**1** VBエディターを表示

**2** [VBAProject(プロジェクト名.xlsm)]に標準モジュール「Module1」を追加

**3** 「Module1」の[コードウィンドウ]を表示

**4** 次のコードを入力

▼顧客データを扱うユーザー定義型(構造体)

```
Private Type Customer
    Id As Long           ' ID
    Name As String       ' 氏名
    Birthday As Date     ' 生年月日
    Zipcode As Long      ' 郵便番号
    Address As String    ' 住所
    Tel As String        ' 電話番号
End Type
```

**解説**

ここでは、整数型(Long)、文字列型(String)、日付型(Date)のデータ型を持つ、ユーザー定義型を宣言しています。

### コラム 構造体

VBAのユーザー定義型は、プログラミングの用語で「構造体」と呼ばれます。構造体を作っておけば、内部に異なるデータ型の変数を必要な数だけ登録することができます。このように構造体の要素となる変数のことを「構造体のメンバー」、または「メンバー変数」と呼びます。

メンバー変数に値を代入したり、代入された値を参照するには次のように記述します。

▼《構文》構造体型(ユーザー定義型)の変数を宣言

```
Dim 構造体型変数名 As 構造体名
```

▼《構文》メンバー変数に値を代入

```
構造体型変数名.メンバー変数名 = 値
```

このように、メンバー変数を参照するには、「構造体型変数名.メンバー変数名」のように「.」で区切って記述します。「.」のことを「参照演算子」と呼びます。

▼セルに入力された値をCustomer型の変数に代入するプロシージャ

```
Sub CstmRegister()
    'Customer型の変数を宣言
    Dim usr As Customer

    'B3～B8セルの内容をメンバー変数に代入する
    usr.Id = Worksheets("Sheet1").Range("B3").Value        ' ID
    usr.Name = Worksheets("Sheet1").Range("B4").Value      ' 氏名
    usr.Birthday = Worksheets("Sheet1").Range("B5").Value  ' 生年月日
    usr.Zipcode = Worksheets("Sheet1").Range("B6").Value   ' 郵便番号
    usr.Address = Worksheets("Sheet1").Range("B7").Value   ' 住所
    usr.Tel = Worksheets("Sheet1").Range("B8").Value       ' 電話番号

    '[OK]ボタンのみのメッセージボックスにメンバー変数の値を出力
    MsgBox "ID      :  " & usr.Id & vbCrLf & _
           "氏名    :  " & usr.Name & vbCrLf & _
           "生年月日 :  " & usr.Birthday & vbCrLf & _
           "郵便番号 :  " & usr.Zipcode & vbCrLf & _
           "住所    :  " & usr.Address & vbCrLf & _
           "電話番号 :  " & usr.Tel, _
           OKOnly + vbInformation, _
           "データを登録します"
End Sub
```

▼ユーザー定義型の作成と利用

◦ユーザー定義型の作成

**Private Type Customer**

ユーザー定義型の型名

ユーザー定義型を宣言するTypeキーワード

アクセス修飾子「Private」を指定することで同一のモジュール内のプロシージャからのアクセスのみを許可

**Id As Long**

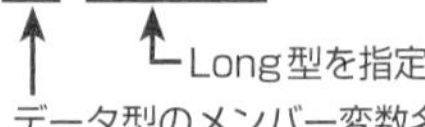

Long型を指定

データ型のメンバー変数名

◦ユーザー定義型の利用

**Dim usr As Customer**

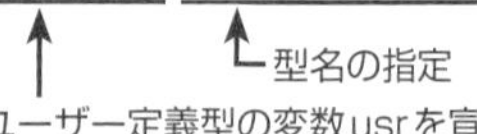

型名の指定

ユーザー定義型の変数usrを宣言

**usr.Id = 51**

Customer型で定義されているメンバー変数名

Customer型の変数名

## 解説

ユーザー定義型を利用するプロシージャでは、先に定義したCustomer型の変数usrを宣言し、各メンバー変数にB3～B8セルの値を代入し、最後にメンバー変数に代入された値をメッセージボックスに出力するようにしています。

なお、Excel側では、事前の準備としてワークシート「Sheet1」にデータ入力用の表を作成し、実際にデータを入力しておくようにします。

## ワンポイント

### MsgBox関数の第2、第3引数

MsgBox関数の第2引数はメッセージボックスの種類、第3引数はメッセージボックスのタイトルを指定するためのものです。ここでは、第2引数にOKOnlyを指定して[OK]ボタンのみのメッセージボックス、vbInformationで「情報メッセージアイコン」を表示するようにします。続く第3引数では"データを登録します"を指定して、これをタイトルとして表示するようにしています。

## ワンポイント

### アクセス修飾子の設定

操作例では、ユーザー定義型(Customer)を、Privateキーワードを付けて宣言しています。これによって、同一のモジュール内のプロシージャからのアクセスのみを許可するようにしています。

## ワンポイント

### 改行を行う定数

メッセージボックスに表示する文字列を任意の位置で改行するには、VBAで定義済みの定数を使うと便利です。これらの定数にはChr()関数を実行する働きがあるので、定数名を記述するだけで改行が行えます。

| 定義済み定数 | 実際の値 | 内容 |
|---|---|---|
| vbCr | Chr(13) | キャリッジリターン |
| vbLf | Chr(10) | ラインフィード |
| vbCrLf | Chr(13) + Chr(10) | キャリッジリターンとラインフィードの組み合わせ |

▼コード入力後の［コードウィンドウ］

## ワンポイント

### Chr関数

Chr関数は、指定した文字コードに対応する文字を示す文字列型（String）の値を返す関数です。以下は、文字コードのラインフィード（改行）とキャリッジリターン（復帰）を示す文字コードを指定する例です。

| 記載例 | 内容 |
|---|---|
| Chr(10) | ラインフィード文字 |
| Chr(13) | キャリッジリターン |
| Chr(13) + Chr(10) | ラインフィードとキャリッジリターンの組み合わせ |

## step 3 データ入力用の表を作成して実際にデータを入力しておく

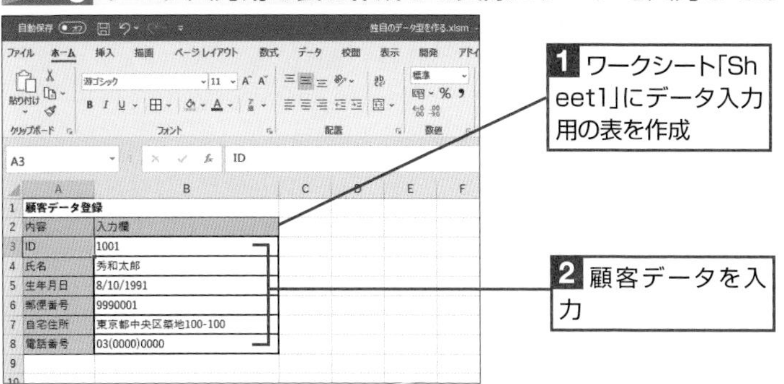


## 解説

作成済みのプロシージャCstmRegisterでは、B3セルから順番にB8セルまでの内容をメンバー変数に代入する処理を行います。そこで、事前にデータ入力用の表を「Sheet1」に作成し、顧客のID、氏名、生年月日、郵便番号、住所、電話番号の各データを入力しておくことにします。

## step 4 独自のデータ型を利用したVBAプログラムを実行する

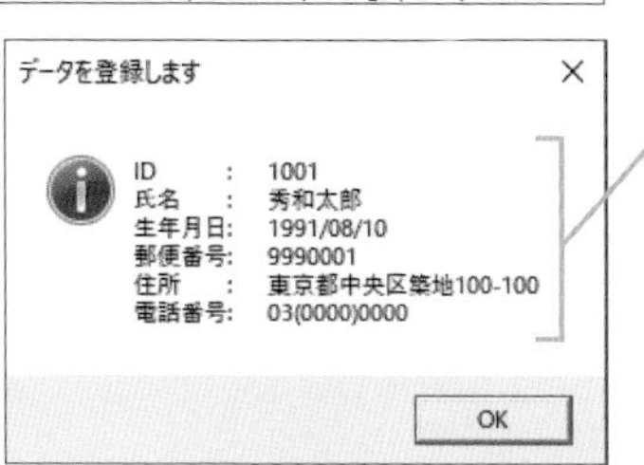


Customer型の各メンバー変数に代入された値が、メッセージボックスに表示されます

## コラム キャリッジリターンとラインフィード

「キャリッジリターン」とは、文字の表示位置を左端に復帰させることです。「ラインフィード」とは、改行に必要なぶんだけ文字の表示位置を下へ送ることを指します。

## 最後に

ブックを上書き保存します。

SECTION 37

# CSVファイルのデータを構造体に読み込みユーザーフォームに出力する

ユーザー定義型（構造体）は、カンマ区切りのCSVファイルからデータを読み込むときに使うと便利です。

チェックポイント
- ☑ CSVファイル
- ☑ ユーザーフォーム
- ☑ 構造体
- ☑ イベントプロシージャ
- ☑ 動的配列

## CSVファイルのデータを読み込んでユーザーフォームに出力する

### step 1 CSVファイルについて確認する

本セクションでは、顧客データが登録されたCSVファイルを使用します。顧客のID、氏名、生年月日、郵便番号、住所、電話番号、性別をそれぞれカンマで区切って入力し、1行を1件ぶんのデータとしています。

▼「顧客データ.csv」の中身

10件ぶんの顧客データが登録されています

### step 2 データ表示用のユーザーフォームを作成する

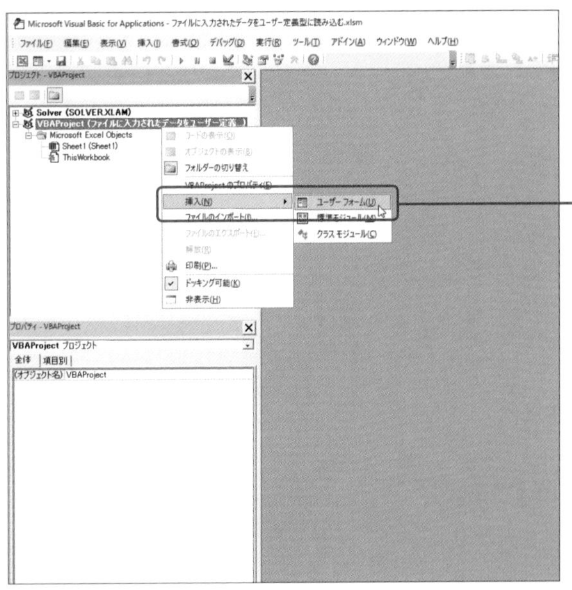


**1** VBエディターを起動

**2** [プロジェクトエクスプローラー]で、現在開いているブックのプロジェクト名を右クリックして[挿入]➡[ユーザーフォーム]を選択

**準備**

「顧客データ.csv」を用意します（ダウンロードデータに含まれていますので、ぜひご利用ください）。続いて、新規のブックを作成し、マクロ有効ブックとしていったん保存しておきます。

**ワンポイント**

**構造体を使うメリット**

前セクションでは、セルに入力されたデータを構造体に格納し、各メンバーの値をメッセージボックスに出力するプログラムを作成しましたが、今回は、構造体の実用的な使い方を紹介したいと思います。CSVファイルに保存されているカンマ区切りのデータは、1行が「レコード」と呼ばれる1件ぶんのデータです。例えば、前セクションで使用した顧客データの場合、ID、氏名、生年月日、郵便番号、住所、電話番号をそれぞれカンマで区切り、これを1行ぶんのデータとして入力します。最後の電話番号を入力したところで改行を入れると、そこまでが1行と見なされます。このようにして作成したCSVファイルをExcelで読み込んで利用することを考えた場合、データ型の異なるメンバー変数を定義できる構造体を利用すると、効率よく処理できるのでとても便利です。

**解説**

本セクションでは、CSVファイルに保存されているデータを読み込み、ユーザーフォームに出力するプログラムを作成します。ただ、すべてのデータを一度に表示するのではなく、ユーザーフォームに配置したリストボックスに表示されている顧客名を選択すると、ラベルに選択された顧客のデータを表示する仕組みにします。

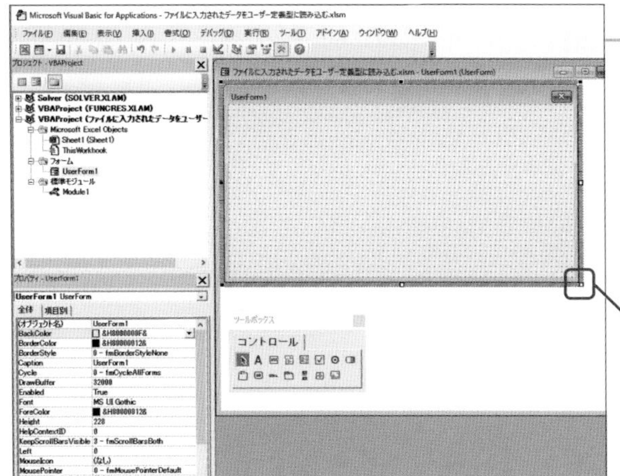


ユーザーフォームが表示されます（表示されない場合は［プロジェクトエクスプローラー］で「UserForm1」を選択し、［オブジェクトの表示］ボタンをクリック）

**3** ［サイズ変更ハンドル］をドラッグしてサイズを調整

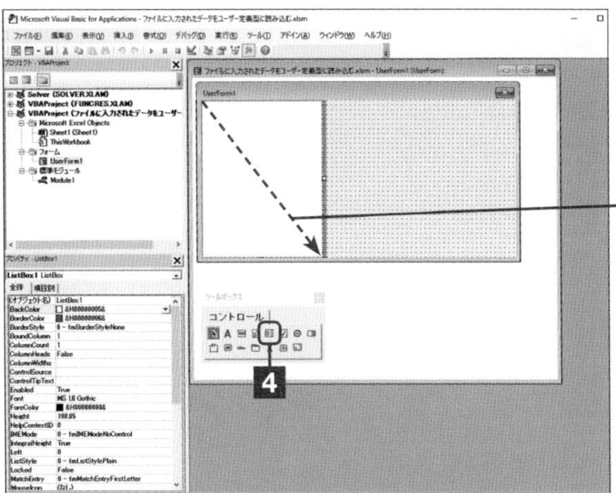


**4** ［ツールボックス］の［リストボックス］ボタンをクリック

**5** ドラッグしてリストボックスを描画

**6** ［プロパティウィンドウ］の「(オブジェクト名)」の入力欄に「ListBox1」と入力

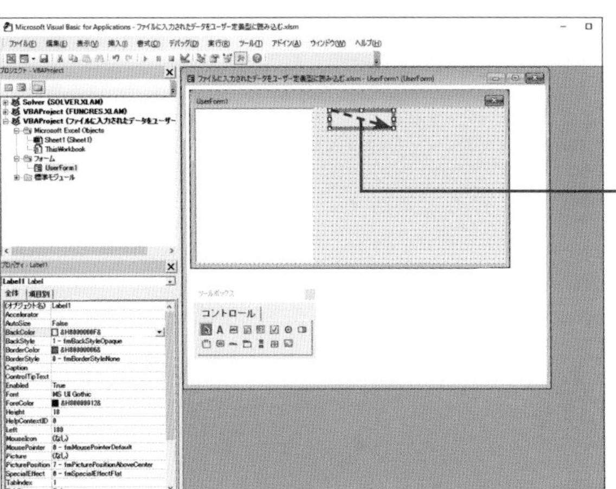


**7** ［ツールボックス］の［ラベル］ボタンをクリック

**8** フォーム上をドラッグしてラベルを描画

**9** 同じように操作して全部で6個のラベルを描画

ワンポイント

### CSVファイル

CSVファイルは、1件ぶんのデータをカンマで区切り、これを1行データとして入力したファイルです（拡張子は「.csv」）。ファイルの実体は、普通のテキストファイルですが、ファイルサイズが小さくて済むことや、データの入力が容易であることから、大量のデータを保存するためによく利用されます。

ワンポイント

### ユーザーフォーム

ユーザーフォームとは、VBAプログラム用の操作画面（の土台）のことです。ユーザーフォームを使うことで、簡易ではあるものの市販のアプリケーションのような操作画面を作ることができます。なお、ユーザーフォームについての詳しい解説は、本書のCHAPER15を参照してください。

ワンポイント

### オブジェクト名

オブジェクト名は、ユーザーフォームやラベルなどのコンポーネントを識別するための名前です。ここでは、リストボックスのオブジェクト名を「ListBox1」に設定しています。

ワンポイント

### リストのオブジェクト名

ここでは、最上部のラベルから順にLabel1、Label2、Label3、…、Label6までのオブジェクト名を設定します。

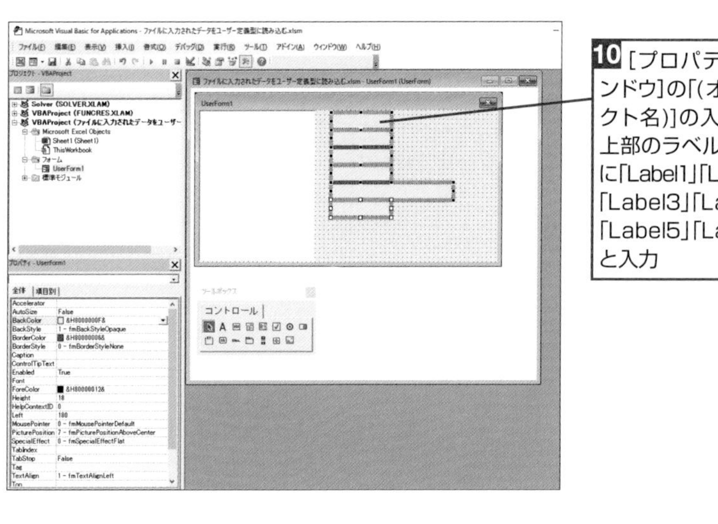
10 [プロパティウィンドウ]の[(オブジェクト名)]の入力欄に上部のラベルから順に「Label1」「Label2」「Label3」「Label4」「Label5」「Label6」と入力

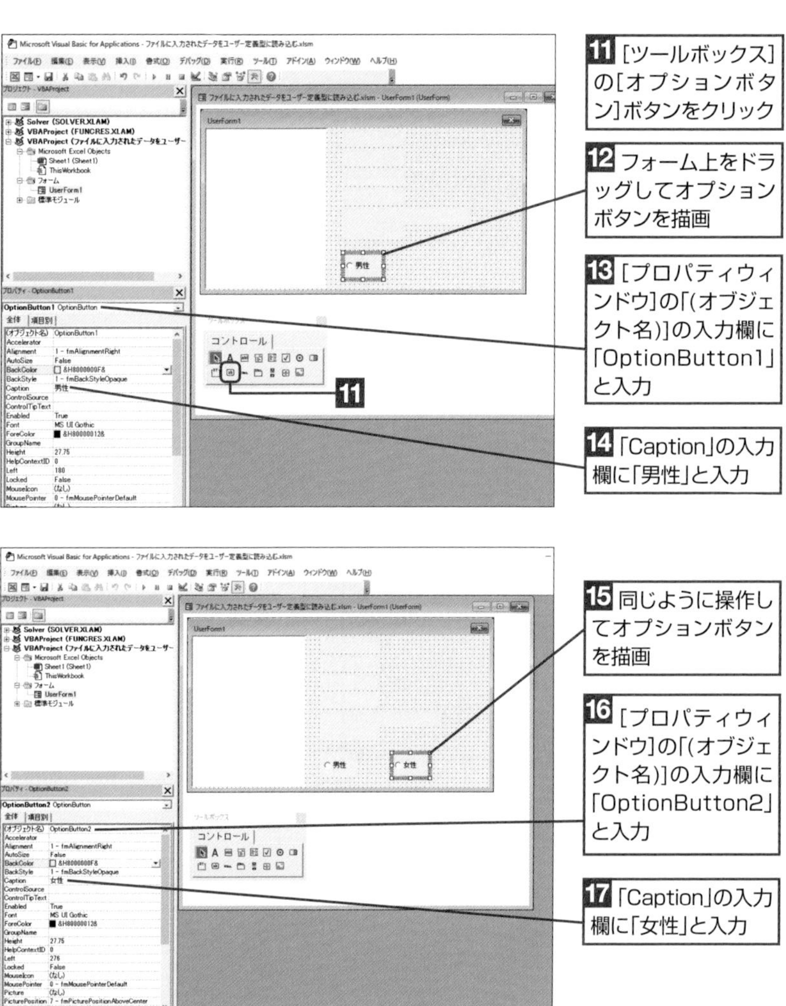
11 [ツールボックス]の[オプションボタン]ボタンをクリック
12 フォーム上をドラッグしてオプションボタンを描画
13 [プロパティウィンドウ]の[(オブジェクト名)]の入力欄に「OptionButton1」と入力
14 「Caption」の入力欄に「男性」と入力
15 同じように操作してオプションボタンを描画
16 [プロパティウィンドウ]の[(オブジェクト名)]の入力欄に「OptionButton2」と入力
17 「Caption」の入力欄に「女性」と入力

## step 3 ユーザーフォームの[コードウィンドウ]で構造体を定義する

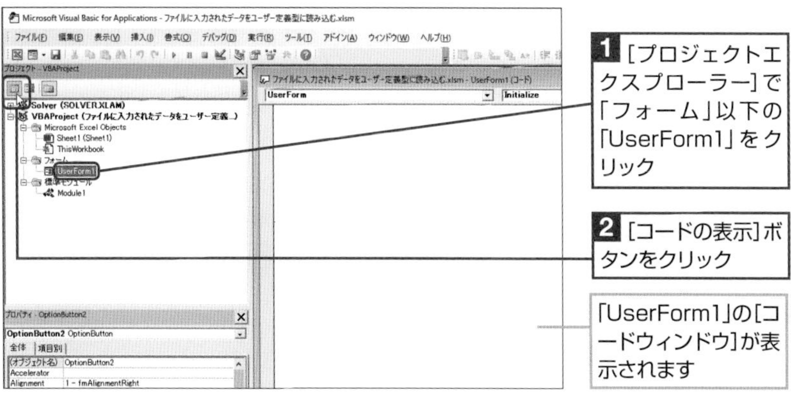


▼Customer構造体の定義

```
' 7個のメンバー変数を持つCustomer構造体の定義
Private Type Customer
    Id As Long            ' ID
    Name As String        ' 氏名
    Birthday As Date      ' 生年月日
    Zipcode As String     ' 郵便番号
    Address As String     ' 住所
    Tel As String         ' 電話番号
    Sex As String         ' 性別
End Type
```

3 Customer構造体を定義する左記のコードを入力

▼入力後の [コードウィンドウ]

## step 4 Customer型の動的配列とユーザーフォームを初期化するイベントプロシージャを定義する

▼動的配列Custを宣言する

```
' モジュールレベルでCustomer型の動的配列を宣言 '
Dim Cust() As Customer
```

1 Customer構造体を定義する左記のコードを入力

ワンポイント

**動的配列**

動的配列とは、要素の数を指定しないで宣言した配列のことです。動的配列は、実際に要素の値を代入したときに要素数が決まります。また、配列のサイズは可変なので、代入を繰り返しつつ、要素数を変化させることができます。動的配列は、

Dim 配列名() As データ型

のように、要素数を指定する( )の中を空欄にして宣言します。

▼ユーザーフォームの初期化を行うイベントプロシージャ

```
'' ユーザーフォームを初期化するプロシージャ
''
'' 【機能】・CSVファイルから1行ずつデータを読み込む。1行データは1名ぶんのデータ
''         ・1行データをカンマで分割してCustomer構造体のメンバー変数に代入
''
Private Sub UserForm_Initialize()
    ' ファイルから抽出した1行ぶんのデータを保持するString型の変数
    Dim buf As String
    ' Forブロックで使用するカウンター変数
    Dim i As Long
    ' CSVファイルのファイルパスを定数Dataに格納
    Const Data As String = "C:¥ExcelData¥顧客データ.csv"

    ' ファイルの中身が空であればここで処理終了
    If Dir(Data) = "" Then Exit Sub

    '' ファイルを開き、識別用のファイル番号を設定するOpenステートメント
    ''
    ''【処理】読み込み専用モードInputで開き、ファイル番号に#1を設定
    ''
    Open Data For Input As #1
        '' Do Untilブロック
        '' ファイルの末尾に達するまで1行ずつ読み込み、
        '' Customer構造体に格納して配列Custの要素にする処理を繰り返す
        '' (ファイルの末尾はEOF(ファイル番号)で取得)
        ''
        Do Until EOF(1)
        ' ファイルから1行データを文字列として読み込み、String型のbufに格納
        Line Input #1, buf

        '' 読み込んだ1行データを格納できるように配列のサイズを1ずつ増やす
        '' 最初はインデックス0の要素数1からスタートし、
        '' CSVファイルの行数と同じ要素数までサイズを拡大する
        '' 配列のインデックスの下限は0、上限はCSVファイルの行数－1
        ''
        ReDim Preserve Cust(i)

        '' 配列Custのi番目のCustmer型の要素に対する処理
        ''
```

**2** ユーザーフォームの初期化を行うイベントプロシージャのコードを入力

ワンポイント

### イベントプロシージャ

「ボタンがクリックされた」、「リストが選択された」、「オプションボタンがオンになった」、「キーが押された」など、ユーザーフォームやコントロールに対するユーザーの操作を「イベント」と呼びます。ユーザーの操作ではありませんが、「ユーザーフォームが起動した」などの出来事もイベントに含まれます。Windowsのアプリのほとんどはこのようなイベントを利用したプログラムで、このようなイベントを利用してプログラミングすることを「イベントドリブン(イベント駆動)型プログラミング」と呼びます。VBAでは、イベントに対応してコールバック(呼び出し)されるプロシージャが用意されていて、これを特に「イベントプロシージャ」と呼びます。

### CSVファイルのパス

ここでは、Cドライブ直下の「ExcelData」フォルダーに保存されている「顧客データ.csv」を読み込むようにしています。ファイルパスは、

"C:¥ExcelData¥顧客データ.csv"

です。本書のダウンロード用サンプルデータを実行する場合は、Cドライブ直下に「ExcelData」フォルダーを作成していただき、このフォルダー内に「顧客データ.csv」をコピーした上でプログラムを実行するようにしてください。もちろん、「顧客データ.csv」を別の場所に置いてもかまいませんが、その際はファイルのパスを適宜書き換えてください。

ワンポイント

### コメント

入力例では、ソースコードの内容についてのコメントがかなり書き込まれていますが、実際に入力を行う際は適宜、省略してください。

```
        '' Split関数で1行データをカンマで分割した結果を配列で取得
        '' (配列の要素数=メンバー変数の数)
        ''
        '' 取得した配列のインデックス0~6の要素を順番に取り出し、
        '' 動的配列Cust(i)に格納されている構造体のメンバー変数に代入
        ''
        Cust(i).Id = Split(buf, ",")(0)          ' 1番目の要素はID
        Cust(i).Name = Split(buf, ",")(1)        ' 2番目の要素は氏名
        Cust(i).Birthday = Split(buf, ",")(2)    ' 3番目の要素は生年月日
        Cust(i).Zipcode = Split(buf, ",")(3)     ' 4番目の要素は郵便番号
        Cust(i).Address = Split(buf, ",")(4)     ' 5番目の要素は住所
        Cust(i).Tel = Split(buf, ",")(5)         ' 6番目の要素は電話番号
        Cust(i).Sex = Split(buf, ",")(6)         ' 7番目の要素は性別

        ' カウンター変数に1加算
        i = i + 1
        Loop
    ' ファイルストリームを閉じてOpenステートメントを終了
    Close #1

    '' 配列Custの要素の数だけ処理を繰り返すForブロック
    '' 要素数はUBound関数で取得
    ''
    ''【処理】顧客の氏名をリストボックスに出力する
    ''
    For i = 0 To UBound(Cust)
        ' 配列Custに格納されているCustomer構造体のメンバー変数Nameから
        ' 氏名を取り出してリストボックスに出力する
        ListBox1.AddItem Cust(i).Name
    Next i

    ' リストボックスの1番目の要素をアクティブにする
    ListBox1.ListIndex = 0
End Sub
```

ワンポイント

### UserForm_Initializeイベントプロシージャ

「UserForm_Initialize」という名前のSubプロシージャを定義すると、ユーザーフォームが起動するときにコールバックされるイベントプロシージャとして機能するようになります。このことから、ユーザーフォームに対して初期化のための何らかの処理を行いたい場合は、UserForm_Initializeを宣言し、処理を記述しておくようにします。

ここでは、ユーザーフォームの起動時にCSVファイルを読み込み、読み込んだデータを構造体型の動的配列に格納するための一連の処理を記述しています。ソースコードがかなりの量になっていて、さらには初出の関数やキーワードも出てきますが、解説用のコメントを細かく入れていますので、ぜひ参照してください。

▼動的配列の宣言を入力後の［コードウィンドウ］

ファイルに入力されたデータをユーザー定義型に読み込む.xlsm - UserForm1 (コード)

UserForm　　Initialize

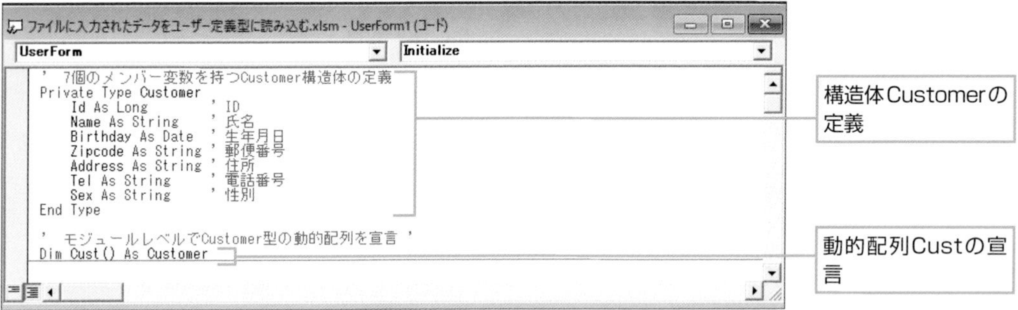

```
' 7個のメンバー変数を持つCustomer構造体の定義
Private Type Customer
    Id As Long          ' ID
    Name As String      ' 氏名
    Birthday As Date    ' 生年月日
    Zipcode As String   ' 郵便番号
    Address As String   ' 住所
    Tel As String       ' 電話番号
    Sex As String       ' 性別
End Type

' モジュールレベルでCustomer型の動的配列を宣言 '
Dim Cust() As Customer
```

構造体Customerの定義

動的配列Custの宣言

▼UserForm_Initializeの定義コードを入力後の［コードウィンドウ］

ファイルに入力されたデータをユーザー定義型に読み込む.xlsm - UserForm1 (コード)

UserForm　　Initialize

```
Private Sub UserForm_Initialize()
    ' ファイルから抽出した1行分のデータを保持するString型の変数
    Dim buf As String
    ' Forブロックで使用するカウンター変数
    Dim i As Long
    ' CSVファイルのファイルパスを定数Dataに格納
    Const Data As String = "C:¥ExcelData¥顧客データ.csv"

    ' ファイルの中身が空であればここで処理終了
    If Dir(Data) = "" Then Exit Sub

    '' ファイルを開き、識別用のファイル番号を設定するOpenステートメント ''
    ''                                                                   ''
    ''【処理】読み込み専用モードInputで開き、ファイル番号に#1を設定      ''
    ''                                                                   ''
    Open Data For Input As #1
        '' Do Untilブロック                                              ''
        '' ファイルの末尾に達するまで1行ずつ読み込み、                   ''
        '' Customer構造体に格納して配列Custの要素にする処理を繰り返す    ''
        '' （ファイルの末尾はEOF(ファイル番号)で取得)                    ''
        ''                                                               ''
        Do Until EOF(1)
            ' ファイルから1行データを文字列として読み込み、String型のbufに格納
            Line Input #1, buf

            '' 読み込んだ1行データを格納できるように配列のサイズを1ずつ増やす
            '' 最初はインデックス0の要素数1からスタートし、
            '' CSVファイルの行数と同じ要素数までサイズを拡大する
            '' 配列のインデックスの下限は0、上限はCSVファイルの行数－1
            ''
            ReDim Preserve Cust(i)

            '' 配列Customerのi番目のCustmer型の要素に対する処理
            ''
            '' Split関数で1行データをカンマで分割した結果を配列で取得
            '' (配列の要素数＝メンバー変数の数)
            ''
            '' 取得した配列のインデックス0～6の要素を順番に取り出し、
            '' 動的配列Cust(i)に格納されている構造体のメンバー変数に代入
            ''
            Cust(i).Id = Split(buf, ",")(0)         ' 1番目の要素はID
            Cust(i).Name = Split(buf, ",")(1)       ' 2番目の要素は氏名
            Cust(i).Birthday = Split(buf, ",")(2)   ' 3番目の要素は生年月日
            Cust(i).Zipcode = Split(buf, ",")(3)    ' 4番目の要素は郵便番号
            Cust(i).Address = Split(buf, ",")(4)    ' 5番目の要素はID
            Cust(i).Tel = Split(buf, ",")(5)        ' 6番目の要素は住所
            Cust(i).Sex = Split(buf, ",")(6)        ' 7番目の要素は性別

            ' カウンター変数に1加算
            i = i + 1
        Loop
    ' ファイルストリームを閉じてOpenステートメントを終了
    Close #1

    '' 配列Customerの要素の数だけ処理を繰り返すForブロック ''
    '' 要素数はUBound関数で取得                            ''
    ''                                                     ''
    ''【処理】顧客の氏名をリストボックスに出力する         ''
    ''                                                     ''
    For i = 0 To UBound(Cust)
        ' 配列Custに格納されているCustomer構造体のメンバー変数Nameから
        ' 氏名を取り出してリストボックスに出力する
        ListBox1.AddItem Cust(i).Name
    Next i

    ' リストボックスの1番目の要素をアクティブにする
    ListBox1.ListIndex = 0
End Sub
```

フォームの初期化処理を行うUserForm_Initialize( )の定義

## リストボックスのリストが選択されたときにコールバックされるイベントプロシージャを定義する

▼ListBox1_Changeイベントプロシージャを定義する

```
'' リストボックスのリストを選択するとコールバックされるイベントプロシージャ
''
''【機能】氏名を選択するとCustomer構造体からデータを抽出してラベルに出力する
''
Private Sub ListBox1_Change()
    ' Forブロックのカウンター変数を宣言
    Dim i As Long

    '' リストボックスで選択された顧客のデータをラベルに表示するForブロック
    ''
    ''【処理】動的配列Custの要素数をUBound関数で取得し、
    '' 要素の数だけ処理を繰り返す。
    '' Custの要素は1名ぶんのデータを保持するCustomer構造体
    ''
    For i = 0 To UBound(Cust)
       ' Cust(i).Nameがリストボックスで選択された氏名と一致したら
       ' Cust(i)のメンバー変数の値をラベルに出力する
       If Cust(i).Name = ListBox1.Value Then
         Label1.Caption = Cust(i).Id        ' IDを出力
         Label2.Caption = Cust(i).Name      ' 氏名を出力
         Label3.Caption = Cust(i).Birthday  ' 生年月日を出力
         Label4.Caption = Cust(i).Zipcode   ' 郵便番号を出力
         Label5.Caption = Cust(i).Address   ' 住所を出力
         Label6.Caption = Cust(i).Tel       ' 電話番号を出力

            ' 男性ならOptionButton1をオンにする
            If Cust(i).Sex = "男性" Then
                OptionButton1.Value = True
            ' 女性ならOptionButton2をオンにする
                Else
                OptionButton2.Value = True
            End If
            ' 出力が完了したらプロシージャを抜ける
              Exit Sub
         End If
    Next i
End Sub
```

**1** UserForm_Initializeの定義の下に左記のコードを入力

リストボックスのリストが選択されると、このイベントハンドラーが呼び出される

## step 6 標準モジュールを追加してユーザーフォームを起動するコードを入力する

▼ユーザーフォームを起動するSubプロシージャの定義

```
Sub FormOpen()
    UserForm1.Show
End Sub
```

▼入力後の［コードウィンドウ］

**1** 開いているブックのプロジェクトに「標準モジュール」を追加

**2** ［コードウィンドウ］を表示して、左記のコードを入力

### ワンポイント

#### 標準モジュールでSubプロシージャを定義する理由

標準モジュールで定義したプロシージャは、Excelのマクロとして登録されるので、［マクロ］ダイアログボックスを利用して実行することができます。ここでは、FormOpenという名前のプロシージャを定義し、Showメソッドを使ってユーザーフォームUserForm1を起動するようにしています。

ユーザーフォームを起動してしまえば、フォーム用のモジュールに記述したイベントプロシージャがイベントドリブン（イベント駆動）で実行され、CSVファイルのデータの出力が行われます。

## step 7 CSVファイルの顧客データを出力するプログラムを実行する

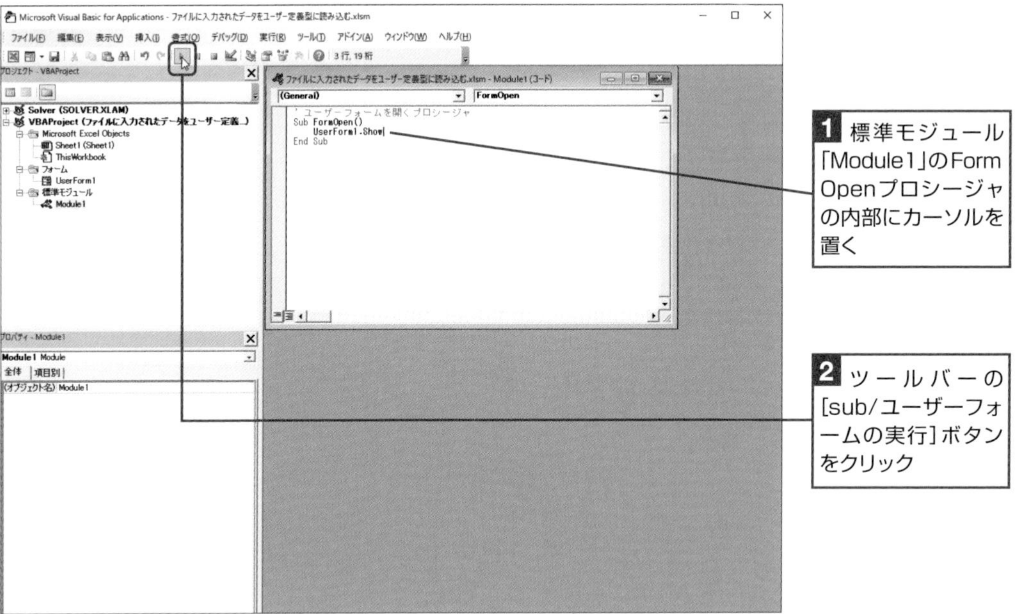


**1** 標準モジュール「Module1」のFormOpenプロシージャの内部にカーソルを置く

**2** ツールバーの［sub/ユーザーフォームの実行］ボタンをクリック

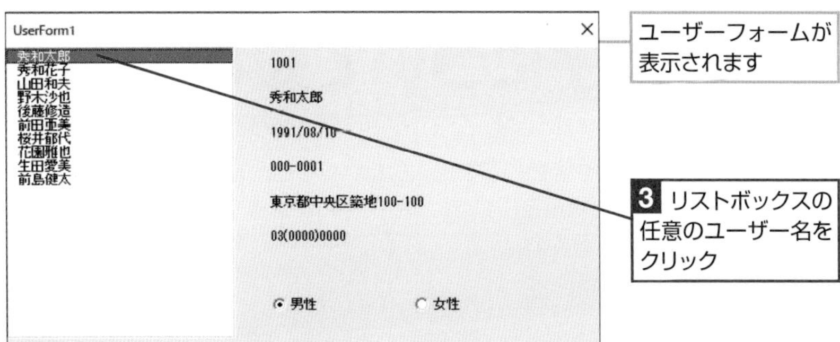


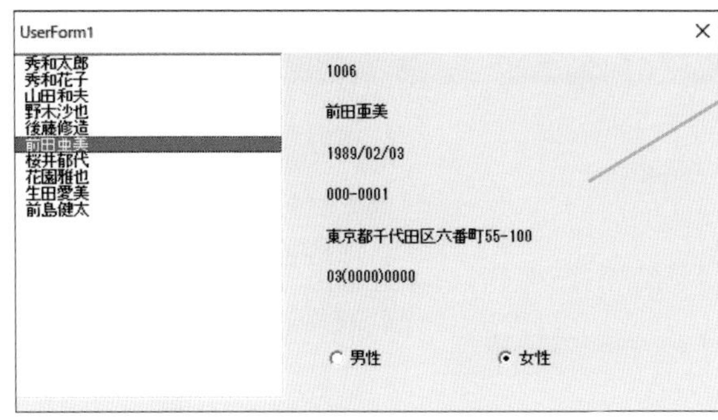


選択したユーザーのデータが表示されます

### 最後に

作成したブックをマクロ有効ブックで保存します。

SECTION 38

# VBAの演算子について知る

数値同士で計算を行ったり、変数や定数に値を代入したりすることを演算と呼びます。ここでは、VBAで使用できる演算子の種類と使い方について見ていきます。

チェックポイント
- ☑ 代入演算子
- ☑ 算術演算子
- ☑ 連結演算子
- ☑ 比較演算子
- ☑ 論理演算子

## 演算子の種類と使い方を確認する

### step 1 VBAにおける演算子の種類を確認する

VBAでは、各種の演算を行うため、以下の演算子を利用することができます。

#### ● 演算子の種類

VBAで使用できる演算子には、以下の種類があります。

| 演算子の種類 | 内容 |
|---|---|
| 代入演算子 | 演算子の右辺の値を左辺の要素に代入する。 |
| 算術演算子 | 数値同士の演算を行う。 |
| 連結演算子 | 文字列同士を連結する。 |
| 比較演算子 | 演算子の左辺と右辺の式を比較する。 |
| 論理演算子 | 複数の条件式を組み合わせて、複合的な条件の判定を行う。 |

### step 2 演算子の働きについて知る

ここでは、演算子の働きと使用例を紹介します。

#### ● 代入演算子の働き

代入演算子は、演算子の右辺の値を左辺の要素に代入する働きをします。

◦ 代入演算子の種類と使い方

| 演算子 | 内容 | 使用例 |
|---|---|---|
| = | 右辺の値を左辺に代入する。 | num = 5（numの値は5） |

◦ 代入演算子の働きを確認する

次のステートメントは、変数numに数値の5を代入します。

▼変数numに数値の5を代入するステートメント

```
num = 5
```

次のステートメントは、変数numの値に5を加算した値をnumに再代入することを示しています。

▼変数numの値に5を加算した値をnumに再代入するステートメント

```
num = num + 5
```

ワンポイント

**演算とは**

「演算」とは、数値同士で計算を行ったり、変数や定数に値を代入したりすることです。

ワンポイント

**数式とは**

演算子を用いて数値の計算を行うステートメントを特に「数式」と呼ぶ場合があります。これは数学の数式と同じ意味です。一方、比較や文字列の連結、条件判断を行うステートメントは、単に「式」と呼びます。

ワンポイント

**算術演算子の読み方**

算術演算子の読み方は、次のとおりです。

| 演算子 | 読み方 |
|---|---|
| ^ | キャレット |
| * | アスタリスク |
| / | スラッシュ |
| ¥ | 円マーク |
| Mod | モッド |
| + | プラス |
| − | マイナス |

## ● 算術演算子の働きを確認する

数値の足し算や引き算などの算術演算は、算術演算子を使って行います。

◦ 算術演算子の種類と使い方

| 演算子 | 内容 | 例 | 優先順位 |
|---|---|---|---|
| ^ | べき乗（指数演算） | intX = 5 ^ 2（intXの値は25） | 1 |
| − | 数値をマイナスの値にする | intX = −10（intXの値は−10） | 2 |
| * | 乗算（掛け算） | intX = 5 * 2（intXの値は10） | 3 |
| / | 除算（割り算） | dblX = 5 / 2（dblXの値は2.5） | 3 |
| ¥ | 整数除算（割り算の商） | intX = 5 ¥ 2（5を2で割った結果の2.5のうち、整数部分の2だけがintXに代入されるので、intXの値は2） | 4 |
| Mod | 剰余（割り算の余り） | intX = 5 Mod 2（5を2で割ったときの余り1がintXに代入されるので、intXの値は1） | 5 |
| + | 加算（足し算） | intX = 5 + 2（intXの値は7） | 6 |
| − | 減算（引き算） | intX = 5 − 2（intXの値は3） | 6 |

※「優先順位」は、演算を行うときの優先順位を示しています。なお、同一の数式の中に、同じ順位にある複数の演算子が含まれている場合は、式の左にある演算子から順に演算が行われます。

◦ 算術演算子の使い方

例えば、5と5を乗算した（掛けた）値に1を加算する場合は、次のように記述します。

▼5と5を乗算した値に1を加算した値をintXに代入

```
intX = 5*5 + 1
```

5と1を加算した値を5に乗じる場合は、次のように記述します。

▼5と1を加算した値を5に乗じた値をintXに代入

```
intX = 5*( 5 + 1 )
```

### Visual Basicで使える代入演算子（参考）

VBAは、Visual Basicのサブセット（簡易版のこと）なので代入演算子は「=」だけですが、Visual Basicでは、「+=」、「−=」、「+=」、「/=」、「¥=」、「^=」、「&=」などの多様な代入演算子を使うことができます。

**解説**

演算を行う場合は、加算（+）や減算（−）よりも、乗算（*）や除算（/）が先に計算されます。このため、5と1を加算した値を5に乗じる場合は、例のようにかっこを使って、5+1の計算を先に行わせるようにします。

**ワンポイント**

### （ ）の使い方

数式の中で、演算子の優先順位に関係なく、指定した順序で計算を行いたい場合には、前述のように()を使います。以下に、二重にかっこを適用する場合を示します。

```
intX = 5 - 2 * 2 / 3
```

この数式において、5から2を減じて2を乗じた値に、割り算（除算）の計算を行いたい場合は次のように記述します。

```
intX = ((5 - 2) * 2) / 3
```

ここでは、まず内側のかっこ内の減算が行われたあと、次に外側のかっこの乗算が行われ、最後に除算が行われます。

## ● 連結演算子の働きを確認する

連結演算子は、文字列同士を連結するための演算子です。連結演算子には、次のように「&」と「+」があり、どちらの演算子も同じ機能を持っています。

| 演算子 | 内容 | 例 |
|---|---|---|
| & | 文字列の連結 | strName = "Micro" & "soft"<br>(strNameの値は「Microsoft」) |
| + | 文字列の連結 | strName = "Micro" + "soft"<br>(strNameの値は「Microsoft」) |

**ワンポイント**

**連結演算子の読み方**

連結演算子の読み方は、次のとおりです。

| 演算子 | 読み方 |
|---|---|
| & | アンパサンド |
| + | プラス |

**解説**

True(真)とFalse(偽)は、ブール型(Boolean)というデータ型に属する値です。

## ● 比較演算子の働きを確認する

比較演算子は、2つの式を比較する場合に使用します。比較の結果は、True(真)またはFalse(偽)のどちらかの値で返されます。

◦ 比較演算子の種類と使い方

| 演算子 | 内容 | 例 |
|---|---|---|
| = | 等しい | X = 5 (Xが5であればTrue、5以外の場合はFalse) |
| <> | 等しくない | X <> 5 (Xが5以外であればTrue、5の場合はFalse) |
| < | 右辺より小さい | X < 5 (Xが5より小さい場合はTrue、5以上の場合はFalse) |
| <= | 右辺以下 | X <= 5 (Xが5以下の場合はTrue、5より大きい場合はFalse) |
| > | 右辺より大きい | X > 5 (Xが5より大きい場合はTrue、5以下の場合はFalse) |
| >= | 右辺以上 | X >= 5 (Xが5以上の場合はTrue、5より小さい場合はFalse) |

◦ Like演算子の使い方

比較演算子の「Like」は、式の右辺で指定した文字列のパターンが、左辺の文字列と一致しているかどうかを調べる演算子です。

◦ Like演算子で使用する文字パターン

| 文字パターン | 内容 | 例 |
|---|---|---|
| ? | 任意の1文字 | X = "ABC" Like "A?C"　Xの値は「True」 |
| * | 任意の数の文字数 | X = "ABCDEFG" Like "A * G"　Xの値は「True」 |
| # | 任意の1文字の数字(0 − 9) | X = "A3C" Like "A#C"　Xの値は「True」 |
| [charlist] | 文字リストcharlistに指定した文字の中の任意の1文字 | X = "C" Like "[ABC]"　Xの値は「True」 |
| [!charlist] | 文字リストcharlistに指定した文字以外の任意の1文字 | X = "D" Like "[!ABC]"　Xの値は「True」 |

**コラム　Like演算子での全角文字の扱い**

Like演算子で使用する文字パターン("#" を除く)では、全角文字(2バイト文字)についても1文字と数えて文字列比較が行われます。なお、"#"の場合は、1バイト(半角)の数字だけが一致します。

◦ Is演算子の使い方

「Is」演算子は、オブジェクト変数が同じオブジェクトを参照しているかどうかを調べます。次のステートメントでは、変数Aは変数Bと同じオブジェクトを参照するようになります。

```
①Dim A As Object
  Dim B As object
  Set A = B
```

次の例では、変数Aと変数Bは変数Cと同じオブジェクトを参照するようになります。

```
②Dim A As object
  Dim B As object
  Dim C As object
  Set A = C
  Set B = C
```

①の場合の「X = A Is B」のXの値は「True」となります。また、②の場合の「X = A Is C」のXの値も「True」となります。

**コラム 連結演算子の用途**

連結演算子は、文字列同士を連結するほか、変数に代入された文字列同士、および変数に代入された文字列と任意の文字列を連結することもできます。

## ● 論理演算子の働きを確認する

論理演算子は、複数の条件式を組み合わせて、複合的な条件の判定を行う場合に利用します。判定の結果は、True（真）またはFalse（偽）のどちらかの値で返されます。

◦ 論理演算子「And」

| 演算子 | 内容 |
|---|---|
| And | 2つの条件式の論理積を求める。2つの式が両方ともTrueの場合にのみTrueとなり、それ以外はFalse。 |

▼使用例

```
Dim A As Integer
Dim B As Integer
Dim C As Integer
A = 5
B = 2
C = 1
Dim bln As Boolean
bln = A > B And B > C    ← blnにはTrueが代入される
bln = B > A And B > C    ← blnにはFalseが代入される
```

◦ 論理演算子「Or」

| 演算子 | 内容 |
|---|---|
| Or | 2つの条件式の論理和を求める。2つの式のどちらかがTrueであればTrue(2つの式が両方ともTrueである場合もTrue）となり、2つの式の両方がFalseの場合にのみFalseとなる。 |

6

▼使用例

```
Dim A As Integer
Dim B As Integer
A = 5
B = 2
Dim C As Integer
Dim bln As object

bln = A > B Or B > C     ← blnにはTrueが代入される
bln = B > A Or B > C     ← blnにはTrueが代入される
bln = B > A Or C > B     ← blnにはFalseが代入される
```

◦ 論理演算子「Not」

| 演算子 | 内容 |
|---|---|
| Not | 条件式の論理否定を求める。条件式の真偽を反対に変換する。条件式が True であれば False、条件式が False であれば True を返す。 |

▼使用例

```
Dim A As Integer
Dim B As Integer
A = 5
B = 2
Dim bln As Boolean

bln = Not(A > B)     ← blnにはFalseが代入される
bln = Not(B > A)     ← blnにはTrueが代入される
```

◦ 論理演算子「Xor」

| 演算子 | 内容 |
|---|---|
| Xor | 2 つの条件式の排他的論理和を求める。2 つの式のどちらかが True の場合にのみ True を返し、2 つの式の両方が True、または False の場合は、False を返す。 |

▼使用例

```
Dim A As Integer
Dim B As Integer
Dim C As Integer
A = 5
B = 2
C = 1
Dim bln As Boolean

bln = A > B Xor C > B   ←bln には True が代入される
bln = B > A Xor B > C   ←bln には True が代入される
bln = A > B Xor B > C   ←bln には False が代入される
bln = B > A Xor C > B   ←bln には False が代入される
```

6

◦ 論理演算子「Eqv」

| 演算子 | 内容 |
|---|---|
| Eqv | 2つの式の論理等価演算を行う。Xor とは逆の結果になる。 |

▼使用例

```
X = 条件式1 Eqv 条件式2
```

| 条件式1の値 | 条件式2の値 | Xの値 |
|---|---|---|
| True | True | True |
| True | False | False |
| False | True | False |
| False | False | True |

◦ 論理演算子「Imp」

| 演算子 | 内容 |
|---|---|
| Imp | 2つの式の論理包含演算を行う。条件式1が True、条件式2が False の場合にのみ False。 |

▼使用例

```
X = 条件式1 Imp 条件式2
```

| 条件式1の値 | 条件式2の値 | Xの値 |
|---|---|---|
| True | True | True |
| True | False | False |
| False | True | True |
| False | False | True |

コラム **演算子の優先順位**

1つの式の中に複数の種類の演算子が含まれる場合は、算術演算子➡比較演算子➡論理演算子の順で演算が実行されます。

SECTION 39

# 変数と定数が混在するプログラムを作る

ここでは、変数と定数を使ったVBAマクロを作成してみることにしましょう。

チェックポイント
☑ Dimステートメント
☑ Constステートメント

使用するプロパティ
- Range
- Value

## 変数と定数を使用するプログラムを作成する

### step 1 ワークシートの用意

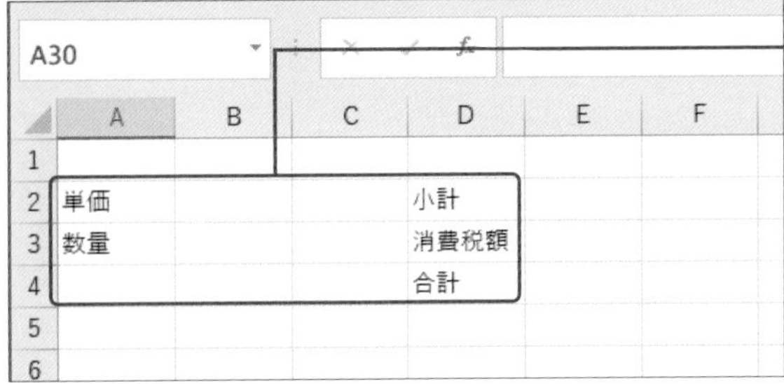


「Sheet1」に文字列を入力

準備

新規のブックを作成し、マクロ有効ブックとして保存しておきます。

### step 2 VBAコードの入力

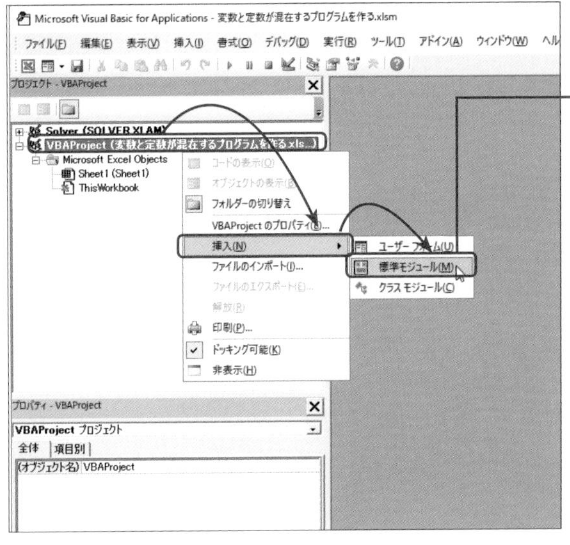

1 [プロジェクトエクスプローラー]でブックのプロジェクト名を右クリックし、[挿入]➡[標準モジュール]を選択

標準モジュール「Module1」が追加され、[コードウィンドウ]が表示されます

2 [コードウィンドウ]の[コードペイン]に次ページのコードを入力

▼消費税額と合計額を計算するプロシージャ

```
Sub Calc()
    Dim unit_p As Long              ' 単価を保持する変数
    Dim quant As Integer            ' 数量を保持する変数
    Dim subtotal As Long            ' 小計を保持する変数
    Dim tax As Long                 ' 税額を保持する変数
    Dim total As Long               ' 合計額を保持する変数

    Const TAXRATE As Double = 0.1 ' 消費税率を定数に代入

    unit_p = Range("B2").Value      ' 単価をunit_pに代入
    quant = Range("B3").Value       ' 数量をquantに代入
    subtotal = unit_p * quant       ' 単価×数量をsubtotalに代入
    tax = subtotal * TAXRATE        ' 小計×税率をtaxに代入
    total = subtotal + tax          ' 小計+税額をtotalに代入

    Range("E2").Value = subtotal    ' 小計をE2セルに入力
    Range("E3").Value = tax         ' 税額をE3セルに入力
    Range("E4").Value = total       ' 合計額をE4セルに入力
End Sub
```

**解説**

ここでは、「B2」セルに入力された単価と、「B3」セルに入力された数量を掛け算し、計算結果を「E2」セルに表示すると共に、計算結果で得られた値をもとに消費税額を計算した結果を「E3」セルに表示、消費税を含む合計値を「E4」セルに表示するようにしています。

**ワンポイント**

### Rangeプロパティ

「Range」プロパティは、指定したセル範囲を参照、設定するためのプロパティです。セル範囲の指定は、「Range("A1:A3")」のようにかっこで括って記述します。

### Valueプロパティ

Valueプロパティは、指定したセルの値を取得、設定するためのRangeオブジェクトプロパティです。

### 定数名はすべて大文字にする

税率のように、プログラムの実行中に変化することがない値を扱う場合は、定数を使います。このとき、定数名はすべて大文字にしておくようにします。コードを見たときに一目で定数であることがわかるためです。

▼コード入力後のコードウィンドウ

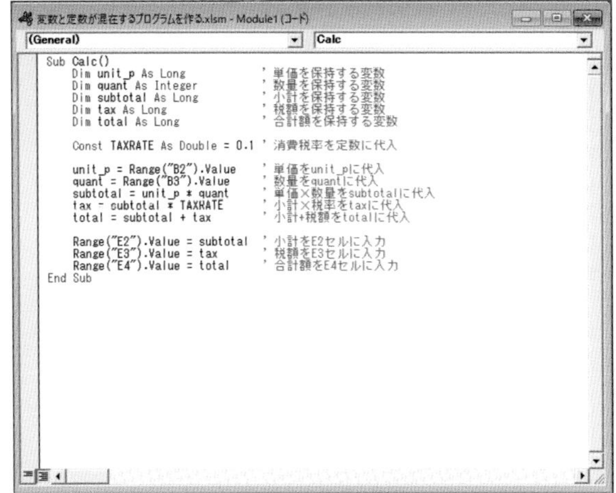


**ワンポイント**

### RangeオブジェクトとValueプロパティ

特定のセル番地、またはセル範囲に含まれる情報は、Rangeオブジェクトで管理されています。WorksheetオブジェクトのRangeプロパティは、セル番地、またはセル範囲を指定することで、対象のRangeオブジェクトを取得します。

Rangeオブジェクトには、セルに入力されたデータも含まれています。セルのデータを取り出したり、設定するにはValueプロパティを使います。

## step 3 VBAマクロの実行

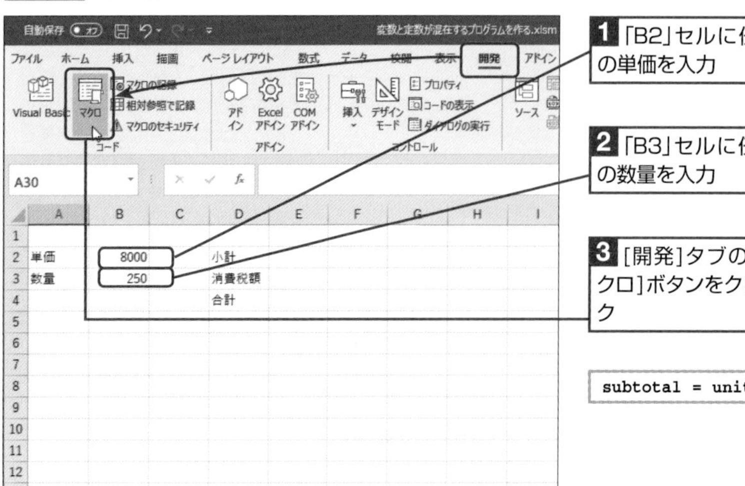

**1** 「B2」セルに任意の単価を入力

**2** 「B3」セルに任意の数量を入力

**3** [開発]タブの[マクロ]ボタンをクリック

[マクロ]ダイアログボックスが表示されます

**4** [マクロ名]で[Calc]を選択

**5** [実行]ボタンをクリック

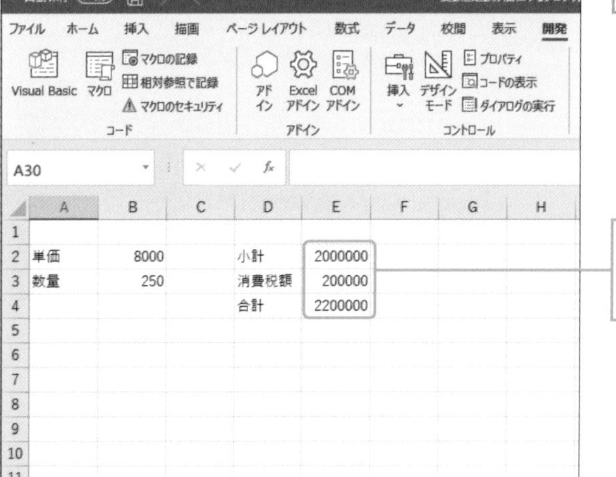

小計、消費税額、合計の各値がセルに表示されます

ワンポイント

### オーバーフロー

Integer型同士の計算を行う場合、計算結果がInteger型の範囲を超えてしまうと、「オーバーフロー」と呼ばれるエラーが発生します。

例えば、計算結果を代入する変数を「Dim subtotal As Long」のようにLong型として宣言していても、次の計算を行うとオーバーフローが発生する場合があります。

```
subtotal = unit_p * quant(unit_pもquantもInteger型)
```

この場合、unit_pもquantもInteger型の範囲内の値を格納していても、計算結果がIntegerの範囲を超えてしまうと「オーバーフローしました」というエラーメッセージが表示されます。これは、Integer型同士の計算なので右辺の計算結果もIntegerと見なされるためです。

このような場合は、unit_pとquantのいずれか（両方でも可）をLong型に変更すれば、計算結果はLong型と見なされるのでエラーは発生しません。

また、変数のデータ型をLong型にはしないで、計算を行う際にデータ型の変換を行う方法もあります。CLng()は、データ型をLong型に変換するための関数で()内に変換元を記述します。

```
subtotal = CLng(unit_p) * CLng(quant)
```

subtotalは、もちろんLong型です。以上、オーバーフロー発生時の対処法の例を紹介しましたが、そもそもInteger型を使うことに問題があります。特別な理由がなければ、整数型を指定する場合は、すべてLong型にすべきでしょう。

ワンポイント

### 税率が変わった場合

税率が変わった場合は、定数として宣言してある「Const TAXRATE As Double = 0.1」の「0.1」を書き替えるだけです。

### 最後に

ブックを上書き保存します。

CHAPTER

# 7

# 配列の徹底理解

変数に格納できる値は1つだけですが、配列を使えば、1つの変数に複数の値を代入することができます。この章では、配列の仕組みと使用方法について見ていきます。

SECTION 40

# 繰り返し処理にうってつけ！配列の仕組みと使い方を知ろう

プログラムでは時として複数のデータをまとめて扱わなければならない場合があります。このような場合は、配列を利用します。配列には、複数のデータを代入することができます。

チェックポイント
☑ 配列
☑ 1次元配列

使用する関数
- InputBox

## 1次元配列の概要を知り、1次元配列を利用したプログラムを作成する

### step 1 1次元配列の宣言を行う

試験の点数の平均を求めるプログラムを例に見てみると、変数を使う場合は、試験の対象者が20人だとすると、20個の変数を用意する必要があります。そして、変数の合計値を格納する変数「total」を用意して、これを人数で割ることで平均値を求めることになります。

#### ● 配列を使うメリット

配列を1つ作成すれば、必要なだけ値を入れることができます。配列を使えば、同じ種類のデータをまとめて扱うことができるので、プログラムをシンプルにすることができます。また、複数のデータについて同じ処理を繰り返す場合は、配列を使うのが定番です。

#### ● 1次元配列の宣言

1列に並んだ要素が通し番号（インデックス）によって管理される配列を、1次元配列と呼びます。1次元配列の宣言は、次のように記述します。

▼1次元配列を宣言する構文

```
Dim 配列名(配列の要素数) As データ型
```

#### ● 1次元配列の実際

例えば、10人ぶんの点数を格納する配列は、次のように記述します。なお、配列の要素数は0からカウントされるので、実際に使用する要素数から1を引いた数を指定します。Integer型の配列scoresを宣言して、10個の要素を指定する場合は、次のように記述します。

```
Dim scores(9) As Integer
```

#### ● 1次元配列の仕組み

上記の記述によって、次ページの図のように、整数型のデータを10個格納できるscoresという名前の1次元配列が利用できるようになります。

配列内の10個の要素には、0～9の通し番号が付けられます。この通し番号のことを「インデックス」と呼びます。配列の要素には、このインデックスを使ってアクセスします。

**準備**

新規ブックを作成し、マクロ有効ブックとして保存しておきます。

**ワンポイント**

**配列変数のスコープ**

配列変数には、他の変数と同様に、Dim、Static、Private、Publicなどの修飾子を付けることができます。なお、配列を標準モジュール内（Subプロシージャの外部）で宣言してグローバルな配列として使用する場合は、Dimの代わりにPublicを記述します。

**注意** 配列の要素数は、実際に使用する要素数から1を引いた値になるので、注意してください。

**ワンポイント**

**外部のデータを読み込むときは配列を使う**

配列は、CSVなどの外部ファイルからデータを読み込む際に絶大な力を発揮します。特にユーザー定義型の構造体を扱う配列を使えば、データ型の異なる値を1つの配列で管理できるのでとても便利です。これについては、CHAPTER6で紹介しています。

▼配列scores

```
0■
1■
2■
3■
4■
5■
6■
7■
8■
9■
```

## step 2 1次元配列に値を代入する

配列は、宣言を行えばすぐに使えるようになります。ここでは、配列に値を代入する方法を見ていくことにしましょう。

### ● 1次元配列の要素に値を入れる

それでは、配列に値を代入する方法を見てみましょう。この場合は、配列名とインデックスを使って次のように記述します。

▼《構文》1次元配列の要素に値を代入する

```
配列名（インデックス） = 値
```

Integer型で10の要素を持つscoresという配列を宣言し、4番目の要素に「80」という値を代入するには、次のように記述します。

```
Dim scores(9) As Integer      ← 配列の宣言
scores(3) = 80                ← 配列の4番目の要素に「80」を代入する
```

▼配列scores

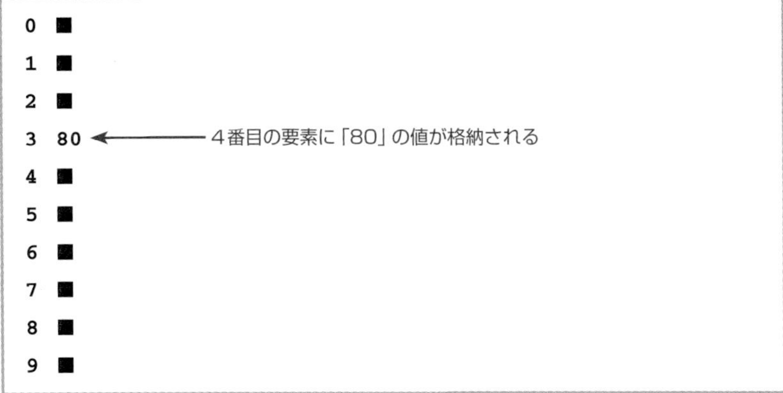

```
0 ■
1 ■
2 ■
3 80 ← 4番目の要素に「80」の値が格納される
4 ■
5 ■
6 ■
7 ■
8 ■
9 ■
```

**コラム データ型を省略した場合**

他の変数を宣言する場合と同様に、配列にデータ型を指定しないと、宣言した配列の要素のデータ型は、既定のバリアント型（Variant）になります。

**ワンポイント**

**インデックスの下限は1にできるが…**

VBAでは次のように、Option Baseステートメントを使うことで配列のインデックスの開始値を0から1に変えることができます。

Option Base 1

この記述を行っておけば、配列の宣言を行う際も「実際の要素数－1」にすることなく、10の要素が欲しければそのまま10と指定できます。しかし、多くのプログラミング言語がそうであるように、要素をカウントする場合もインデックスの開始値も0からスタートする仕様になっています。カウントするときは「0からスタート」がプログラミング界の常識なのですね。ですので、インデックスの開始値を1にするのは、混乱のもとになるのでお勧めしません。

**注意** 配列のインデックスは0から始まるので、4番目の要素のインデックスは3になります。

## step 3 1次元配列を利用するプログラムを作成する

それでは、1次元配列を利用した簡単なプログラムを作成してみることにしましょう。

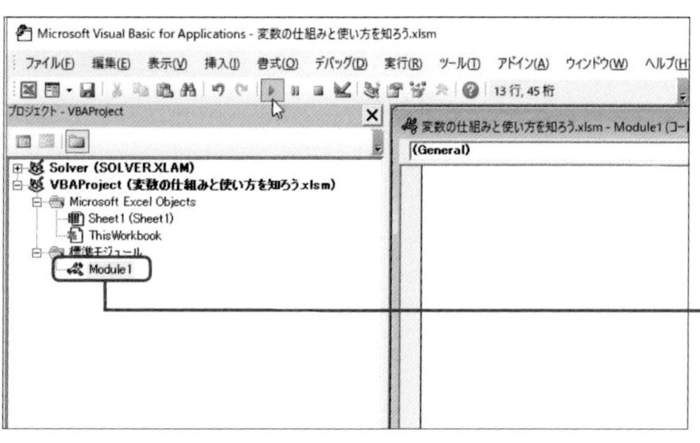


**1** 開いているブックからVBエディターを表示する

**2** 標準モジュール「Module1」を追加

**3** [コードウィンドウ]の[コードペイン]に次のコードを入力

▼インプットボックスを使って配列に値を代入し、すべての要素の値をメッセージボックスに出力する

```
Sub Score()
    ' 要素数5のLong型の配列
    Dim nums(4) As Long
    ' メッセージボックスの表示に必要な文字列を格納する変数
    Dim message As String, title As String, result As String
    ' Forブロックのカウンター変数
    Dim i As Integer, j As Integer
    ' インプットボックスのメッセージ
    message = "任意の整数値を入力してください。"

    ' 処理を5回繰り返して配列に値を代入する
    For i = 0 To 4
        ' インプットボックスのタイトルを作る
        title = (i + 1) & " 番目の要素"
        ' インプットボックスを表示し、入力された値を配列に代入
        ' Type:=1を指定して入力値は数値として返されるようにする
        nums(i) = Application.InputBox(message, title, Type:=1)
    Next

    ' 処理を5回繰り返して配列の全要素の値を文字列として連結する
    For j = 0 To 4
        result = result & nums(j) & vbCrLf
    Next

    ' メッセージボックスに配列の全要素の値を出力
    MsgBox result
End Sub
```

### 準備

新規のブックを開き、マクロ有効ブックとして保存しておきます。

### 解説

ここではLong型の要素数5の配列numsのすべての要素に、インプットボックスを使って任意の値を代入し、代入したすべての値をメッセージボックスに出力するプログラムを作成します。

### 配列のスコープ

ここでは、numsをプロシージャスコープの配列として宣言しています。もし、モジュール内のすべてのSubプロシージャから利用できるようにするのであれば、モジュールレベル（プロシージャの外のこと）で配列を宣言します。

## ● コード解説

インプットボックスを利用して入力された値を配列numsのi番目の要素に格納する処理を5回繰り返すためのコードを記述しています。

```
Dim nums(4) As Long ← 要素数5のLong型の配列を宣言

Dim message As String, title As String, result As String
```

- message：インプットボックスに表示するメッセージを保持する変数
- title：インプットボックスのタイトルに表示する文字列を保持する変数
- result：メッセージボックスに出力する値を保持する変数

```
Dim i As Integer, j As Integer
message = "任意の整数値を入力してください。"

For i = 0 To 4
```

For i = 0 To 4：カウンター変数の値を0から開始し、値が4になるまで(計5回)処理を繰り返す(1回目の処理の際はiの値は0、以降、処理を1回繰り返すごとにiの値が1つ増える)

```
    title = (i + 1) & " 番目の要素"
```

「(iの値に1を加えた値)番目の要素」という文字列が変数titleに代入される

```
    nums(i) = Application.InputBox(message, title, Type:=1)
```

- nums(i)：インプットボックスを表示し、入力された値を配列numsのi番目の要素に格納する処理を5回繰り返し、numsの5つの要素すべてに値を代入する
- message：メッセージを保持している変数
- title：メッセージボックスのタイトルを保持している変数
- Type:=1：戻り値を数値に指定

```
Next ← Forブロックの繰り返し処理が終了したら次の行に進む
```

### コラム For...Nextステートメント

For...Nextステートメントは、指定した回数だけ、ブロック内の処理を繰り返します。なお、本書では「Forブロック」という呼び方をすることがあります。

### ワンポイント Application.InputBoxメソッド

配列に代入する値を取得する手段として、インプットボックスを利用しています。インプットボックスは、Application.InputBoxメソッドを使って表示します。

このメソッドでは、インプットボックスのメッセージやタイトルに表示する文字列を引数で指定できるほか、入力された値を数値として取得するのか、または文字列として取得するのかを引数で指定することができます。数値として取得することを指定した場合、値が入力されてボタンがクリックされると、入力された値が数値として返されます。

例ではメッセージとして表示する文字列を変数messageに格納し、タイトルとして表示する文字列を変数titleに格納して、これらの変数をInputBoxの引数として使用しています。

また、Type:=1を引数にすることで、入力された値が数値として返されるようにしています。

▼インプットボックスに入力された値を配列numsのi番目の要素に格納する

```
nums(i) = Application.
InputBox(message, title,
Type:=1)
```

- Type:=1：戻り値を数値に
- message：メッセージ用の引数
- title：タイトル用の引数

前述のように、Application.InputBoxメソッドは、名前付き引数の「Type :=」に以下の値を設定することで戻り値のタイプを指定できます。

▼名前付き引数Typeの設定値

| 値 | 説明 |
|---|---|
| 0 | 数式 |
| 1 | 数値 |
| 2 | 文字列 (テキスト) |
| 4 | 論理値(TrueまたはFalse) |
| 8 | セル参照(Rangeオブジェクト) |
| 16 | #N/A などのエラー値 |
| 64 | 値の配列 |

Type:=1を指定した場合、インプットボックスに文字列を入力して[OK]ボタンをクリックすると、「数値が正しくありません。」という気の利いたメッセージボックスが表示され、数値の入力が促されます。

## ● 2番目のForブロックの解説

2番目のForブロックでは、配列numsの要素を順番に取り出し、変数resultに代入する処理を記述しています。

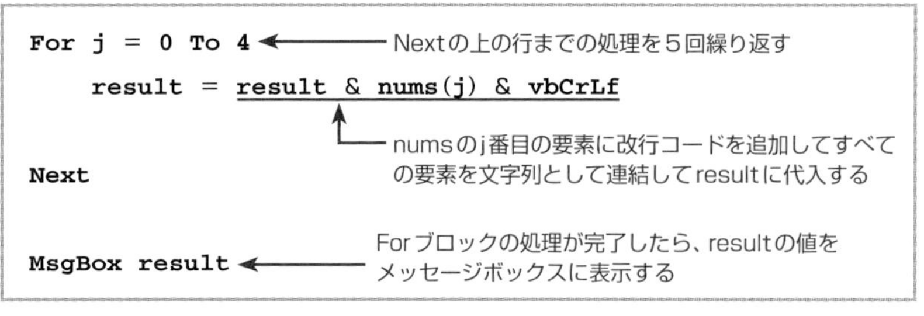


▼コード入力後の［コードウィンドウ］

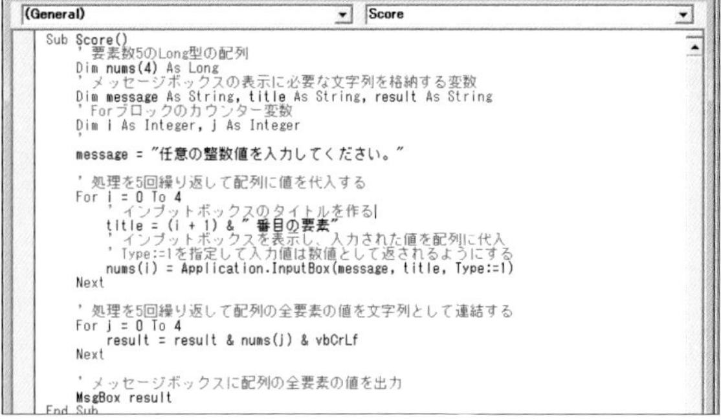

### ワンポイント vbCrLf

取り出した値の末尾に改行を行う定数vbCrLf（キャリッジリターン文字とラインフィード文字の組み合わせ）を追加することで、それぞれの値を改行して表示するようにしています。

### ワンポイント ループ処理

For...Nextステートメントにおける繰り返し処理のことを「ループ処理」、または、単に「ループ」と呼びます。

### コラム For...Nextステートメントにおける処理

For...Nextステートメントでは、終了条件が満たされていない場合にはループ内のステートメントが繰り返し実行され、終了条件が満たされた場合は、ループを抜けて Nextステートメントの次の行に制御が移ります。

## step 4 1次元配列を利用するプログラムを実行する

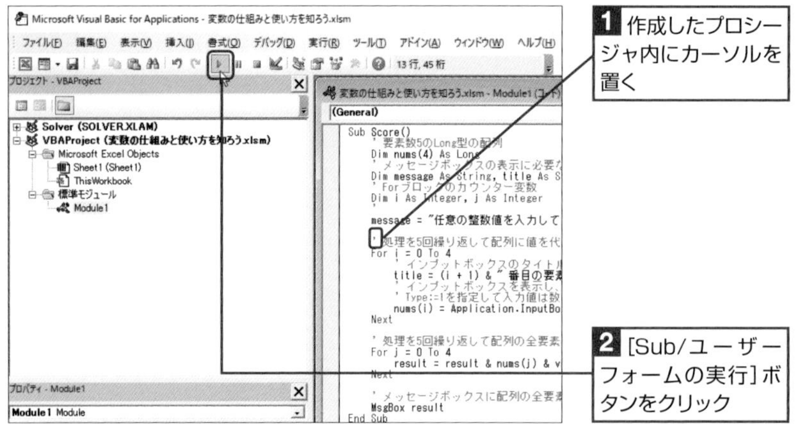


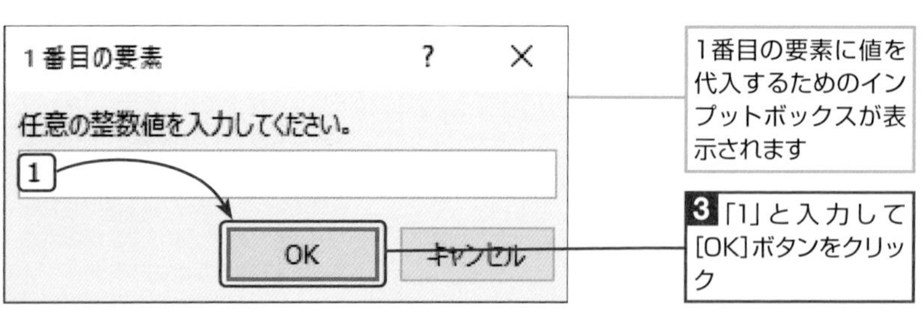


### ワンポイント 1次元配列

このセクションで扱っているような、配列の要素が1列に並んでいるイメージの配列のことを「1次元配列」と呼びます。

### ワンポイント MsgBox関数はString型の文字列を出力する

作成したプログラムでは、インプットボックスで数値型の値を取得し、Long型が指定された配列に代入しています。一方、メッセージボックスを表示するMsgBox関数で出力されるのは、当然ですが文字列です。このため、Long型の配列に格納された整数値は、自動的にString型に変換（暗黙の型変換）されてからメッセージボックスに出力されます。

## ● プログラムの動作状況（1）

◦ 繰り返し処理の1回目

この段階では、カウンターの変数iの値は「0」です。

```
For i = 0 To 4
    title = (i + 1) & " 番目の要素" ← 0+1の結果、「1 番目の要素」という文字列が変数titleに格納される

    nums(i) = InputBox(message, title, Type:=1)
    ↑
    └── インプットボックスに入力された値が、nums(0) に格納される
Next
```

◦ 配列nums（0）にインプットボックスの値を代入

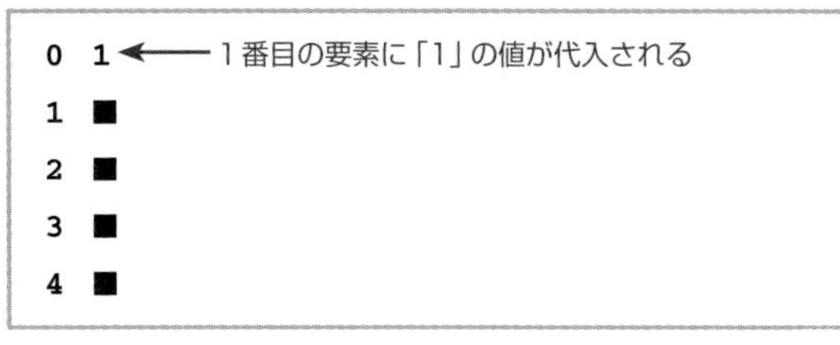


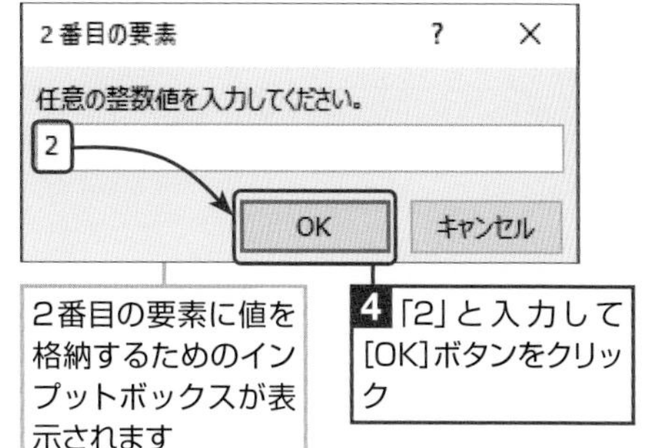


2番目の要素に値を格納するためのインプットボックスが表示されます

**4** 「2」と入力して[OK]ボタンをクリック

> **コラム 配列をバリアント型にするメリット**
>
> 配列変数にバリアント型を指定すると、各要素に異なるデータ型の値を代入できるようになります。配列で異なるデータ型の値を扱う場合に便利です。

## ● プログラムの動作状況（2）

◦ 繰り返し処理の2回目

この段階では、カウンターの変数iの値は「1」です。

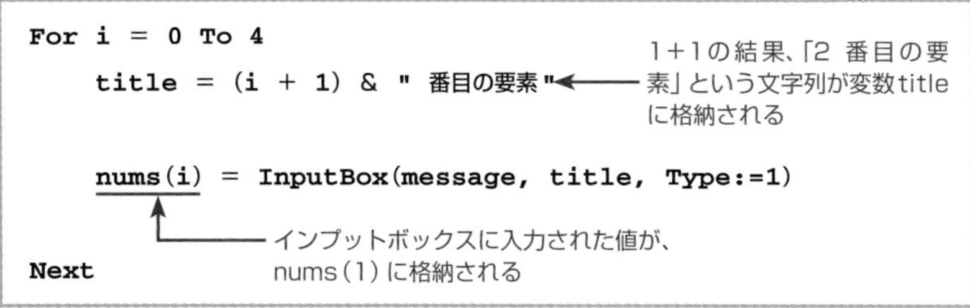

```
For i = 0 To 4
    title = (i + 1) & " 番目の要素" ← 1+1の結果、「2 番目の要素」という文字列が変数titleに格納される

    nums(i) = InputBox(message, title, Type:=1)
    ↑
    └── インプットボックスに入力された値が、nums(1) に格納される
Next
```

◦ 配列nums（1）にインプットボックスの値を代入

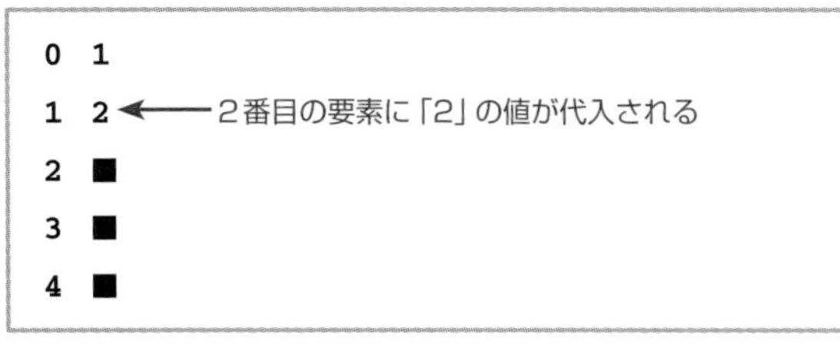


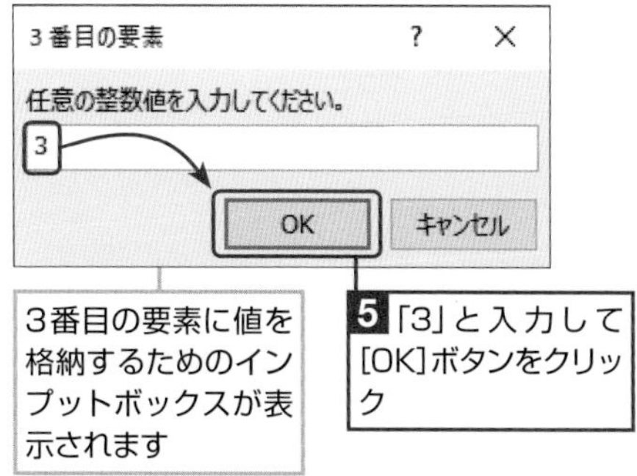


3番目の要素に値を格納するためのインプットボックスが表示されます

**5** 「3」と入力して[OK]ボタンをクリック

7

● プログラムの動作状況（3）

◦ 配列nums（2）にインプットボックスの値を代入

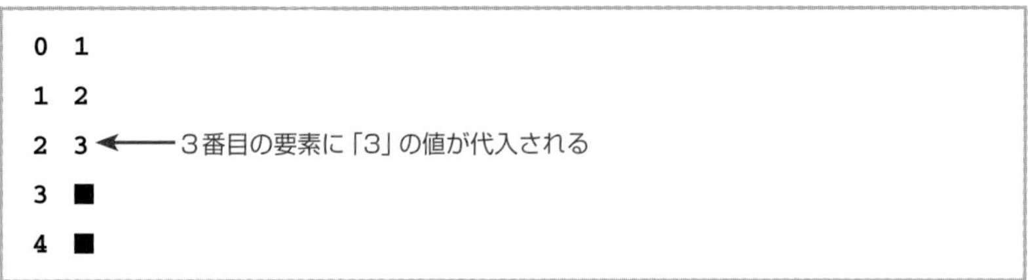


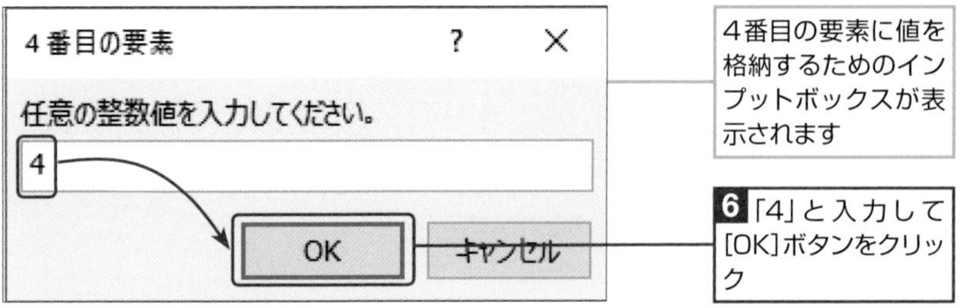


● プログラムの動作状況（4）

◦ 配列nums（3）にインプットボックスの値を代入

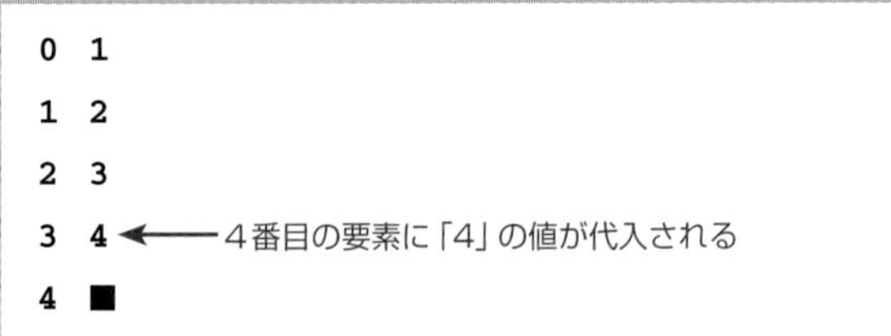


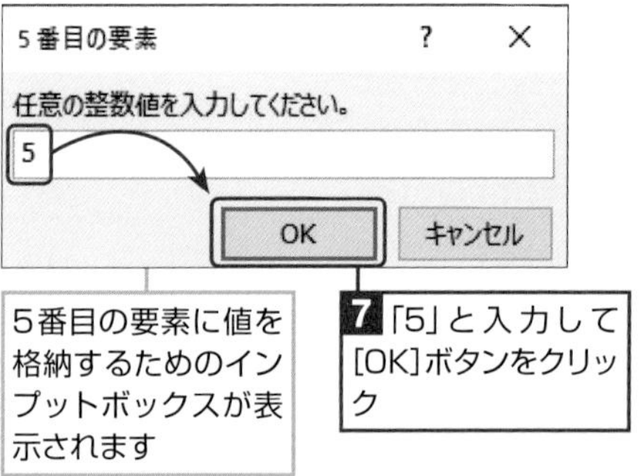


● プログラムの動作状況（5）

◦ 配列nums（4）にインプットボックスの値を代入

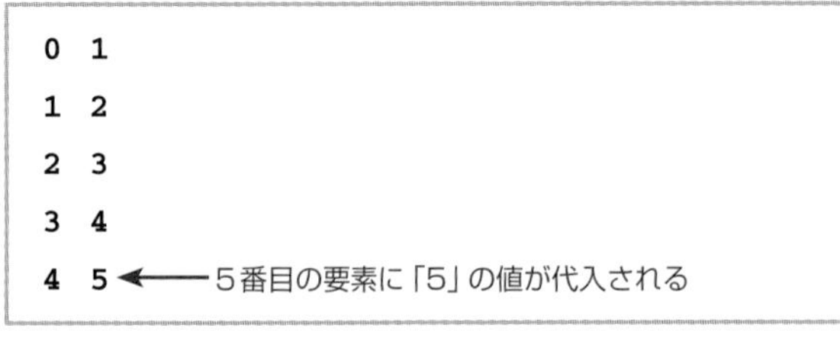

**動的配列とは**

このセクションで扱った配列のように、要素の数を指定する配列を特に「静的配列」と呼びます。これに対し、プログラムの実行中に、処理の内容によって要素数が変化する配列を「動的配列」と呼びます。

**最後に**

ブックを上書き保存します。

SECTION 41

# 表でデータを管理する感覚で使える2次元配列

2次元配列は、配列要素がワークシートのセルのように、縦横に並ぶイメージの配列です。ここでは、2次元配列の仕組みと使い方について見ていくことにしましょう。

チェックポイント ☑ 2次元配列

使用する関数

- InputBox

## 2次元配列の概要、2次元配列を利用したプログラムを作成する

### step 1 2次元配列の宣言

10の要素を持つ1次元配列は、例えば10人ぶんの得点を保持することができますが、国語、英語、社会などのように、各人ごとに複数の教科の点数を保持させたい場合には、2次元配列を使うと便利です。

**準備**

新規ブックを作成し、マクロ有効ブックとして保存しておきます。

▼《構文》2次元配列を宣言する

```
Dim 配列名(縦(行)の要素数,横(列)の要素数)
```

**注意** 配列の要素数は、実際に使用する要素数から1を引いた値になるので、注意してください。配列の要素数は0からカウントされるためであり、インデックスの値も0から始まります。プログラミングの世界では、1からスタートではなく0からスタートが基本なのです。

#### ● 2次元配列の実際

例えば、10人の生徒の3科目の点数を入れる配列を宣言するには、次のように記述します。

```
twoDim(2,9) As Integer
```

そうすると、次のような要素を持つ配列を使えるようになります。

▼配列twoDim

```
                      0 1 2 3 4 5 6 7 8 9(横(列)のインデックス)
(縦(行)のインデックス) 0 ■ ■ ■ ■ ■ ■ ■ ■ ■ ■
                      1 ■ ■ ■ ■ ■ ■ ■ ■ ■ ■
                      2 ■ ■ ■ ■ ■ ■ ■ ■ ■ ■
```

#### ● 2次元配列の要素に値を代入する

2次元配列の要素に値を代入するには、次のように、縦と横のインデックスを指定します。

▼《構文》2次元配列の要素に値を代入する

```
Dim 配列変数名(縦(行)のインデックス,横(列)のインデックス) = 代入する値
```

Long型で、縦3行、横10列の要素を持つ配列twoDimを宣言し、2行目の5列目の要素に「90」を代入するには、次のように記述します。

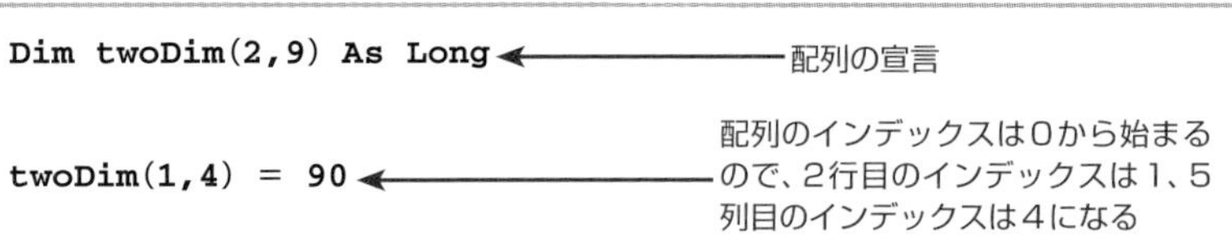


▼配列twoDim

| (縦のインデックス) | 0 | 1 | 2 | 3 | 4 | 5 | 6 | 7 | 8 | 9 (横のインデックス) |
|---|---|---|---|---|---|---|---|---|---|---|
| 0 | ■ | ■ | ■ | ■ | ■ | ■ | ■ | ■ | ■ | ■ |
| 1 | ■ | ■ | ■ | ■ | 90 | ■ | ■ | ■ | ■ | ■ |
| 2 | ■ | ■ | ■ | ■ | ■ | ■ | ■ | ■ | ■ | ■ |

### コラム 3次元配列

ここでは、2次元配列を扱っていますが、3次元配列もよく使われます。配列の構造としては、行と列で構成される2次元の表を複数まとめて管理するイメージです。

## step 2 2次元配列を利用するプログラムを作成する

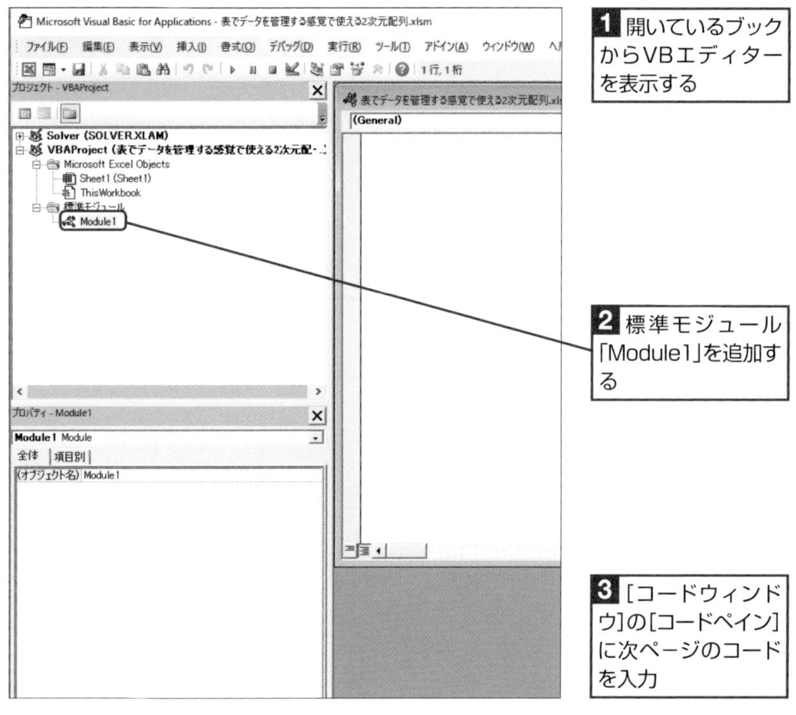


### ワンポイント

**VBAの配列は最大60次元！**

Microsoft社の公式ドキュメントによると、VBAでは最大で60次元の配列を宣言できるとのことです。ただ、実際に使えるのはどんなに多くても5次元程度ではないでしょうか。実際問題として3次元以上になると構造を理解するのも困難ですし、管理も大変手間がかかります。

### 解説

ここでは、Long型の2×5の要素を持つ配列twoDimに、インプットボックスを使って整数の値を代入し、代入したすべての値をメッセージボックスに出力するプログラムを作成することにします。

▼インプットボックスを使って配列に値を代入し、代入したすべての値をメッセージボックスに出力するプロシージャ

```
Sub MyScore()
    ' 2×5の2次元配列
    Dim twoDim(1, 4) As Integer
    ' メッセージボックスの表示に必要な文字列を格納する変数
    Dim message As String, title As String, result As String
    ' Forブロックのカウンター変数
    Dim i As Integer, j As Integer
    ' インプットボックスのメッセージ
    message = "任意の整数値を入力してください。"

    ' インプットボックスで数値を取得する入れ子のForブロック
    ' 2次元配列の行に対する処理を2回繰り返す
    For i = 0 To 1
        ' 2次元配列の列に対する処理を5回繰り返す
        For j = 0 To 4
            ' インプットボックスのタイトルを作る
            title = (i + 1) & "行目の" & (j + 1) & "列目の要素"
            ' インプットボックスを表示して入力値を数値で取得
            twoDim(i, j) = Application.InputBox(message, title, Type:=1)
        Next
    Next

    ' 配列の全要素の値を文字列として連結する入れ子のForブロック
    ' 2次元配列の行に対する処理を2回繰り返す
    For i = 0 To 1
        ' 2次元配列の列に対する処理を5回繰り返す
        For j = 0 To 4
            ' 列の要素をカンマ区切りで連結する
            result = result & twoDim(i, j) & ","
        Next
        ' 列の要素の末尾に改行文字を連結
        result = result & vbCrLf
    Next

    ' メッセージボックスに配列の全要素の値を出力
    MsgBox (result)
End Sub
```

## ● コード解説

▼2次元配列の宣言

```
Dim twoDim(1, 4) As Long
```

ここでは、2行×5列の構造の2次元配列twoDimを宣言しています。

▼2次元配列のすべての要素に数値を代入する2重構造のForブロック

```
    For i = 0 To 1
        For j = 0 To 4
            title = (i + 1) & "行目の" & (j + 1) & "列目の要素"
            twoDim(i, j) = Application.InputBox(message, title, Type:=1)
        Next
    Next
```

2次元配列に値を代入するためのコードです。Forステートメントを2重構造にすることで、2次元配列の2×5のすべての要素に値を格納するようにします。

外側のForブロックは、2次元配列の行に対する処理を行うためのもので、配列の行

**ワンポイント**

**他のプロシージャから配列を利用する**

他のプロシージャから配列を利用したい場合は、宣言文をモジュールレベル（Subプロシージャの外部）に記述することが必要です。

をカウントするiの値が1になるまで計2回、処理を繰り返します。一方、内側の入れ子のForブロックは、2次元配列の列に対する処理を行うためのもので、配列の列をカウントするjの値が4になるまで計5回、処理を繰り返します。これにより、インプットボックスが合計で10回表示され、2×5の要素すべてに数値が代入されます。

### ● コード解説

▼2次元配列のすべての要素の値を出力する2重構造のForブロック

```
For i = 0 To 1
    For j = 0 To 4
        result = result & twoDim(i, j) & ","
    Next
    result = result & vbCrLf
Next

MsgBox (result)
```

ここでも、Forステートメントを2重構造にすることで、2次元配列のすべての要素に代入された値をメッセージボックスに出力するようにしています。外側のForブロックは、2次元配列の行に対する処理を行い、配列の行をカウントするiの値が1になるまで計2回、処理を繰り返します。一方、内側の入れ子のForブロックは、2次元配列の列に対する処理を行い、配列の列をカウントするjの値が4になるまで計5回、列の要素の値をカンマ区切りで連結する処理を繰り返します。

内側のForブロックの処理が終了すると、外側のForブロックの処理として、resultに代入されている文字列の末尾に改行文字（vbCrLf）が連結され、外側のForブロックの先頭に戻り、再び2次元配列の列に対する処理が繰り返されます。これで、2次元配列のすべての要素の値が文字列としてresultに格納されます。あとはMsgBox関数でresultの中身を出力して、Subプロシージャを終了します。

▼コード入力後の［コードウィンドウ］

## step 3 2次元配列プログラムを実行する

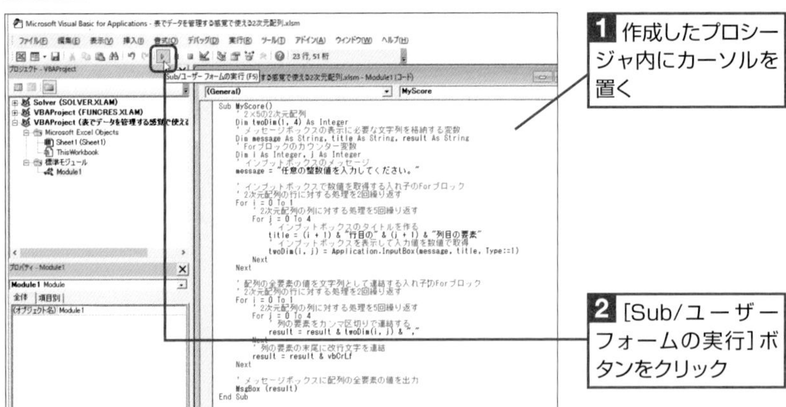

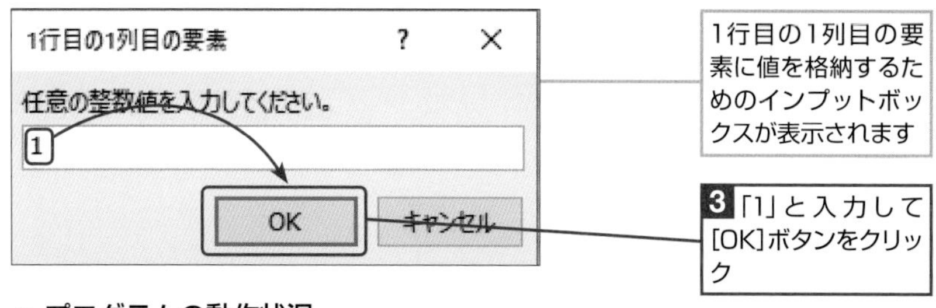


● プログラムの動作状況

この段階では、行をカウントするiの値は「0」、列をカウントするためのjの値は同じく「0」です。

◦ 配列twoDim(0,0)にインプットボックスの値「1」を入れる

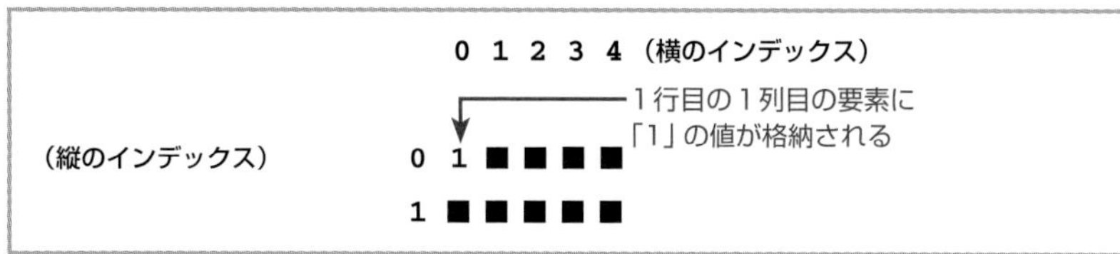


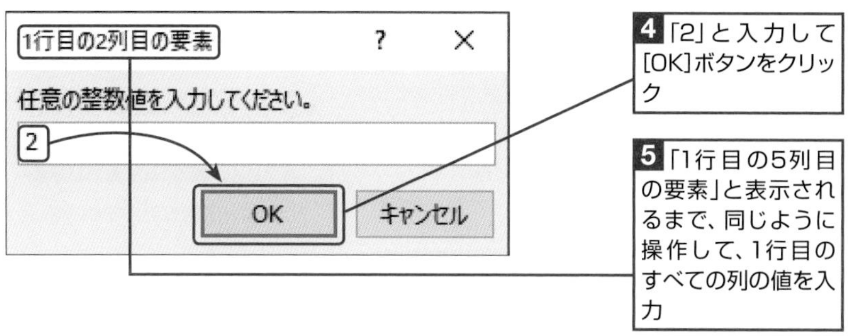


● プログラムの動作状況

4の段階では、行をカウントするiの値は「0」、列をカウントするためのjの値は「1」です。

◦ 配列twoDim(0,1)にインプットボックスの値「2」を入れる

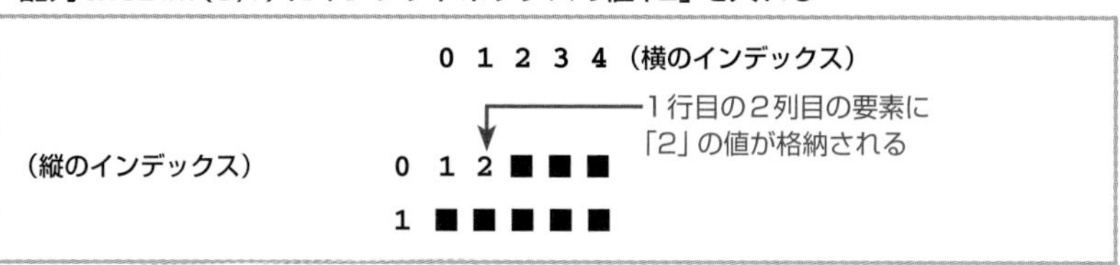


5の最後の操作を行った時点で、行をカウントするiの値は「0」、列をカウントするためのjの値は「4」となり、1行目のすべての要素に値が格納されます。

◦ 5の操作が完了した時点での配列twoDim

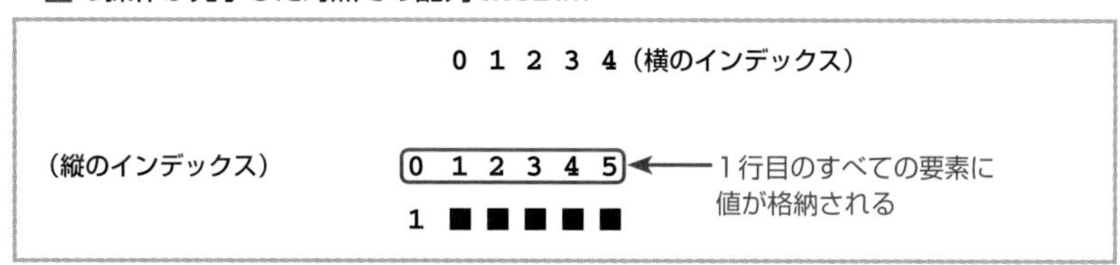


**コラム エラーメッセージが表示された場合**

インプットボックスに、文字列などの数値以外の値を入力して[OK]ボタンをクリックすると、エラーを通知するメッセージが表示されます。この場合は、[終了]ボタンをクリックして、もう一度、プログラムを実行します。

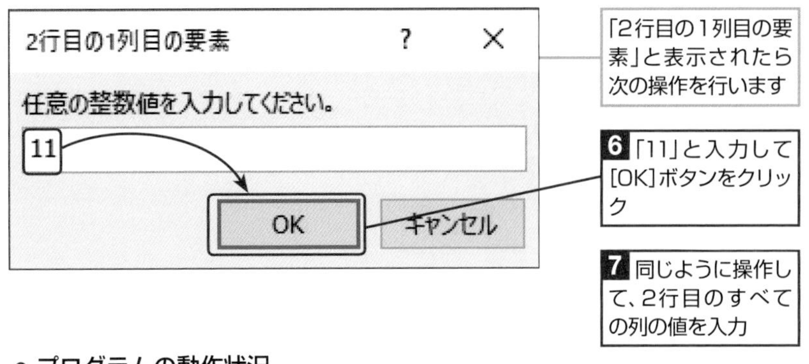


## ● プログラムの動作状況

6の段階では、行をカウントするiの値は「1」、列をカウントするためのjの値は「0」です。

◦ 配列twoDim(1,0)にインプットボックスの値「11」を入れる

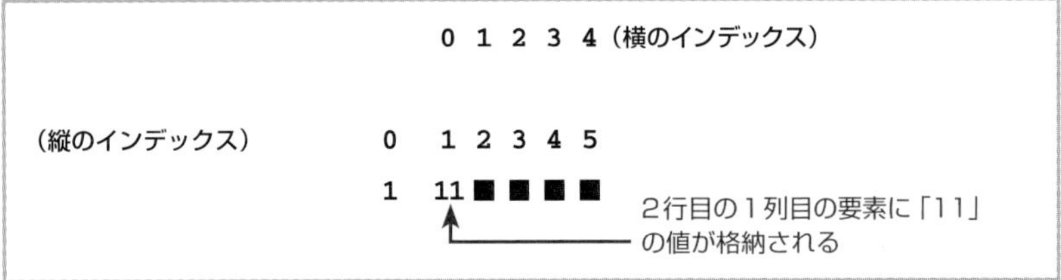


そして、7のすべての操作を行った時点で、2行目のすべての要素に値が格納されます。

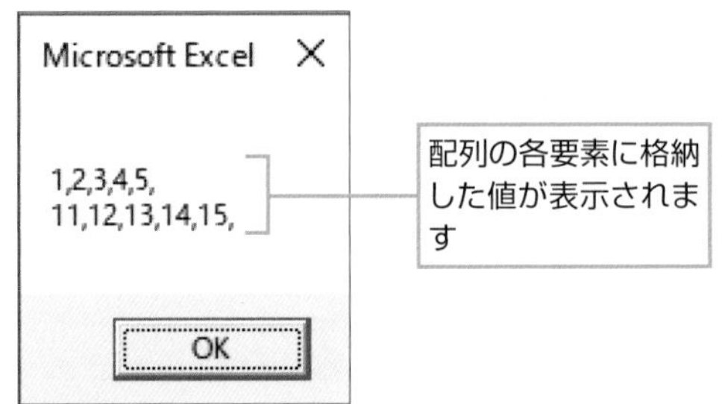


### 最後に

ブックを上書き保存します。

### コラム ローカル変数を宣言する位置

ローカル変数の宣言を、Subプロシージャの先頭にまとめて記述する場合がありますが、変数の宣言と、変数を使うステートメントが離れていると、何のための変数なのかがわかりにくくなることがあります。このような場合は、ローカル変数を利用する位置で宣言するとよいでしょう。

SECTION 42

# 配列の要素数をプログラムの実行中に決める

配列を宣言する場合、実際にプログラムを実行してみないことには、いったいどのくらいの要素数を指定すればよいのか見当もつかないことがあります。このような場合は、動的配列を利用します。

チェックポイント
- ☑ 動的配列
- ☑ ReDimステートメント

使用する関数
- InputBox

## 動的配列を利用したプログラムを作成する

### step 1 動的配列の仕組みと使い方を知る

動的配列は、宣言時に要素数を指定する必要はありません。プログラムの実行時にデータの数に合わせて要素数を決定できるからです。

▼《構文》動的配列を宣言する

```
Dim 配列名() As データ型
```

▼《構文》動的配列に要素数を割り当てる

```
ReDim 配列名(要素数)
```

以下では、1行目で宣言済みの動的配列の要素数を2行目のコードで10にしています。

```
Dim intArray() As Integer

ReDim intArray(9)
```

**準備**

新規ブックを作成し、マクロ有効ブックとして保存しておきます。

**解説**

動的配列を宣言するには、「Dim array() As String」のように、()の中を空にしておきます。

### step 2 動的配列を利用するVBAマクロを作成する

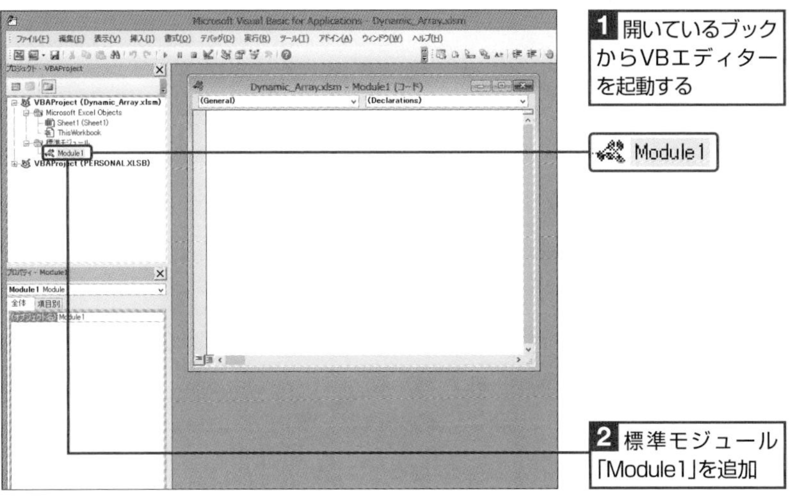


1 開いているブックからVBエディターを起動する

2 標準モジュール「Module1」を追加

**解説**

ここでは、プログラムの実行中に配列の要素数を指定し、インプットボックスを利用してすべての要素に値を代入後、要素に代入されているすべての値を出力するプログラムを作成してみることにします。

7

▼インプットボックスを使って配列の要素の数を設定するプロシージャ

```
Sub dynamic()
   ' Long型の動的配列を宣言
    Dim dynamic() As Long

    ' プログラムの実行中に配列要素の数を指定してもらう
    element = Application.InputBox( _
                  "配列の要素数を指定してください。", _
                  "配列の要素の数は?", _
                   Type:=1)

    ' 配列の要素数を設定する(入力された要素数から1マイナス)
    ReDim dynamic(element - 1)

    ' UBound関数で配列要素の数を取得して代入処理を行う
    ' カウンター変数iは数値型
    For i = 0 To UBound(dynamic)
        ' インプットボックスのタイトル
        title = (i + 1) & "番目の要素"
        ' インプットボックスを利用して値を代入する
        dynamic(i) = Application.InputBox( _
                        "整数値を入力してください。", _
                        title, _
                        Type:=1)
    Next

    ' 配列要素の値を順番に取り出し、
    ' 改行文字を連結してresultに代入 resultはString型
    For i = 0 To UBound(dynamic)
        result = result & dynamic(i) & vbCrLf
    Next

    ' 配列に格納されているすべての値をメッセージボックスに出力する
    MsgBox (result)
End Sub
```

**3** [コードウィンドウ]の[コードペイン]に左のコードを入力

## ● コード解説

```
element = Application.InputBox( _
              "配列の要素数を入力してください。", _
              "配列の要素の数は?", _
             Type:=1)
```

ここでは、プログラムを実行したタイミングで、インプットボックスに「配列の要素数を入力してください。」と表示し、入力された値をInteger型の変数elementに格納するようにしています。

```
ReDim dynamic(element − 1)
```

そして、ReDimステートメントで、要素数をelementの値に設定します。配列のインデックスは0から開始されるので、elementに格納されている値から1を引いた数を設定しています。

ワンポイント

### UBound()関数

UBound()関数は、配列のサイズ(要素数)を調べるときに使います。引数には、次のように配列名を指定すると配列の要素数を示す整数値が返されます。

```
UBound(配列名)
```

なお、配列が保持している要素数の数値は、実際の要素数よりも1つ少ない値であることに注意してください(配列は要素の数を0から数えるため)。

次の場合は、変数nに配列のサイズである「5」が格納されます。

```
Dim ar(5) As Integer
Dim n As Integer
n = UBound(ar)
```

### ReDimステートメント

ReDimステートメントは、動的配列の次元数や要素数を変更します。

▼ReDimの書式

```
ReDim [Preserve] 配列名
(subscripts) [As type],
[配列名(subscripts) [As
type ]] ...
```

| | |
|---|---|
| Preserve | オプション。配列にすでに格納されている値をそのまま残し、要素の数を増やす場合に使用。 |
| 配列名 | 必須。操作を行う配列名。 |
| (subscripts) | 必須。配列の要素数(公式の解説では次元数と表現)。 |
| type | 省略可能。配列の型を必要に応じて指定。 |

気を付けたいのが、Preserveオプションを指定した場合、2次元以上の配列のサイズ(要素数)を指定する際は「最後の次元しか変更できない」という点です。2次元配列(行×列)であれば、最後の次元が列に相当しますので、列の数だけが変更できるということです。

▼コード入力後の［コードウィンドウ］

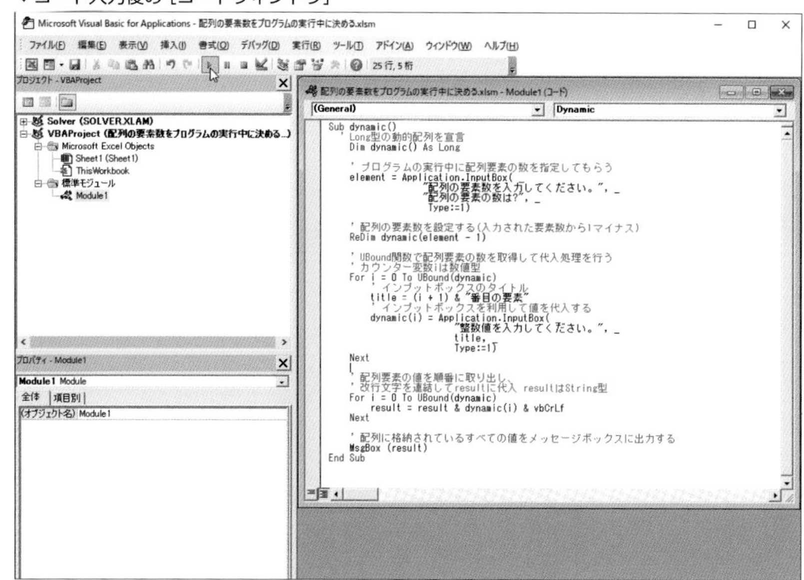

## step 3 動的配列プログラムを実行する

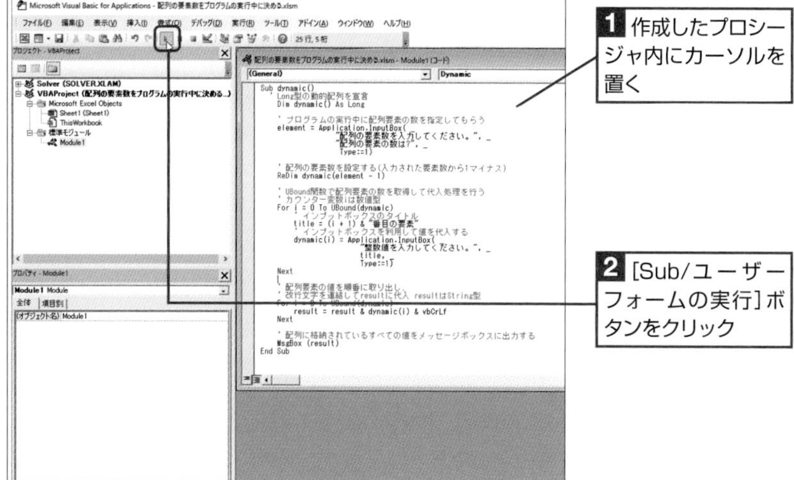


### ワンポイント

**コードの改行と変数宣言の省略**

　ソースコードを見てわかるように、1行のステートメントが長くなるところでは、行末に「_」を付けて改行しています。また、お気付きになったかと思いますが、今回のソースコードには、動的配列の宣言以外では、宣言文が書かれていません。配列の要素数を代入する変数を始め、カウンター変数までもが宣言を行わずに、いきなり変数名を書いて値を代入しています。VBAでは、宣言を行わずに、いきなり変数に値を代入することが許されています。そこで、今回はコードの量を減らすために、変数の宣言は書かないことにしました。多少の違和感はありますが、変数の用途が十分にわかっていて、宣言文をいちいち書いてデータ型を指定しなくてもコードの意味がわかる、という前提で、今回はあえて変数の宣言を省略しました。

7

配列の要素の数は?
配列の要素数を指定してください。
16
OK
キャンセル


要素数を入力するためのインプットボックスが表示されます

**3** 「16」と入力

**4** [OK] ボタンをクリック

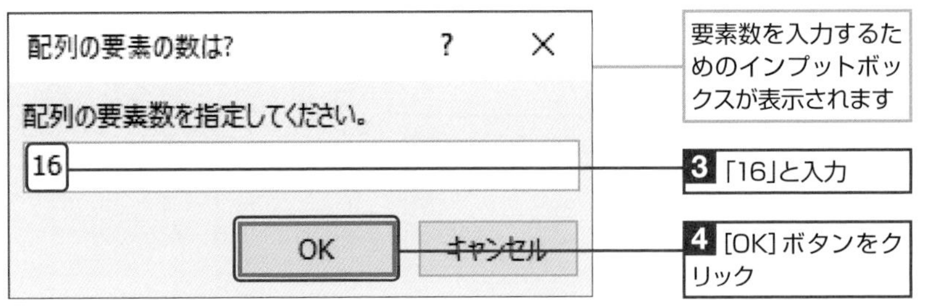

指定した数の要素が配列に設定され、1行目の1列目の要素に値を格納するためのインプットボックスが表示されます。

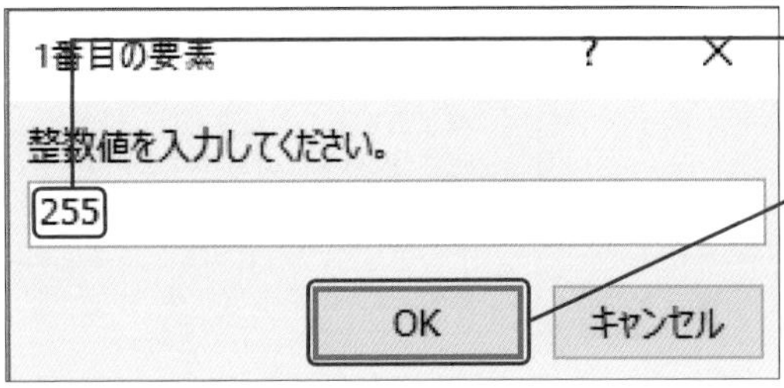

1番目の要素
整数値を入力してください。
255
OK
キャンセル


**5** 任意の数値を入力

**6** [OK] ボタンをクリック

**7** 続けて、すべてのインプットボックスで数値を入力

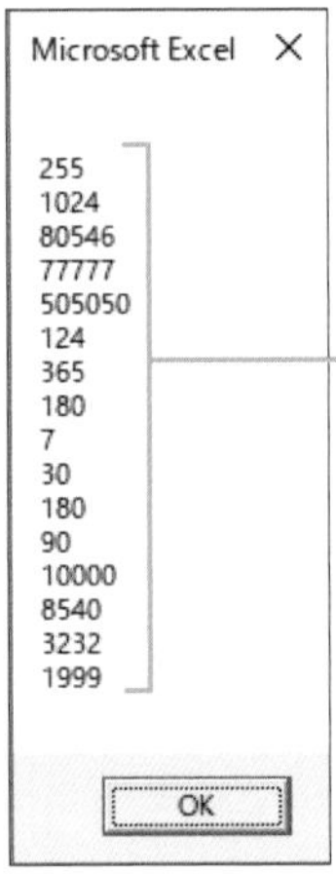

Microsoft Excel
255
1024
80546
77777
505050
124
365
180
7
30
180
90
10000
8540
3232
1999
OK


入力が完了すると、入力した数値がメッセージボックスに表示されます

▼1次元配列

```
Dim array1() As Integer      ← 配列の宣言
ReDim array1(10)             ← 要素数を指定
(配列に値を格納)
ReDim Preserve array1(20)    ← 配列の値を保持したままで要素数を21に拡大
```

▼2次元配列

```
Dim array1(,) As Integer         ← 2次元配列の宣言
ReDim array1(10,10)              ← 10×10にする
(配列に値を格納)
ReDim Preserve array1(10,20)     ← 配列の値を保持したままで最後の次元(列)の要素数を拡大して10×20にする
```

## コラム Preserveにおける制約

Preserveキーワードを指定した場合、変更可能なのは、動的配列の最後の次元の要素数に限られます。また、次元数は変更することはできません。

### ワンポイント ReDimステートメントの使用

ReDim ステートメントは、配列の要素数や次元数を変更するために、何度でも使うことができます。

### ワンポイント 値が格納されている配列のサイズを変更する

すでに値が格納されている配列の場合、ReDimステートメントで要素の数を変更すると、代入されていたすべての値が破棄されます。これは、要素数を変更したことで、メモリー領域の再割り当てが行われるためです。

配列の値を保持した状態で要素数を変更するには、Preserveキーワードを使用します。Preserveキーワードを使えば、新しい配列に既存の要素がコピーされるので、既存の状態から配列のサイズのみを拡大する、といった処理が行えます。

ちなみに、以下のように記述するとエラーになります(最後の次元の要素数しか変更できない)。

```
ReDim Preserve array
(20,20)
```

CHAPTER

# 8

# 面倒な作業はプロシージャを使って自動化しよう！

VBAでは、特定の処理を実行するための一連の命令文（ステートメント）をプロシージャとして管理します。実は、このプロシージャこそが、VBAプログラミングのキモの部分であるといえるのです。

SECTION 43

# Subプロシージャを解剖する

プロシージャには、Subプロシージャ、Functionプロシージャ、Propertyプロシージャ、イベントプロシージャがあります。まずはおなじみのSubプロシージャから見ていくことにしましょう。

チェックポイント
☑ Subプロシージャ
☑ Callステートメント
☑ プロシージャのスコープ

| 使用する関数 | 使用するプロパティ |
|---|---|
| ● MsgBox | ● Range |

## Subプロシージャの構造を知り、Subプロシージャを利用したプログラムを作成する

### step 1 Subプロシージャの構造を見る

Subプロシージャは、主に、値の受け取りや処理、データの表示や印刷などの何らかの「処理だけを行う」プロシージャです。

#### ● Subプロシージャを定義する

Subプロシージャの定義（作成すること）は、Subステートメントで宣言し、必要な処理を書いたあと、最後にEnd Subを付けることで行います。

▼《構文》Subプロシージャ

```
アクセス修飾子 Sub プロシージャ名 (パラメーター)
        処理
        .
        .
        .
End Sub
```

**・アクセス修飾子**

「Private」や「Public」などのキーワードでスコープ（アクセスが可能な範囲）を指定することができます。省略した場合は、Privateが設定されたものと見なされれます。

**・プロシージャ名**

プロシージャの名前を指定します。

**・パラメーターと引数**

プロシージャを実行するときに、何らかの値を渡して処理を行わせることができます。このように、プロシージャに渡す値のことを「引数（ひきすう）」と呼び、プロシージャ側では引数として渡される値のことを「パラメーター」と呼びます。

引数を受け取るためには、プロシージャ側でパラメーターを用意しておく必要があります。

パラメーターは、次のように、Subステートメントの最後の ( ) の中に記述します。

ワンポイント

**プロシージャのスコープ**

Subプロシージャを始めとするプロシージャの宣言部分の先頭は、アクセス修飾子を付けることができます。

| 修飾子 | 内容 |
|---|---|
| Public | すべてのモジュールのすべてのプロシージャから参照することができる。 |
| Private | プロシージャを記述したモジュール内の、他のプロシージャだけがアクセス可能。 |
| Friend | クラスモジュール内部でプロシージャ（メソッド）を定義するときに限り使用することができる。この修飾子を指定したプロシージャは、プロジェクト全体から参照できる。 |
| Static | アクセス修飾子ではないが、プロシージャの修飾子として使うことができる。Staticが設定されたプロシージャでは、プロシージャに含まれるローカル変数の値が、プロシージャの実行後にクリアされずに次回プロシージャを呼び出すまで値が保持される。Subプロシージャの外部で宣言されたモジュールレベルの変数を、Staticプロシージャで使う場合はStaticによる影響を受けない。 |

▼《構文》Subステートメントでパラメーターを用意する

```
Sub プロシージャ名(ByValまたはByRef パラメーター名 As データ型[, ... ])
```

引数の受け取り方にはByVal（値渡し）とByRef（参照渡し）がありますが、省略してもかまいません。この場合はデフォルトのByValが設定されます。詳しくは「SECTION45　引数は値のコピーかメモリー番地で受け取る」を参照してください。

## step 2 Subプロシージャを呼び出すSubプロシージャを作成する

ここでは、Subプロシージャの作成例として、「SECTION39　変数と定数が混在するプログラムを作る」で作成したSubプロシージャ「Calc」を利用することにします。

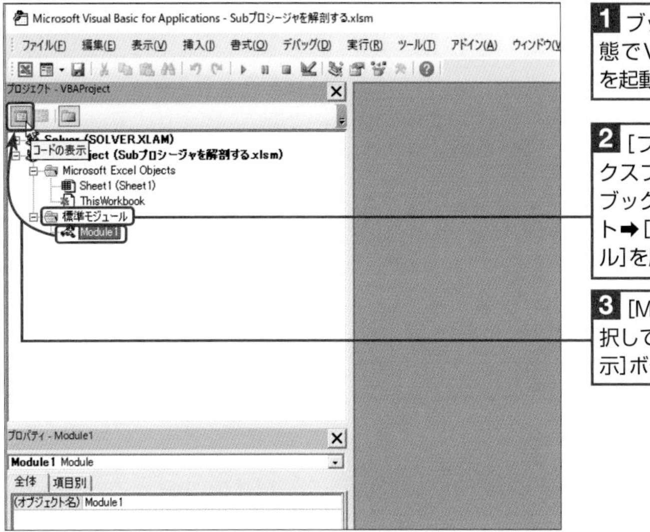


**1** ブックを開いた状態でVBエディターを起動

**2** [プロジェクトエクスプローラー]で、ブックのプロジェクト➡[標準モジュール]を展開

**3** [Module1]を選択して、[コードの表示]ボタンをクリック

SubプロシージャCalcがコードウィンドウに表示されます

**4** 「End Sub」の次の行に新たな行を挿入し、「Sub Call Calc()」と入力して、Enterキーを押す

「End Sub」ステートメントが挿入されます

### 解説

プロシージャで引数を受け取る必要なければ、パラメーターの設定は不要です。省略が可能です。この場合、プロシージャ名のあとのかっこ「( )」を空欄にしておきます。

### ワンポイント

**複数のパラメーターが必要な場合**

複数のパラメーターが必要な場合は、上記の記述のあとに「,」を追加することで、複数のパラメーターを使用することができます。

### 準備

「SECTION39　変数と定数が混在するプログラムを作る」で作成したブックを開いて、別名のマクロ有効ブックとして保存します。

### ワンポイント

**標準プロシージャ**

SubプロシージャやFunctionプロシージャのように、他のプロシージャから呼び出すことができるプロシージャを総称して、「標準プロシージャ」と呼ぶことがあります。標準プロシージャは、単独でマクロとして実行できるほかに、他のプロシージャから呼び出したり、Excelの起動時に自動実行させることができます。

### 解説

ここでは、SubプロシージャCallCalcを新たに作成し、このプロシージャからCalcプロシージャを呼び出します。

### ワンポイント

**Propertyプロシージャ**

標準プロシージャとはやや趣の異なるPropertyプロシージャについてこのあと紹介していますので、ぜひ併せて参照してください。

8

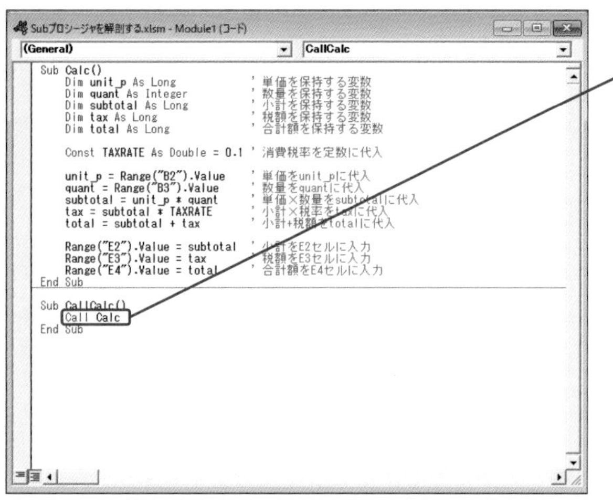


**5** 「Sub CallCalc()」と「End Sub」の間の行に、「Call Calc」と入力

## step 3 VBAマクロを実行する

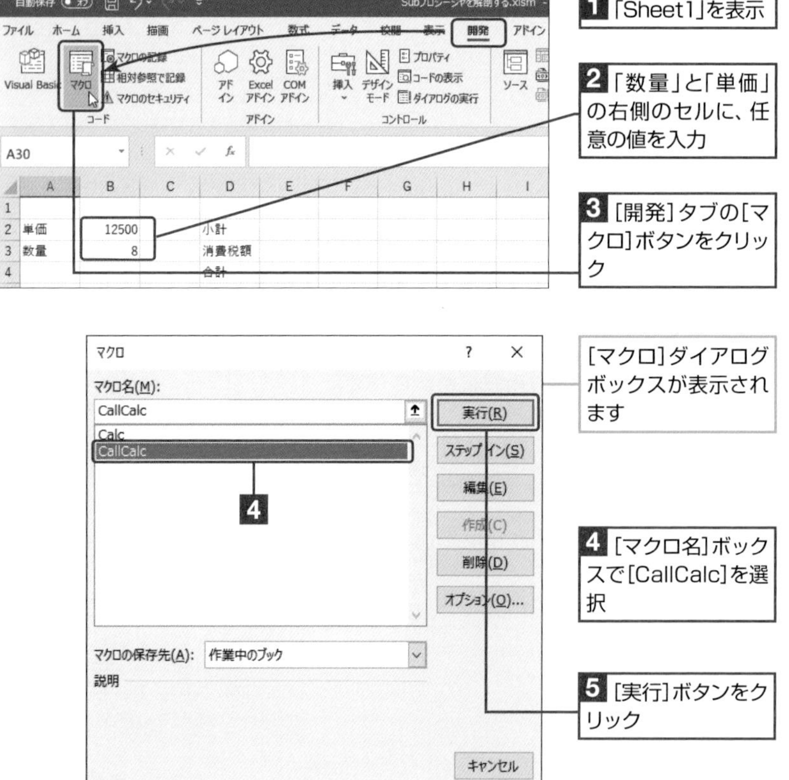


**注意** 「Call Calc」は、プロシージャの呼び出しを行うCallキーワードを使用して、SubプロシージャCalcを呼び出しています。このため、「Call」と「Calc」の間には、半角のスペースを入れるようにします。

**ワンポイント**

### Callステートメント

Callステートメントは、Subプロシージャ、Functionプロシージャ、組み込み関数などを呼び出すためのステートメントです。

```
Call 呼び出すプロシージャ名()
```

と記述することで、任意のプロシージャを呼び出すことができます。

なお、「Call」ステートメントで呼び出すプロシージャにパラメーターが設定されている場合は、次のように記述する必要があります。

```
Call 呼び出すプロシージャ名(引数のリスト)
```

もし、引数として渡す値がない場合でも、プロシージャ側でパラメーターが設定されている場合は「(引数のリスト)」の記述が必要です。例えば、呼び出し先のプロシージャに、Integer型、またはString型のパラメーターが設定されているにもかかわらず、引き渡す値がない場合は、次のように記述します。

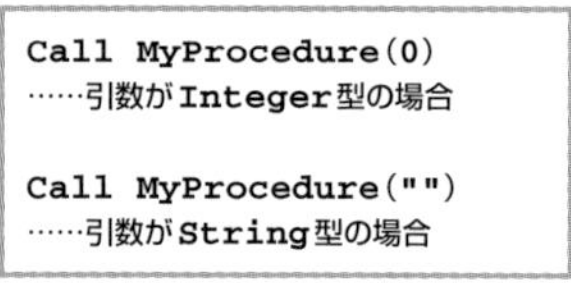

```
Call MyProcedure(0)
……引数がInteger型の場合

Call MyProcedure("")
……引数がString型の場合
```

なお、Callキーワードは、それ自体が省略可能です。この場合、次のように、引数をかっこで囲まずに、半角スペースを入れて記述します。

```
Calc 0
```

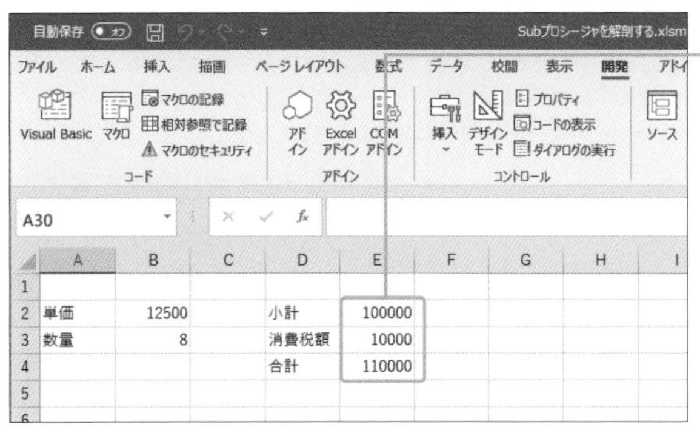


計算結果が表示されます

▼Subプロシージャ「Calc」の最後にある計算結果をセルに出力するコード

```
Range("E2").Value = subtotal
Range("E3").Value = tax
Range("E4").Value = total
```

## コラム　プロシージャ名

　プロシージャに名前を付けるときは、パスカル方式を使うのが慣例です。パスカル方式では、2つの単語を組み合わせる場合は、各単語の先頭を「TaxCalculate」のように大文字にします。

### ワンポイント　表示形式を設定する

　ここで使用しているプログラムでは、セルに入力されている単価と数量を読み取って、小計、消費税額、合計をそれぞれ別のセルに出力します。このとき、数値を3桁区切りで表示したい場合は、セルの書式設定で3桁区切りを指定しておくようにします。一方、プログラム側で3桁区切りの書式を設定することも可能です。この場合、

　Range("E2：E4").Value =
　Fomat(total, "#,##0円")

のようにFomat関数で書式設定済みの値をセルのRangeオブジェクトに代入するようにします。

▼書式付きで計算結果を出力する

| | A | B | C | D | E | F | G |
|---|---|---|---|---|---|---|---|
| 1 | | | | | | | |
| 2 | 単価 | 12500 | | 小計 | 100,000 | | |
| 3 | 数量 | 8 | | 消費税額 | 10,000 | | |
| 4 | | | | 合計 | 110,000 | | |
| 5 | | | | | | | |

　3桁ごとに区切られて末尾に「円」が表示されます。操作例ではセルを右揃えにしてあります。

## step 4　パラメーター付きのSubプロシージャを作成する

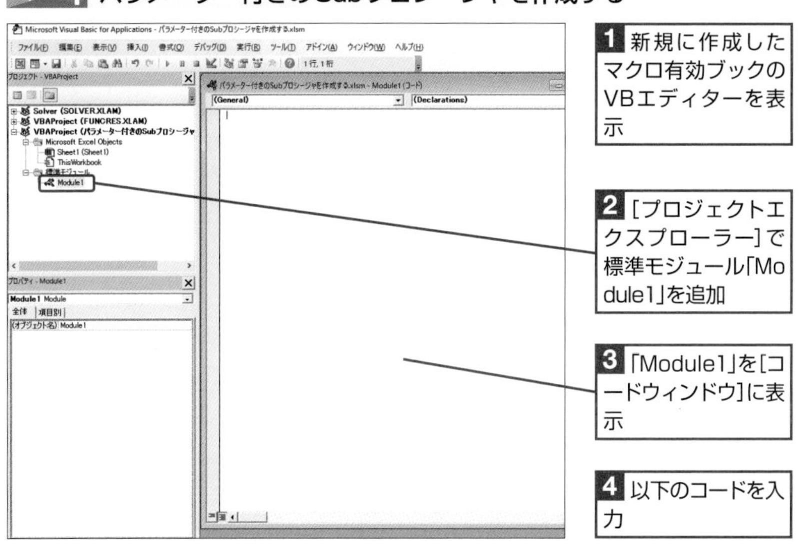


### 最後に

　ここまでの操作が終了したら、マクロ有効ブックを保存しておきます。

### 準備

　新規のブックを作成し、マクロ有効ブックとして保存します。

8

▼パラメーターで受け取った文字列をメッセージの一部として表示するSubプロシージャ

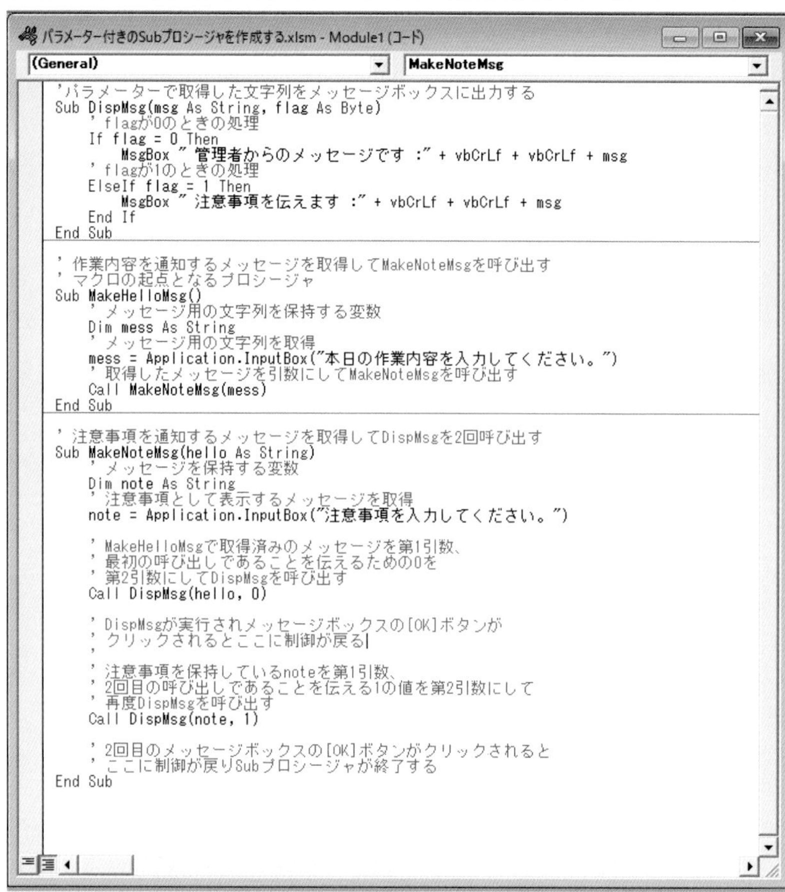


・**Subプロシージャでのパラメーターの設定**

今回のプログラムのポイントは、SubプロシージャDispMsgとMakeNoteMsgプロシージャでのパラメーターの設定で、これらのほかにプログラム（マクロ）の起点となるMakeHelloMsgを別に定義します。プログラムは以下の順番で実行されます。

①MakeHelloMsgで最初のメッセージをインプットボックスで取得してMakeNoteMsgを呼び出す。

②MakeNoteMsgでは、2回目に表示するメッセージをインプットボックスで取得し、①で取得したメッセージと、1回目を示す「0」を引数にしてDispMsgを呼び出す。

↓

1回目のメッセージが表示される

③メッセージボックスの[OK]ボタンがクリックされると処理が戻るので、今度は②で取得したメッセージと、2回目を示す「1」を引数にしてDispMsgを呼び出す。

↓

2回目のメッセージが表示される

④メッセージボックスの[OK]ボタンがクリックされると処理が戻り、MakeNoteMsgプロシージャが終了すると同時にプログラムも終了する。

解説

ここでは、最初にメッセージボックスを表示する。

ワンポイント

### パラメーター名の付け方

パラメーター名は、変数名と同じように、Camel形式で命名します。Camel形式では、最初の文字を小文字にし、あとに続く単語がある場合は、単語の先頭を大文字にします。
例：「phraseSet」、「phrase」、「name」

ワンポイント

### 呼び出されるだけのプロシージャは表示されない

お気付きになりましたでしょうか。プログラム内で呼び出されるだけのプロシージャは、[マクロ] ダイアログボックスに表示されません。表示されるのはMakeHelloMsgプロシージャのみです。つまり、MakeHelloMsgのみがマクロとして実行できるプロシージャであると判断されたのです。確かにDispMsgとMakeNoteMsgプロシージャは処理のみを行うSubプロシージャですが、MakeHelloMsgだって処理だけしか行いません。では、どの部分でマクロとして実行できないと判断されたのでしょうか。

答えはどちらのプロシージャも「引数を受け取るから」です。なので、この2つのプロシージャは引数付きで呼び出さなければならないため、VBAの仕組み上、「単独では実行できない」のです。ちなみにVBエディターでDispMsg、またはMakeHelloMsgプロシージャ内にカーソルを置いて [Sub/ユーザーフォームの実行] ボタンをクリックして無理やり実行しようとしても、VBエディターの [マクロ] ダイアログボックスにはDispMsgプロシージャしか表示されず、VBエディターからも実行できないことがわかります。

このようにパラメーターが設定されたプロシージャは、呼び出し時に引数を渡さなければならないので、VBAの仕組み上、マクロとして実行できません。言い換えると、「マクロとして実行できるのはパラメーターを持たないプロシージャのみ」ということです。

引数の引き渡しを何度かやってみたいので、処理としてはこれまでのものより長くなっています。コードも少々込み入っていますが、ゆっくり順番に見ていきましょう。まずは、メッセージボックスを表示するプロシージャです。

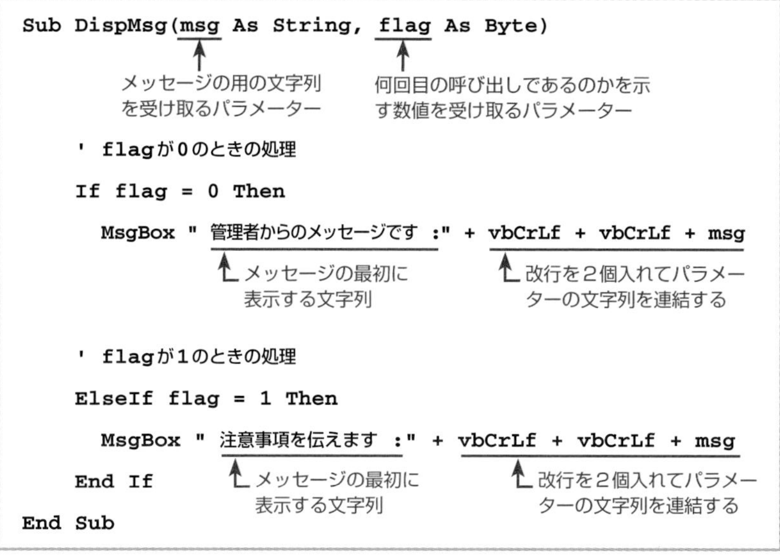


このプロシージャをMakeNoteMsgプロシージャ内から2回、呼び出します。それぞれの呼び出しごとに処理を変えるので、プロシージャの第1パラメーターmsgに続く第2パラメーターflagで何度目の呼び出しなのかを示す数値を受け取るようにしています。flagが0であればIfブロックの処理を実行し、1であればElseIfブロックの処理を実行します。Ifは1番目の条件を指定し、ElseIfは2番目以降の条件を示します。

さて、ソースコードを書く順番としては、DispMsg（MakeNoteMsgから呼ばれる）→MakeHelloMsg→MakeNoteMsg（MakeHelloMsgから呼ばれる）になりますので、次はMakeHelloMsgを見てみることにしましょう。マクロを実行したときに最初に実行されるプロシージャです。

▼マクロの起点となるプロシージャ
（作業内容を通知するメッセージを取得してMakeNoteMsgを呼び出す）

```
Sub MakeHelloMsg()
    ' 最初のメッセージに表示する文字列を保持する変数
    Dim mess As String
    ' メッセージ用の文字列を取得
    mess = Application.InputBox("本日の作業内容を入力してください。")
    ' 取得したメッセージを引数にしてMakeNoteMsgを呼び出す
    Call MakeNoteMsg(mess)
End Sub
```

Call MakeNoteMsg(mess)：最初のメッセージに表示する文字列を引数にしてMakeNoteMsgを呼び出す

最初のメッセージを取得し、これを引数にしてMakeNoteMsgを呼び出します。

**解説**

マクロとしてMakeHelloMsgプロシージャを実行した結果、メッセージの取得後にMakeNoteMsgが実行され、2つ目のメッセージを取得したあと、DispMsgを呼び出して最初のメッセージボックスが表示されます。一応、想定としてはこの時点でメッセージを入力した人は去り、新たな人がやってきて表示されたままになっているメッセージを見ます。で、[OK]ボタンがクリックされるとMakeNoteMsgにより再びDispMsgが呼ばれて2回目のメッセージが表示されます。

**ワンポイント**

**第1パラメーター**

本文では、パラメーターの並び順に左端から「第1パラメーター」「第2パラメーター」のように表記しています。

▼注意事項を通知するメッセージを取得してDispMsgを2回呼び出す

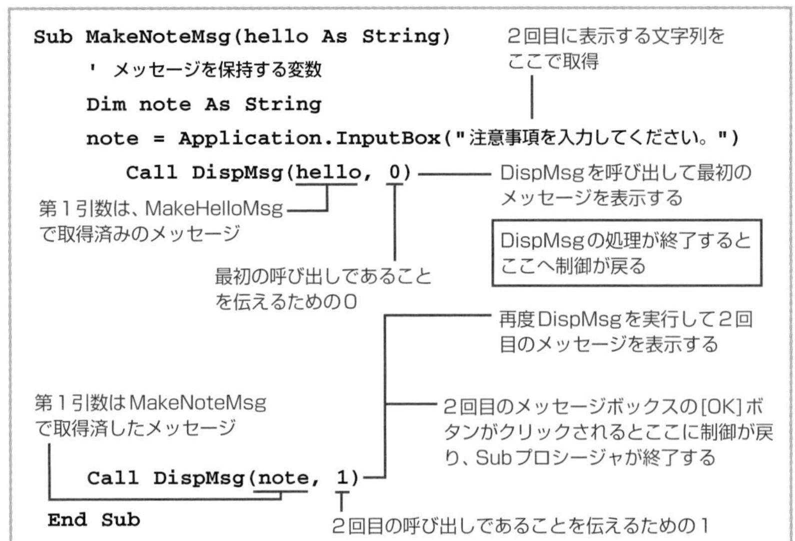

```
Sub MakeNoteMsg(hello As String)
    ' メッセージを保持する変数
    Dim note As String
    note = Application.InputBox("注意事項を入力してください。")
        Call DispMsg(hello, 0)

    Call DispMsg(note, 1)
End Sub
```



### ワンポイント

**第1引数**

ここでは、引数の並び順に左端から「第1引数」「第2引数」と表記しています。第1引数はプロシージャの第1パラメーター、第2に引数は第2パラメーターにそれぞれ対応します。

## step 5 引数付きのSubプロシージャを実行する

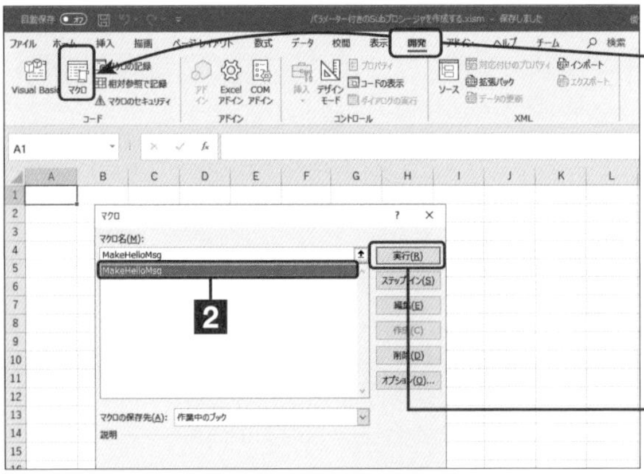

**1** [開発]タブの[マクロ]ボタンをクリック

**2** [マクロ]ダイアログボックスの[マクロ名]ボックスで[MakeHelloMsg]を選択

**3** [実行]ボタンをクリック

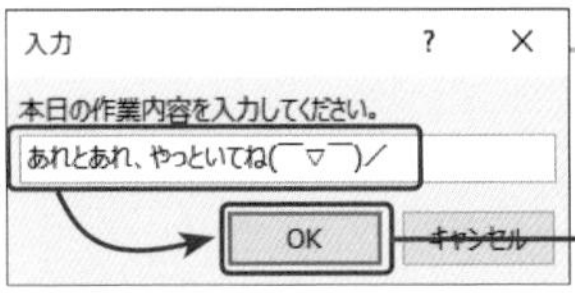

入力
本日の作業内容を入力してください。
あれとあれ、やっといてね(￣▽￣)／
OK キャンセル

インプットボックスが表示されます

**4** 任意の文字列を入力して[OK]ボタンをクリック

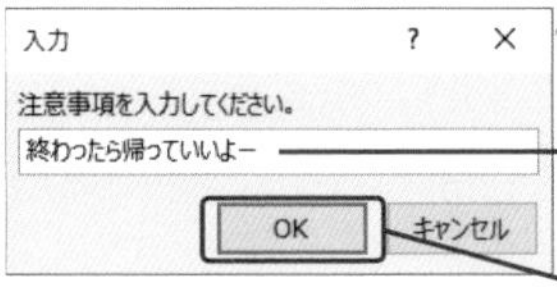

入力
注意事項を入力してください。
終わったら帰っていいよー
OK キャンセル

インプットボックスが表示されます

**5** メッセージを入力

**6** [OK]ボタンをクリック

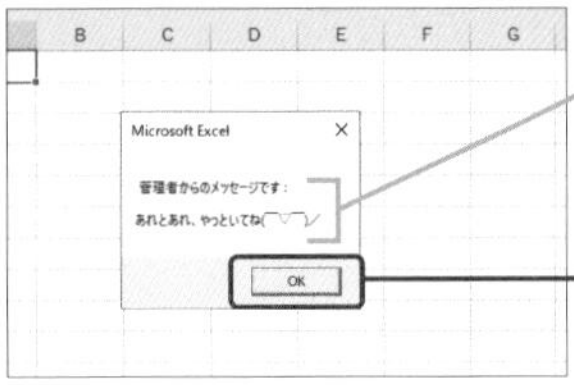

最初に入力したメッセージが表示されます

**7** これを見た人が[OK]ボタンをクリック

Microsoft Excel
注意事項を伝えます：
終わったら帰っていいよー
OK

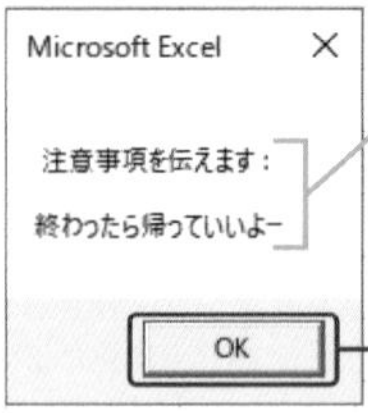

2番目に入力したメッセージが表示されます

**8** 確認したら[OK]ボタンをクリックしてメッセージボックスを閉じましょう

# Functionプロシージャを解剖する

Functionプロシージャは、数値の計算などの処理を実行し、その結果を返す働きをします。他のプロシージャから呼び出して利用できますが、常に処理結果を返すのが大きな特徴です。

チェックポイント
- ☑ Functionプロシージャ
- ☑ 引数
- ☑ パラメーター
- ☑ 戻り値

## Functionプロシージャの概要、Functionプロシージャを利用したプログラムを作成する

### step 1 Functionプロシージャの構造を見る

VBAには、様々な組み込み型のFunctionプロシージャが用意されていて、これらのプロシージャは「関数」または「組み込み関数」と呼ばれています。もちろん、Functionプロシージャに必要なコードを記述することで、独自の関数を作成することができます。

#### ●Functionプロシージャの構造を確認する

Functionプロシージャでは、FunctionステートメントとEnd Functionステートメントの間に、一連のステートメントを記述します。Functionプロシージャは、呼び出し元のプロシージャが引数として渡した値をパラメーターとして受け取り、ステートメントによって定義された処理を実行して、呼び出し元に処理結果を「戻り値」として返します。

▼《構文》Functionプロシージャ

```
アクセス修飾子 Function プロシージャ名 (引数の渡し方 パラメーター名 As データ型) As 戻り値のデータ型
        実行するステートメント
        .
        Functionプロシージャ名 = 戻り値
        .
End Function
```

**・アクセス修飾子**

「Private」や「Public」などのキーワードを設定することができます。省略した場合は、「Public」が自動的に設定されます。アクセス修飾子については、「SECTION43 Subプロシージャを解剖する」の「ワンポイント　プロシージャのスコープ」を参照してください。

**・プロシージャ名**

プロシージャの名前（関数名）を指定します。

ワンポイント

**引数と戻り値**

呼び出し元のプロシージャから渡される値のことが引数と呼ばれるのに対し、Functionプロシージャが返す値のことは、戻り値（もどりち）と呼ばれます。Functionプロシージャでは、基本的に、少なくとも1つ以上のパラメーターを使って引数を受け取るようにします。

なお、引数は、パラメーターの宣言部で指定されたデータ型の値としてFunctionプロシージャに渡され、最終的な処理結果は、Functionステートメント（1行目）のAsキーワードで指定されたデータ型で返されます。

8

・引数

プロシージャを呼び出すときに、値を渡して処理を行わせることができます。このように、プロシージャに渡される値のことを引数と呼びます。一方、プロシージャはパラメーターを使って引数の値を受け取ります。

パラメーターを設定する場合は、次のように、引数の渡し方（ByVal：値渡し、ByRef：参照渡し）、パラメーター名、データ型を記述します。引数の渡し方を省略すると、値渡しになります。

▼《構文》引数にパラメーターを設定

```
引数の渡し方　パラメーター名 As データ型
```

なお、上記の記述のあとに「,」を追加することで、複数のパラメーターを設定することができます。また、パラメーターが必要なければ、省略することが可能です。

・「As」キーワード

Functionプロシージャの処理結果（戻り値）を返すときのデータ型を指定します。Functionプロシージャからの戻り値は、ここで指定されたデータ型の値で返されます。

・実行するステートメント

Functionプロシージャで実行させる一連のステートメントを記述します。

ワンポイント

**引数の渡し方**

引数の渡し方には、値渡しと参照渡しがあります。詳しくは、「SECTION45　引数は値のコピーかメモリー番地で受け取る」を参照してください。

## step 2 組み込み型のFunctionプロシージャを確認する

VBAには、汎用的に利用されるFunctionプロシージャがあらかじめ用意されています。このような組み込み型のFunctionプロシージャのことを関数、または組み込み関数と呼びます。

関数は、ライブラリ（拡張子が「.dll」のファイル）に収録されています。VBAで関数と呼ぶ場合は、ライブラリに収録されているFunctionプロシージャのことを指します。

ワンポイント

**組み込み型**

組み込み型と呼ばれる理由は、「あらかじめ用意されている」=「Excelに組み込まれている」ことに由来します。

### ● 主な組み込み型の関数

Excelには、画面上に入力用のインプットボックスを表示して、入力されたデータを返すInputBoxや、受け取った文字列を数値に変換して返すValなど、数多くの関数が用意されていて、これらの関数は、自由に呼び出して利用することができます。

▼メッセージボックス関連の関数

| 関数名 | 内容 |
|---|---|
| InputBox | ダイアログボックスにメッセージ、テキストボックス、またはボタンを表示します。文字列が入力されるか、またはボタンがクリックされると、テキストボックスの内容を格納した文字列を返します。 |
| MsgBox | ダイアログボックスにメッセージを表示します。ボタンがクリックされるのを待って、どのボタンがクリックされたのかを示す、整数型(Integer)の値を返します。 |

▼変換関数

| 関数名 | 内容 |
|---|---|
| Asc | 指定した文字列内にある先頭の文字に対応する、文字コードを表す整数型（Integer）の値を返します。 |
| Chr | 指定された文字コードに対応する文字を返します。 |
| Format | 書式指定文字列（String）に含まれる指示に従って書式設定された文字列を返します。 |
| Hex | 指定された値を 16 進数で表した文字列で返します。 |
| Oct | 指定された値を 8 進数で表した文字列で返します。 |
| Str | 数値を表す文字列を返します。 |
| Val | 指定した文字列に含まれる数値を適切なデータ型に変換して返します。 |

**関数名の表記**

プログラミングの世界では、関数名は「関数名()」のように、空のカッコ付きで表すのが一般的です。ただし、ここではExcel側で多く使われているカッコなしの表記を用いています。

なお、本書ではプログラミングに関する解説は、Excelの組み込み関数であってもカッコ付きの表記をしています。

▼値を取得する関数

| 関数名 | 内容 |
|---|---|
| Len | 指定された文字列の文字数または変数の格納に必要なバイト数を含む整数型（Integer）の値を返します。 |
| Left | 文字列の左端から指定された文字数ぶんの文字列を返します。 |
| Right | 文字列の右端から指定された文字数ぶんの文字列を返します。 |
| Mid | 文字列の指示された位置から指定された文字数ぶんの文字列を返します。 |

8

## step 3 小数点以下を四捨五入するFunctionプロシージャを作成する

「SECTION43　Subプロシージャを解剖する」で使用したプログラムは、入力した単価と数量をもとに、消費税額と合計を計算しますが、消費税額が小数点以下の値を含む場合は、小数点以下が無視されます。

そこで、ここでは、小数点以下の値を四捨五入するFunctionプロシージャを作成し、消費税額に小数点以下の値がある場合は、小数点以下の値を四捨五入するようにしてみることにしましょう。

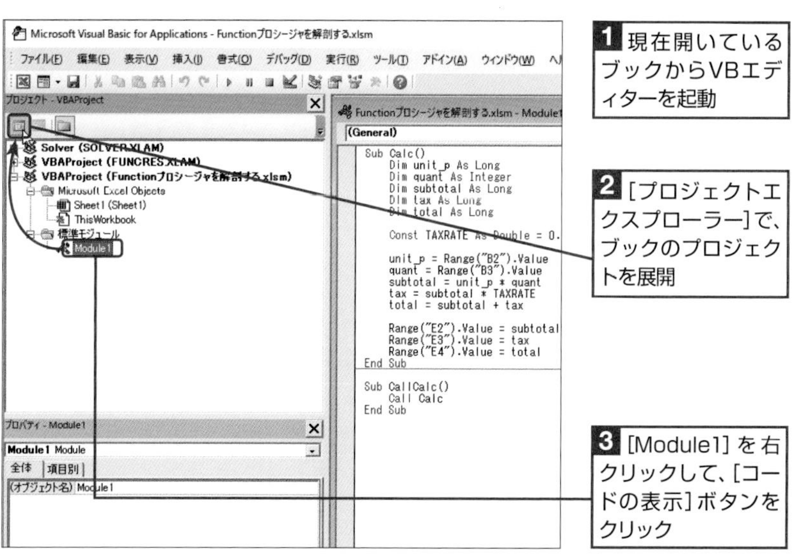

「SECTION43　Subプロシージャを解剖する」で最初に作成したブックを開いて、別名のマクロ有効ブックとして保存します。

**Int関数**

Int関数は、小数点以下の切り捨てを行う関数です。ここでは、小計に税率を掛けた値（計算式は「int subtotal ＊ TAXRATE」）に0.5を加算したあと、Int関数を使って、小数点以下の切り捨てを行うようにしています。

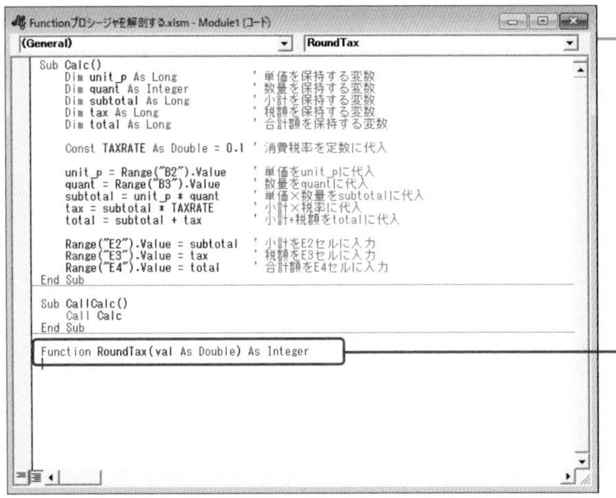


[コードウィンドウ]が表示されます

**5** Subプロシージャ「CallCalc」の下部に、「Function RoundTax(val As Double) As Integer」と入力して、Enterキーを押す

▼[コードウィンドウ]

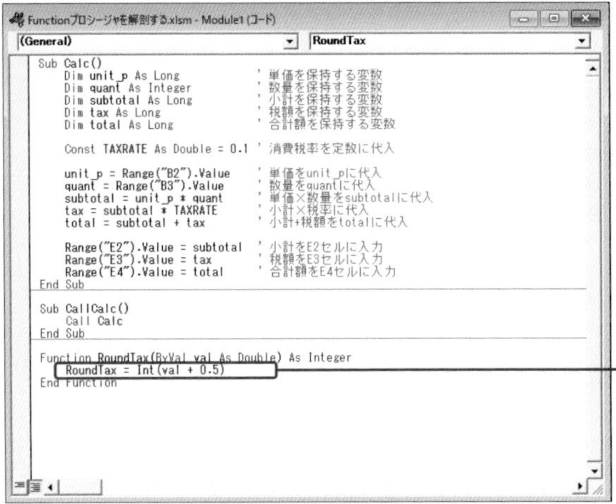


変数valの前に「ByVal(値渡し)」が追加されると共に、「End Function」の記述が追加されます

**6** RoundTaxプロシージャ内に「RoundTax = Int(val + 0.5)」と記述

**ワンポイント**

### 四捨五入の処理

ここで作成したRoundTax関数(RoundTaxプロシージャ)では、Single型の引数valの値に0.5を加算し、Int関数を使って、小数点以下の切り捨てを行っています。

```
RoundTax = Int(val + 0.5)
```

ここで、0.5を加算するのは、以下の処理を行うためです。

- **.4以下の値の切り捨て**
  5.1～5.4に0.5を加算すると、値の範囲は5.6～5.9になり、Int関数を使って小数点以下を切り捨てると、「5」になります。
- **.5以上の値の切り上げ**
  5.5～5.9に0.5を加算すると、値の範囲は6.0から6.4になり、Int関数を使って小数点以下を切り捨てると、「6」になります。

**ワンポイント**

### 空のかっこ

Subプロシージャとfunctionプロシージャでは、パラメーターがない場合でも、空のかっこ「()」をプロシージャ名のあとに記述する必要があります。

**ワンポイント**

### 戻り値を返す

Functionプロシージャ内の処理結果を戻り値として返す場合は、「Functionプロシージャ名 = 戻り値の値(または式)」のように記述します。

## Round()関数

VBAには、四捨五入を行うRound()関数が用意されています。小数点以下の値が存在する数値の場合は、四捨五入する桁数を指定します。桁数の指定を省略すると、小数点以下1桁を四捨五入して整数値だけが返されます。

▼《構文》Round( )関数

```
Round(四捨五入する数値, 四捨五入する桁)
```

次は、小数点以下3桁目を四捨五入するプロシージャです。例では、四捨五入する数値を123.456として、小数点以下3桁目を四捨五入し、小数点以下2桁の値をメッセージボックスに表示するようにしています。

```
Sub RoundTest()
 Dim dblNumber As Double
 Dim intPlace As Integer

 dblNumber = 123.456
 intPlace = 2

 MsgBox Round(dblNumber, intPlace)
End Sub
```

結果は「123.46」と表示されます。

## step 4 Functionプロシージャを呼び出すためのコードを記述する

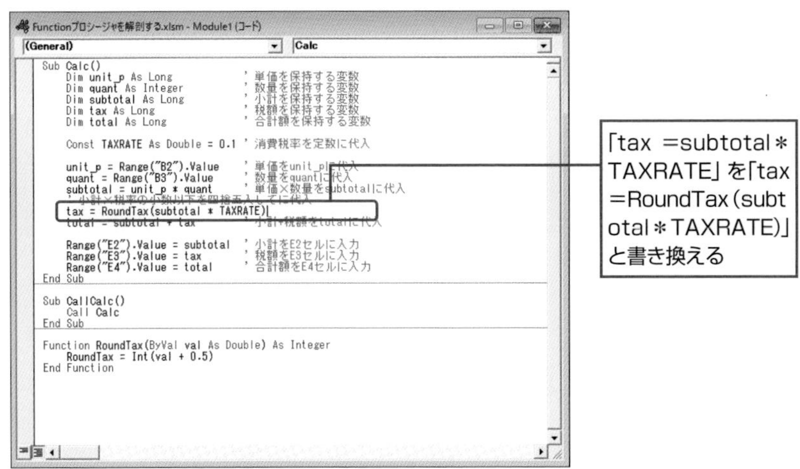

ここでは、作成したRoundTax関数（RoundTaxプロシージャ）を呼び出すコードを記述します。

なお、記述する場所は、「tax = subtotal ＊ TAXRATE」の箇所で、「tax = RoundTax(subtotal ＊ TAXRATE)」のように書き換えます。

## step 5 Functionプロシージャを使用したVBAマクロを実行する

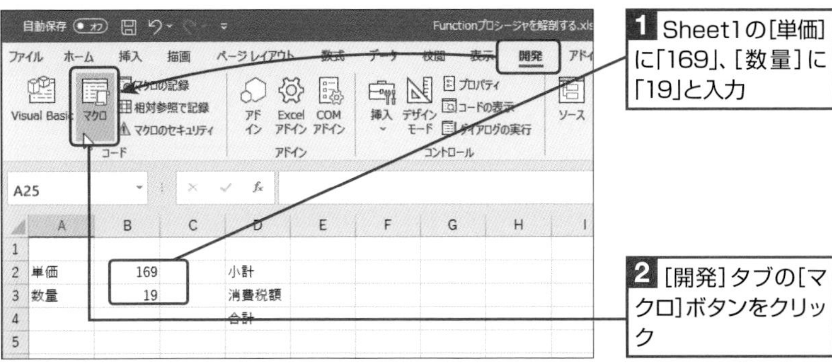


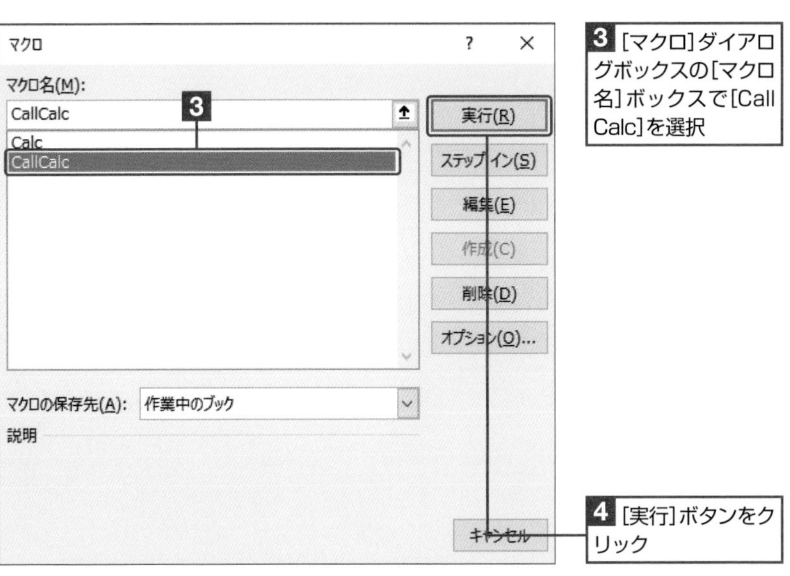

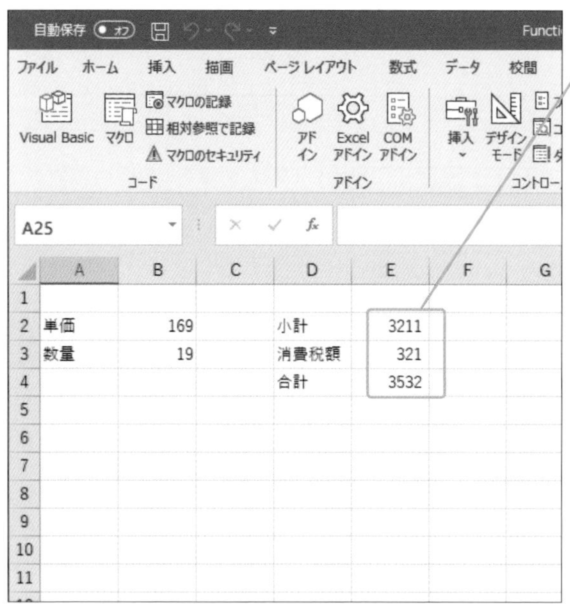


操作例では、[単価] と [数量] のセルに値を入力し、Subプロシージャ「CallCalc」を実行すると、計算を行うためのSubプロシージャ「Calc」が呼び出されます。

このとき、以下の流れでFunctionプロシージャ「RoundTax」による処理が行われます。

❶「Calc」プロシージャ内の「tax = RoundTax(subtotal ＊ TAXRATE)」が実行されると、Functionプロシージャ「RoundTax」が呼び出されて、subtotal ＊ TAXRATE(変数subtotalには単価と数量を掛け合わせた結果〈操作例では3211〉が代入されている)の計算結果が引数として渡されます。

❷RoundTax関数は、引数として渡された値をSingle型の変数valに格納します。

❸RoundTax = Int(val+ 0.5)が実行され、処理結果の「321」という値が戻り値(Integer型に指定)として、Calcプロシージャに返されます。

❹Calcプロシージャ内のtaxに、戻り値の「321」が格納され、次の行のステートメントに処理が移ります。

### 解説

169×19は「3211」なので、これに0.1を乗じると「321.1」になりますが、RoundTax関数によって四捨五入の処理が行われた結果、消費税額の値が「321」になります。

### ワンポイント

#### Int関数を使って切り捨て処理のみを行う

これまでは、小数点以下を四捨五入する処理について見てきましたが、小数点以下を単に切り捨てるだけであれば、Int関数だけを使います。

この場合、Calculateプロシージャ内の「tax = RoundTax(subtotal ＊ TAXRATE)」の部分を次のように書き換えればOKです。もちろん、RoundTax関数は不要です。

▼小計(変数subtotal)に税率の0.1(定数TAXRATE)を掛けた値から小数以下を切り捨てる

```
tax = Int(subtotal *
TAXRATE)
```

### 最後に

作成したブックをマクロ有効ブックとして保存します。

SECTION 45

# 引数は値のコピーかメモリー番地で受け取る

VBAでは、プロシージャに引数を渡す方法として、ByValキーワードを使用した「値渡し」と、ByRefキーワードを利用した「参照渡し」を使うことができます。

チェックポイント
☑ 値渡し
☑ 参照渡し
☑ ByValキーワード
☑ ByRefキーワード

使用する関数
- MsgBox

## 引数の仕組み、引数を利用したプログラムを作成する

### step 1 値渡しと参照渡しの違いを確認する

「ByVal」キーワードを使った場合は、引数は値として渡されます。

これに対し、「ByRef」キーワードを使った場合は、呼び出し元のプロシージャ内の変数への参照情報が渡されます。

このため、参照渡しを使った場合は、常に呼び出し元のプロシージャ内の変数が参照されていることになり、呼び出し先のプロシージャで値が変更されると、呼び出し元の変数の値も変更されます。

**ワンポイント**

**参照渡し**

参照渡しを行うと、引数として指定した変数の参照情報が渡されますが、このときの参照情報とは、変数の位置を示すメモリーアドレスです。コンピューターのメモリーにはアドレスが割り振られていて、メモリーアドレスを参照することで変数の値の格納や取り出しを行います。

#### ● 値渡しと参照渡しの違い

ここでは、変数xを参照渡し、変数yを値渡しで、ValueRefプロシージャに渡し、ValueRefプロシージャの処理結果によって、元のx、yの値がどうなるのか見てみましょう。

▼値渡しと参照渡しの違いを検証する2つのプロシージャ

```
Sub DispValue
    Dim x As Integer, y As Integer
    x = 1
    y = 2
    Call ValueRef(x, y)          ← ValueRefを呼び出してxとyの内容を渡す
    MsgBox("xの値は" & x & vbCrLf & "yの値は" & y)
End Sub

Private Sub ValueRef(ByRef a As Integer, ByVal b As Integer)
    a = a + b               ↑参照渡し           ↑値渡し
End Sub
```

8

ここでは、Subプロシージャ「DispValue」内で、xに1、yに2をそれぞれ代入し、ValueRefプロシージャに引数として渡しています。

このとき、ValueRefプロシージャでは、1番目の引数として渡されたxへの参照をパラメーターa(ByRefを指定)に格納し、2番目の引数として渡されたyの値をパラメーターb(ByValを指定)に格納し、「a = a + b」の処理を行っています。

この結果、プログラムを実行したときに表示されるメッセージボックスには、次のような内容が表示されます。

▼プログラムを実行したときに表示されるメッセージボックス

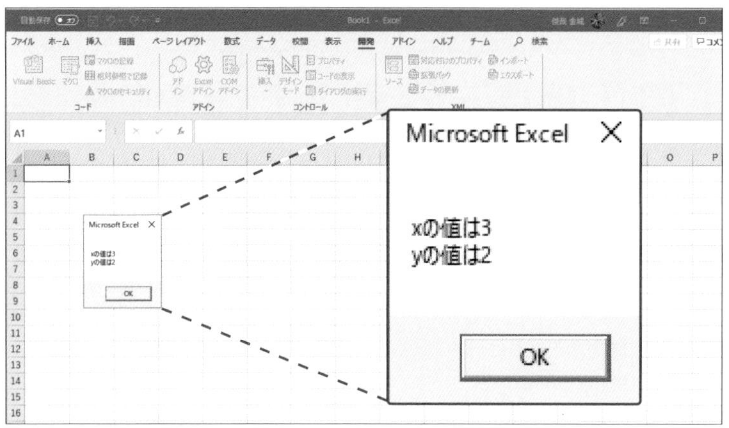


もともと、xには1という値、yには2という値を代入していました。しかし、メッセージボックスでは、xの値が3に変わっています。

これは、呼び出し先のValueRefプロシージャにxの値を渡すときに、参照渡しにしていたためです。参照渡しの場合は、常に元の変数が参照されているため、呼び出し先のプロシージャで行った処理が、ただちに呼び出し元の変数に反映されます。

**ワンポイント**

**値渡しと参照渡しの使い分け**

変数の値だけを渡す値渡しに対し、参照渡しは、呼び出し元の変数の参照を渡すことから、以下の内容によって、値渡しと参照渡しを使い分けるようにします。

ただし、参照渡しの使い方を誤ると、思わぬところで呼び出し元の変数の値が変わってしまい、これが元で重大なバグになることがあるので、注意が必要です。特に指定しなければ、ByVal(値渡し)が標準で使われるようになっていることから、特に理由がない限り、ByValを使用するようにします。

◦ByValを使う場合
引数として渡す変数の値を呼び出し先で変更されたくない場合

◦ByRefを使う場合
引数として渡す変数の値を呼び出し先の処理によって変更したい場合

## ● 複数の引数が渡される順序

プロシージャに複数のパラメーターがある場合は、呼び出し側でも複数の引数を指定してプロシージャを呼び出します。この場合、引数の並び順のとおりにパラメーターに値が渡されます。

▼例

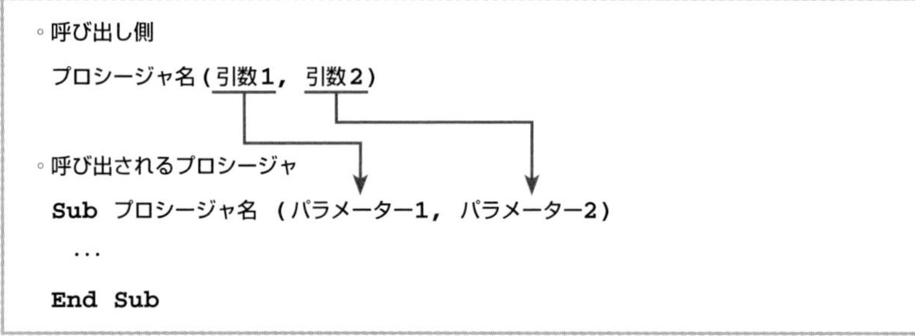

◦呼び出し側

```
プロシージャ名 (引数1, 引数2)
```

◦呼び出されるプロシージャ

```
Sub プロシージャ名 (パラメーター1, パラメーター2)
  ...
End Sub
```

上記では、次のように引数の値が渡されます。

- 呼び出し側の引数1の値がプロシージャのパラメーター1に格納される。
- 呼び出し側の引数2の値がプロシージャのパラメーター2に格納される。

**ワンポイント**

**引数とパラメーターの番号**

引数、パラメーターについては、その左端からの並び順で第1、第2、…と番号が付きますので、第1引数は第1パラメーター、第2引数は第2パラメーターにそれぞれ対応します。

CHAPTER

# 9

# プログラムの自動制御

プログラムには、制御構造という仕組みがあります。ユーザーの操作の内容によって、処理を分岐していくのが制御構造です。ここでは、制御構造の仕組みと使い方について見ていきます。

SECTION

# 46 条件を設定して処理を分ける

条件によって異なる処理を行う場合は、If...Then...Elseステートメントを使用します。

チェックポイント ☑ If...Then...Elseステートメント

使用するプロパティ
- ActiveCell
- Value

## If...Then...Elseを利用したプログラムを作成する

### step 1 If...Then...Elseステートメントの構造を見る

If...Then...Elseステートメントでは、If以下の条件を判定し、判定した結果が真（True）の場合はThen以下の処理を実行し、偽（False）の場合はElse以下の処理を実行します。

▼《構文》If...Then...Elseステートメント

```
If 条件式 Then
        条件式が真（True）の場合に実行されるステートメント
Else
        条件式が偽（False）の場合に実行されるステートメント
End If
```

### step 2 If...Then...Elseステートメントを利用したプログラムを作成する

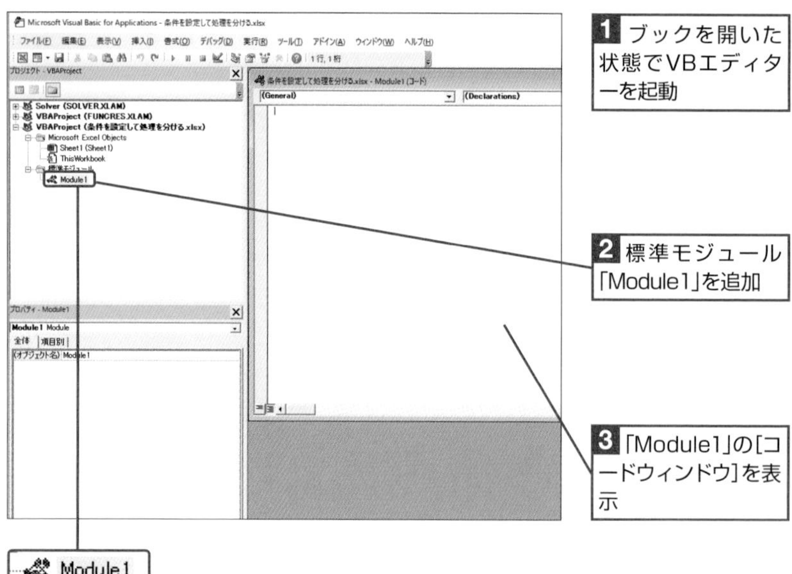

準備

新規のブックを開き、マクロ有効ブックとして保存します。

ワンポイント

**条件式で使用する演算子**

条件式では、以下のような演算子を使って判定を行います。

| 比較演算子 | 内容 | 例 | 意味 |
|---|---|---|---|
| = | 等しい | A=B | AとBが等しければTrue、等しくなければFalse |
| <> | 等しくない | A<>B | AとBが等しくなければTrue、等しければFalse |
| < | より小さい | A<B | AがBより小さければTrue、そうでなければFalse |
| <= | 以下 | A<=B | AがB以下であればTrue、そうでなければFalse |
| > | より大きい | A>B | AがBより大きければTrue、そうでなければFalse |
| >= | 以上 | A>=B | AがB以上であればTrue、そうでなければFalse |

解説

ここでは、If...Then...Elseステートメントを利用して、セルに入力されているデータの有無によって、異なるメッセージを表示させるプログラムを記述してみることにしましょう。

▼選択中のセルの値を表示するプロシージャ

```
Sub InputCheck()
    ' Variant型の変数を用意
    Dim val As Variant
    ' 現在アクティブなセルの値をvalに代入
    val = ActiveCell.Value

    ' セルの中身が空の場合
    If val = "" Then
        MsgBox ("セルにはデータが入力されていません。")
    ' 空でなければセルの値をメッセージボックスに出力
    Else
        MsgBox ("選択中のセルには「" & val & "」と入力されています。")
    End If
End Sub
```

**4** 「Module1」の[コードウィンドウ]の[コードペイン]に左記のコードを入力

▼コード解説

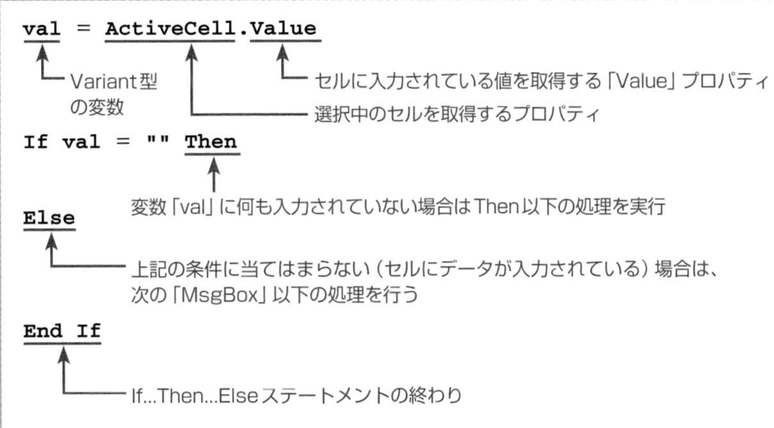


▼コード入力後の［コードウィンドウ］

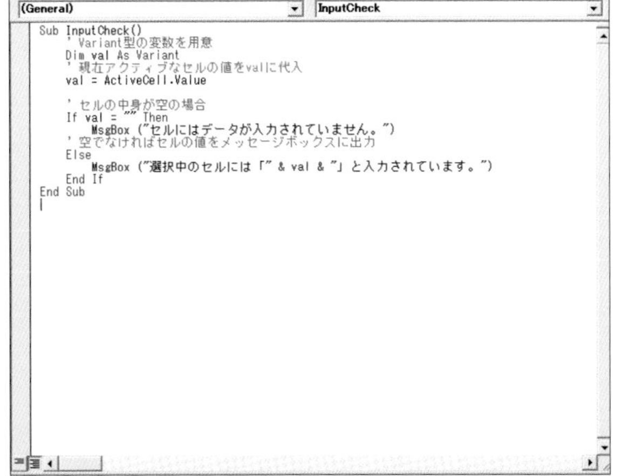


### コラム End Ifの省略

「If...Then 処理」のように、If...Then...ステートメントの条件節と処理を行うコードが1行だけの場合、最後の「End If」を省略することができます。ただし、コードの可読性が悪くなるようなら、省略しないようにしましょう。

### ワンポイント

**Variant型**

操作例では、セルに入力されている値を代入する変数「val」のデータ型をVariant型に設定しています。これは、セルに入力可能な多様なデータ型に対応するためです。

## step 3 VBAマクロを実行する

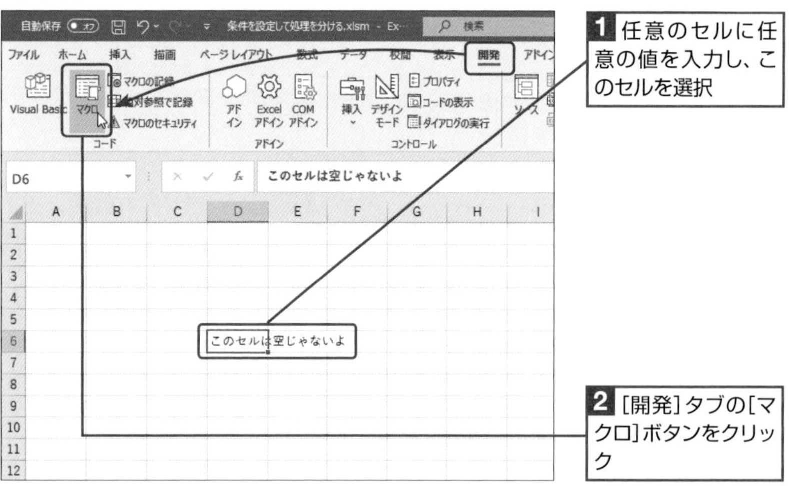


**1** 任意のセルに任意の値を入力し、このセルを選択

**2** [開発]タブの[マクロ]ボタンをクリック

[マクロ]ダイアログボックスが表示されます

**3** [マクロ名]で[InputCheck]を選択

**4** [実行]ボタンをクリック

選択中のセルに入力されている値がメッセージボックスに表示されます

選択中のセルに何も入力されていない場合はこのようなメッセージが表示されます

### ワンポイント
### 「Else」の省略

「…の場合にだけ〜する」のように、条件節によって1つの処理だけを行う場合は、以下のように、If...Then...ElseステートメントのElse以下を省略することができます。

```
If val <> "" Then
    MsgBox ("選択中のセルには「" & val & _
    "」と入力されています。")
End If
```

この場合、セルにデータが入力されているときだけ、メッセージボックスにセルの値を表示します。

### 最後に

ブックを上書き保存します。

### コラム If...Then...Else

「If...Then...」ステートメントは、条件に合致した場合だけ処理を行い、「If Then...Else」ステートメントは、条件に合致した場合と、条件に合致しない場合にそれぞれ異なる処理を行わせることができます。

SECTION 47

# 2つ以上の条件を設定して処理を分ける

二者択一ではなく、Aか、Bか、Cか、Dか……のように、2つ以上の条件によって異なる処理を行う場合は、If...Then...Elseifステートメントを使用します。

チェックポイント ☑ If...Then...Elseifステートメント

使用するプロパティ
- Range

## If...Then...Elseifを利用したプログラムを作成する

### step 1 If...Then...Elseifステートメントの構造を見る

▼If...Then...Elseifステートメントの構文

```
If 条件式1 Then
        条件式1が真（True）の場合に実行されるステートメント
Elseif 条件式2 Then
        条件式2が真（True）の場合に実行されるステートメント
Elseif 条件式3 Then
        条件式3が真（True）の場合に実行されるステートメント
.
.
.
Else
        すべての条件式が偽（False）の場合に実行されるステートメント
End If
```

**準備**

新規のブックを開きマクロ有効ブックとして保存します。

### step 2 If...Then...Elseifステートメントを利用したプログラムを作成する

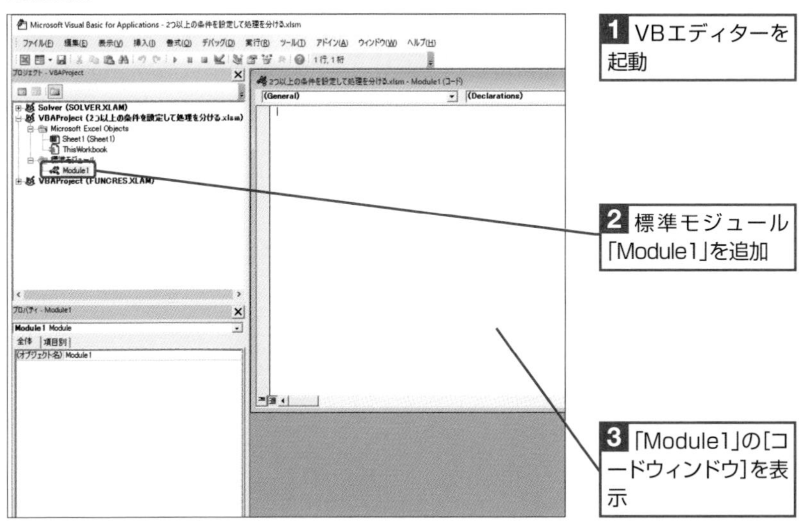


**解説**

ここでは、If...Then...Elseifステートメントを利用して、セルに入力された値によって、複数の処理を行うプログラムを作成してみることにしましょう。例として、入力された点数によって異なるメッセージを表示するプログラムを作成することにします。

9

▼セルに入力された数値を判定するプログラム

```
Sub ScoreCheck()
    ' 得点を保持する変数
    Dim score As Integer
    ' B5セルに入力されている得点を取得
    score = Range("B5").Value

    ' 90点以上の場合
    If score >= 90 Then
        MsgBox ("かなり優秀な成績です。")
    ' 80～89点の場合
    ElseIf score >= 80 Then
        MsgBox ("優秀な成績です。")
    ' 70～79点の場合
    ElseIf score >= 70 Then
        MsgBox ("平均的な成績です。")
    ' 60～69点の場合
    ElseIf score >= 60 Then
        MsgBox ("平均を少し下回る成績です。")
    Else
    ' 59点以下の場合
        MsgBox ("あなたの成績は思わしくありません。")
    End If
End Sub
```

**4** 「Module1」の[コードウィンドウ]の[コードペイン]に左記のコードを入力

**コラム Else以下の記述は必須**

If...Then...Elseifステートメントでは、If～Elseifまでを記述したら、必ず、Else以下の処理を記述します。

Else以下の処理を記述しないと、どの条件にも当てはまらない場合に、何も処理が行われなくなってしまうので注意が必要です。

▼コード解説

**Dim score As Integer**
↑Integer型（整数型）の変数「score」を宣言

**score = Range("B5").Value**
- score ← 右辺の値（「B5」セルに入力されている値）を変数「score」に代入
- Range ← セルの参照情報を取得、設定する「Range」オブジェクトを取得するRangeプロパティ
- "B5" ← 参照するセルを「B5」に指定
- .Value ← セルの値の取得や設定を行う「Value」プロパティ

**If score >= 90 Then**
↑「B5」セルに入力された値が90以上の場合、Then以下の処理を行う

**MsgBox ("かなり優秀な成績です。")**
↑Then以下の処理として、メッセージボックスを表示する処理を行う

**ワンポイント**

**>=**

「>=」は比較演算子で、左辺の値が右辺の値以上であることを示します。

▼コード入力後の［コードウィンドウ］

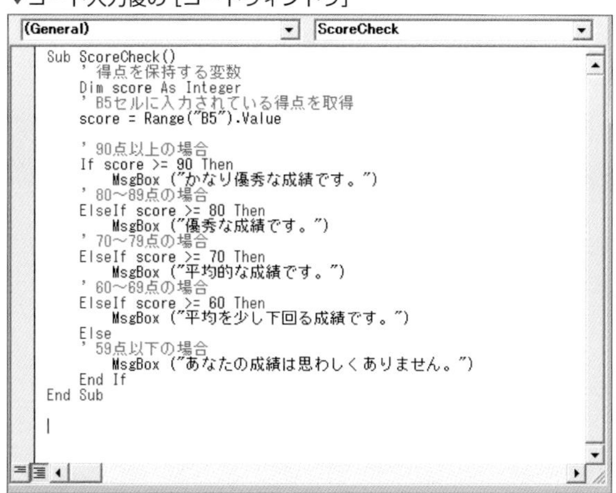

```
Sub ScoreCheck()
    ' 得点を保持する変数
    Dim score As Integer
    ' B5セルに入力されている得点を取得
    score = Range("B5").Value

    ' 90点以上の場合
    If score >= 90 Then
        MsgBox ("かなり優秀な成績です。")
    ' 80～89点の場合
    ElseIf score >= 80 Then
        MsgBox ("優秀な成績です。")
    ' 70～79点の場合
    ElseIf score >= 70 Then
        MsgBox ("平均的な成績です。")
    ' 60～69点の場合
    ElseIf score >= 60 Then
        MsgBox ("平均を少し下回る成績です。")
    Else
    ' 59点以下の場合
        MsgBox ("あなたの成績は思わしくありません。")
    End If
End Sub
```

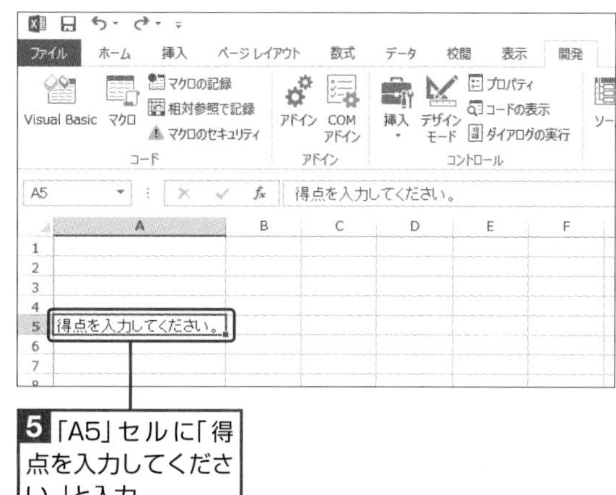

**5**「A5」セルに「得点を入力してください。」と入力

## step 3 VBAマクロを実行する

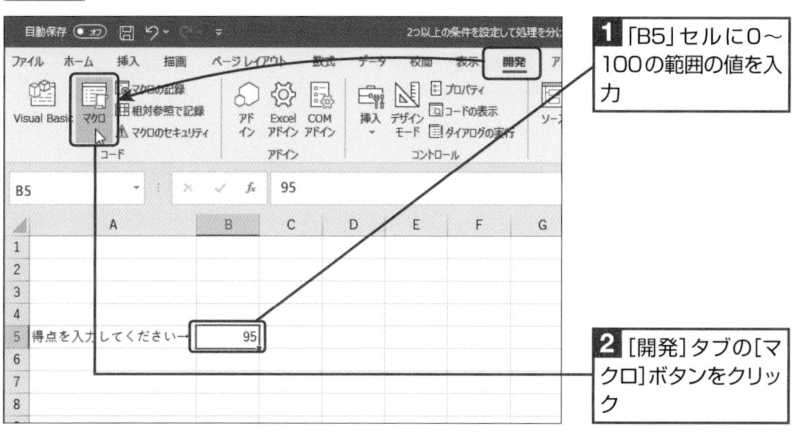

**1**「B5」セルに0～100の範囲の値を入力

**2**［開発］タブの［マクロ］ボタンをクリック

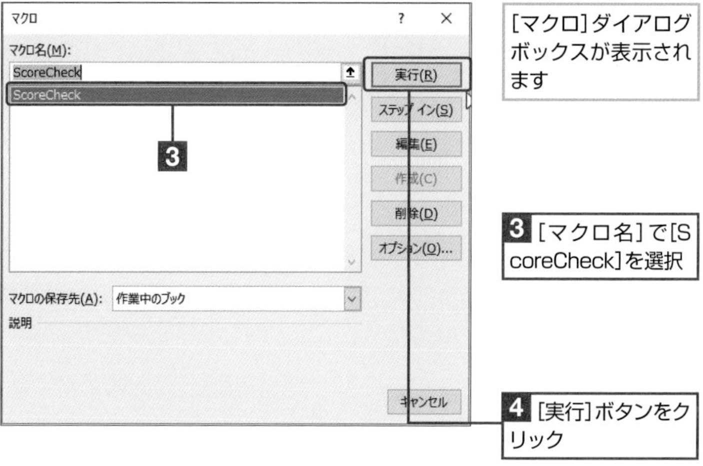

［マクロ］ダイアログボックスが表示されます

**3**［マクロ名］で［ScoreCheck］を選択

**4**［実行］ボタンをクリック

**解説**

ここでは、B5セルに入力した数値を、If...Then...Elseifステートメントで設定した条件を使って判定を行います。

「B5」セルに入力されている値に応じて、次ページのようなメッセージボックスが表示されます。

9

▼得点が90以上の場合

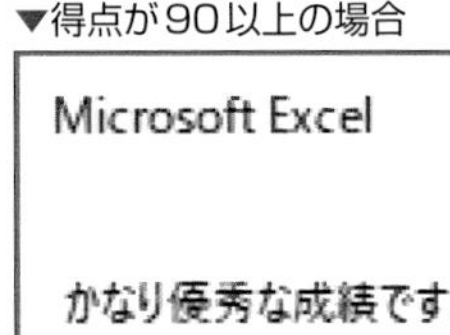

▼得点が80以上の場合

▼得点が70以上の場合

▼得点が60以上の場合

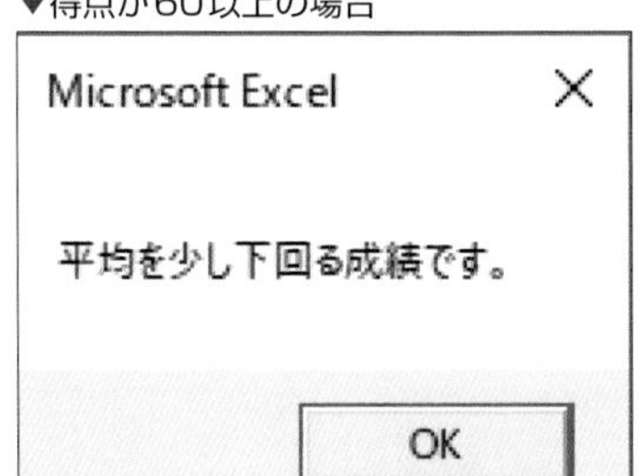


▼得点が59以下の場合

### 解説

ここでは、セルに入力した値を比較演算子で比較することにより、5つのメッセージが、状況に応じて表示されるようになっています。

### 最後に

ブックを上書き保存します。

### Range

セルやセル範囲を参照するには、Rangeオブジェクトを取得するRangeプロパティを使います。同じ名前で混同しやすいですが、ステートメントに記述するのは、Rangeプロパティです。

SECTION 48

# 同じパターンの条件がいくつもあるならSelect Caseを使おう

複数の条件に対応して処理を分岐する方法として、Select Caseステートメントがあります。条件の数が多い場合は、Select Caseステートメントを利用した方が便利です。

チェックポイント ☑ Select Caseステートメント

使用するプロパティ
- Range

## Select Caseを利用したプログラムを作成する

### step 1 Select Caseステートメントの構造を見る

▼Select Caseステートメントの構文

```
Select Case 変数名または条件式
     Case 条件1
          条件1が真(True)の場合に実行されるステートメント
     Case 条件2
          条件2が真(True)の場合に実行されるステートメント
.
.
.
     Case Else
          すべての条件式が偽(False)の場合に実行されるステートメント
End Select
```

**準備**

新規のブックを開き、マクロ有効ブックとして保存します。

**ワンポイント**

Case Else

「Case Else」は省略することができますが、コードの可読性をよくするために、明記しておくようにします。

### step 2 Select Caseステートメントを利用したプログラムを作成する

**解説**

ここでは、Select Caseステートメントを利用したプログラムとして、0～100までの任意の点数を入力すると、入力した点数に応じて、成績の評価としてA～Dまでのランクを表示するプログラムを作成します。

1 VBエディターを起動

2 標準モジュール「Module1」を追加

3 「Module1」の[コードウィンドウ]を表示

9

▼セルに入力された数値を判定するプログラム

```
Sub JudgementScore()
    ' 得点を保持する変数
    Dim point As Integer
    ' B5セルの得点を変数に代入
    point = Range("B5").Value

    ' 得点によって処理を分ける
    Select Case point
        ' 90点以上の場合
        Case 90 To 100
            MsgBox ("あなたの成績はAランクです。")
        ' 80～89点の場合
        Case 80 To 89
            MsgBox ("あなたの成績はBランクです。")
        ' 70～79点の場合
        Case 70 To 79
            MsgBox ("あなたの成績はCランクです。")
        ' 69点以下の場合
        Case Else
            MsgBox ("あなたの成績はDランクです。")
    End Select
End Sub
```

**4** 「Module1」の[コードウィンドウ]の[コードペイン]に次のコードを入力

ワンポイント

### Toキーワード

Toキーワードを使うと、値の範囲を指定することができます。この場合、Select Caseステートメントで指定した変数と、Toキーワードで指定した値の範囲が比較されます。

ワンポイント

### Toの代わりに比較演算子を使う

操作例で使用したToキーワードのほかに、比較演算子を使って、条件の範囲を指定することもできます。比較演算子を使う場合は、次のようにIsキーワードを併せて使用し、Select Caseステートメントで指定した変数と、Isキーワード以下の式が比較されるようにします。

```
Select Case point
    Case Is >= 90
        MessageBox.Show("あなたの成績はAランクです。")
    Case Is >= 80
        MessageBox.Show("あなたの成績はBランクです。")
    Case Is >= 70
        MessageBox.Show("あなたの成績はCランクです。")
    Case Else
        MessageBox.Show("あなたの成績はDランクです。")
End Select
```

▼コード解説

**Dim point As Integer**

Integer型（整数型）の変数「point」を宣言

**point = Range("B5").Value**

point：右辺の値（「B5」セルに入力されている値）を変数「point」に代入

**Select Case point**

変数「point」を条件を比較するもとにする

**Case 90 To 100**

90 To 100：参照中の変数「point」の値が90以上100以下の場合は次の処理を実行する

Case：条件であることを示す

**MsgBox("あなたの成績はAランクです。")**

上記の条件式が真（True）の場合に（）内の文字列を表示するメッセージボックス関数

コラム

### Select Caseの条件

Select Caseステートメントの条件節（Case～の行）には、Toを利用した条件式や、Isキーワードを利用した比較演算子による条件式を記述することができます。また、比較演算子を使わずに比較する値そのものを条件式に記述することもできます。

▼コード入力後の［コードウィンドウ］

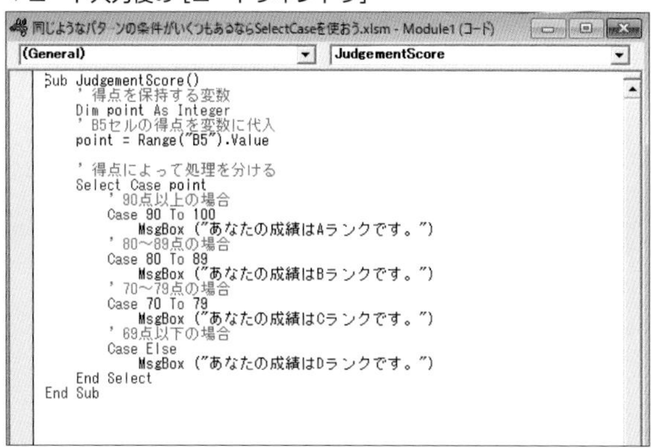

### Select Case point

「Select Case」以下では、比較するもとになる値を設定します。操作例では、「B5」セルに入力された値を格納する変数「point」を指定しています。

### To

「To」キーワードは値の範囲を指定します。例えば、「80以上89以下」は、「80 To 89」と記述することができます。

## step 3 VBAマクロを実行する

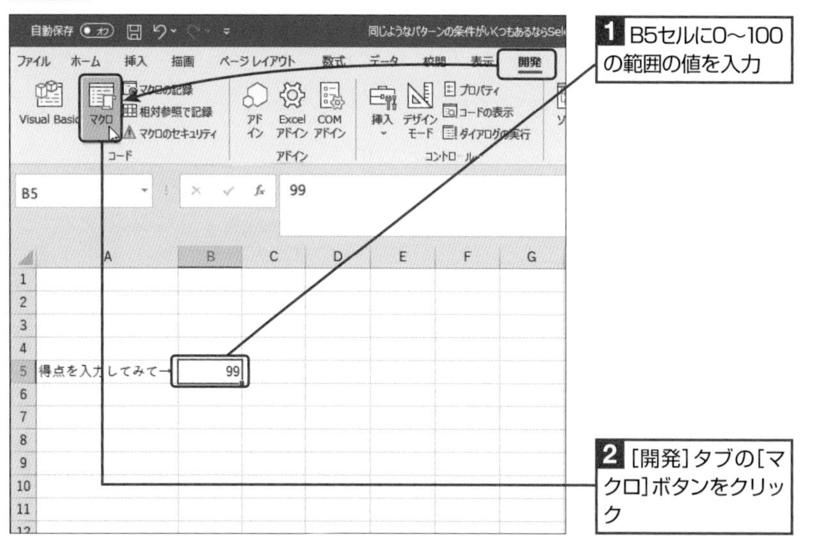


解説

ここでは、B5セルに入力された数値を、Select Caseステートメントで設定した条件を使って判定します。

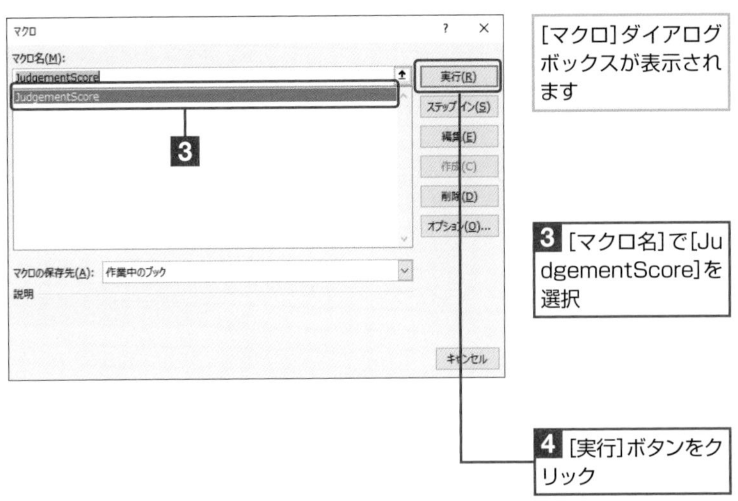


[マクロ]ダイアログボックスが表示されます

3 [マクロ名]で[JudgementScore]を選択

4 [実行]ボタンをクリック

入力した値に応じて、判定結果を通知する以下のようなメッセージボックスが表示されます。

▼得点が90以上100以下の場合

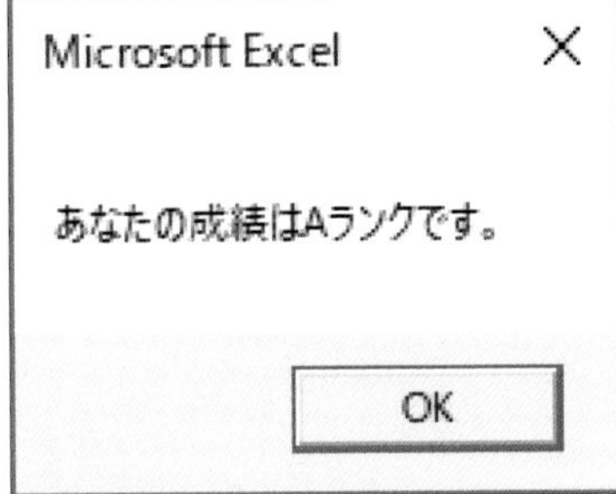


▼得点が80以上89以下の場合

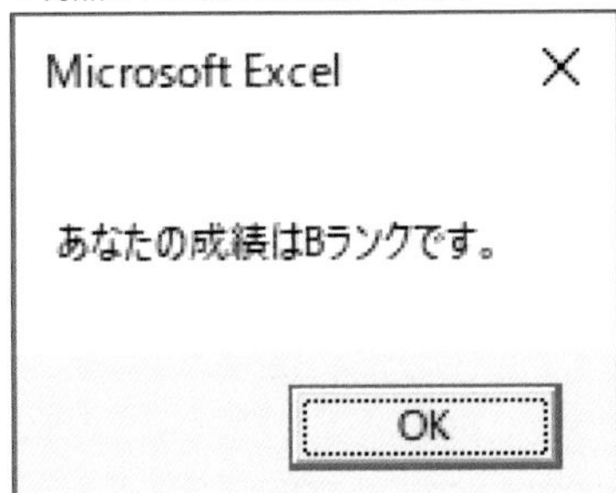


▼得点が70以上79以下の場合

▼得点が69以下の場合

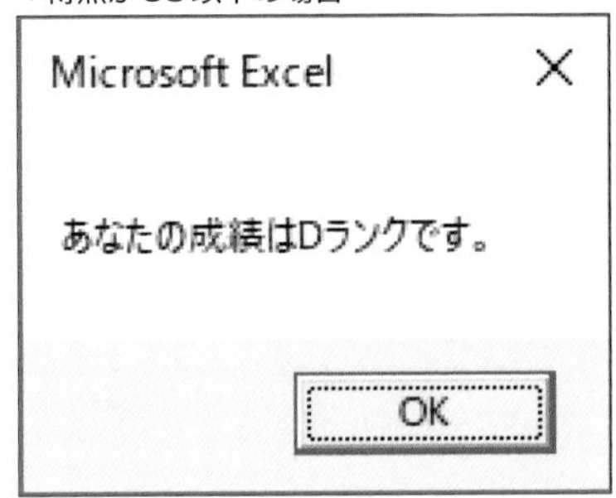


**解説**

Select Caseステートメントは、上の行から順番に実行されていくため、途中で条件が一致した場合は、指定された処理を実行したあと、Select Caseステートメントを抜けて処理を終了します。

**最後に**

作成したブックをマクロ有効ブックとして保存します。

**コラム Select Caseの条件**

Select Caseステートメントの条件節（Case～の行）には、比較する値が1つだけの場合は、「Case 10」のように値そのものを条件として記述します。なお、比較する対象が文字列の場合は、条件節に文字列を指定します。

SECTION 49

# 指定した回数だけ処理を繰り返す

指定した回数だけ同じ処理を繰り返す場合は、For...Nextステートメントを使います。

チェックポイント ☑ For...Nextステートメント

## For...Nextを利用したプログラムを作成する

### step 1 For...Nextステートメントの構造を見る

▼《構文》For...Nextステートメント

```
For カウンター変数 = 初期値 To 終了値 Step カウンター変数の増減値
    繰り返して実行するステートメント
Next カウンター変数
```

### step 2 For...Nextステートメントを利用したプログラムを記述する

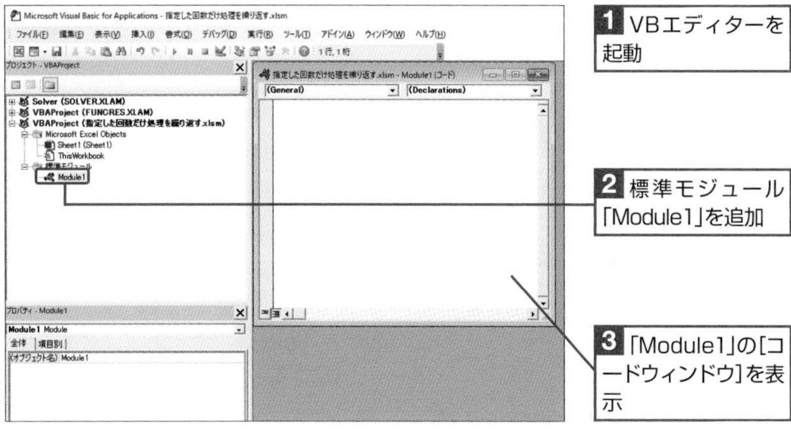


1 VBエディターを起動

2 標準モジュール「Module1」を追加

3 「Module1」の[コードウィンドウ]を表示

▼同じ処理を5回繰り返すプロシージャ

```
Sub Repeat()
    ' カウンター変数を宣言
    Dim i As Integer

    ' メッセージを5回表示する
    For i = 1 To 5 Step 1
        MsgBox (Str(i) & "回目の繰り返しです。")
    Next i
End Sub
```

**準備**

新規のブックを開き、マクロ有効ブックとして保存します。

**ワンポイント**

**カウンター変数**

カウンター変数とは、For...Nextステートメントのような特定の処理を繰り返し実行するステートメントにおいて、処理が行われた回数をカウントするための変数のことです。カウンター変数の名前は通常、「i」が使われます。また、同一のプロシージャに複数の繰り返し処理がある場合は、「j」、「k」…のように、i以下のアルファベットの並び順で名前を付けるのが一般的です。

**ワンポイント**

**For...Nextステートメント**

For...Nextステートメントを利用したプログラムは、「CHAPTER7 配列の徹底理解」の「SECTION 40 繰り返し処理にうってつけ！配列の仕組みと使い方を知ろう」で紹介していますので、併せて参照してください。

**解説**

ここでは、For...Nextステートメントを利用したプログラムとして、繰り返し処理の回数をメッセージボックスに5回まで表示するプログラムを作成してみることにしましょう。

9

▼コード解説

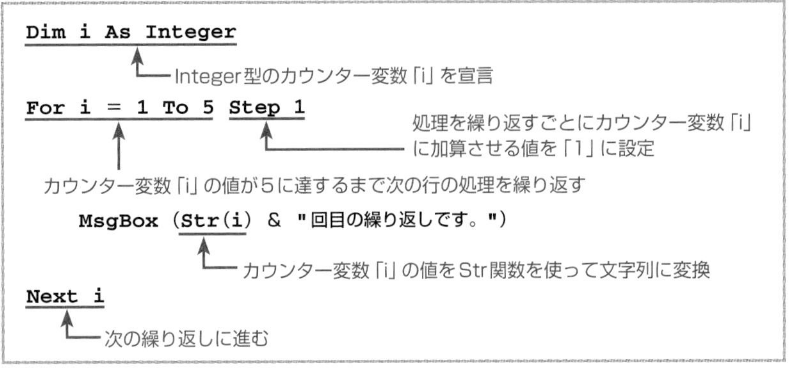


▼コード入力後の［コードウィンドウ］

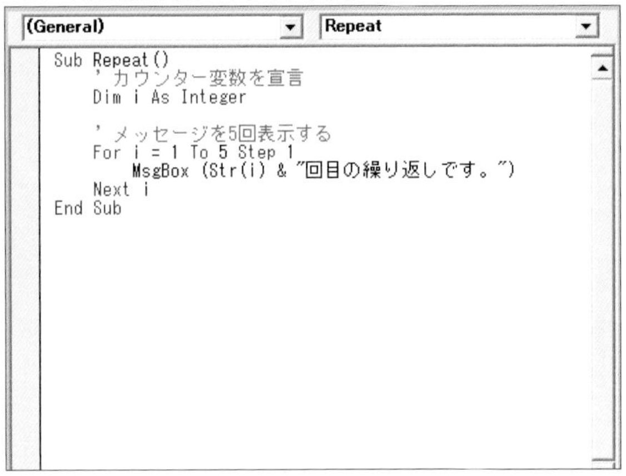


## step 3 VBAマクロを実行する

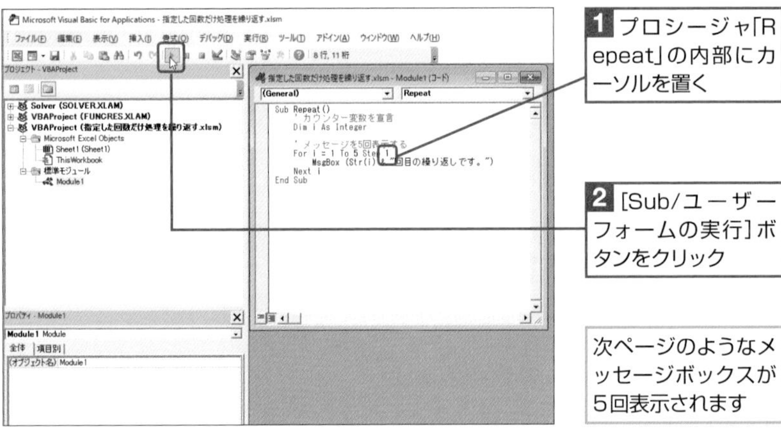


ワンポイント

### Str関数

Str関数は、数式の値を文字列で表した値（数字）で返す文字列処理関数で、数字をバリアント型（Variant型が内部ではString型として扱われている）の文字列として返します。なお、数値を文字列に変換するとき、戻り値の先頭に符号を表示するためのスペースが常に確保されます。数値が正の値の場合は、Str関数の戻り値の先頭にスペースが挿入され、このスペースは数値が正であることを意味します。

▼Str関数の構文

```
Str(変換する値、または数式)
```

### 「Step」キーワード

処理を繰り返すたびに、カウンター変数「i」に加算される値を指定します。なお、加算される値が「1」の場合は、Stepキーワードを省略することができます。

### Str()関数を使わない

メッセージボックスに出力する際に数値は自動的に文字列に型変換されるので、あえてStr()関数を使わなくても、カウンター変数の値は正常に表示されます。

Microsoft Excel

1回目の繰り返しです。

OK

Microsoft Excel

2回目の繰り返しです。

OK

Microsoft Excel

3回目の繰り返しです。

OK

Microsoft Excel

4回目の繰り返しです。

OK

Microsoft Excel

5回目の繰り返しです。

OK

**解説**

ここでは、カウンター変数iに格納されている数値をメッセージボックスに表示するために、Str関数を使って、数値を文字列に変換しています。Str関数では、「Str(変換対象の数値)」のように記述します（ここでは、<変換対象の数値>の部分にカウンター変数のiを指定している）。

なお、カウンター変数の名前には、一般的に、「i」や「j」が使用されます。

**ワンポイント**

### 繰り返し処理

[OK] ボタンをクリックするたびに、「MsgBox(Str(i) & "回目の繰り返しです。")」というステートメントが、計5回実行されます。

**ワンポイント**

### ループ（繰り返し）処理を途中で止めるには

For...Nextステートメントにおいて、特定の条件が発生した時点で、繰り返し処理を止めるには、Exit Forステートメントを使います。Exit Forステートメントは、指定されている処理回数に達しないうちにループ処理から抜けるためのステートメントです。

次のコードは、インプットボックスを使って、ユーザーからの入力を10回、受け付けるプログラムです。ただし、ユーザーが「OK」という文字列を入力すると、インプットボックスの表示が10回に達していなくても、処理を止めて、プログラムを終了します。

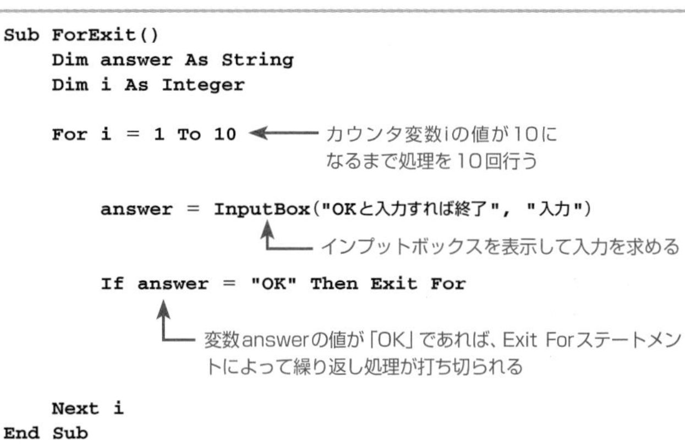

```
Sub ForExit()
    Dim answer As String
    Dim i As Integer

    For i = 1 To 10   ← カウンタ変数iの値が10になるまで処理を10回行う

        answer = InputBox("OKと入力すれば終了", "入力")
                 ↑ インプットボックスを表示して入力を求める

        If answer = "OK" Then Exit For
           ↑ 変数answerの値が「OK」であれば、Exit Forステートメントによって繰り返し処理が打ち切られる

    Next i
End Sub
```

**ワンポイント**

### カウンター変数名の省略

操作例のように、カウンターの値を1つずつ増加させる場合は、Stepキーワードと増加値を省略することができます。また、増加値には関係なく、最後のNextキーワードに続くカウンター変数名も省略可能です。

```
For i = 1 To 5 Step 1   ← 省略可能
    MsgBox(Str(i) & "回目の繰り返しです。")
Next i   ← 省略可能
```

**最後に**

ブックを上書き保存します。

9

# 特定のセル範囲に値を自動入力する

特定のオブジェクトなどの関連する要素の集まりがコレクションです。コレクションや配列に対して、一括して同じ処理を行う場合は、For Each...Nextステートメントを利用します。

チェックポイント
- ☑ For Each...Nextステートメント
- ☑ コレクション

使用するプロパティ
- Range

## For Each...Nextを利用したプログラムを作成する

### step 1 For Each...Nextステートメントの構造を見る

▼《構文》For Each...Nextステートメント

```
For Each オブジェクトを格納する変数名 In コレクション
    繰り返し実行するステートメント
Next
```

**準備**

新規のブックを開き、マクロ有効ブックとして保存します。

### step 2 For Each...Nextステートメントを利用したプログラムを記述する

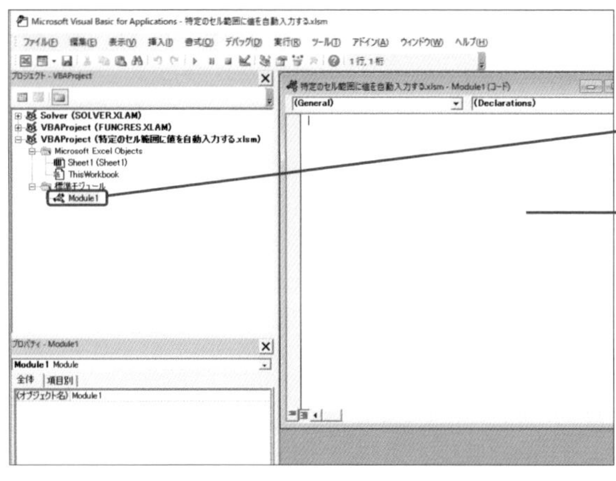

1 VBエディターを起動

2 標準モジュール「Module1」を追加

3 「Module1」の[コードウィンドウ]を表示

4 「Module1」の[コードウィンドウ]の[コードペイン]に次のコードを入力

**解説**

ここでは、For Each...Nextステートメントを利用したプログラムとして、「B5」～「B10」の範囲のセルに、指定した値を自動入力するプログラムを作成します。

▼「B5」～「B10」の範囲のセルに値を自動入力するプロシージャ

```
Sub InputValue()
    ' セル範囲を表すRangeオブジェクトを保持する変数
    Dim val As Range
    ' B5セルからB10セルまでに100を入力
    For Each val In Range("B5:B10")
        ' Rangeオブジェクトから取り出した
        ' Cellオブジェクトの値を100にする
        val.Value = 100
    Next
End Sub
```

**コラム Range**

Rangeプロパティは、セル番地やセル範囲を示すRangeオブジェクトを取得するプロパティです。

「Range(A1)」と記述すれば、A1という単独のセルを参照するRangeオブジェクトを取得することができます。

なお、「Range(A1:A3)」のようにセル範囲を指定した場合は、A1、A2、A3をそれぞれ参照する3つのRangeオブジェクトが取得されます。このようにして取得された複数のオブジェクトのことを「コレクション」と呼びます。

▼コード解説

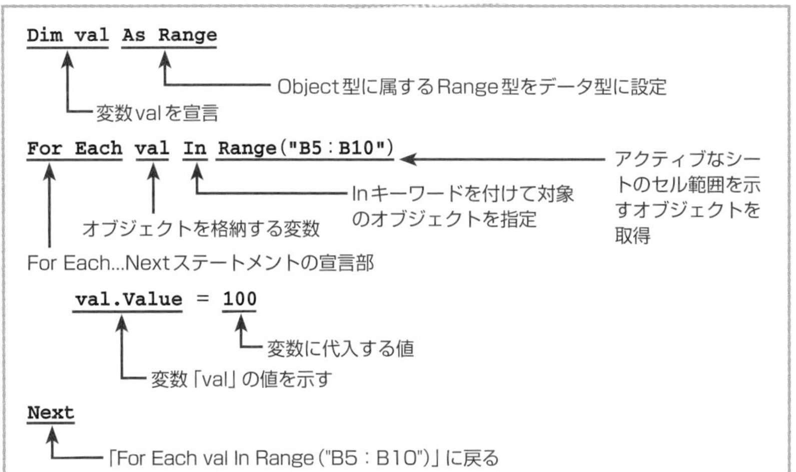

### Object型の指定

ここでは、Object型に属するRange型の変数valを宣言し、オブジェクト（ここでは範囲指定されたセルの値）を格納する変数として利用しています。

### 配列を使う

For Each...Nextステートメントでは、次のように配列に対しても処理を行うことができます。この場合、オブジェクトを格納する変数はVariant型である必要があります。

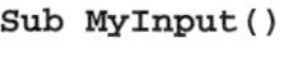

```
Sub MyInput()

    Dim ar(1) As String
    ar(0) = "エクセル"
    ar(1) = "ワード"

    Dim str As Variant
    For Each str In ar
        MsgBox (str) '配列要素の値を出力
    Next

End Sub
```

▼コード入力後の［コードウィンドウ］

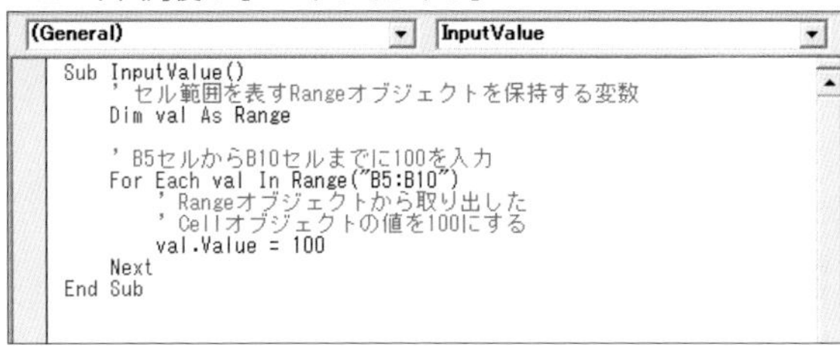


## step 3 VBAマクロを実行する

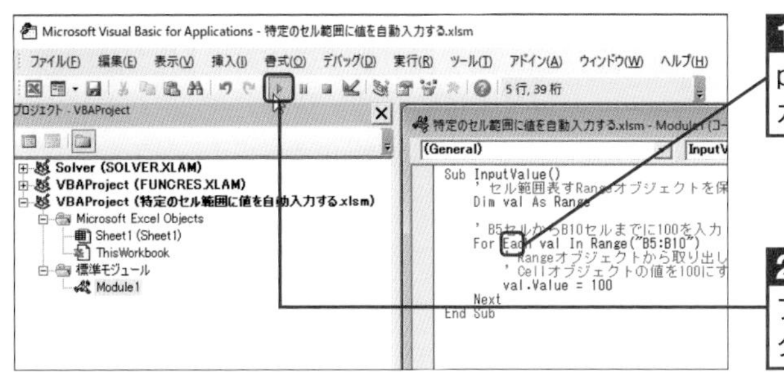


**1** プロシージャ「InputValue」の内部にカーソルを置く

**2** ［Sub/ユーザーフォームの実行］ボタンをクリック

「B5」～「B10」の範囲のセルに、「100」が入力されます

### 解説

### For Each...Nextステートメントの実行

ここでは、For Each...Nextステートメントを利用して、「B5」～「B10」の範囲のセルに、一括して「100」を入力しています。

操作例のコードでは、Range型の変数「val」に、「B5」から「B10」までのセル番地を、For Each...Nextステートメントが実行されるたびに1つずつ代入し、次に続くステートメントで、参照しているセルに「100」を入力するようにしています。

ブックを上書き保存します。

### コラム 配列の操作

For Each...Nextステートメントでは、配列に対しても操作を行うことができます。

SECTION 51

# 条件式が成立する限り処理を繰り返す

一定の条件を満たす間に、同じ処理を繰り返し実行する場合は、Do While...Loopステートメントを使います。

チェックポイント ☑ Do While...Loopステートメント

## Do While...Loopを利用したプログラムを作成する

### step 1 Do While...Loopステートメントの構造を見る

▼《構文》Do While...Loopステートメント

```
Do While 条件式
     条件式が真（True）の場合に実行するステートメント
Loop
```

**準備**

新規のブックを開き、マクロ有効ブックとして保存します。

### step 2 Do While...Loopステートメントを利用したプログラムを作成する

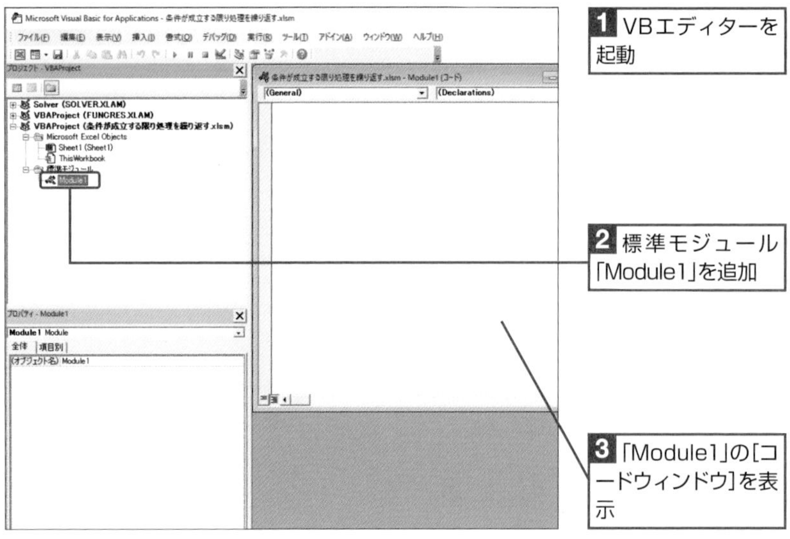

**解説**

Do While...Loopステートメントは、For...Nextステートメントとは異なり、処理回数を指定する代わりに特定の条件を指定します。

そして、条件が満たされる（条件が真である）限り、同じ処理を繰り返し、条件が偽（False）になったところで、繰り返し処理をスキップしてステートメントを抜け、次の処理に移ります。

**ワンポイント**

**ループ**

同じ処理を繰り返す処理のことを「ループ」と呼びます。

**解説**

ここでは、インプットボックスに「OK」という文字を入力しない限り、インプットボックスが表示され続けるプログラムを作成してみることにしましょう。

▼入力された値を判定するプログラム

```
Sub DoWhile()

    Dim answer As String

    Do While answer <> "OK"
        answer = InputBox( _
            "OKと入力すれば、処理が終了します。", "入力")
    Loop

End Sub
```

▼コード解説

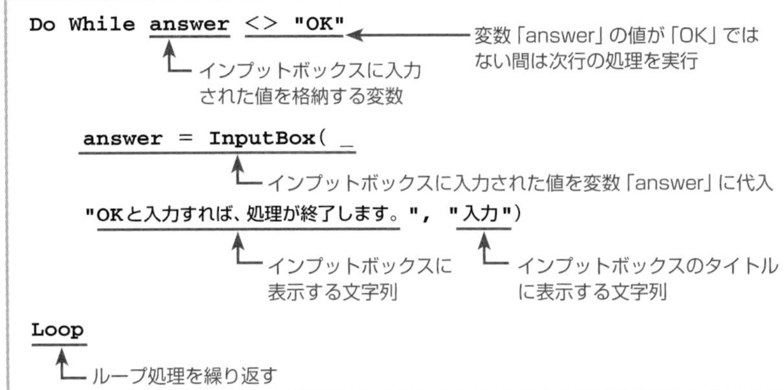


▼コード入力後の［コードウィンドウ］

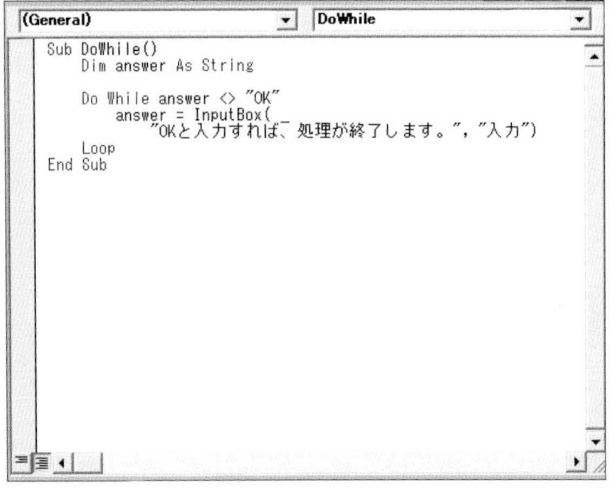


**4** 「Module1」の［コードウィンドウ］の［コードペイン］に左記のコードを入力する

### コラム ForとWhileの使い分け

ForとWhileは、目的に応じて選択します。カウンター変数が必要な場合はForを使用し、カウンター変数が不要な場合はWhileを使用するようにします。

### 解説

ここでは、インプットボックスを表示して、「OK」という文字列を入力しない間はインプットボックスを表示し続けるプログラムを作成しています。なお、「Do While answer <> "OK"」では、「OK」という文字列が入力された時点でループ処理を終了します。

### 解説

このプログラムでは、インプットボックスに「OK」と入力しない限りは、インプットボックスが表示され続けます。

なお、コードの入力ミスなどで、ループ処理が終了しない場合は次のように操作します。

❶ Ctrl + Break キーを押します。

❷ ダイアログボックスが表示されるので、［終了］ボタンをクリックします。

### ワンポイント

**Do While...LoopとDo...Loop While**

Do While...Loopステートメントでは、ステートメントが最初に実行されたときに、条件式が真（True）でない場合は、Do While...Loop内の繰り返し処理は一度も実行されずに、Loopキーワードの次の行が実行されます。

9

## step 3 VBAマクロを実行する

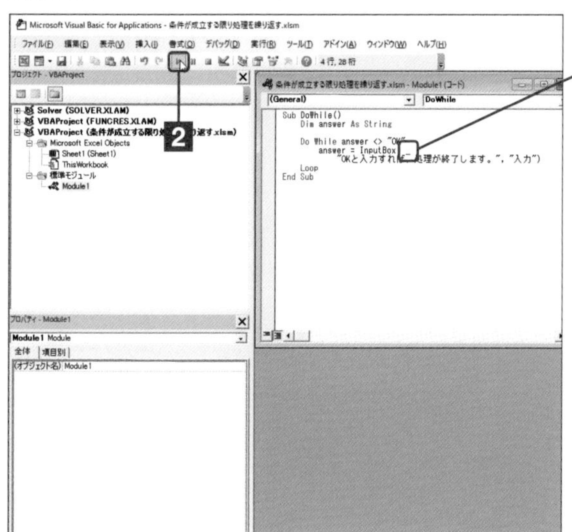

**1** プロシージャ「Do While」の内部にカーソルを置く

**2** [Sub/ユーザーフォームの実行] ボタンをクリック

もし、繰り返し処理を最低でも1回は実行するようにしたい場合は、While以下の条件式を最後に記述するようにします。

◦ Do While...Loopの場合

条件式の判定が行われてから処理が実行されます。

次の場合は、繰り返し処理の前に変数answerに「OK」の文字列を代入しているので、条件式の「answer <> "OK"」(answerの値は"OK"ではない) の結果がFalse (偽) になり、繰り返し処理は一度も実行されずに終了します。

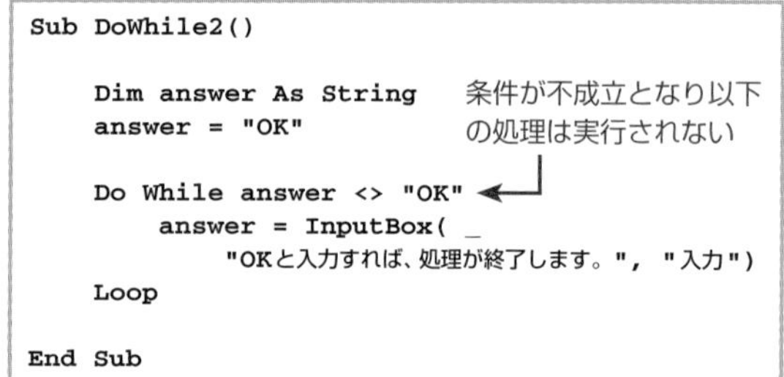

```
Sub DoWhile2()

    Dim answer As String
    answer = "OK"

    Do While answer <> "OK"
        answer = InputBox( _
            "OKと入力すれば、処理が終了します。", "入力")
    Loop

End Sub
```



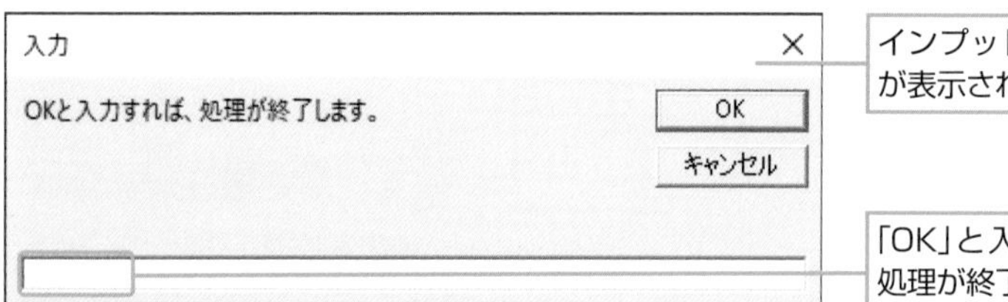



インプットボックスが表示されます

「OK」と入力すれば処理が終了します

◦ Do...Loop Whileの場合

最初に処理を実行してから、条件式の判定が行われます。

次のようにループさせる処理をDoの直後に記述し、While以下の条件式をLoopのあとに記述すれば、処理が実行されたあとに条件の判定が行われるようになります。この結果、たとえ条件式の結果が不成立でも、必ず1回は処理が行われます。

### コラム Do...Loop

Do...Loopステートメントには、「Do While...Loop」、「Do Until...Loop」、「Do...Loop While」、「Do...Loop Until」の4つのステートメントがあり、条件を判定する基準によって使い分けます。

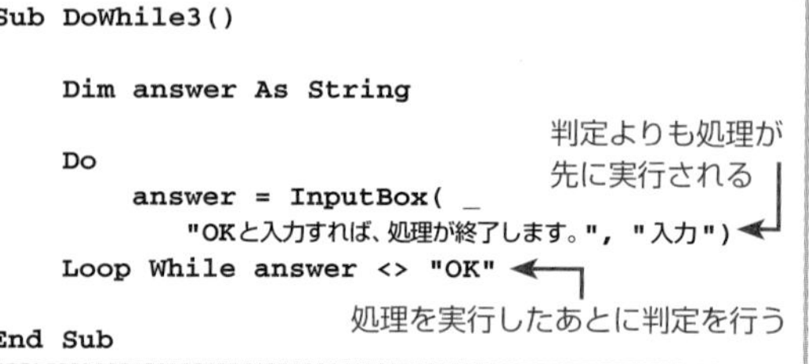

```
Sub DoWhile3()

    Dim answer As String

    Do
        answer = InputBox( _
            "OKと入力すれば、処理が終了します。", "入力")
    Loop While answer <> "OK"

End Sub
```

### 最後に

ブックを上書き保存します。

SECTION 52

# 条件が成立するまで処理を繰り返す

Do While...Loopステートメントとは逆に、条件が偽である限り同じ処理を繰り返し、条件が真になったところで繰り返し処理を抜ける場合は、Untilキーワードを使用します。

チェックポイント ☑ Do Until...Loopステートメント

## Do Until...Loopを利用したプログラムを作成する

### step 1 Do Until...Loopステートメントの構造を見る

▼《構文》Do Until...Loopステートメント

```
Do Until 条件式
    条件式が偽（False）の場合に実行するステートメント
Loop
```

### step 2 Do Until...Loopステートメントを利用したプログラムを作成する

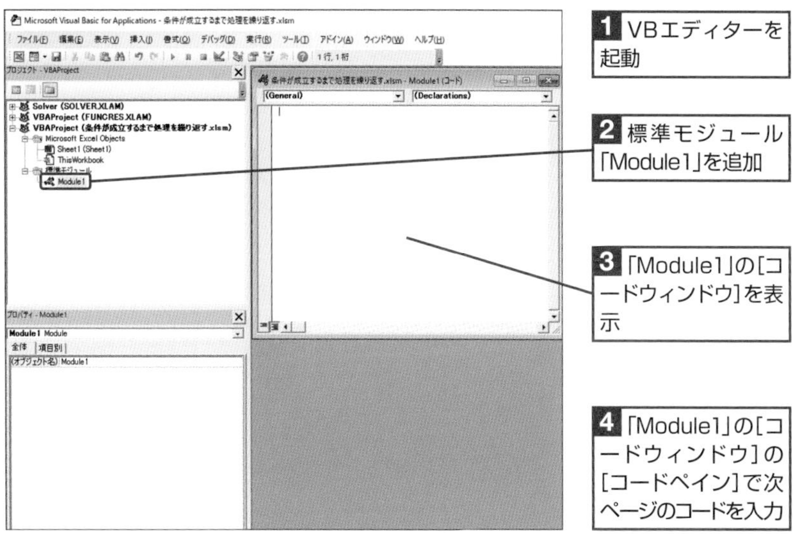


1 VBエディターを起動

2 標準モジュール「Module1」を追加

3 「Module1」の[コードウィンドウ]を表示

4 「Module1」の[コードウィンドウ]の[コードペイン]で次ページのコードを入力

**準備**

新規のブックを開き、マクロ有効ブックとして保存します。

**解説**

Do While...Loopステートメントでは、条件が真（True）である限り同じ処理が繰り返され、条件が偽（False）になったところで繰り返し処理を抜けます。

これとは逆に、条件が偽（False）である限り同じ処理を繰り返し、条件が真（True）になったところで繰り返し処理を抜ける場合は、Untilキーワードを使用します。

Whileキーワードが設定されている場合は、条件式がTrueの場合に処理を繰り返し、Untilキーワードが設定されている場合は、条件式がFalseの場合に処理を繰り返すことになります。

このため、「○○ではない限り処理を繰り返す」場合にDo Until...Loopを使います。

9

▼プロシージャ「DoUntil」

```
Sub DoUntil()

    Dim answer As String

    Do Until answer = "OK"
        answer = InputBox( _
            "OKと入力すれば、処理が終了します。", "入力")
    Loop

End Sub
```

▼コード変更後の［コードウィンドウ］

```
(General)                    DoUntil

Sub DoUntil()

    Dim answer As String

    Do Until answer = "OK"
        answer = InputBox( _
            "OKと入力すれば、処理が終了します。", "入力")
    Loop

End Sub
```

### 解説

ここでは、Untilキーワードを使うので、Whileキーワードのときと逆の条件式を記述します。Whileキーワードのときは「Do While answer <> "OK"」(answerの値が「OK」以外であれば次の行の処理を繰り返す)であったのに対し、「Do Until answer = "OK"」(answerの値が「OK」になるまで次の行の処理を繰り返す)という条件式になります。

### ワンポイント

#### Do Until...LoopとDo...Loop Until

Do Until...Loopでは、判定結果がFalse(偽)の間は処理が繰り返されるので、最初の段階で判定結果がTrue(真)であれば、条件式以下の処理は一度も実行されません。

このため、判定結果にかかわらず、条件式以下の処理を必ず1回は実行したい場合は、Do...Loop Untilを使います。Do...Loop Untilは、Doの直後に繰り返し実行する処理を記述します。

・Do Until...Loopの場合

条件式の判定が行われてから処理が実行されます。

次の場合は、Do Until...Loopブロックの直前で変数answerに"OK"を代入しています。このため、1回目の条件判定の結果がTrueになり、条件式以下の処理は行われずにブロックを抜けます(Do Until...Loopのブロックを終了して次の行の処理に進む)。

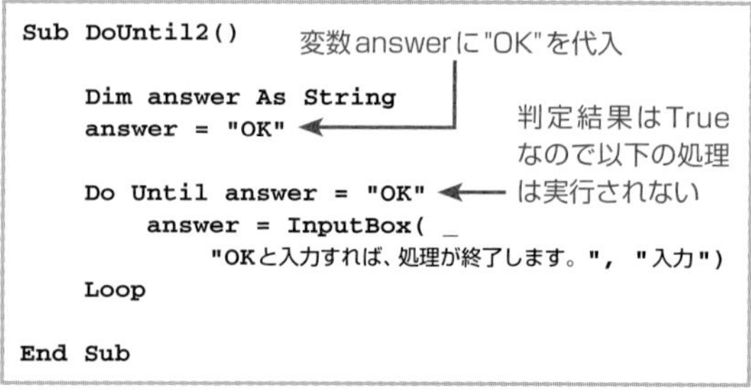

```
Sub DoUntil2()

    Dim answer As String
    answer = "OK"

    Do Until answer = "OK"
        answer = InputBox( _
            "OKと入力すれば、処理が終了します。", "入力")
    Loop

End Sub
```



この場合の実行順序は次のようになります。

## step 3 VBAマクロを実行する

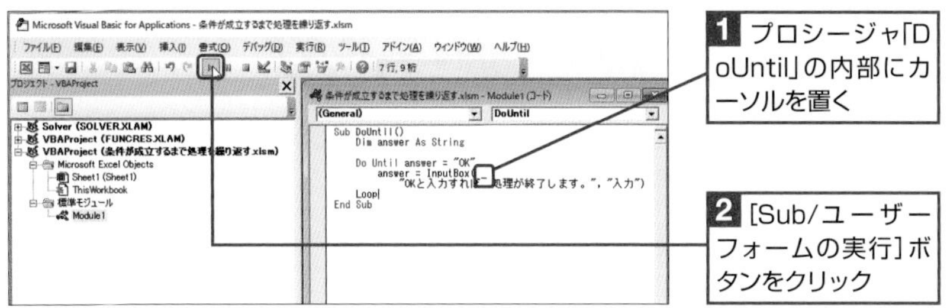


```
Sub DoUntil3()

    Dim answer As String
    answer = "OK"

    Do
        answer = InputBox( _
            "OKと入力すれば、処理が終了します。", "入力")
    Loop Until answer = "OK"

End Sub
```

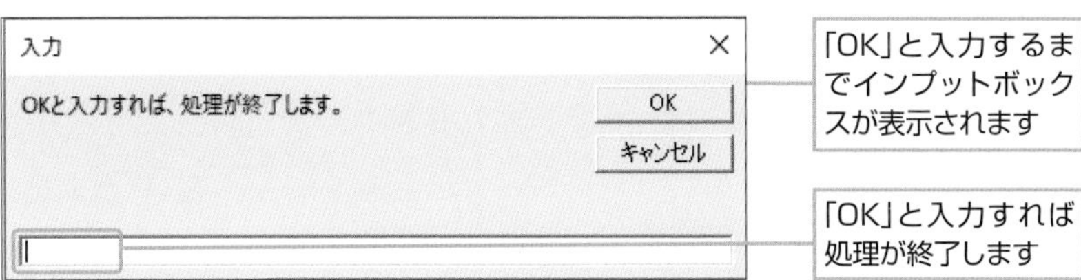


❶「Do Until answer = "OK"」で条件式を判定する。

⬇

Falseの場合…❷へ進む
Trueの場合…ブロックを抜ける

❷インプットボックスを表示して入力された値をanswerに格納する。
❸Loopによって❶に戻る。

- **Do...Loop Untilの場合**

最初に処理を実行してから、条件式の判定が行われます。

左記の場合は、Doの直後に処理を記述しているので、判定が行われる前にインプットボックスが表示されます。このあと、Loop以下の条件式の判定が行われます。

この場合の実行順序は次のようになります。

❶Doに続く処理（インプットボックスを表示して入力された値をanswerに格納する）を実行する。
❷Loop以下の「Until answer = "OK"」で条件式が判定される。

⬇

Falseの場合…❶へ進む
Trueの場合…ブロックを抜ける

### コラム ワークシートの操作

現在、開いているブックに含まれるワークシートの情報は、Worksheetオブジェクトに格納されています。Worksheetオブジェクトを取得することで、個々のワークシートの操作を行うことができます。

**●Worksheetオブジェクト**

Worksheetオブジェクトは、ワークシートの情報にアクセスするためのオブジェクトです。現在、開いているブックのWorksheetオブジェクトは、Worksheetsコレクションに含められています。

**●Worksheetsコレクション**

Excelで開いているすべてのブック（Workbookオブジェクト）のWorksheetオブジェクトは、Worksheetsコレクションに格納されています。Worksheetsコレクションの中から特定のWorksheetオブジェクトを取得するには、Worksheetsプロパティ、またはActiveSheetプロパティを使います。

**●Worksheetsプロパティ**

ワークシート名やインデックス番号を指定して、Worksheetオブジェクト（の参照）を取得します。

```
Workbookオブジェクト.Worksheets(シート名またはインデックス番号)
```

**●Workbookオブジェクト**

Workbookオブジェクトの部分には、Workbooks、ThisWorkbook、ActiveWorkbookの各プロパティを記述してWorkbookオブジェクトの参照を取得するようにします。ただし、Workbookオブジェクトは省略可能です。この場合は、作業中のブックに含まれるワークシートが対象になります。

SECTION 53

# オブジェクトの参照を自動化して処理を繰り返す

特定のオブジェクトを何度も参照する場合、参照情報を何度も入力するのは面倒なばかりか、コードの記述ミスにもつながります。このような場合には、「With」ステートメントを使います。

チェックポイント ☑ Withステートメント

## Withステートメントを利用したプログラムを作成する

### step 1 Withステートメントについて知る

同じオブジェクトに対して複数の処理を行う場合は、Withステートメントを使うことで、コードの記述を簡素化することができます。Withステートメントは、次のように記述します。

▼《構文》Withステートメントによるコードの簡素化

```
With オブジェクト名
       処理1
       処理2
       ...
End With
```

次のように、現在、アクティブなワークシートのA1セルに「100」を入力し、この値をB1セルにも入力する場合を見てみます。

```
ActiveSheet.Range("A1").Value = 100
ActiveSheet.Range("B1").Value = ActiveSheet.Range("A1").Value
```

Withステートメントを使うと次のように、ActiveSheetの記述を省略することができます。

```
       アクティブなワークシートを操作対象に設定
With ActiveSheet
     .Range("A1").Value = 100 ←── A1セルに「100」を入力
     .Range("B1").Value = .Range("A1").Value ← 同じ値をB1セルにも入力
End With
```

注意 1つのWithブロックで指定できるオブジェクト名は、1つだけです。したがって、単一のWithステートメントを使って、複数のオブジェクトに対する操作を行うことはできません。

**解説**

With制御構造の内部に別のWith制御構造を入れて、ネスト（入れ子）構造にすることができます。

**ワンポイント**

**ActiveSheet**

現在、アクティブなワークシートを参照するプロパティです。ワークシートを参照するには、「Workbookオブジェクト.ActiveSheet」と記述しますが、Workbookオブジェクトとは、Excelブックのことです。Workbookオブジェクトの記述を省略した場合は、作業中のブックが対象になります。

なお、Workbookオブジェクトの指定は、「Workbooks(インデックス番号、またはブック名)」と記述します。インデックス番号は、ブックが開かれた順番に1から始まる値です。

## step 2 ワークシートとセル範囲の指定にWithステートメントを使う

次に、ワークシートSheet1のD5セルに対して繰り返し処理を行う際に、Withステートメントを使って記述を簡素化する方法を見てみましょう。次の例は、D5セルに値を入力し、セルのサイズとフォントの設定を行っています。

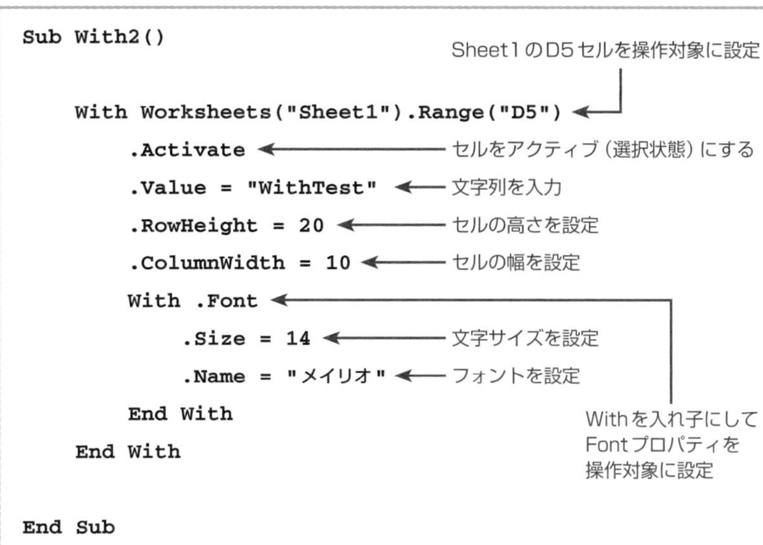


### コラム ワークシートを指定する

任意のワークシートを指定して、対象のWorksheetオブジェクトを取得するには、次のいずれかの方法を使います。

◦ワークシート名で指定する場合

```
Worksheets("Sheet1")
```

◦インデックス番号で指定する場合

インデックス番号は、ブックに挿入されているシートの一番左端が「1」になります。

```
Worksheets(1)
```

●ActiveSheetプロパティ

ActiveSheetプロパティは、現在最前面に表示されているワークシートのWorksheetオブジェクト（の参照）を取得します。

◦アクティブなワークシートの名前を取得する（例）

```
Dim n As String
n = ActiveSheet.Name
```

### ワンポイント

**セルに値を入力する**

セルに値を入力するには、「Rangeオブジェクト.Value = 値」のように記述します。RangeオブジェクトはRangeプロパティで取得します。C1セルに値を入力する場合は、次のようになります。

```
Range("C1").Value = 1
```

### ワンポイント

**Worksheets**

VBAでは、ワークシートをWorksheetオブジェクトとして扱います。このオブジェクトを取得するには、Worksheetsコレクションを使います。Worksheetsコレクションには、ブック内のすべてのワークシート（Worksheetオブジェクト）が格納されています。コレクションの中から必要なワークシートを取得するには、Worksheetsプロパティを使って、「Worksheets(ワークシート名またはインデックス番号)」のように記述します。

### ワンポイント

**セルのプロパティの設定**

セルのプロパティは、「Worksheetオブジェクト.Rangeオブジェクト.セルのプロパティ名 = 設定する値」のように記述します。

操作例では、Withステートメントで「Worksheets("Sheet1").Range("D5")」までを操作対象とし、「.プロパティ名 = 値」のように記述して各プロパティを設定しています。

9

## Rangeオブジェクトによるセルの参照

Excel VBAでは、セルの操作を行うためのRangeオブジェクトが用意されています。とかく混同してしまいがちなRangeオブジェクトとRangeプロパティの関係を整理しておくことにしましょう。

### ●Rangeオブジェクトはセルの情報にアクセスするためのオブジェクト

Rangeオブジェクトを参照するための情報（アクセスするための情報）は、Rangeプロパティを使って取得することができます。

```
Range("A1").Value = 10
```

上記のコードは、Rangeプロパティの引数に「A1」セルを指定しています。このとき、A1セルのRangeオブジェクトが内部で用意されます。このオブジェクトは、セルA1の情報にアクセスするための機能を持っているので、オブジェクトを通じてセルの情報にアクセスすることができます。

### ●Rangeプロパティを使用してセルを参照する

Rangeプロパティを使用して、Rangeオブジェクトの参照を取得するには、次のように記述します。

▼《構文》Rangeプロパティによるセル参照

```
オブジェクト.Range(セル番地)
オブジェクト.Range(開始セル, 終了セル)
```

◦Rangeオブジェクトの対象のオブジェクト

Rangeオブジェクトの対象のオブジェクトには、セルが配置されているワークシートのWorksheetオブジェクトを指定します。省略した場合は、アクティブになっているワークシートが対象になります。

◦セル

単一のセルの場合はセル番地、セル範囲を指定する場合は、開始セルにセル範囲の左上端セルを、終了セルに右下端セルをそれぞれ指定します。

◦Rangeオブジェクトの参照を取得するパターン

| 例 | 参照するセル |
|---|---|
| Range("A1") | 「A1」セル |
| Range("A1,C5") | 「A1」セルと「C5」セル |
| Range("A1","C5") | 「A1」～「C5」セル |
| Range("A1:C5") | 「A1」～「C5」セル |
| Range("A1:C5,E1:G5") | 「A1」～「C5」セルと「E1」～「G5」セル |
| Range("A:C") | 列「A」～列「C」 |
| Range("1:5") | 行「1」～行「5」 |

### ●Rangeオブジェクトを通じて参照できるセルの情報

セルには、主に次のような情報が格納されています。

◦セルに入力された値や式
◦セルの書式に関する情報
◦セル番地や範囲に関する情報
◦セルの幅や高さに関する情報

これらの情報を取得したり、設定するために、Rangeオブジェクトに用意されている各種のプロパティを使用します。

### ●Rangeオブジェクトを通じてセルの情報にアクセスするプロパティ

Rangeオブジェクトには、セルの情報にアクセスするためのプロパティが用意されています。Valueプロパティもその一つで、セルのRangeオブジェクトを通じて、セルの値を取得、設定します。

上記のコードでは、A1セルのRangeオブジェクトを取得し、Valueプロパティを使ってセルの値として「10」を設定しています。

CHAPTER

# 10

# セル操作の自動化

VBAには、セルに関する各種の操作を行うためのプロパティやメソッドが用意されています。この章では、面倒なセル操作を簡単に実行できるVBAマクロについて見ていきます。

SECTION 54

# 指定したセルを自動でアクティブにする

アクティブセルとは、現在、選択中のセルのことです。このアクティブセルを変更するには、「Activate」メソッドを使います。

チェックポイント
☑ アクティブセル
☑ Activateメソッド

本セクションで紹介したVBAマクロは、実用サンプル集としてまとめてあります。
詳しくは巻末の「DATA2　はじめてのExcel VBA実用サンプル集」を参照してください。

| 使用するメソッド | 使用するプロパティ |
|---|---|
| ● Activate | ● Range |

## Activateメソッドを利用したプログラムを作成する

### step 1 アクティブセルを変更するプログラムを作成する

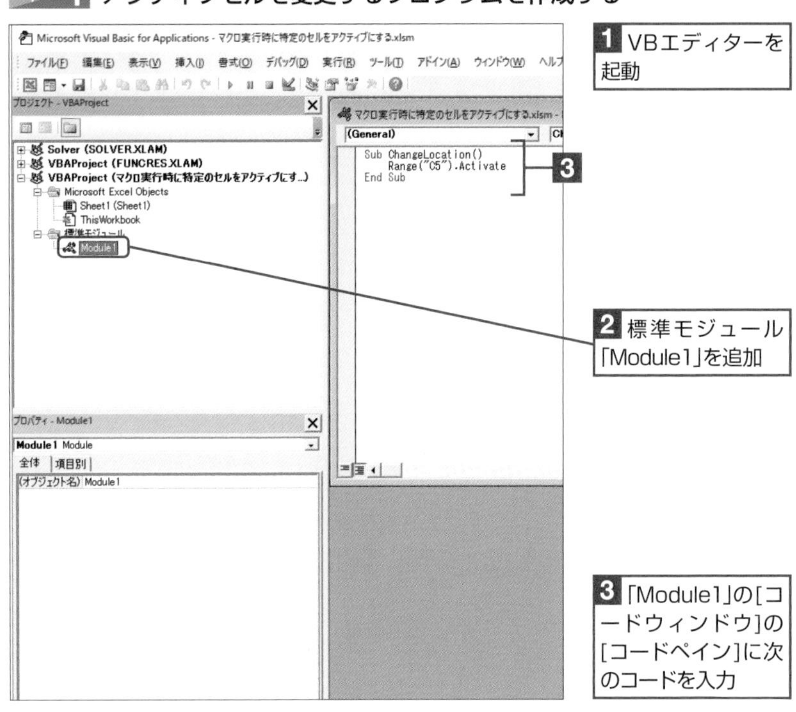


▼アクティブセルの位置を変更するプロシージャ

```
Sub ChangeLocation()

    Range("C5").Activate

End Sub
```



**準備**

新規のブックを作成し、「Sheet1」を表示します。

**解説**

ここでは、アクティブセルの位置を「C5」セルに変更するためのプロシージャを作成しています。

**ワンポイント**

Rangeプロパティ

「Range」プロパティは、ワークシート上のセルやセル範囲の情報を持つRangeオブジェクトを取得、または設定を行うプロパティです。

**ワンポイント**

Activateメソッド

「Activate」メソッドは、特定のセルをアクティブにするためのメソッドです。

セルをアクティブにするには、アクティブにしたいRangeオブジェクトに対して「Activate」メソッドを実行します。

## step 2 VBAマクロを実行する

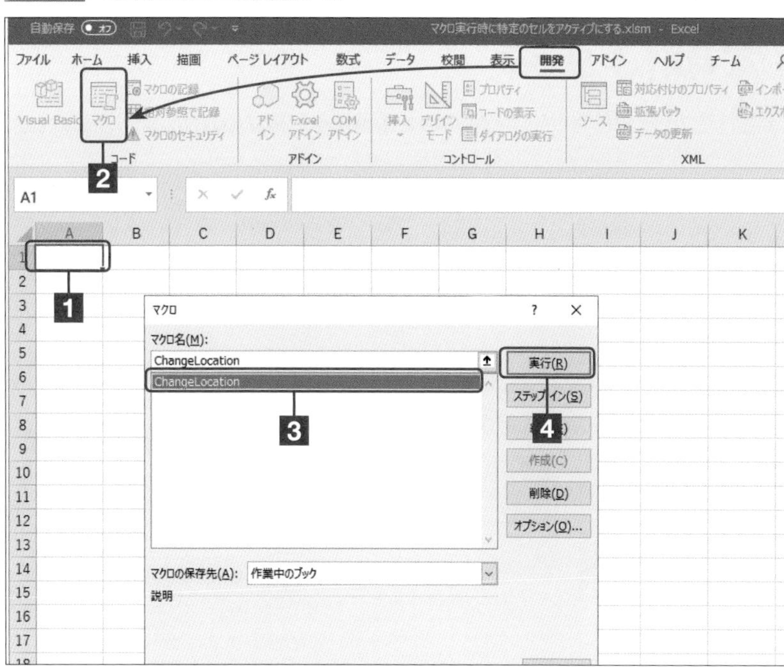


**1** 任意のセルを選択

**2** [開発]タブの[マクロ]ボタンをクリック

**3** [マクロ名]で[ChangeLocation]を選択

**4** [実行]ボタンをクリック

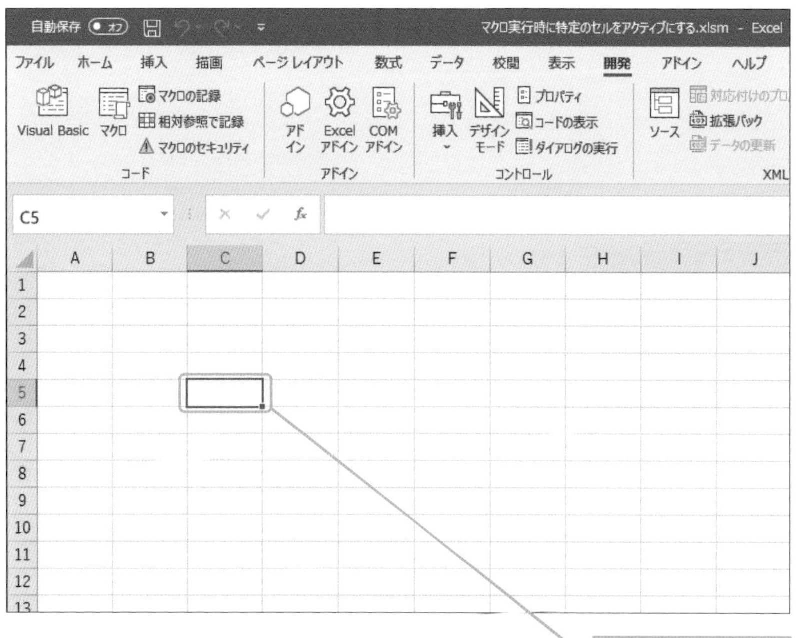

選択中のセルが「C5」になります

### コラム Rangeオブジェクト

Rangeオブジェクトには、セルやセル範囲の情報のほかに、セルの位置を相対的に表す情報や、現在、アクティブになっているセルの位置情報などが格納されています。

### ワンポイント

**セルが選択された状態でアクティブセルを設定した場合**

◦**他のセルが選択されている場合**

Activateメソッドで指定したセルがアクティブになります。

◦**他のセル範囲が選択されている場合**

複数のセルを含むセル範囲が選択されている場合は、それまで選択されていたセル範囲が解除され、Activateメソッドで指定したセルがアクティブになります。

◦**アクティブにするセルを含む範囲が選択されている場合**

アクティブにするセルを含む範囲が選択されていた場合は、選択中のセル範囲は解除されずに、Activateメソッドで指定したセルがアクティブになります。

### 最後に

作成したブックをマクロ有効ブックとして保存します。

SECTION 55

# アクティブになっているセルの位置を取得する

ここでは、現在、アクティブになっているセルのセル番地を取得する方法について紹介します。

チェックポイント ☑ Addressプロパティ

本セクションで紹介したVBAマクロは、実用サンプル集としてまとめてあります。
詳しくは巻末の「DATA2　はじめてのExcel VBA実用サンプル集」を参照してください。

使用するプロパティ

- ActiveCell
- Address

## Addressプロパティを利用したプログラムを作成する

### step 1 アクティブセルのセル番地を取得するプログラムを作成する

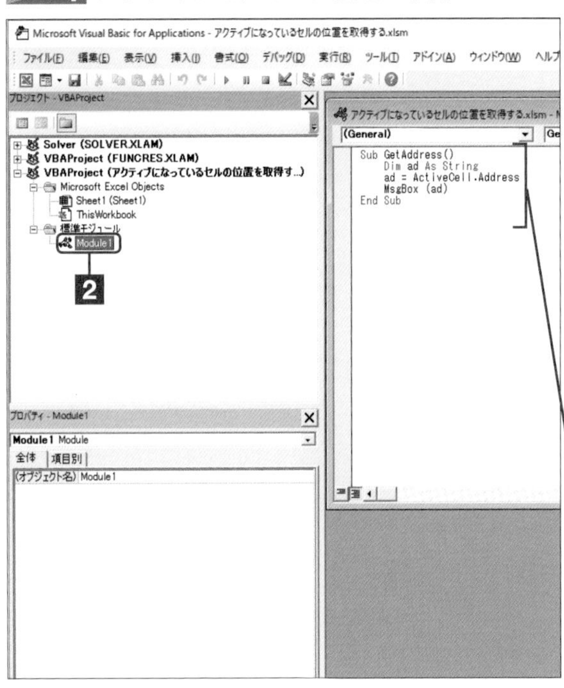


**1** VBエディターを起動

**2** 標準モジュール「Module1」を追加

**3** 「Module1」の[コードウィンドウ]の[コードペイン]に次のコードを入力

▼アクティブセルの位置を表示するプロシージャ

```
Sub GetAddress()

    Dim ad As String

    ad = ActiveCell.Address
    MsgBox (ad)

End Sub
```

**準備**

新規のブックを作成し、「Sheet1」を表示します。

**解説**

ここでは、アクティブセルの位置を格納する変数「ad」を宣言し、「Address」プロパティを使って取得したセル番地を代入して、これをメッセージボックスに表示するプロシージャを作成しています。

**ワンポイント**

**Addressプロパティ**

「Address」は、指定されたセルのセル番地を文字列で返すプロパティです。ここでは、ActiveCellプロパティによってアクティブになったセルのRangeオブジェクトを取得し、Addressプロパティを使って、セル番地を取得しています。

▼Addressプロパティの記述方法

```
Rangeオブジェクト.Address
```

パラメーターは省略可能です。

**ワンポイント**

**ActiveCellプロパティ**

ActiveCellプロパティは、現在、アクティブなセルのRangeオブジェクトを取得するプロパティです。

## step 2 VBAマクロを実行する

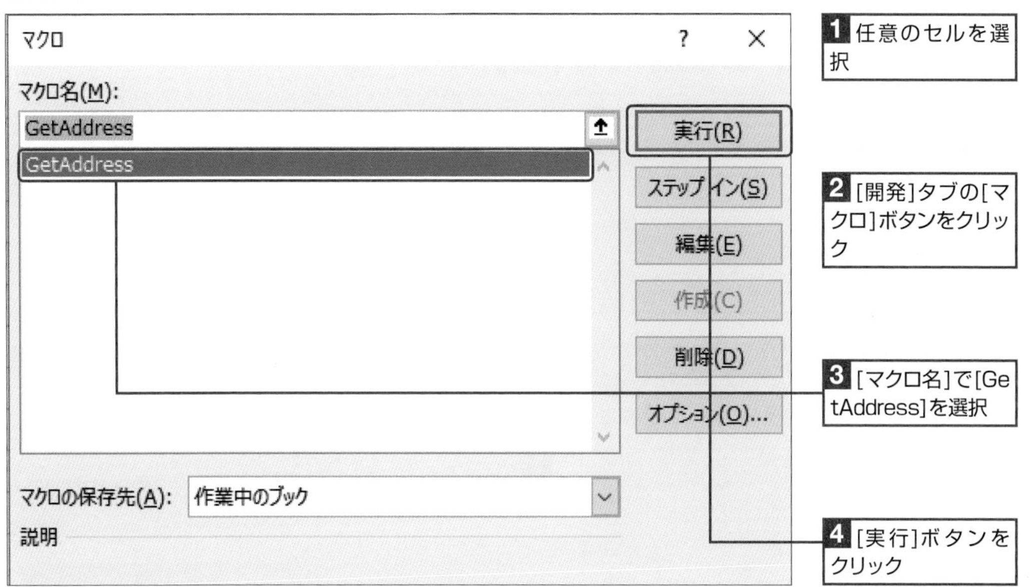


**1** 任意のセルを選択

**2** [開発]タブの[マクロ]ボタンをクリック

**3** [マクロ名]で[GetAddress]を選択

**4** [実行]ボタンをクリック

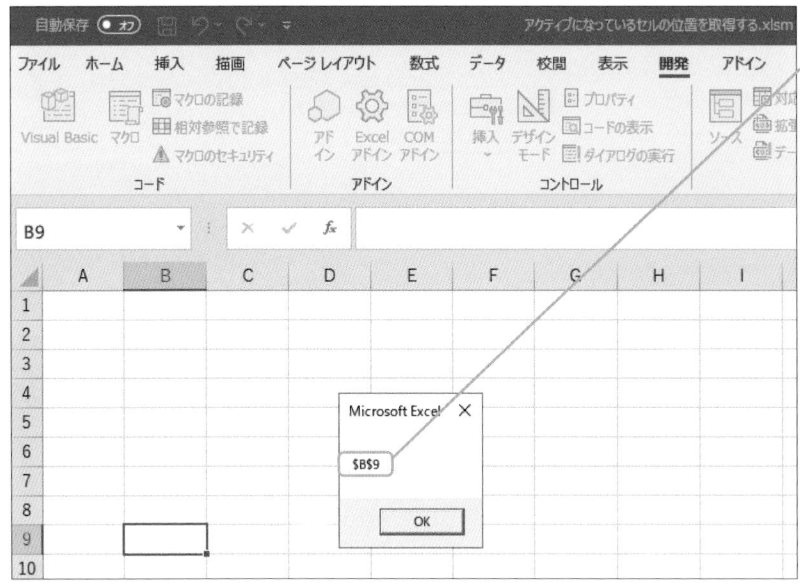


選択中のセル番地が表示されます

### 最後に

作成したブックをマクロ有効ブックとして保存します。

### コラム Addressプロパティ

Addressプロパティでは、パラメーターを使って、任意の表示形式を指定できます。「RowAbsolute:=False」で相対参照で行番号、「ColumnAbsolute=:False」で相対参照で列番号を取得できるほか、セル番地をブック名から取得するExternalがあります。

▼セルの行番地を相対参照で取得

```
ad = ActiveCell.Address(RowAbsolute:=False)
```

▼セルの列番地を相対参照で取得

```
ad = ActiveCell.Address(ColumnAbsolute:=False)
```

▼セル番地、ブック名、ワークシート名を取得

```
ad = ActiveCell.Address(External:=True)
```

SECTION 56

# B2～F5のセル範囲を自動で選択状態にする

「Select」メソッドを使うと、指定したセル範囲を選択することができます。ここでは、Selectメソッドを利用したセル範囲の選択方法を紹介します。

チェックポイント ☑ Selectメソッド

| 使用するメソッド | 使用するプロパティ |
|---|---|
| ● Select | ● Range |

本セクションで紹介したVBAマクロは、実用サンプル集としてまとめてあります。
詳しくは巻末の「DATA2　はじめてのExcel VBA実用サンプル集」を参照してください。

## Selectメソッドを利用したプログラムを作成する

### step 1 セル範囲を選択するプログラムを作成する

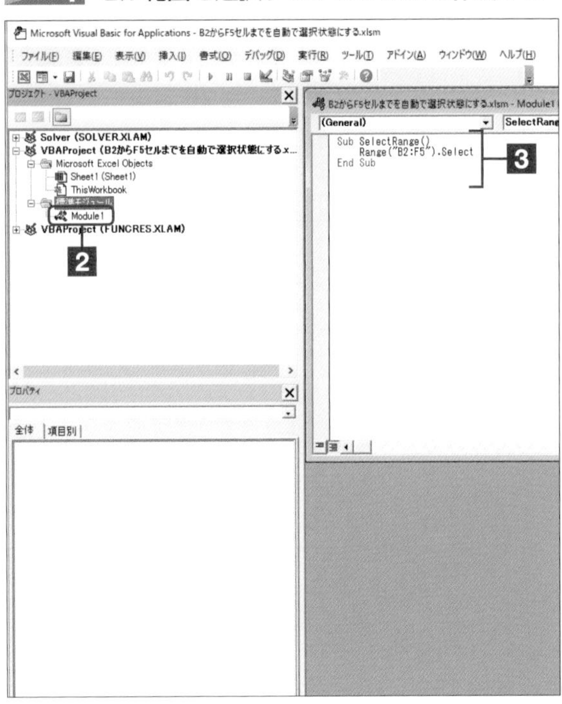


**1** VBエディターを起動

**2** 標準モジュール「Module1」を追加

**3** 「Module1」の[コードウィンドウ]の[コードペイン]に次のコードを入力

▼セル範囲を選択するプロシージャ

```
Sub SelectRange()

    Range("B2:F5").Select
            選択するセル範囲
End Sub
```

**準備**

新規のブックを作成し、「Sheet1」を表示します。

**解説**

ここでは、「Range」プロパティを使って、選択するセル範囲を指定し、「Select」メソッドで、セル範囲を選択するプロシージャを作成しています。

**ワンポイント**

**Selectメソッド**

「Select」メソッドは、指定されたセル範囲を選択するメソッドです。ここでは、Rangeオブジェクトからセル範囲を取得または設定するRangeプロパティを使って、セル範囲を指定しています（<Rangeオブジェクト>の部分）。

▼Selectメソッドの記述方法

```
Rangeオブジェクト.Select
```

**ワンポイント**

**選択されたセル範囲を取得する①**

Selectionプロパティを使うと、選択中のセル範囲を示すRangeオブジェクトを取得することができます。この場合、取得したRangeオブジェクトのAddressプロパティを参照すれば、セル範囲を文字列として取り出すことができます。

## step 2 VBAマクロを実行する

```
Sub GetRange()

    Dim ad As String
    ad = Selection.Address
    MsgBox (ad)

End Sub
```

選択中のセル範囲を変数adに代入

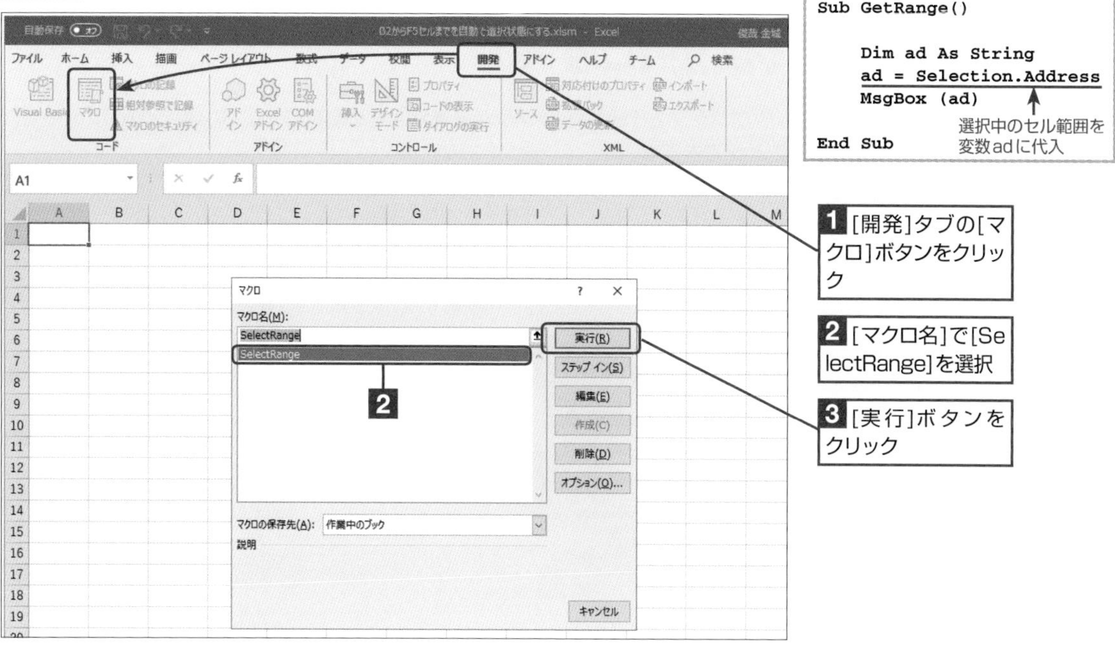


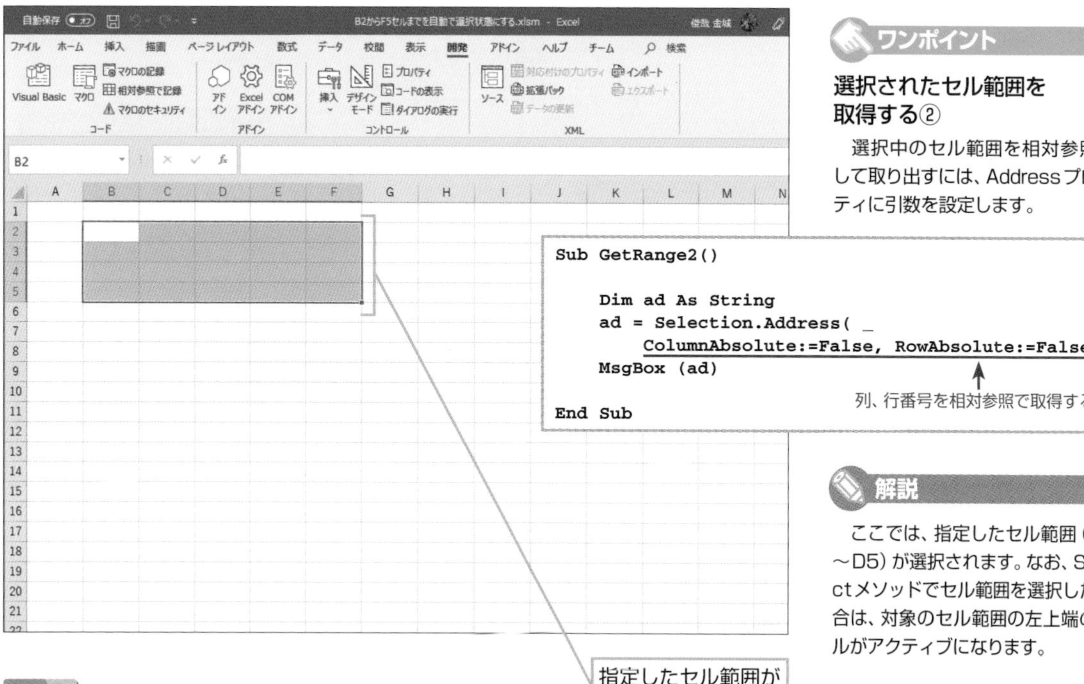


### ワンポイント

**選択されたセル範囲を取得する②**

選択中のセル範囲を相対参照として取り出すには、Addressプロパティに引数を設定します。

```
Sub GetRange2()

    Dim ad As String
    ad = Selection.Address( _
        ColumnAbsolute:=False, RowAbsolute:=False)
    MsgBox (ad)

End Sub
```

列、行番号を相対参照で取得する

### 解説

ここでは、指定したセル範囲（B2～D5）が選択されます。なお、Selectメソッドでセル範囲を選択した場合は、対象のセル範囲の左上端のセルがアクティブになります。

### 最後に

作成したブックをマクロ有効ブックとして保存します。

### コラム ステートメントの書き換え

操作例の「Range("B2:D5").Select」は、Activateメソッドを使って、「Range("B2:D5").Activate」と書き換えることもできます。

SECTION 57

# 別々のセル範囲をまとめて選択状態にする

「Range」プロパティと「Select」メソッドを使うと、連続していない複数のセルを一度に選択することができます。

チェックポイント
☑ Rangeプロパティ
☑ Selectメソッド

| 使用するメソッド | 使用するプロパティ |
|---|---|
| ● Select | ● Range |

## Rangeプロパティで複数のセル範囲を選択する

### step 1 離れたセルを選択するプログラムを作成する

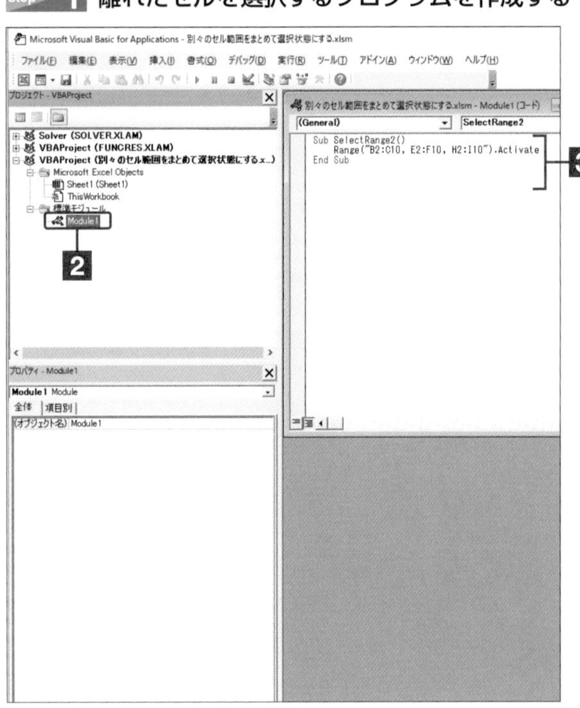


1 VBエディターを起動

2 標準モジュール「Module1」を追加

3 「Module1」の[コードウィンドウ]の[コードペイン]に次のコードを入力

▼離れたセルを選択するプロシージャ

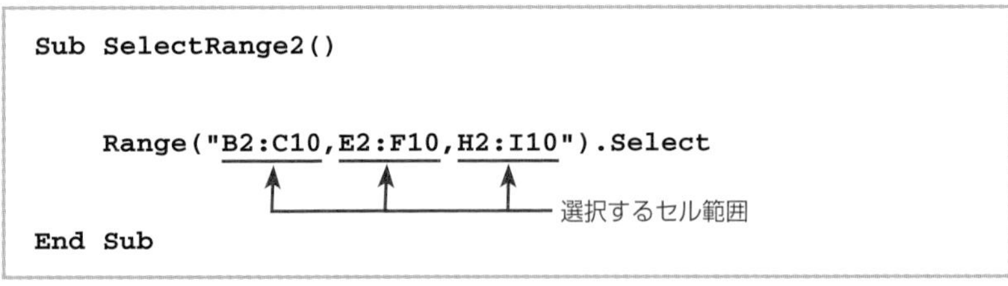

```
Sub SelectRange2()

    Range("B2:C10,E2:F10,H2:I10").Select

End Sub
```

**準備**

新規のブックを作成し、「Sheet1」を表示します。

**解説**

ここでは、「Range」プロパティを使って、選択する複数のセル範囲を指定し、「Select」メソッドで、セル範囲を選択するプロシージャを作成しています。

**ワンポイント**

**複数のセルを選択する**

Rangeプロパティでは、「,(カンマ)」を使うことで、複数のセル、またはセル範囲を指定することができます。また、特定のセルとセル範囲を組み合わせて指定することも可能です。

▼Rangeプロパティの記述方法

```
Range("セル番地, セル範囲, ...")
```

## step 2 VBAマクロを実行する

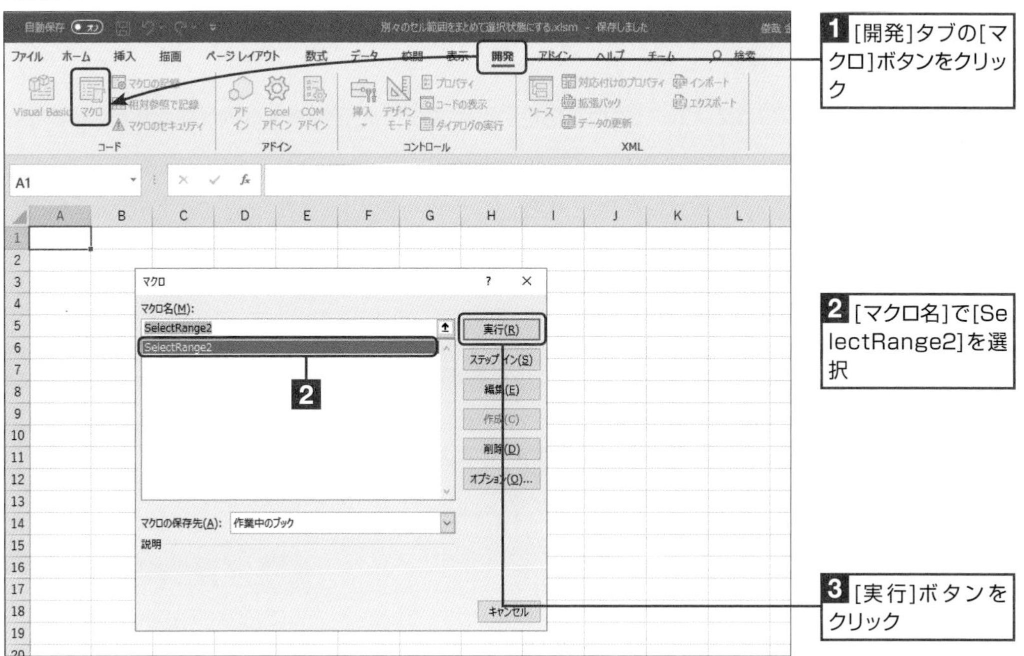


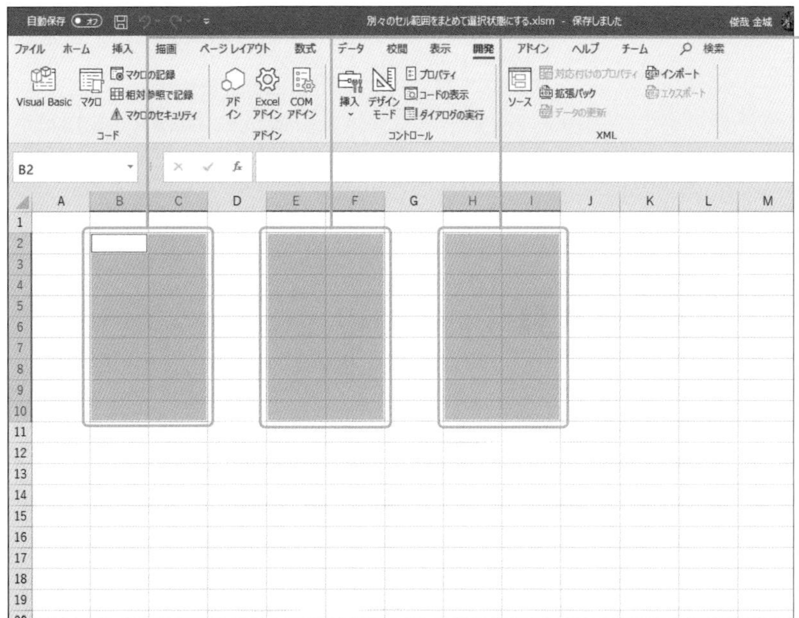


### コラム ステートメントの書き換え

「Range("B2:C10").Select」の記述は、Activateメソッドを使って、「Range("B2:C10").Activate」とすることもできます。

### ワンポイント

**セル範囲の取得**

連続していないセル範囲を選択した場合においても、228～229ページのワンポイントで紹介した方法で、選択中のセル番地を取得することができます。

### 解説

ここでは、指定した3領域のセル範囲が選択されます。なお、Selectメソッドでセル範囲を選択した場合は、選択したセル範囲のうち、最も左上端にあるセルがアクティブになります。

### 最後に

作成したブックをマクロ有効ブックとして保存します。

10

SECTION 58

# 行全体を選択状態にする

Rangeプロパティで、行番地を指定すると、指定した行全体を選択状態にすることができます。

チェックポイント ☑ Rangeプロパティによる行全体の選択

本セクションで紹介したVBAマクロは、実用サンプル集としてまとめてあります。
詳しくは巻末の「DATA2　はじめてのExcel VBA実用サンプル集」を参照してください。

| 使用するメソッド | 使用するプロパティ |
|---|---|
| ● Select | ● Range |

## Rangeプロパティで行全体を選択するプログラムを作成する

### step 1 行全体を選択するプログラムを作成する

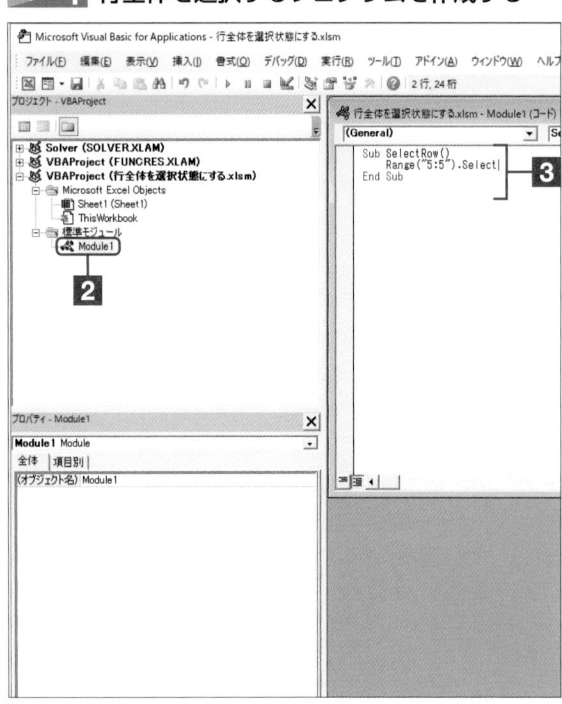


**1** VBエディターを起動

**2** 標準モジュール「Module1」を追加

**3** 「Module1」の[コードウィンドウ]の[コードペイン]に次のコードを入力

▼行全体を選択するプロシージャ

```
Sub SelectRow()

    Range("5").Select
              ↑
              └選択する行番地
End Sub
```

**準備**

新規のブックを作成し、「Sheet1」を表示します。

**解説**

ここでは、「Range」プロパティを使って、5行目の行全体を選択するプロシージャを作成しています。

**ワンポイント**

#### 行全体を選択する

Rangeプロパティで行番地だけを指定すると、指定した行全体を選択することができます。また、「Range("2:8")」のように記述すると、連続した複数の行（ここでは2行目〜8行目）を選択することができます。なお、「Range("2:8, 10:11")」のように「,（カンマ）」で区切ることで、離れた行や行範囲を組み合わせて指定することも可能です。

▼Rangeプロパティの記述方法

```
Range("行範囲, 行範囲, ...")
```

## step 2 VBAマクロを実行する

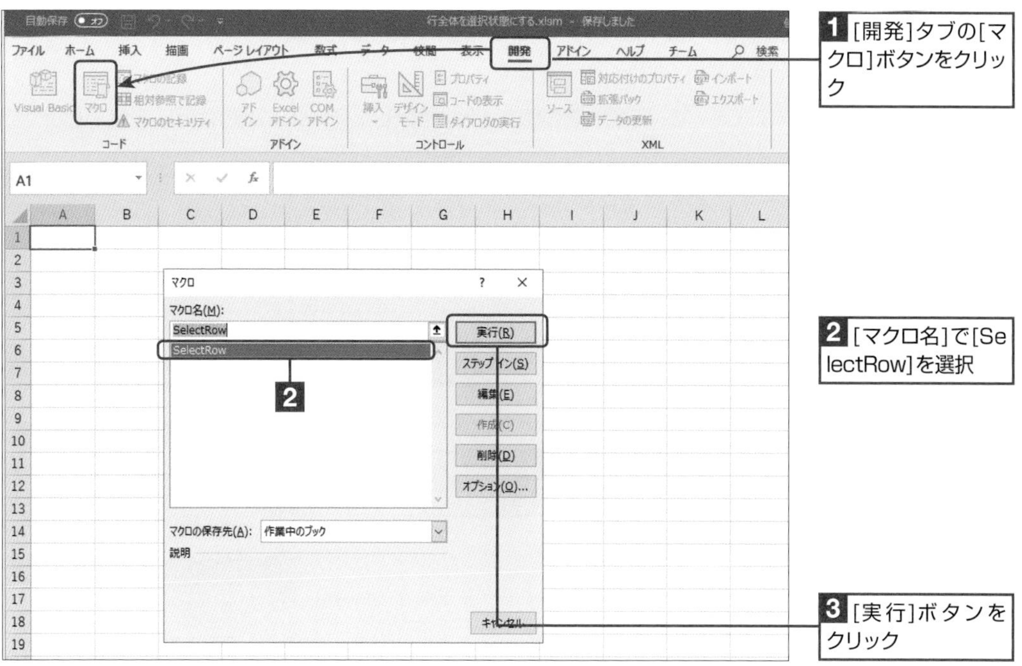


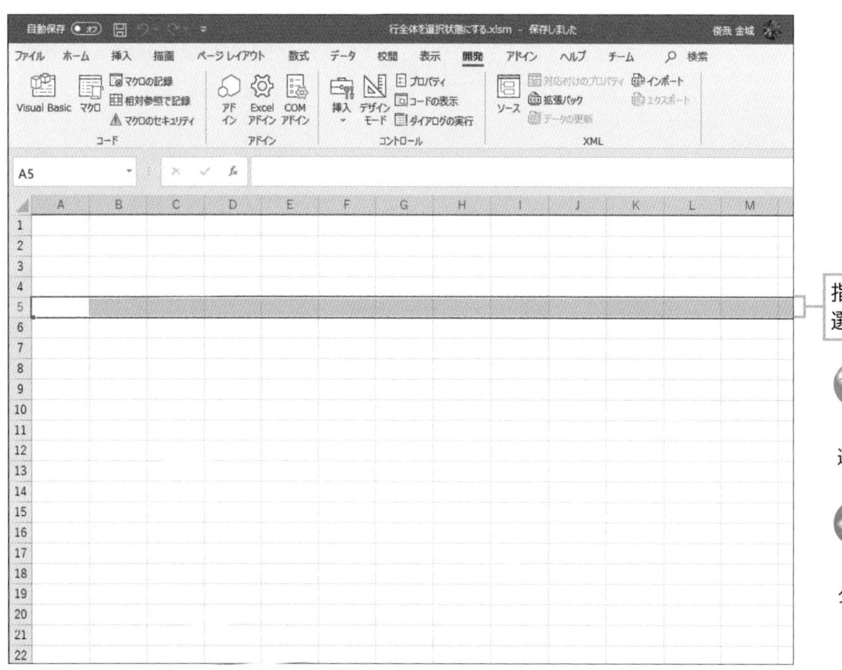


**解説**

ここでは、指定した行(5行目)が選択されます。

**最後に**

作成したブックをマクロ有効ブックとして保存します。

**コラム Selectメソッド**

Selectメソッドで行を選択した場合は、選択した行の左端(複数の行を選択した場合は左上端)にあるセルがアクティブになります。

SECTION 59

# 列全体を選択状態にする

Rangeプロパティで、列番地を指定すると、指定した列全体を選択状態にすることができます。

チェックポイント ☑ Rangeプロパティによる列全体の選択

| 使用するメソッド | 使用するプロパティ |
|---|---|
| ● Select | ● Range |

本セクションで紹介したVBAマクロは、実用サンプル集としてまとめてあります。
詳しくは巻末の「DATA2　はじめてのExcel VBA実用サンプル集」を参照してください。

## Rangeプロパティで列全体を選択するプログラムを作成する

### step 1 列全体を選択するプログラムを作成する

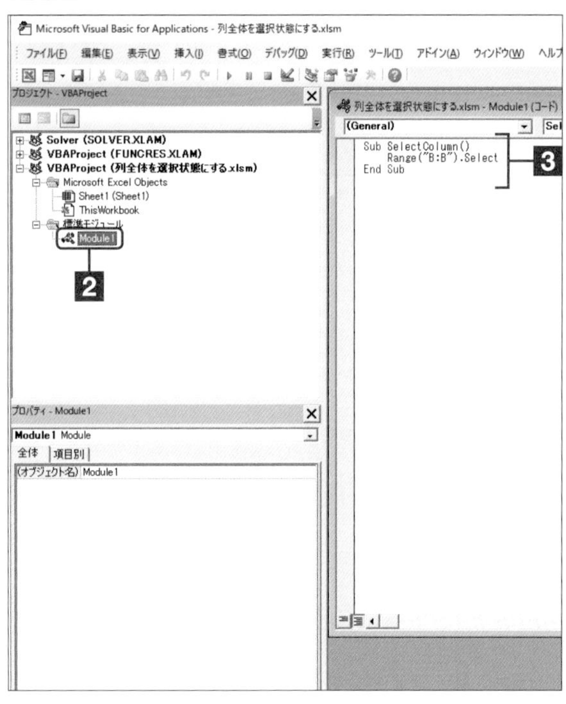


**1** VBエディターを起動

**2** 標準モジュール「Module1」を追加

**3** 「Module1」の[コードウィンドウ]の[コードペイン]に次のコードを入力

▼列全体を選択するプロシージャ

```
Sub SelectColumn()

    Range("B").Select
          ↑
          └選択する列番地
End Sub
```

**準備**

新規のブックを作成し、「Sheet1」を表示します。

**解説**

ここでは、「Range」プロパティを使って、B列全体を選択するプロシージャを作成しています。

**ワンポイント**

**列全体を選択する**

Rangeプロパティで列番地だけを指定すると、指定した列全体を選択することができます。また、「Range("B:D")」のように記述すると、連続した複数の列を選択することができます。なお、「Range("B:D, F:G")」のように「,(カンマ)」で区切ることで、離れた列や列範囲を組み合わせて指定することも可能です。

▼Rangeプロパティの記述方法

```
Range("列範囲, 列範囲, ...")
```

## step 2 VBAマクロを実行する

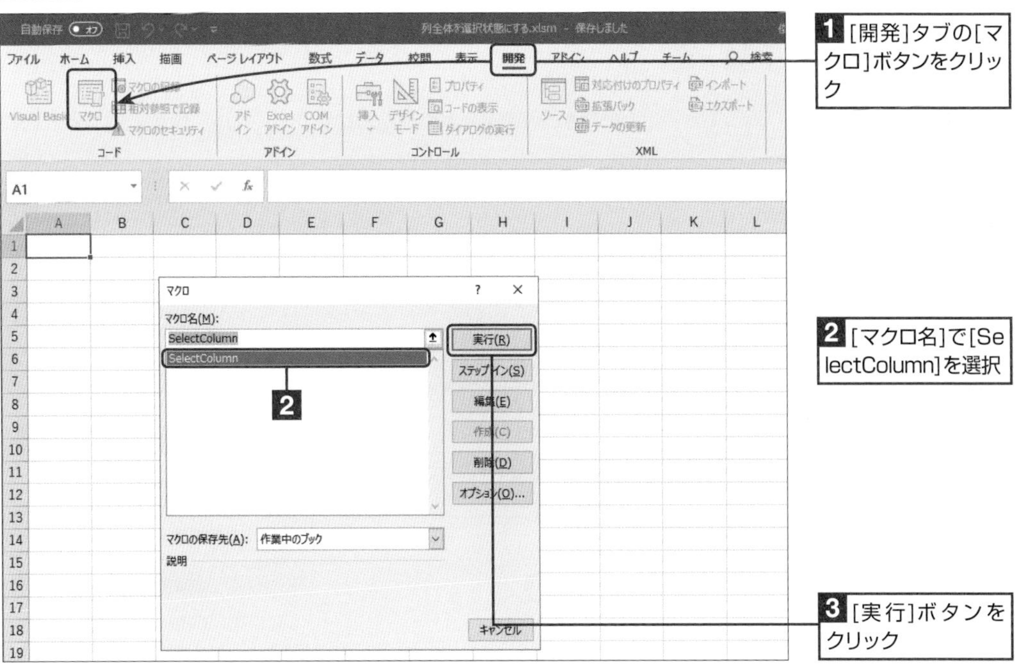


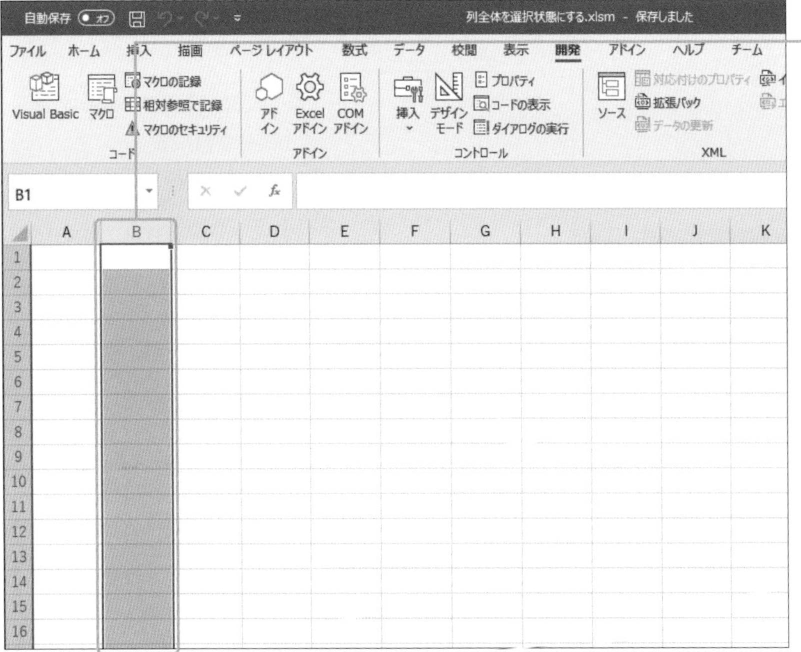


10

**解説**

ここでは、指定した列(B)が選択されます。

**最後に**

作成したブックをマクロ有効ブックとして保存します。

**コラム Selectメソッド**

Selectメソッドで列を選択した場合は、選択した列の上端(複数の列を選択した場合は左上端)にあるセルがアクティブになります。

# 指定したセルに自動で「500」と入力する

「Range」プロパティに「Value」プロパティを組み合わせると、セルに値を入力することができます。

チェックポイント ☑ セルへの値の入力

本セクションで紹介したVBAマクロは、実用サンプル集としてまとめてあります。
詳しくは巻末の「DATA2　はじめてのExcel VBA実用サンプル集」を参照してください。

使用するプロパティ

- Range
- Value

## Rangeプロパティと Valueプロパティを組み合わせたプログラムを作成する

### step 1 セルにデータを入力するプログラムを作成する

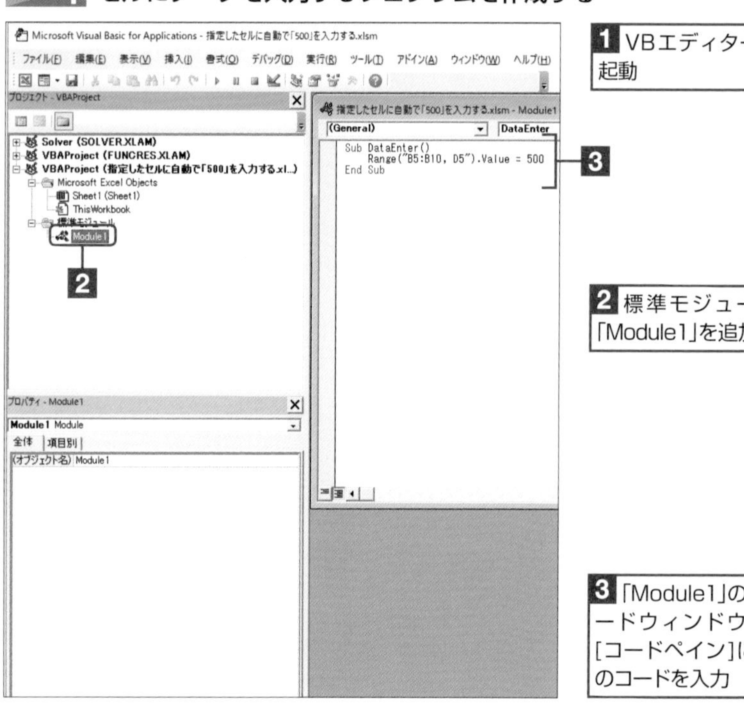


▼セルにデータを入力するプロシージャ

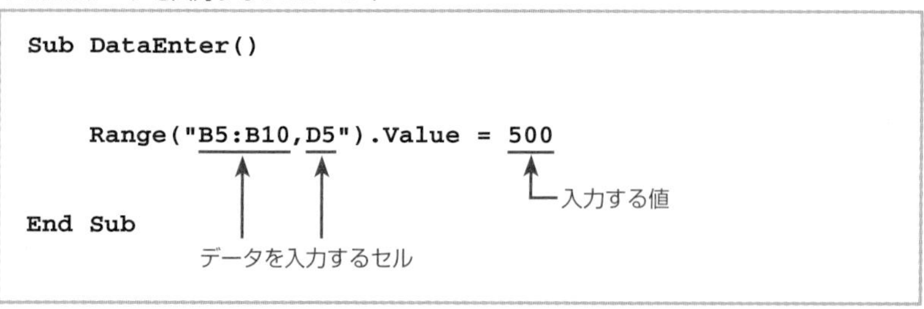

```
Sub DataEnter()

    Range("B5:B10,D5").Value = 500

End Sub
```


**準備**

新規のブックを作成し、「Sheet1」を表示します。

**解説**

ここでは、「Range」プロパティを使って、セル範囲「B5～B10」と「D5」セルを指定し、これらのセルに数値の「500」を入力するプロシージャを作成しています。

**ワンポイント**

**Valueプロパティ**

「Value」プロパティは、セルのデータそのものを表すプロパティで、指定したセルに値を入力したり、セルに入力されているデータを取得することができます。なお、「Range」プロパティは、これまで解説したとおり、「Range("B2:D5")」のように「:」を使ってセル範囲を指定したり、「Range("B2,D5:E10")」のように「,(カンマ)」で区切ることで、離れたセルやセル範囲を組み合わせて指定することが可能です。

▼Valueプロパティの記述方法

```
Rangeオブジェクト.Value = セルに入力するデータ
```

## step 2 VBAマクロを実行する

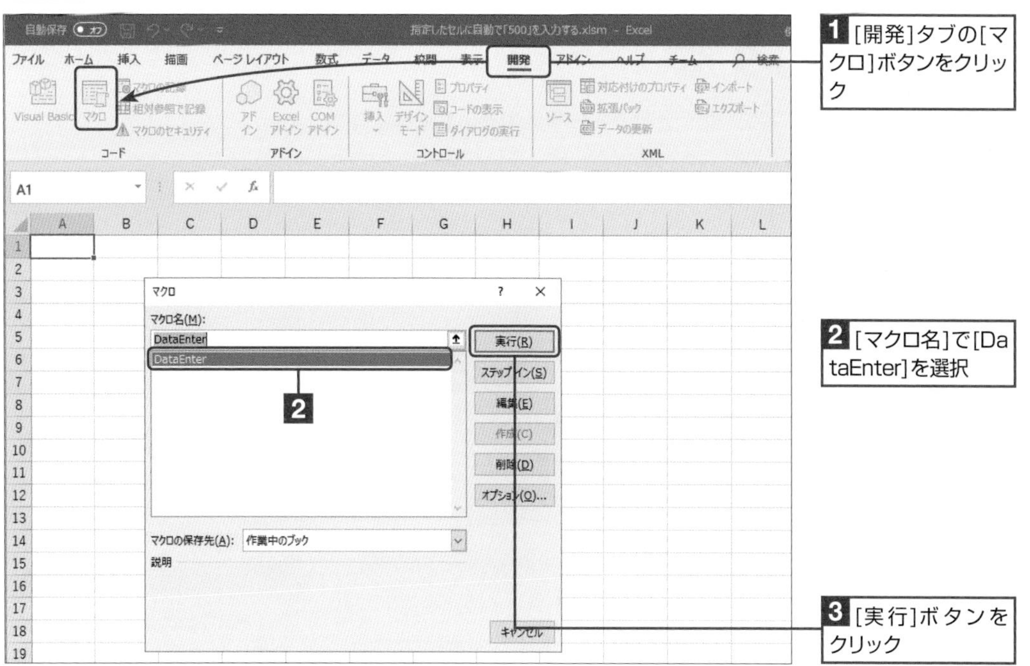


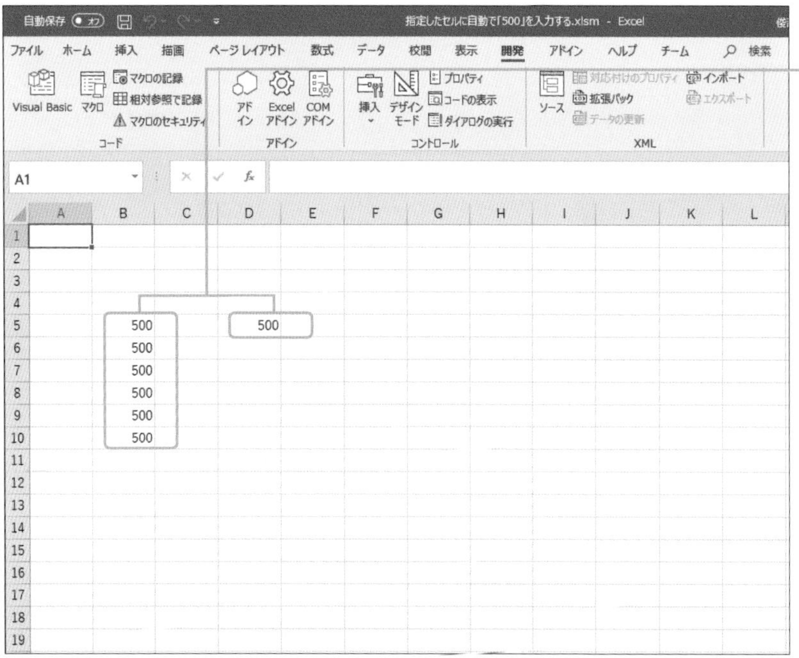

ワンポイント

### 文字を入力する

セルに文字列を入力する場合は、「Range("B5").Value = "文字列入力"」のように、対象の文字列を「"(ダブルクォーテーション)」で囲みます。

解説

ここでは、指定したセル範囲「B5～B10」と「D5」セルに、数値の「500」が入力されます。

最後に

作成したブックをマクロ有効ブックとして保存します。

コラム

### 1つのセルだけに入力する場合

1つのセルだけに入力する場合は、「Range("B5").Value = 500」のように記述します。

SECTION 61

# 選択中のセルに自動で「500」を入力する

ここでは、選択中のセルにデータを入力する方法を紹介します。

チェックポイント ☑ ActiveCellプロパティ

本セクションで紹介したVBAマクロは、実用サンプル集としてまとめてあります。
詳しくは巻末の「DATA2　はじめてのExcel VBA実用サンプル集」を参照してください。

使用するプロパティ

- ActiveCell
- Value

## ActiveCellプロパティを利用したプログラムを作成する

### step 1 セルにデータを入力するプログラムを作成する

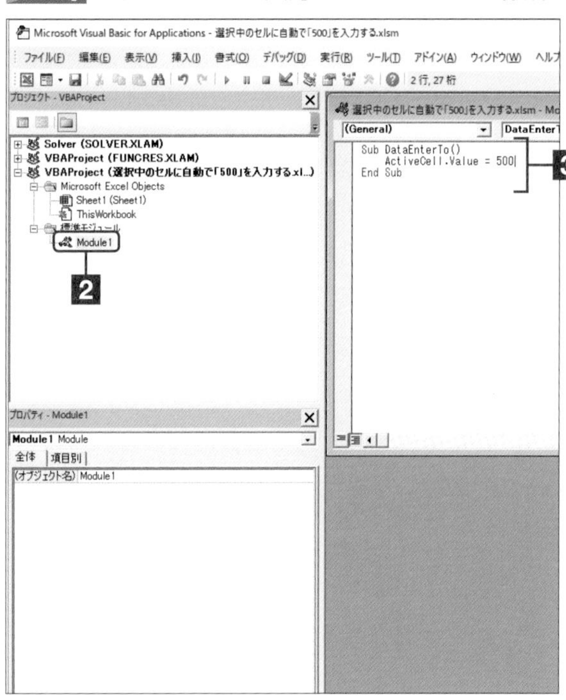


**1** VBエディターを起動

**2** 標準モジュール「Module1」を追加

**3** 「Module1」の[コードウィンドウ]の[コードペイン]に下記のコードを入力

**準備**

新規のブックを作成し、「Sheet1」を表示します。

**解説**

ここでは、「ActiveCell」プロパティを使って、選択中のセルに数値の「500」を入力するプロシージャを作成しています。

**ワンポイント**

#### ActiveCellプロパティ

「ActiveCell」プロパティは、アクティブなセルのRangeオブジェクトを返すプロパティで、アクティブなセルに値を入力したり、セルに入力されているデータを取得することができます。

▼ActiveCellプロパティの記述方法

```
ActiveCell.Value = セルに入力するデータ
```

▼アクティブセルにデータを入力するプロシージャ

```
Sub DataEnterTo()

    ActiveCell.Value = 500
                       ↑
                       └入力する値
End Sub
```

## step 2 VBAマクロを実行する

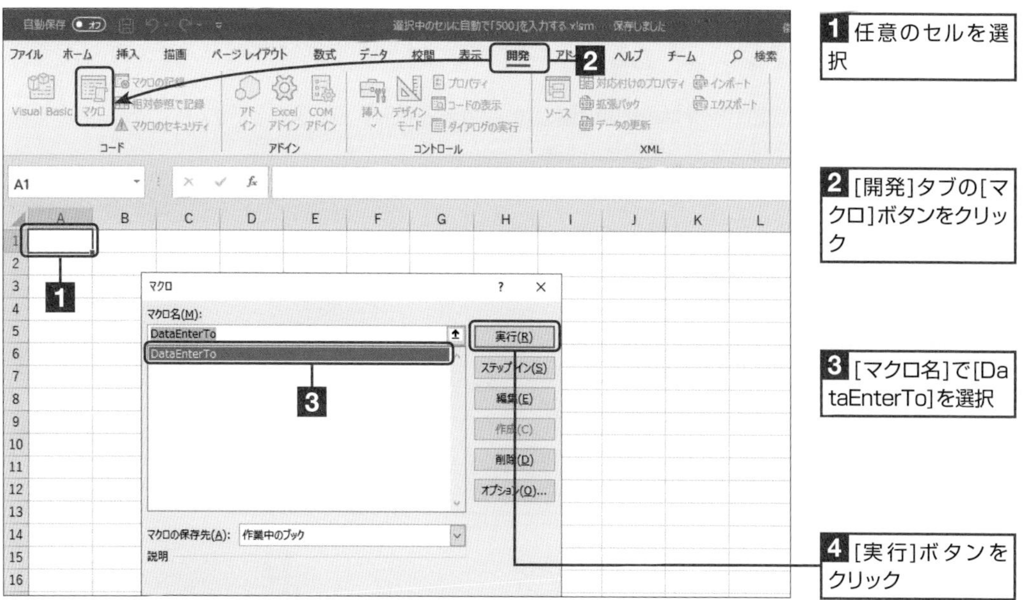


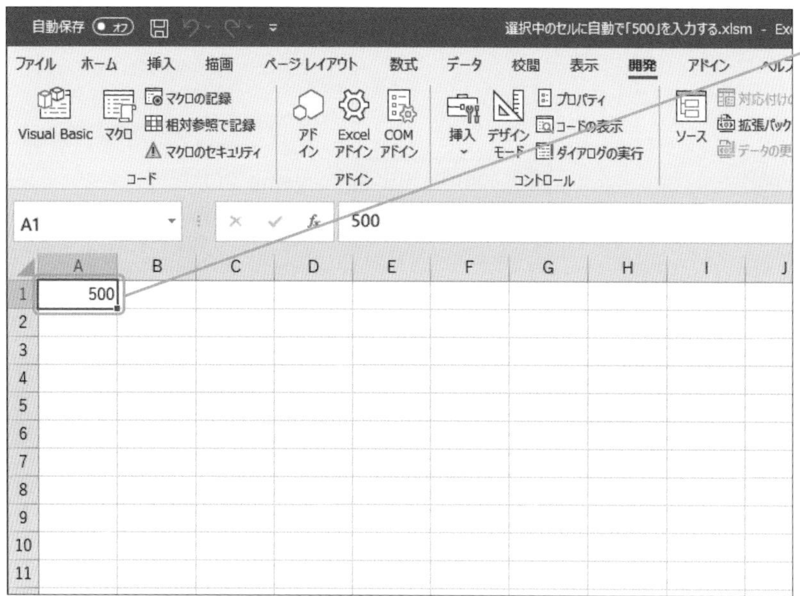


選択中のセルに値が入力されます

### ワンポイント

**セル範囲に値を入力する**

複数のセルにまとめて値を入力する場合は、「Selection」プロパティを使って、次のように記述します。

▼選択したセル範囲にデータを入力するステートメント

```
Selection.Value = 500
```

### 解説

ここでは、選択中のセルに、数値の「500」が入力されます。

### 最後に

作成したブックをマクロ有効ブックとして保存します。

### コラム ActiveCellプロパティ

選択中のセル範囲に値を入力する場合、ActiveCellプロパティを使うと、選択範囲のアクティブなセルだけに値が入力されます。このため、選択したセル範囲のすべてのセルに値を入力する場合は、Selectionプロパティを使います。

SECTION 62

# B5セルに入力されているデータをプログラムで読み込む

「Value」プロパティは、セルの値の設定や取得を行うプロパティです。ここでは、指定したセルの値を取得する方法を紹介します。

チェックポイント ☑ Valueプロパティ

本セクションで紹介したVBAマクロは、実用サンプル集としてまとめてあります。
詳しくは巻末の「DATA2　はじめてのExcel VBA実用サンプル集」を参照してください。

使用するプロパティ

- Value
- Range

## Rangeプロパティと Valueプロパティを組み合わせたプログラムを作成する

### step 1 セルのデータを取得するプログラムを作成する

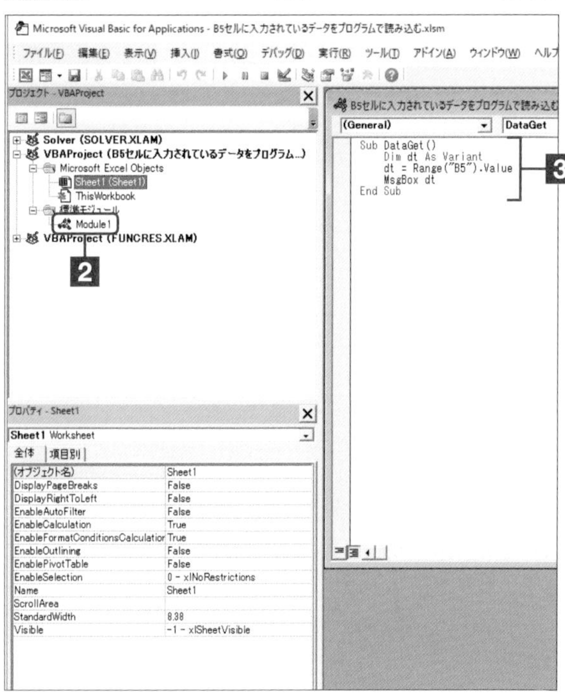


**1** VBエディターを起動

**2** 標準モジュール「Module1」を追加

**3** 「Module1」の[コードウィンドウ]の[コードペイン]に下記のコードを入力

**準備**

新規のブックを作成し、「Sheet1」を表示します。

**解説**

ここでは、「Range」プロパティを使って「B5」セルを指定し、Valueプロパティを使ってセルの値を取得するプロシージャを作成しています。

**ワンポイント**

**Valueプロパティ**

セルのデータを表す「Value」プロパティでは、指定したセルに値を入力するほか、セルに入力されているデータを取得することができます。

▼Valueプロパティでセルの値を取得する

```
セルの値を代入する変数 = Rangeオブジェクト.Value
```

▼セルのデータを取得するプロシージャ

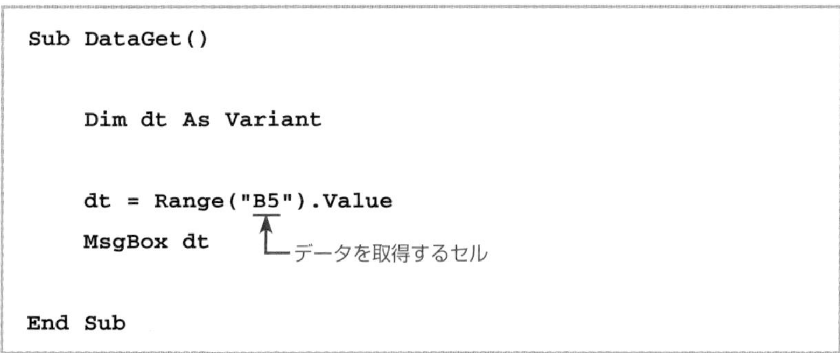

```
Sub DataGet()

    Dim dt As Variant

    dt = Range("B5").Value
    MsgBox dt

End Sub
```

## step 2 VBAマクロを実行する

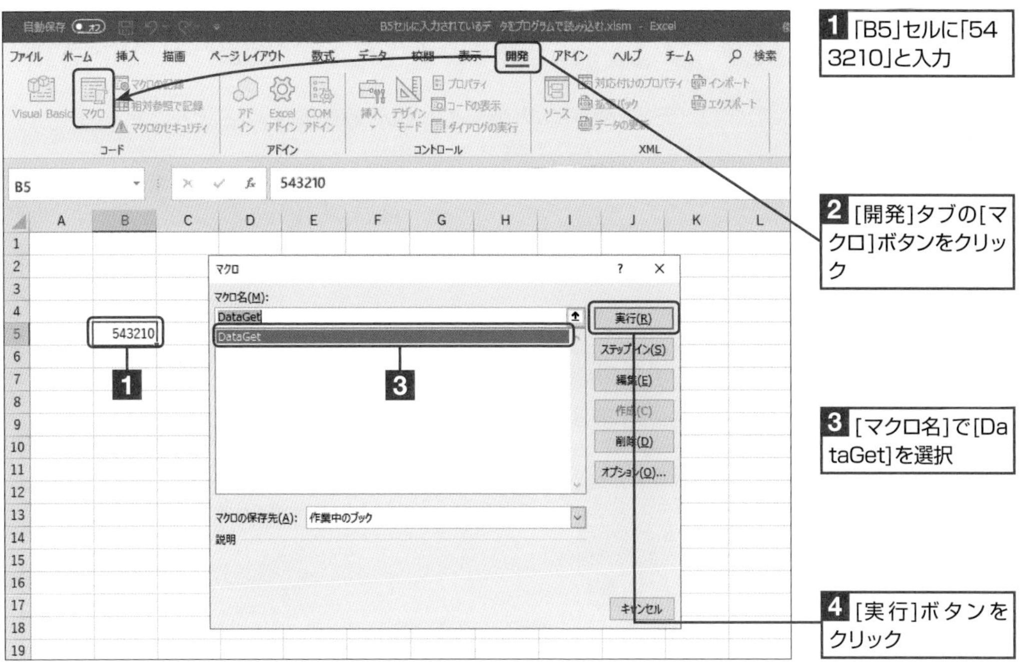


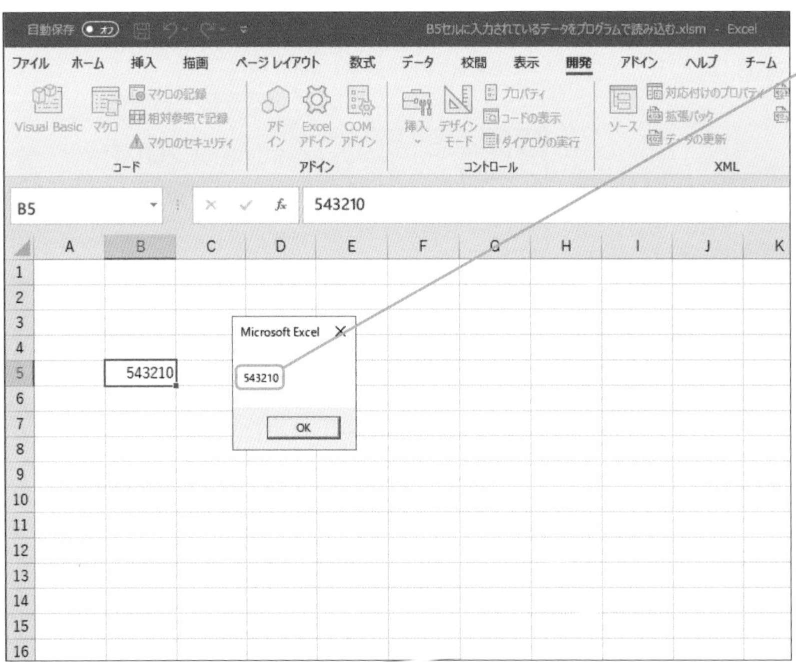


### 解説

セル「B5」に入力されているデータがメッセージボックスに表示されます。

### 最後に

作成したブックをマクロ有効ブックとして保存します。

### コラム データの取得

操作例では、数値データを取得していますが、変数dtはVariant型なので、セルに文字列が入力されている場合は、文字列を取得することができます。

10

SECTION 63

# アクティブにしたセルのデータをプログラムに読み込む

「ActiveCell」プロパティを使うと、アクティブセルの値を取得することができます。

チェックポイント ☑ ActiveCellプロパティ

使用するプロパティ

- ActiveCell
- Value

本セクションで紹介したVBAマクロは、実用サンプル集としてまとめてあります。
詳しくは巻末の「DATA2　はじめてのExcel VBA実用サンプル集」を参照してください。

## ActiveCellプロパティでセルデータを取得する

### step 1 セルのデータを取得するプログラムを作成する

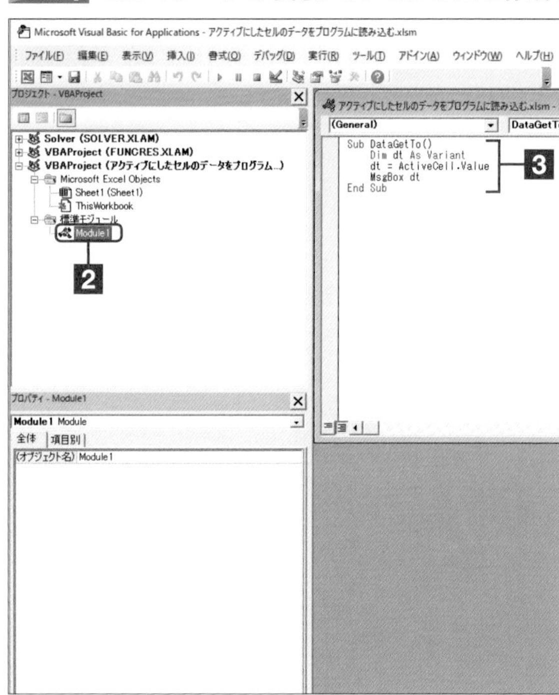


**1** VBエディターを起動

**2** 標準モジュール「Module1」を追加

**3** 「Module1」の[コードウィンドウ]の[コードペイン]に下記のコードを入力

**準備**

新規のブックを作成し、「Sheet1」を表示します。

**解説**

ここでは、「ActiveCell」プロパティを使って、現在、アクティブになっているセル番地を指定し、Valueプロパティを使ってセルの値を取得するプロシージャを作成しています。

**ワンポイント**

**ActiveCellプロパティ**

「ActiveCell」プロパティでは、アクティブセルに値を入力するほか、セルに入力されているデータを取得することができます。

▼ActiveCellプロパティの記述方法

```
セルの値を代入する変数 = ActiveCell.Value
```

▼セルのデータを取得するプロシージャ

```
Sub DataGetTo()

    Dim dt As Variant

    dt = ActiveCell.Value
    MsgBox dt        └アクティブセルを参照する

End Sub
```

## step 2 VBAマクロを実行する

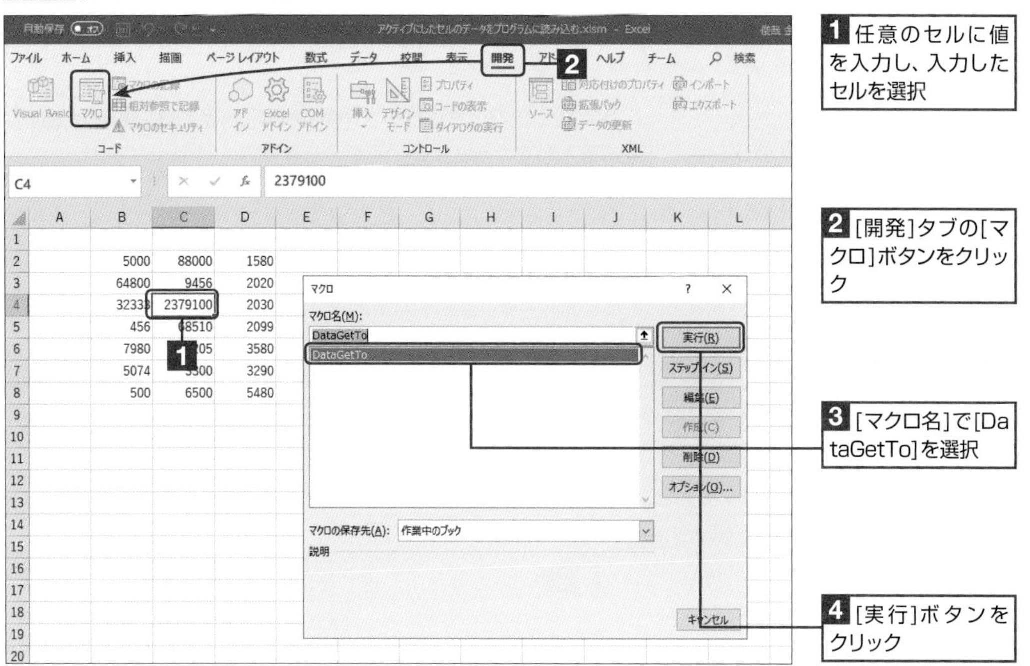


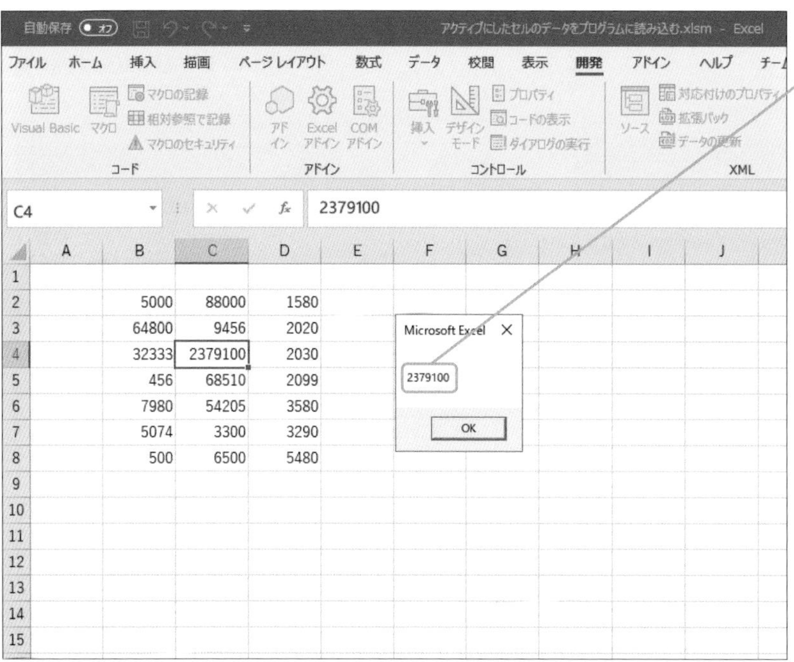


**解説**

「C4」セルに入力されているデータがメッセージボックスに表示されます。

**最後に**

作成したブックをマクロ有効ブックとして保存します。

### コラム データの取得

操作例では、数値データを取得していますが、変数dtはVariant型なので、セルに文字列が入力されている場合は、文字列を取得することができます。

SECTION 64

# A7～B7のセル範囲のデータをプログラムで集計する

セルに数式を入力する場合は、「Formula」プロパティを使います。ここでは、「Formula」プロパティを使ってセルに数式を入力する方法について紹介します。

チェックポイント ☑ Formulaプロパティ

本セクションで紹介したVBAマクロは、実用サンプル集としてまとめてあります。
詳しくは巻末の「DATA2　はじめてのExcel VBA実用サンプル集」を参照してください。

使用するプロパティ

- Formula
- Range

## Formulaプロパティを利用したプログラムを作成する

### step 1 セルに数式を入力するプログラムを作成する

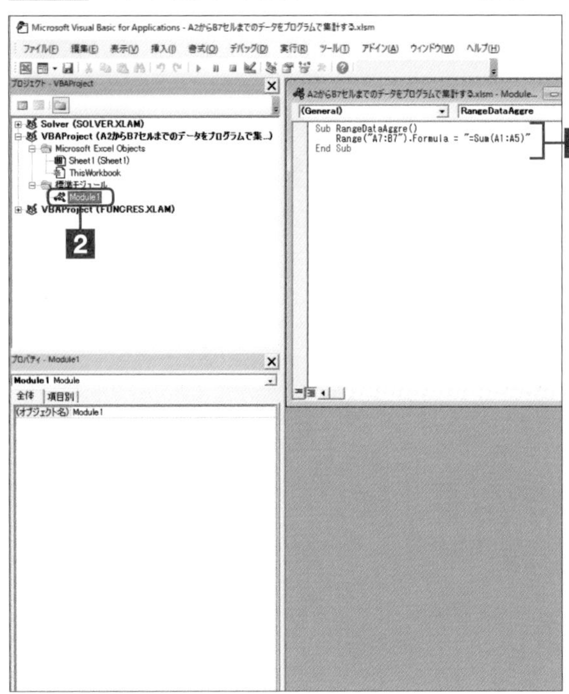


1 VBエディターを起動

2 標準モジュール「Module1」を追加

3 「Module1」の[コードウィンドウ]の[コードペイン]に下記のコードを入力

**準備**

新規のブックを作成し、「Sheet1」を表示します。

**解説**

ここでは、「Formula」プロパティを使って、「A7」～「B7」の範囲のセルに数式を入力するプロシージャを作成しています。なお、数式のSUM関数では、「SUM(A1:A5)」と記述することで、選択範囲のセルを相対参照に設定しています。

**ワンポイント**

**Formulaプロパティ**

「Formula」プロパティは、指定したセルに値を入力するほか、セルに入力されているデータを取得することができます。

▼Formulaプロパティの記述方法

```
Range(セル範囲またはセル番地).Formula = "式"
```

▼セルに数式を入力するプロシージャ

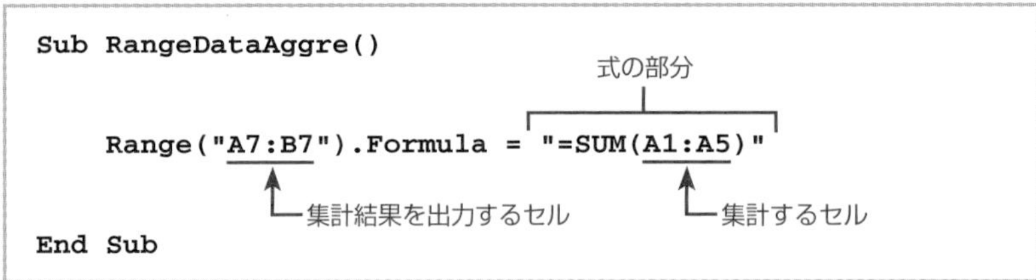

## step 2 VBAマクロを実行する

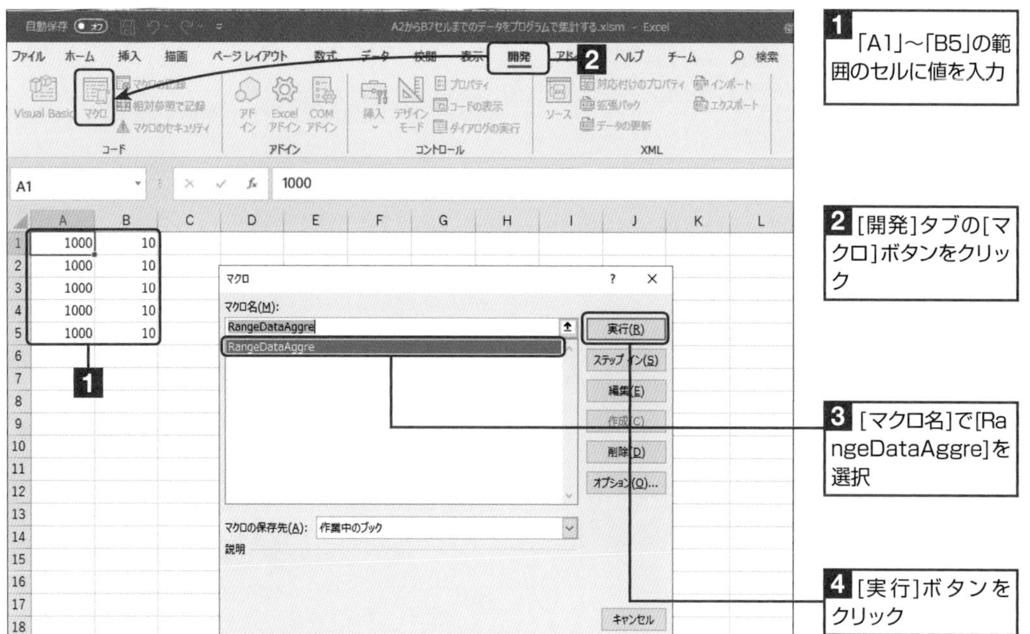


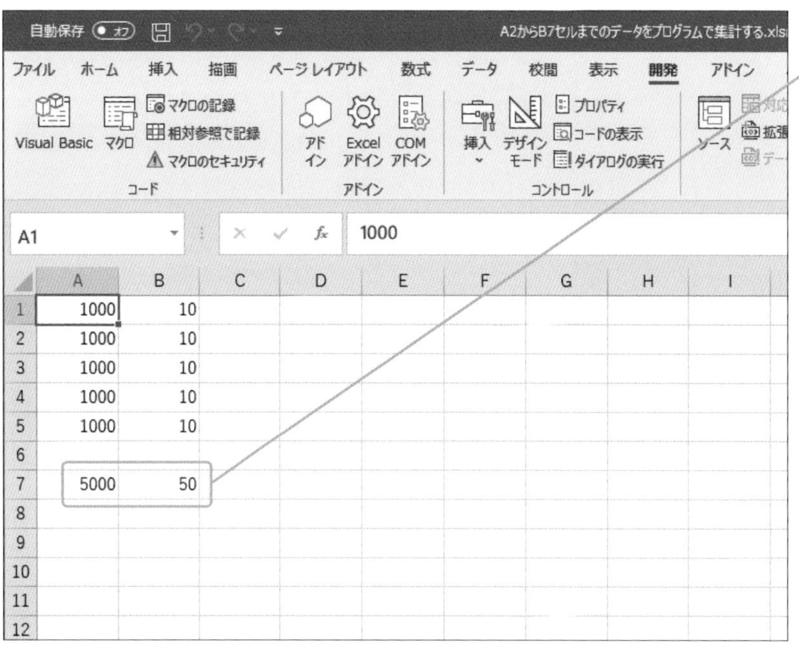


### コラム 1つのセルに数式を入力する

1つのセルだけに数式を入力する場合は、「Range("A7").Formula = "=SUM(A1:A5)"」のように記述します。

### 最後に

作成したブックをマクロ有効ブックとして保存します。

SECTION 65

# 表のクローンを自動作成する（セルのコピー）

データのコピー&ペーストは、「Copy」メソッドと「Paste」メソッドを使います。

チェックポイント
☑ Copyメソッド
☑ Pasteメソッド

本セクションで紹介したVBAマクロは、実用サンプル集としてまとめてあります。
詳しくは巻末の「DATA2　はじめてのExcel VBA実用サンプル集」を参照してください。

| 使用するメソッド | 使用するプロパティ |
|---|---|
| ● Copy　● Select<br>● Paste | ● Range<br>● Activesheet |

## CopyメソッドとPasteメソッドを利用したプログラムを作成する

### step 1 セルのデータをコピー&ペーストするプログラムを作成する

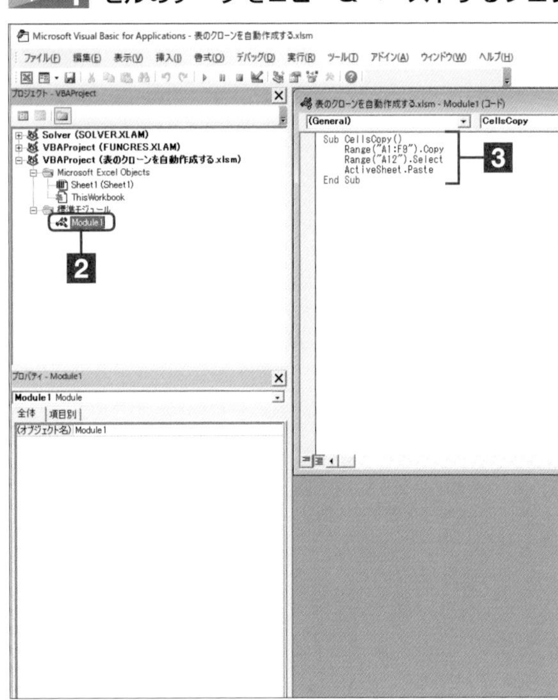


1 VBエディターを起動

2 標準モジュール「Module1」を追加

3 「Module1」の[コードウィンドウ]の[コードペイン]に次のコードを入力

▼コピー&ペーストを行うプロシージャ

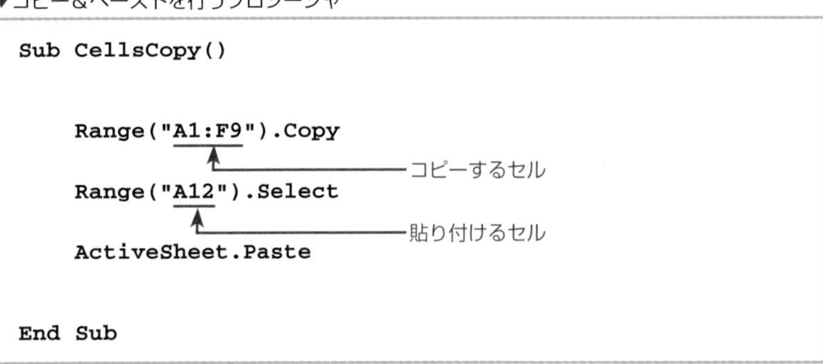

```
Sub CellsCopy()

    Range("A1:F9").Copy
    Range("A12").Select
    ActiveSheet.Paste

End Sub
```



**準備**

新規のブックを作成し、「Sheet1」を表示します。

**解説**

ここでは、「Range」プロパティで指定したセル範囲を「Copy」メソッドを使ってコピーして、「Select」メソッドで選択状態にした「A12」セル以降に、「Paste」メソッドでペーストするプロシージャを作成しています。

**ワンポイント**

#### Copyメソッド

「Copy」メソッドは、Rangeプロパティで指定したセルをコピーするメソッドです。

▼Copyメソッドの記述方法

```
Range(セル範囲またはセル番地).Copy
```

**ワンポイント**

#### Pasteメソッド

「Paste」メソッドは、指定したシートのアクティブセルにクリップボードのデータを貼り付けるメソッドです。このため、操作例では、Rangeプロパティで貼り付け先のセルを選択状態にしたあと、アクティブなシートを指定する「ActiveSheet」プロパティをPasteメソッドの操作の対象として設定しています。

▼Pasteメソッドの記述方法

```
WorkSheetオブジェクト.Paste
```

## step 2 VBAマクロを実行する

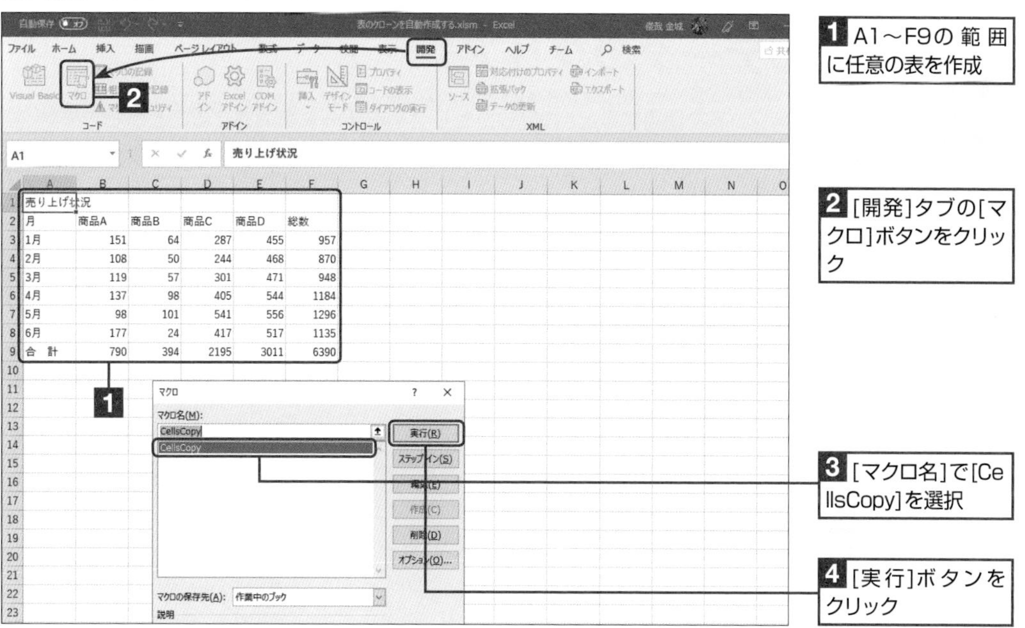


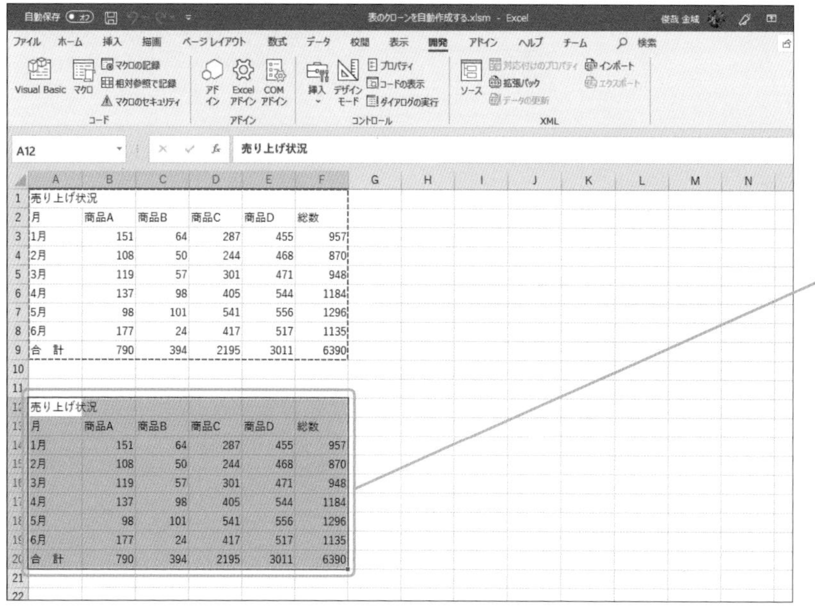

選択したセル範囲のデータが指定したセルを基準に貼り付けられます

### ワンポイント

#### コードを1行にまとめる

操作例のコードは、「Destination」を使うことで、1行にまとめて記述することもできます。

▼「Destination」を使用したコピー＆ペースト

```
Range("A1:F9").Copy Destination:=Range("A12")
```

### コラム Destination

操作例のプロシージャは、指定したセルの内容をクリップボード経由で貼り付けています。これに対し「Destination」を使用した場合は、クリップボードを経由せずに貼り付けが行われます。

### 最後に

作成したブックをマクロ有効ブックとして保存します。

# 表のデータを一気にクリアする（セルデータのクリア）

「Clear」メソッドを使用すると、指定したセル番地のデータを消去することができます。ここでは、「Clear」メソッドを使用して、セルのデータを消去する方法を紹介します。

チェックポイント ☑ Clearメソッド

| 使用するメソッド | 使用するプロパティ |
|---|---|
| ● Clear | ● Range |

本セクションで紹介したVBAマクロは、実用サンプル集としてまとめてあります。
詳しくは巻末の「DATA2　はじめてのExcel VBA実用サンプル集」を参照してください。

## Clearメソッドを利用したプログラムを作成する

### step 1 セルのデータを消去するプログラムを作成する

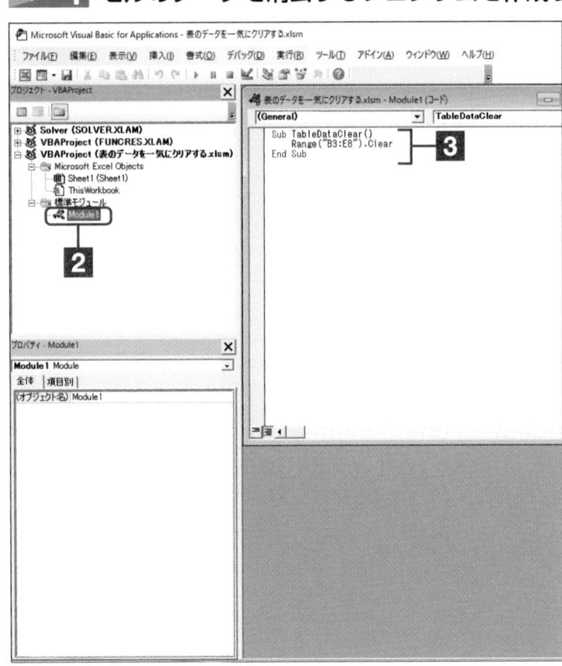


**1** VBエディターを起動

**2** 標準モジュール「Module1」を追加

**3** 「Module1」の[コードウィンドウ]の[コードペイン]に下記のコードを入力

▼セルの内容を消去するプロシージャ

```
Sub TableDataClear()

    Range("B3:E8").Clear

End Sub
```

↑消去の対象にするセル

**準備**

新規のブックを作成し、「Sheet1」を表示します。

**解説**

ここでは、「Range」プロパティで指定したセル範囲を「Clear」メソッドを使って消去するプロシージャを作成しています。なお、セルの内容は完全に消去されるので、セルに設定されている書式も消去されます。

**ワンポイント**

**Clearメソッド**

「Clear」メソッドは、Rangeプロパティで指定したセルの内容を消去するメソッドです。

▼Clearメソッドの記述方法

```
Range(セル範囲またはセル番地).Clear
```

## step 2 VBAマクロを実行する

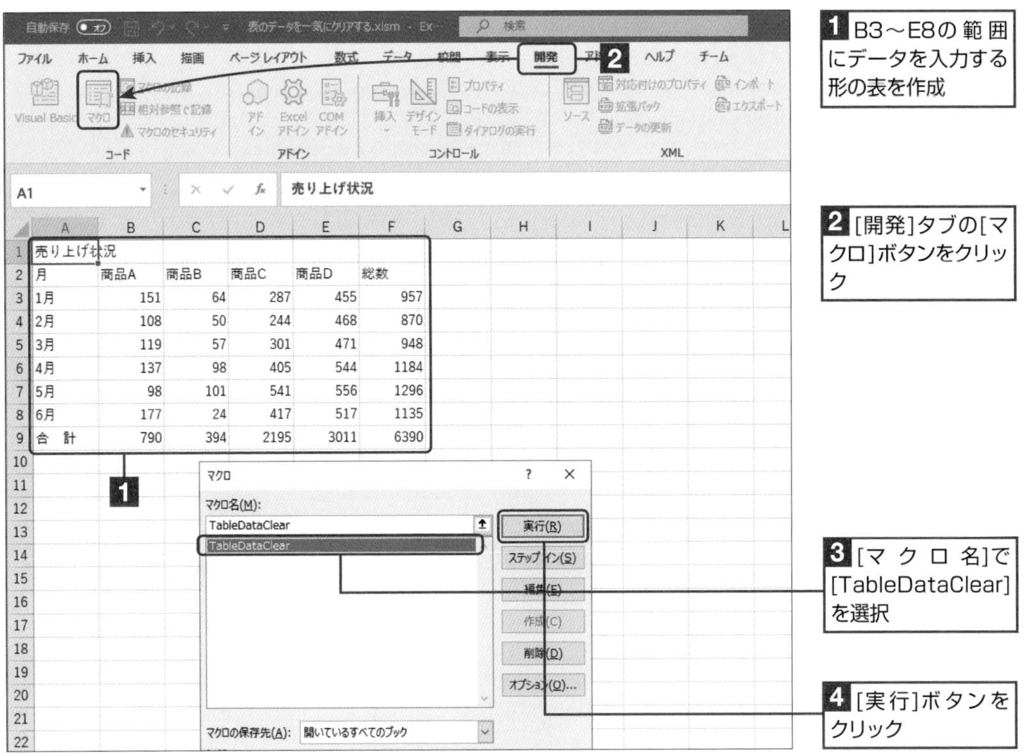


| | A | B | C | D | E | F |
|---|---|---|---|---|---|---|
| 1 | 売り上げ状況 | | | | | |
| 2 | 月 | 商品A | 商品B | 商品C | 商品D | 総数 |
| 3 | 1月 | 151 | 64 | 287 | 455 | 957 |
| 4 | 2月 | 108 | 50 | 244 | 468 | 870 |
| 5 | 3月 | 119 | 57 | 301 | 471 | 948 |
| 6 | 4月 | 137 | 98 | 405 | 544 | 1184 |
| 7 | 5月 | 98 | 101 | 541 | 556 | 1296 |
| 8 | 6月 | 177 | 24 | 417 | 517 | 1135 |
| 9 | 合　計 | 790 | 394 | 2195 | 3011 | 6390 |

| | A | B | C | D | E | F |
|---|---|---|---|---|---|---|
| 1 | 売り上げ状況 | | | | | |
| 2 | 月 | 商品A | 商品B | 商品C | 商品D | 総数 |
| 3 | 1月 | | | | | 0 |
| 4 | 2月 | | | | | 0 |
| 5 | 3月 | | | | | 0 |
| 6 | 4月 | | | | | 0 |
| 7 | 5月 | | | | | 0 |
| 8 | 6月 | | | | | 0 |
| 9 | 合　計 | 0 | 0 | 0 | 0 | 0 |

**ワンポイント**

### データの消去

セルに入力されたデータを消去するメソッドには、以下の3種類があります。

- Clearメソッド
  セル内のデータと書式を消去します。
- ClearContentsメソッド
  セル内のデータだけを消去します。
- ClearFormatsメソッド
  セルの書式だけを消去します。

**最後に**

作成したブックをマクロ有効ブックとして保存します。

**コラム** 消去系メソッドの記述

「Clear」、「ClearContents」、「ClearFormats」の各メソッドの記述方法は同じです。

SECTION 67

# 表の中に空白セルを挿入する（セルの挿入）

指定した位置に新たなセルを挿入するには、「Insert」メソッドを使います。ここでは、Insertメソッドを使って、指定した位置にセルを挿入する方法を紹介します。

チェックポイント ☑ Insertメソッド

本セクションで紹介したVBAマクロは、実用サンプル集としてまとめてあります。
詳しくは巻末の「DATA2　はじめてのExcel VBA実用サンプル集」を参照してください。

| 使用するメソッド | 使用するプロパティ |
|---|---|
| ● Insert | ● Range |

## Insertメソッドを利用したプログラムを作成する

### step 1 セルを挿入するプログラムを作成する

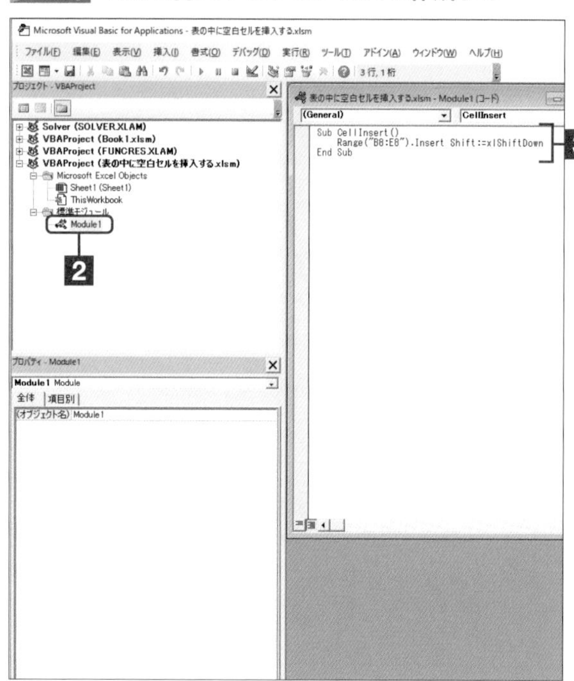


1 VBエディターを起動

2 標準モジュール「Module1」を追加

3 「Module1」の[コードウィンドウ]の[コードペイン]に次のコードを入力

▼セルを挿入するプロシージャ

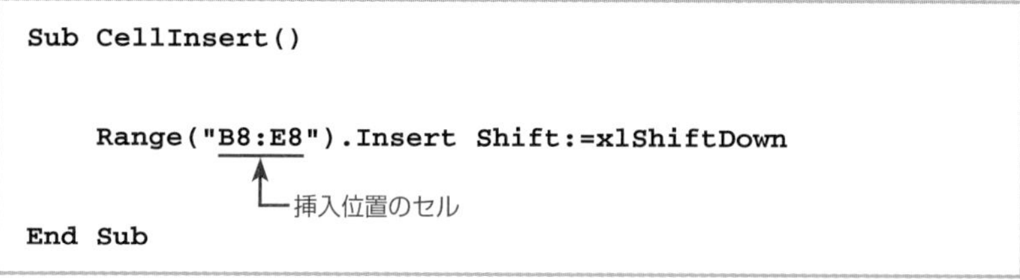

```
Sub CellInsert()

    Range("B8:E8").Insert Shift:=xlShiftDown

End Sub
```

挿入位置のセル

**準備**

新規のブックを作成し、「Sheet1」を表示します。

**解説**

ここでは、「Range」プロパティで指定したセル範囲に「Insert」メソッドを使って、空白のセルを挿入するプロシージャを作成しています。なお、Insertメソッドの既定の引数「Shift」に「xlShiftDown」を設定することで、セルの挿入後に、挿入した位置にあったセルを含む下方向にあるセルを下へシフト（ずらすこと）するようにしています。

**ワンポイント**

### 空白セル挿入マクロの使いどころ

空白のセルを挿入するマクロと聞くと、いったいどんな状況で使うのか少々疑問ですが、セルを挿入する操作は、「挿入する位置のセルの選択」➡「右クリックして[挿入]を選択」➡「挿入位置のセルをシフトする方向の選択」のように意外と手間がかかります。また、表の中に挿入する場合は、挿入位置のセルのシフト方向を間違えると表自体が崩れてしまうので、そのような場合は、あらかじめ状況に合わせたマクロを作っておくと便利です。

## step 2 VBAマクロを実行する

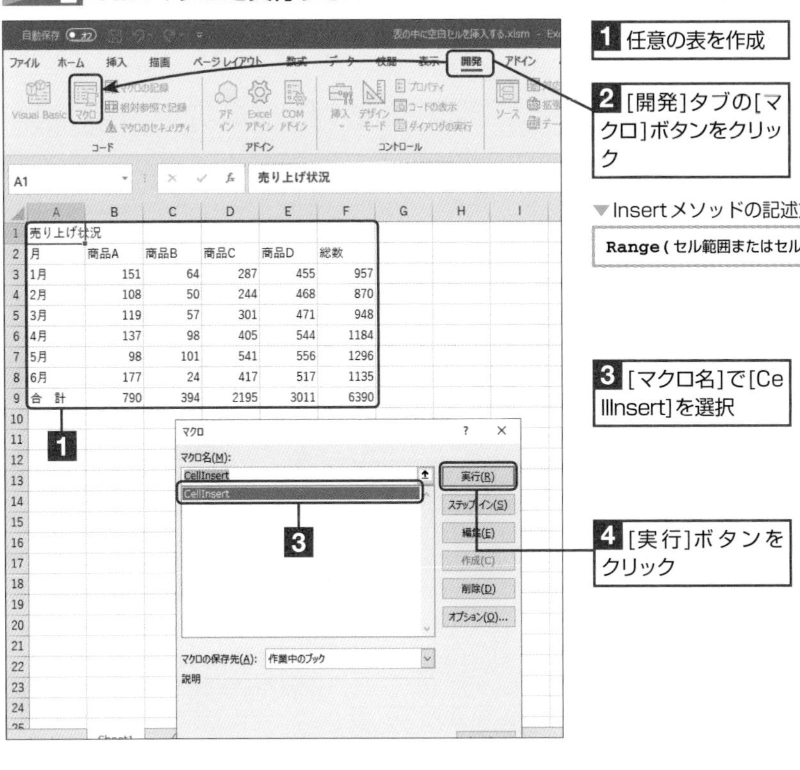


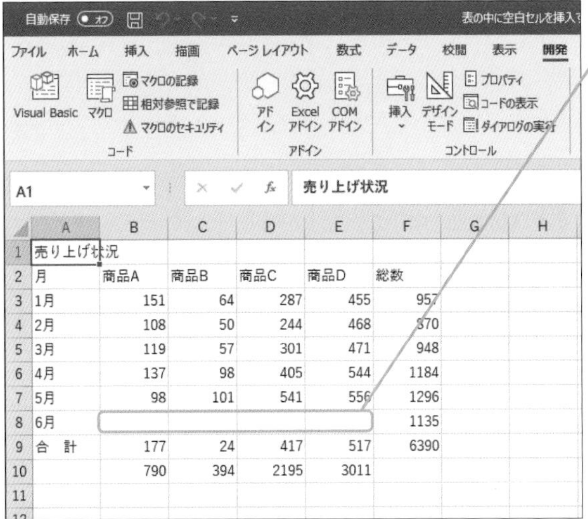

### Insertメソッド

「Insert」メソッドは、Rangeプロパティで指定したセル、またはセル範囲に空白のセルを挿入するメソッドです。

▼Insertメソッドの記述方法

```
Range(セル範囲またはセル番地).Clear Shift:=引数に設定する値
```

<引数に設定する値>では、次の値を指定します。

| | |
|---|---|
| xlShift Down | 挿入した位置にあったセルを含む下方向にあるセルを下へシフトします。 |
| xlShift Up | 挿入した位置にあったセルを含む上方向にあるセルを上へシフトします。 |
| xlShift ToRight | 挿入した位置にあったセルを含む右方向にあるセルを右へシフトします。 |
| xlShift ToLeft | 挿入した位置にあったセルを含む左方向にあるセルを左へシフトします。 |

ここでは、「B8」～「E8」のセル範囲にセルが挿入され、挿入されたセル範囲を含む下方向にあるセルが下方へシフトしています。

作成したブックをマクロ有効ブックとして保存します。

### コラム 行単位または列単位で指定する

選択中のセル範囲に行単位でセルを挿入する場合は「Selection.EntireRow.Insert」と記述します。また、列単位でセルを挿入する場合は「Selection.EntireColumn.Insert」と記述します。

SECTION 68

# 不要になった表の一部を削除する（セルの削除）

任意のセルを削除する場合は、「Delete」メソッドを使います。ここでは、「Delete」メソッドを使って、指定したセルを削除する方法を紹介します。

チェックポイント ☑ Deleteメソッド

| 使用するメソッド | 使用するプロパティ |
|---|---|
| ● Delete | ● Range |

本セクションで紹介したVBAマクロは、実用サンプル集としてまとめてあります。
詳しくは巻末の「DATA2　はじめてのExcel VBA実用サンプル集」を参照してください。

## Deleteメソッドを利用したプログラムを作成する

### step 1 セルを削除するプログラムを作成する

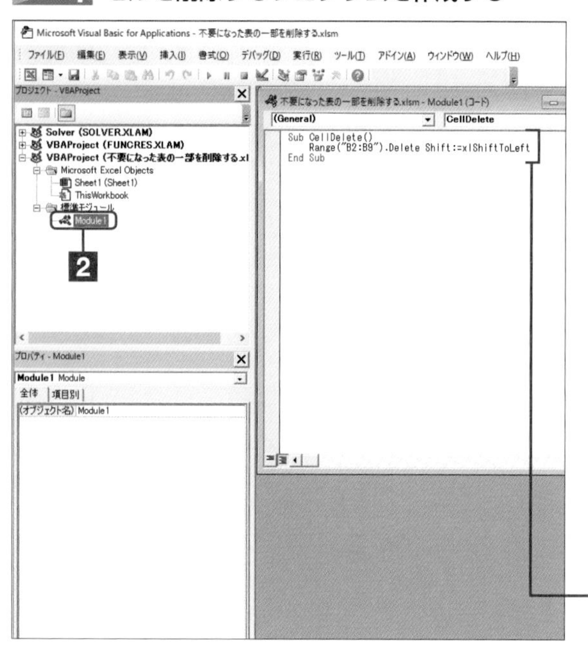


1 VBエディターを起動

2 標準モジュール「Module1」を追加

3 「Module1」の[コードウィンドウ]の[コードペイン]に次のコードを入力

**準備**

新規のブックを作成し、「Sheet1」を表示します。

**解説**

ここでは、「Range」プロパティで指定したセル範囲に「Delete」メソッドを使って、セルを削除するプロシージャを作成しています。なお、Deleteメソッドの既定の引数「Shift」に「xlShiftToLeft」を設定することで、セルの削除後に、削除したセルの右方向にあるセルを左方向へシフトするようにしています。

▼セルを削除するプロシージャ

```
Sub CellDelete()

    Range("B2:B9").Delete Shift:=xlShiftToLeft
          ↑
          └削除するセル
End Sub
```

**ワンポイント**

**表の一部を削除するマクロの使いどころ**

前項でもお話しましたが、セルを削除する操作自体は簡単ですが、削除したあと、まわりのセルをどの方向にシフトするのかが重要になってきます。シフトする方向を間違えると表が崩れたりするためです。このようなこともあり、よく使う削除のパターンがあれば、それをマクロにしておくと意外と便利です。

## step 2 VBAマクロを実行する

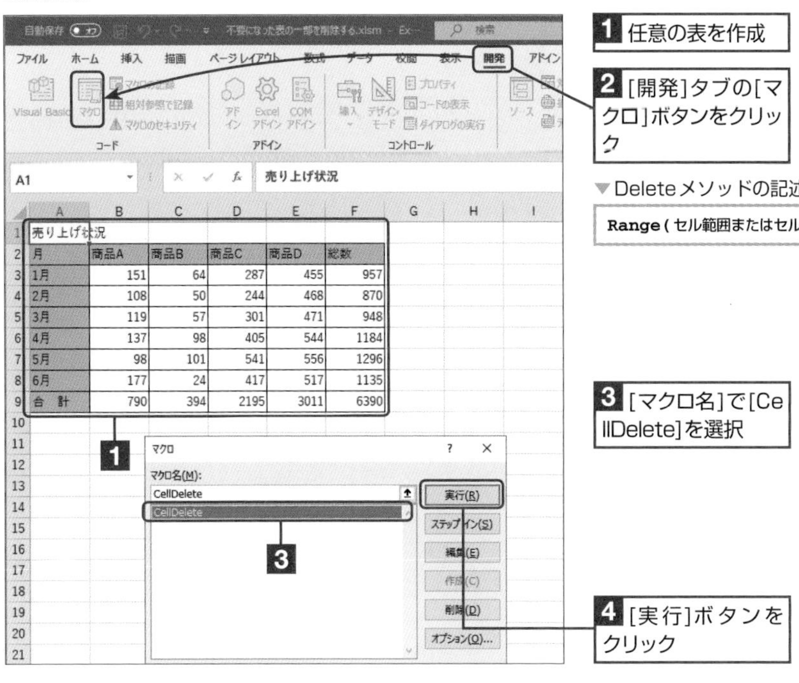


▼Deleteメソッドの記述方法

```
Range(セル範囲またはセル番地).Delete Shift:=引数に設定する値
```

### ワンポイント

**Deleteメソッド**

「Delete」メソッドは、Rangeプロパティで指定したセル、またはセル領域を削除するメソッドです。

<引数に設定する値>では、次の値を指定します。

| | |
|---|---|
| xlShiftDown | 削除するセルの上方向のセルが下へシフトします。 |
| xlShiftUp | 削除するセルの下方向のセルが上へシフトします。 |
| xlShiftToRight | 削除するセルの左方向のセルが右へシフトします。 |
| xlShiftToLeft | 削除するセルの右方向のセルが左へシフトします。 |

### 解説

ここでは、「B2」～「B9」セルが削除され、元の「C2」～「F9」にあったセルが左方向へシフトしています。

### 最後に

作成したブックをマクロ有効ブックとして保存します。

### コラム 行全体または列全体の削除

アクティブセルを含む行全体を削除するには「ActiveCell.EntireRow.Delete」と記述します。また、列全体を削除するには「ActiveCell.EntireColumn.Delete」と記述します。行を削除する場合はその下の行が上へ、列を削除する場合はその右の列が左へシフトします。

SECTION 69

# セルの字体を「メイリオ」の太字にする（セルのフォント設定）

セルに入力されている文字のフォントを設定するには、「Font」プロパティを使います。ここでは、「Font」プロパティを使って、フォントを設定する方法を紹介します。

チェックポイント ☑ Fontプロパティ

本セクションで紹介したVBAマクロは、実用サンプル集としてまとめてあります。
詳しくは巻末の「DATA2　はじめてのExcel VBA実用サンプル集」を参照してください。

使用するプロパティ

- Range
- Font
- Name
- Size
- Bold

## Fontプロパティを利用したプログラムを作成する

### step 1 セルのフォントを設定するプログラムを作成する

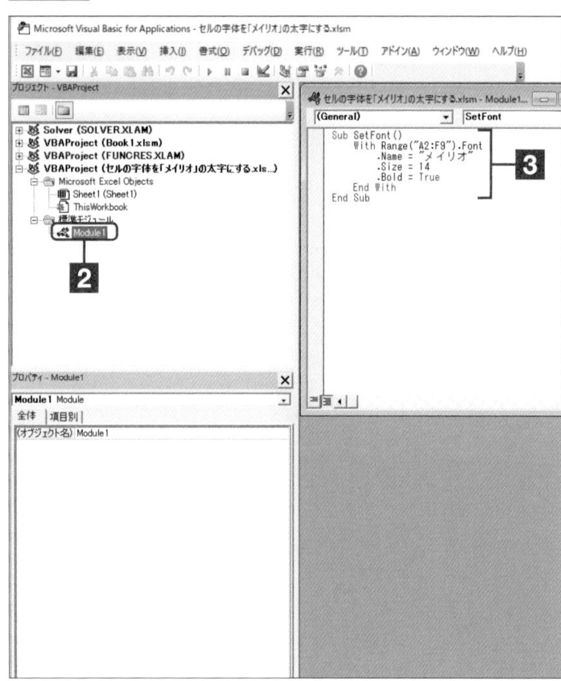


**1** VBエディターを起動

**2** 標準モジュール「Module1」を追加

**3** 「Module1」の[コードウィンドウ]の[コードペイン]に下記のコードを入力

準備

新規のブックを作成し、「Sheet1」を表示します。

解説

ここでは、「Range」プロパティで指定したセル範囲に「Font」プロパティを使って、セルの書式を設定するプロシージャを作成しています。

ワンポイント

**Fontプロパティ**

「Font」プロパティは、Rangeプロパティで指定したセル、またはセル領域のフォントを設定するプロパティです。

▼Fontプロパティの記述方法

```
Range(セル範囲またはセル番地).Font.Fontプロパティに属する各種のプロパティ = 設定値
```

▼セルのフォントを設定するプロシージャ

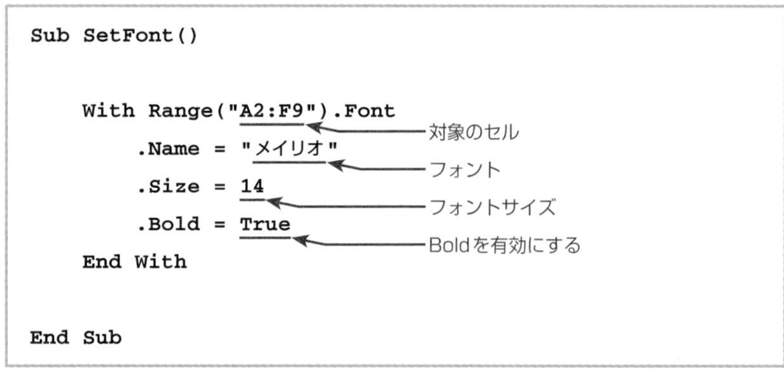

```
Sub SetFont()

    With Range("A2:F9").Font      ←対象のセル
        .Name = "メイリオ"        ←フォント
        .Size = 14                ←フォントサイズ
        .Bold = True              ←Boldを有効にする
    End With

End Sub
```

ワンポイント

**Withステートメント**

「With」ステートメントは、オブジェクトへの参照情報を省略するためのステートメントです。操作例では、「With Range("A2:F9").Font」と記述することで、本来であれば、「Range("A2:F9").Font.Name = "MS　明朝"」と記述するところを「.Name = "MS　明朝"」のように記述しています。

## step 2 VBAマクロを実行する

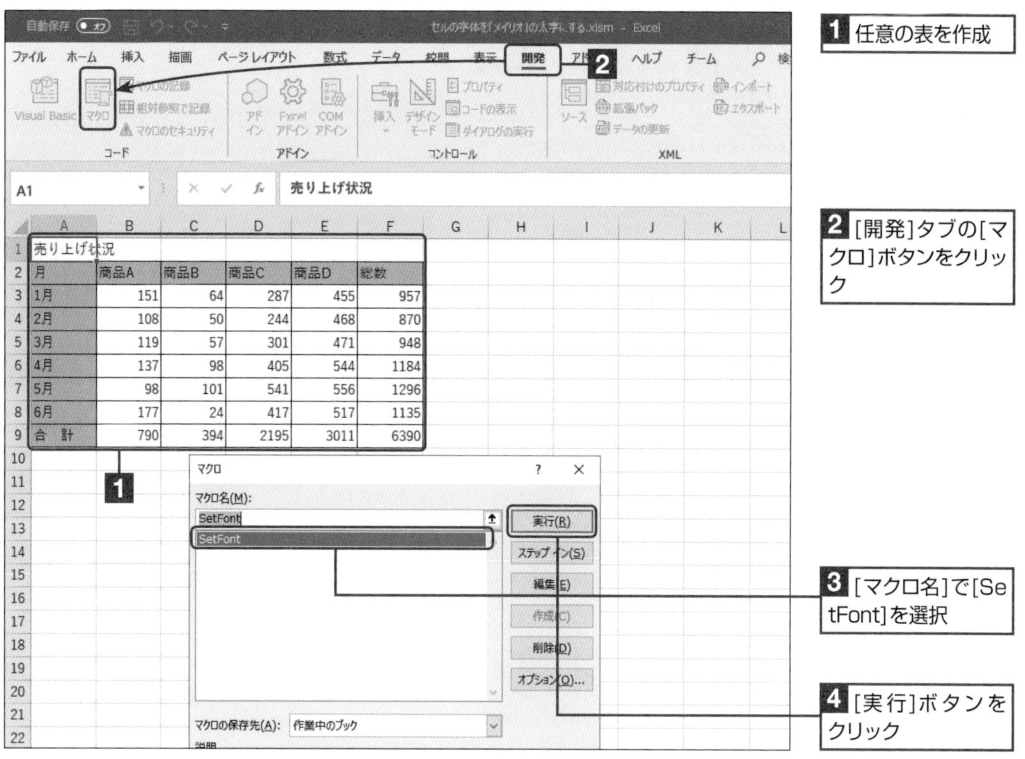


| 売り上げ状況 | | | | | |
|---|---|---|---|---|---|
| 月 | 商品A | 商品B | 商品C | 商品D | 総数 |
| 1月 | 151 | 64 | 287 | 455 | 957 |
| 2月 | 108 | 50 | 244 | 468 | 870 |
| 3月 | 119 | 57 | 301 | 471 | 948 |
| 4月 | 137 | 98 | 405 | 544 | 1184 |
| 5月 | 98 | 101 | 541 | 556 | 1296 |
| 6月 | 177 | 24 | 417 | 517 | 1135 |
| 合　計 | 790 | 394 | 2195 | 3011 | 6390 |

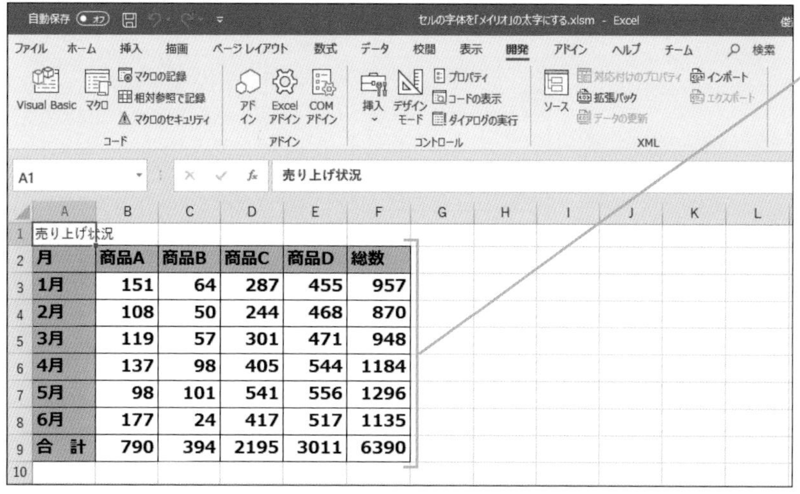

**解説**

ここでは、「A2」～「F9」セルの範囲のフォントが設定されます。

**最後に**

作成したブックをマクロ有効ブックとして保存します。

### コラム フォント名を指定する際の注意

フォント名を指定する場合は、「"(ダブルクォーテーション)」で囲んで指定します。フォント名は間違えないように記述し、全角、半角を正確に使い分けるようにします。なお、「MS　明朝」の場合は、すべて全角文字なので注意してください。

SECTION 70

# 表の見出しの色をイエローにする（セルの背景色の設定）

「Interior」プロパティを使うと、セルの色を設定することができます。ここでは、セルの色を設定する方法について見ていきましょう。

チェックポイント ☑ Interiorプロパティ

本セクションで紹介したVBAマクロは、実用サンプル集としてまとめてあります。
詳しくは巻末の「DATA2　はじめてのExcel VBA実用サンプル集」を参照してください。

使用するプロパティ

- Interior
- Color
- Range

## Interiorプロパティを利用したプログラムを作成する

### step 1 セルの背景色を設定するプログラムを作成する

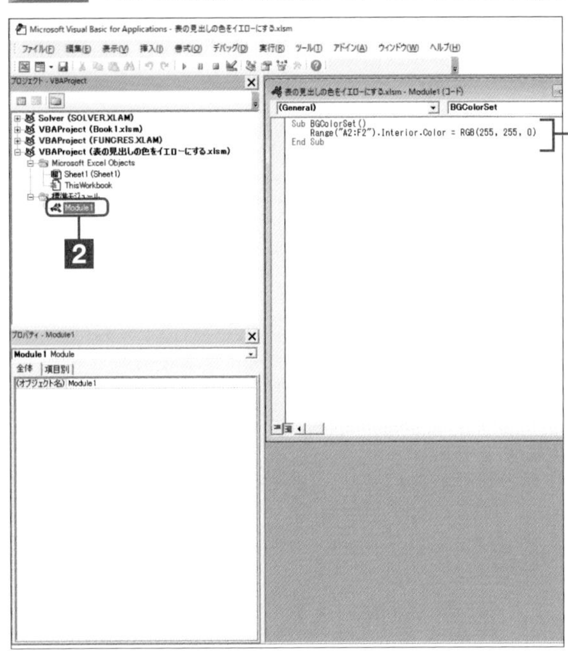


**1** VBエディターを起動

**2** 標準モジュール「Module1」を追加

**3** 「Module1」の[コードウィンドウ]の[コードペイン]に下記のコードを入力

**準備**

新規のブックを作成し、「Sheet1」を表示します。

**解説**

ここでは、「Range」プロパティで指定したセル範囲に「Interior」プロパティを使って、セルの背景色を設定するプロシージャを作成しています。

**ワンポイント**

**Interiorプロパティ**

「Interior」プロパティは、Rangeオブジェクトに属するInteriorオブジェクトを取得、設定するためのプロパティで、Interiorオブジェクトに属するColorプロパティを使って背景色を設定することができます。

▼Interiorプロパティの記述方法

```
Range(セル範囲またはセル番地).Interior.Interiorプロパティに属する各種のプロパティ = 設定値
```

▼セルのフォントを設定するプロシージャ

```
Sub BGColorSet()

    Range("A2:F2").Interior.Color = RGB(255,255,0)
           ↑背景色を設定するセル        ↑設定する色
End Sub
```

## step 2 VBAマクロを実行する

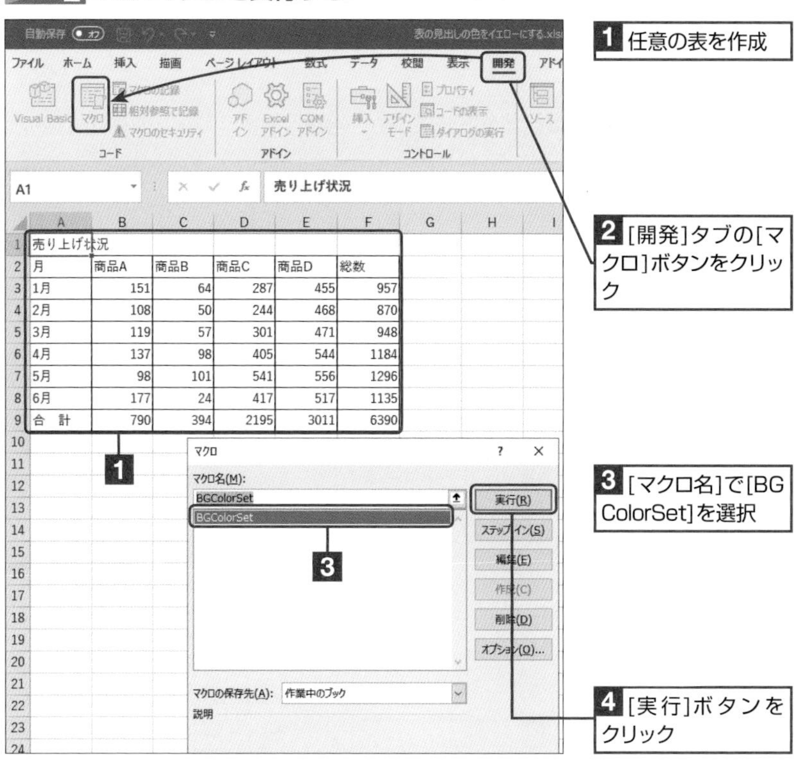

指定したセル範囲の背景色が設定されます

### コラム 背景色、文字色、罫線の色の設定

Colorプロパティをinteriorオブジェクトに使用した場合はセルの背景色を、Fontオブジェクトに使用した場合は文字の色を、Borderコレクション、Borderオブジェクトに使用した場合は罫線の色をそれぞれ設定することができます。

### 解説

ここでは、「A2」～「F2」セルの範囲の背景色が設定されます。

### ワンポイント

#### RGB関数

RGB関数は、赤、緑、青の割合を0～255までの数値を使って、色を指定する関数です。主な色のRGB値は次のとおりです。

▼主な色のRGB値

| 色 | R（赤） | G（緑） | B（青） |
|---|---|---|---|
| 黒 | 0 | 0 | 0 |
| 白 | 255 | 255 | 255 |
| 赤 | 255 | 0 | 0 |
| 緑 | 0 | 255 | 0 |
| 青 | 0 | 0 | 255 |
| 黄 | 255 | 255 | 0 |

### 最後に

作成したブックをマクロ有効ブックとして保存します。

SECTION 71

# 表の枠組みを自動作成する（罫線の設定）

ここでは、指定したセルに罫線を設定する方法について紹介します。

チェックポイント ☑ Bordersコレクション

本セクションで紹介したVBAマクロは、実用サンプル集としてまとめてあります。
詳しくは巻末の「DATA2　はじめてのExcel VBA実用サンプル集」を参照してください。

| 使用するコレクション | 使用するプロパティ |
|---|---|
| ● Borders | ● Range ● LineStyle ● Weight |

## Bordersコレクションを利用したプログラムを作成する

### step 1 セルの罫線を設定するプログラムを作成する

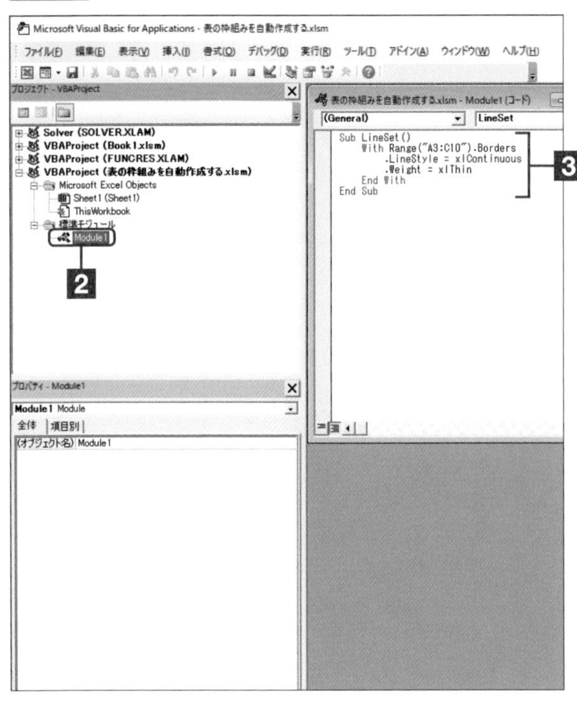


**1** VBエディターを起動

**2** 標準モジュール「Module1」を追加

**3** 「Module1」の[コードウィンドウ]の[コードペイン]に下記のコードを入力

▼セルに罫線を引くプロシージャ

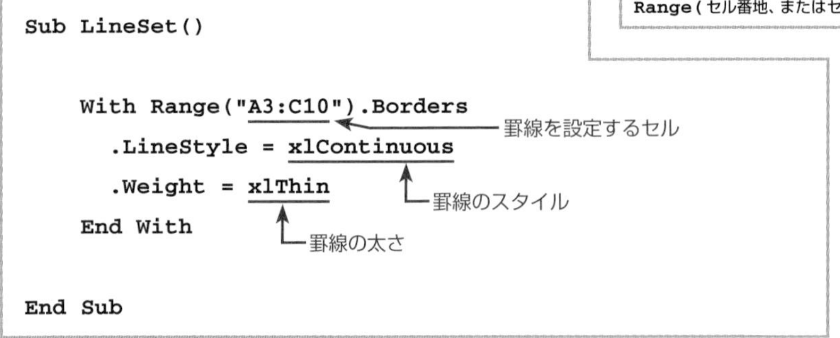

```
Sub LineSet()

    With Range("A3:C10").Borders
      .LineStyle = xlContinuous
      .Weight = xlThin
    End With

End Sub
```



**準備**

新規のブックを作成し、「Sheet1」を表示します。

**解説**

ここでは、「Range」プロパティで指定したセル範囲に「Borders」コレクションを使って、罫線を設定するプロシージャを作成しています。

**ワンポイント**

#### Bordersコレクション

罫線に関する情報を管理しているのは、Borderオブジェクトです。なお、1つのセルには上下左右の4辺があるので、オブジェクトも4つ存在します。Bordersコレクションには上下左右の4つのオブジェクトがすべて含まれています。このため、すべての辺で同じ罫線を表示したい場合は、Borderオブジェクトで1つ1つ設定するのではなく、Bordersコレクションを使って4つの辺にまとめて設定します。

▼Bordersコレクションを参照する

```
Range(セル番地、またはセル範囲).Borders
```

**ワンポイント**

#### 罫線の種類の設定

罫線の種類は、Borderオブジェクトの「LineStyle」プロパティで設定します。このプロパティは、デフォルトで「xlLineStyleNone」(罫線を表示しない)という定数が設定されています。

## step 2 VBAマクロを実行する

1 [開発]タブの[マクロ]ボタンをクリック

2 [マクロ名]で[LineSet]を選択

3 [実行]ボタンをクリック

指定したセル範囲に罫線が設定されます

▼罫線の種類を設定する

```
Range(セル番地、またはセル範囲).Borders.LineStyle = 定数
```

▼LineStyleに設定できる定数

| 定数 | 罫線の種類 |
|---|---|
| xlContinuous | 実線(細) |
| xlDash | 破線 |
| xlDot | 点線 |
| xlDouble | 二重線 |
| xlDashDot | 一点鎖線 |
| xlDashDotDot | 二点鎖線 |
| xlSlantDashDot | 斜め斜線 |
| xlLineStyleNone | 罫線なし |

### ワンポイント

**罫線の太さの設定**

罫線の太さは、Borderオブジェクトの「Weight」プロパティで設定します。Excelの初期値ではxlThin(細い線)が設定されています。

▼罫線の太さを設定する

```
Range(セル番地、またはセル範囲)
.Borders.Weight = 定数
```

▼Weightプロパティに設定できる定数

| 定数 | 罫線の太さ |
|---|---|
| xlHairline | 極細 |
| xlThin | 細 |
| xlMedium | 中 |
| xlThick | 太 |

### 解説

ここでは、「A3」~「C10」セルの範囲に罫線が設定されます。

### 最後に

作成したブックをマクロ有効ブックとして保存します。

### コラム Bordersコレクションのプロパティ

Bordersコレクションに属する各種のプロパティは、VBAで設定されている定数を使って設定します。

10

SECTION 72

# 外枠だけを太くした表を自動作成する（異なる種類の罫線の設定）

ここでは、指定したセル範囲に異なる種類の罫線を設定する方法について紹介します。

チェックポイント ☑ Bordersコレクション

| 使用するコレクション | 使用するプロパティ |
|---|---|
| ● Borders | ● LineStyle<br>● Weight |

本セクションで紹介したVBAマクロは、実用サンプル集としてまとめてあります。
詳しくは巻末の「DATA2　はじめてのExcel VBA実用サンプル集」を参照してください。

## Bordersコレクションで異なる種類の罫線を引くプログラムを作成する

### step 1 セルの罫線を設定するプログラムを作成する

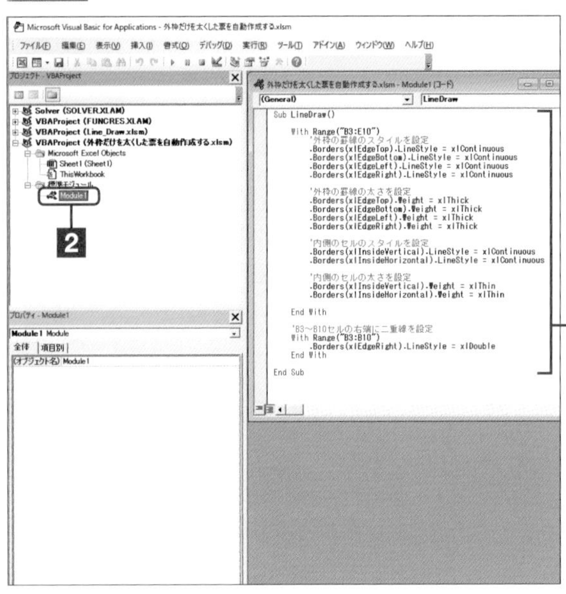

**1** VBエディターを起動

**2** 標準モジュール「Module1」を追加

**3** 「Module1」の[コードウィンドウ]の[コードペイン]に下記のコードを入力

▼指定したセル範囲に複数の種類の罫線を引くプロシージャ

```
Sub LineDraw()

    With Range("B3:E10")
        '外枠の罫線のスタイルを設定
        .Borders(xlEdgeTop).LineStyle = xlContinuous
        .Borders(xlEdgeBottom).LineStyle = xlContinuous
        .Borders(xlEdgeLeft).LineStyle = xlContinuous
        .Borders(xlEdgeRight).LineStyle = xlContinuous

        '外枠の罫線の太さを設定
        .Borders(xlEdgeTop).Weight = xlThick
        .Borders(xlEdgeBottom).Weight = xlThick
```

#### 準備

新規のブックを作成し、「Sheet1」を表示します。

#### 解説

ここでは、以下の設定を行うプロシージャを作成しています。

◦ B3～E10セルの外枠に太線を設定
◦ B3～E10セルの内部に細線を設定
◦ B3～B10セルの右側に二重線を設定

#### ワンポイント

**Borderオブジェクトを取得するBordersコレクション**

罫線に関する情報を管理しているのは、Borderオブジェクトです。セルに対する罫線を表示する場合には、RangeオブジェクトのBordersコレクションを使ってBorderオブジェクトを取得します。

▼Borderオブジェクトを取得してプロパティを設定する

```
Range("A1").Borders(xlEdgeTop).LineStyle = xlContinuous
```

**◦罫線の種類は8種類**

Borderオブジェクトは1つ1つの罫線を表しています。1つのセルの罫線は上下左右の4つとなり、複数のセルを含む領域の場合は、領域の上下左右以外に領域内の横線と縦線があります。また右上がりと右下がりの斜線があります。

```
        .Borders(xlEdgeLeft).Weight = xlThick
        .Borders(xlEdgeRight).Weight = xlThick

        '内側のセルのスタイルを設定
        .Borders(xlInsideVertical).LineStyle = xlContinuous
        .Borders(xlInsideHorizontal).LineStyle = xlContinuous

        '内側のセルの太さを設定
        .Borders(xlInsideVertical).Weight = xlThin
        .Borders(xlInsideHorizontal).Weight = xlThin

    End With

    'B3～B10セルの右端に二重線を設定
    With Range("B3:B10")
        .Borders(xlEdgeRight).LineStyle = xlDouble
    End With

End Sub
```

以上より、セルの罫線の位置は8種類あることから、Borderオブジェクトも最大で8個あることになります。これらのBorderオブジェクトを個別に取り出すには、Bordersプロパティの引数に次の定数を指定します。

▼Bordersプロパティの定数

| 定数 | 罫線の位置 |
|---|---|
| xlEdgeTop | 上端 |
| xlEdgeBottom | 下端 |
| xlEdgeLeft | 左端 |
| xlEdgeRight | 右端 |
| xlInsideHorizontal | セル範囲内の横線 |
| xlInsideVertical | セル範囲内の縦線 |
| xlDiagonalDown | 右下がり斜線 |
| xlDiagonalUp | 右上がり斜線 |

指定した位置の罫線を表すBorderオブジェクトを取り出したら、罫線の形状や太さを指定して線を引きます。

## step 2 VBAマクロを実行する

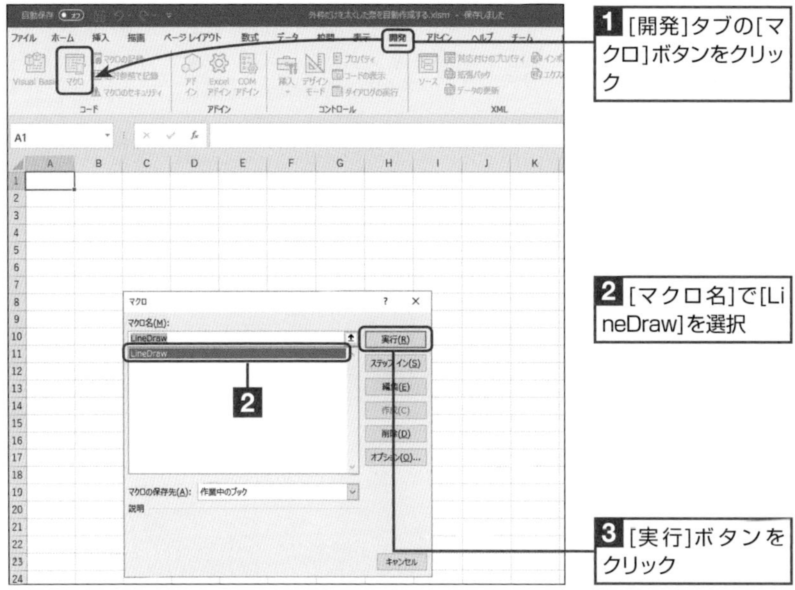


**解説**

ここでは、作成したマクロを使ってシート上に罫線を引いてみます。

10

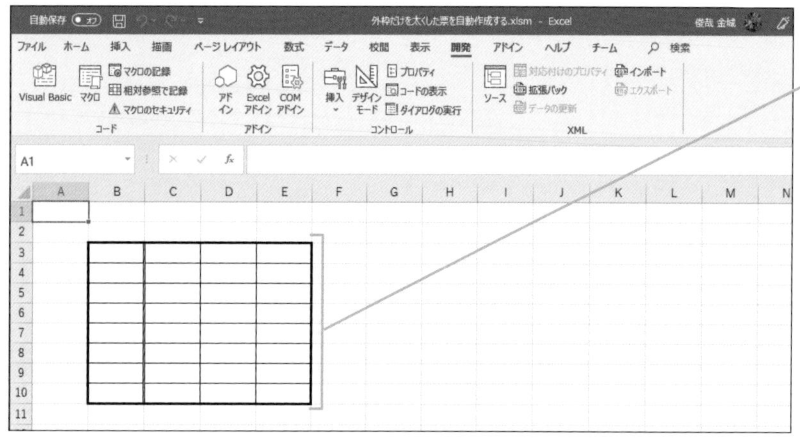

外枠に太線、内側のセルに細線、B3～B10セルの右側に二重線が設定されます

## 最後に

作成したブックをマクロ有効ブックとして保存します。

# CHAPTER 10 Q&A 質問と回答

セルに入力されている数式を取得する方法はありますか？

セルに入力されている数式を取得するには、「Formula」プロパティを使います。

例えば、A5セルに入力されている数式を取得するには、「Range("A5").Formula」のように記述します。取得した数式をメッセージボックスに表示するには、次のように記述します。

```
Sub GetFormula()
    MsgBox Range("A5").Formula
End Sub
```

連続するセル範囲のデータを削除したあとに、削除したセル範囲の次の行以降のセルを繰り上げることはできますか？

「Delete」メソッドでセルのデータを削除すると共に、Deleteメソッドのパラメーターに「xlShiftUp」を指定します。

例えば、次のように記述すると、A5～B5セルまでのデータが削除されると共に、A6～B6セル以降のデータが上方向へシフトされます。

```
Sub DeleteCellData()
    Range("A5:B5").Delete _
    Shift:= xlShiftUp
End Sub
```

CHAPTER

# 11

# シート操作の自動化

この章では、シート操作を楽にする便利なテクニックについて見ていきます。

SECTION 73

# 3枚目のワークシートを自動でアクティブにする

「Activate」メソッドを使うと、任意のシートをアクティブにすることができます。ここでは、シートをアクティブにする方法について見ていきましょう。

チェックポイント
☑ Activateメソッド
☑ Sheetsコレクション

| 使用するメソッド | 使用するコレクション |
|---|---|
| ● Activate | ● Sheets |

本セクションで紹介したVBAマクロは、実用サンプル集としてまとめてあります。
詳しくは巻末の「DATA2　はじめてのExcel VBA実用サンプル集」を参照してください。

## Activateメソッドを利用したプログラムを作成する

### step 1 任意のシートをアクティブにするプログラムを作成する

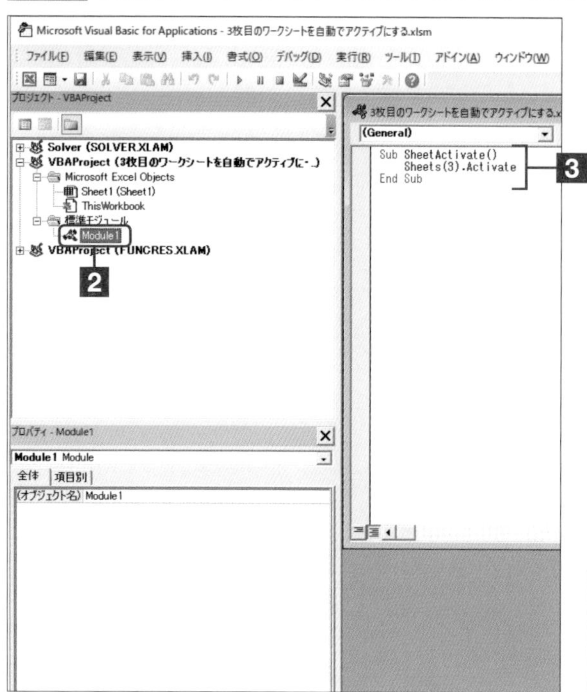


**1** VBエディターを起動

**2** 標準モジュール「Module1」を追加

**3** 「Module1」の[コードウィンドウ]の[コードペイン]に次のコードを入力

▼「Sheet3」をアクティブにするプロシージャ

```
Sub SheetActivate()

    Sheets(3).Activate
    ↑
    └アクティブにするシート
End Sub
```

#### 準備

新規のブックを作成し、Sheet2、Sheet3を追加したあと、「Sheet1」を表示します。

#### 解説

ここでは、「Sheets」コレクションで、ブック内のすべてのシートの中から、あとに続くインデックス番号で指定されたシートを取得し、「Activate」メソッドを使って、対象のシートをアクティブにしています。

#### ワンポイント

**Sheetsコレクション**

Excelにはワークシート、グラフシートなどの複数の種類のシートがあります。ブック内のすべてのシートは、Sheetsコレクションで管理されています。コレクションの中から必要なシートを取り出すには、Sheetsの引数としてインデックス番号、またはシート名を指定します。

◦**インデックスを使ってシートを指定**

インデックス番号は、左端に位置するシートから順に1、2、3…の順で割り振られます。

▼1番目（左端）のシートを指定

```
Sheets(1)
```

◦**シート名を使って指定**

シート名を引数にします。

```
Sheets("Sheet3")
```

## step 2 VBAマクロを実行する

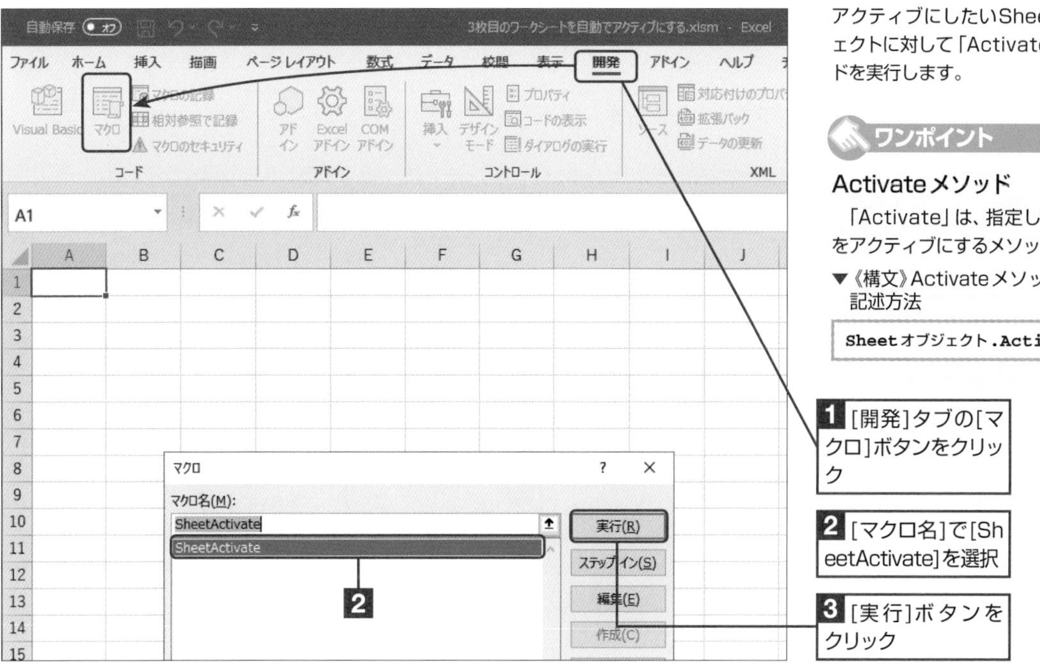


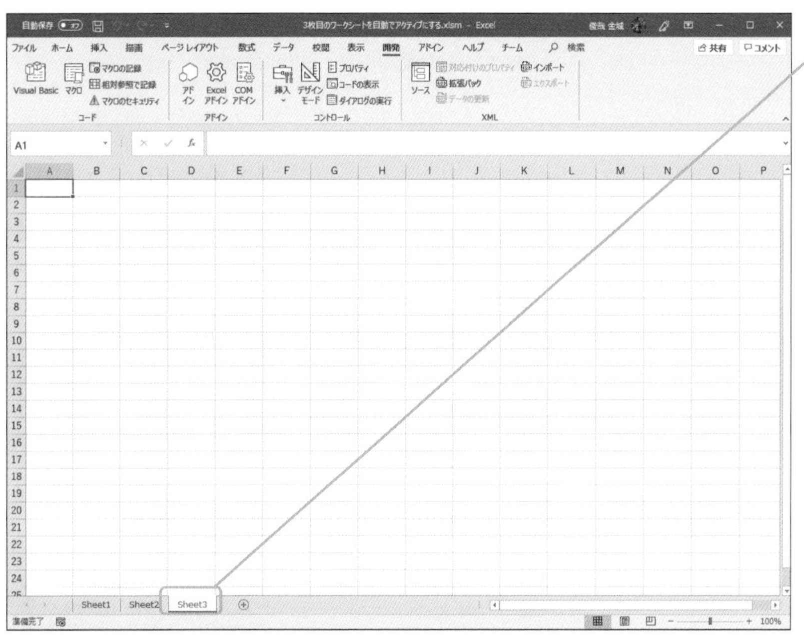


指定したシートがアクティブになります

シートをアクティブにするには、アクティブにしたいSheetオブジェクトに対して「Activate」メソッドを実行します。

**ワンポイント**

### Activateメソッド

「Activate」は、指定したシートをアクティブにするメソッドです。

▼《構文》Activateメソッドの記述方法

```
Sheetオブジェクト.Activate
```

**ワンポイント**

### アクティブなシート名を取得する

最前面に表示されているシート（アクティブシート）を取得するには、ActiveSheetプロパティを使います。このプロパティは、複数のシートの中から、最前面に表示されているシートを参照します。

▼アクティブシートの名前を取得する

```
Dim str As String
str = ActiveSheet.Name
```

**最後に**

作成したブックをマクロ有効ブックとして保存します。

**コラム　他のブックのシートをアクティブにする**

「Workbooks(2).Sheets(3).Activate」と記述すると、2番目に起動したブックの3番目のシートがアクティブになります。

SECTION 74

# 新規のワークシートを自動作成する

ここでは、ワークシートを挿入する方法を紹介します。

チェックポイント ☑ Worksheetsコレクション ☑ Addメソッド

本セクションで紹介したVBAマクロは、実用サンプル集としてまとめてあります。
詳しくは巻末の「DATA2　はじめてのExcel VBA実用サンプル集」を参照してください。

| 使用するメソッド | 使用するコレクション |
|---|---|
| ● Add | ● Worksheets |

## Worksheetsプロパティと Addメソッドを組み合わせたプログラムを作成する

### step 1 ワークシートを挿入するプログラムを作成する

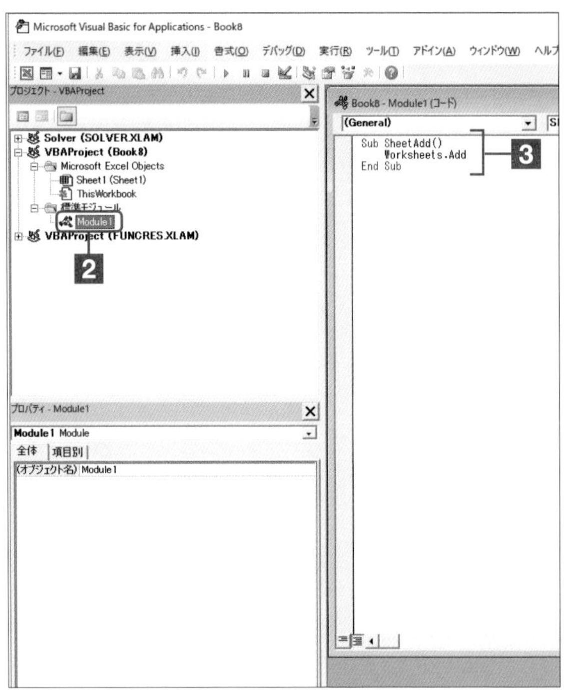


1 VBエディターを起動

2 標準モジュール「Module1」を追加

3 「Module1」の[コードウィンドウ]の[コードペイン]に次のコードを入力

▼ワークシートを挿入するプロシージャ

```
Sub SheetAdd()

    Worksheets.Add

End Sub
```

**準備**

新規のブックを作成し、「Sheet1」を表示します。

**解説**

ここでは、「Worksheets」コレクションに対して、「Add」メソッドを実行することで、ワークシートの追加を行っています。新しく追加されたワークシートは、1番左の位置に追加されます。

**ワンポイント**

**Worksheetsコレクション**

対象のシートがワークシートに限定される場合は、Worksheetsコレクションを使います。

ブック内のすべてのワークシートは、Worksheetオブジェクトとして、Worksheetsコレクションに格納されています。コレクションの中から必要なWorksheetオブジェクトを取り出すには、Worksheetsの引数としてインデックス番号、またはワークシート名を指定します。

◦インデックスを使ってワークシートを指定

インデックス番号は、左端に位置するワークシートから順に1、2、3…の順で割り振られます。

▼1番目（左端）のシートを指定

```
Worksheets(1)
```

## step 2 VBAマクロを実行する

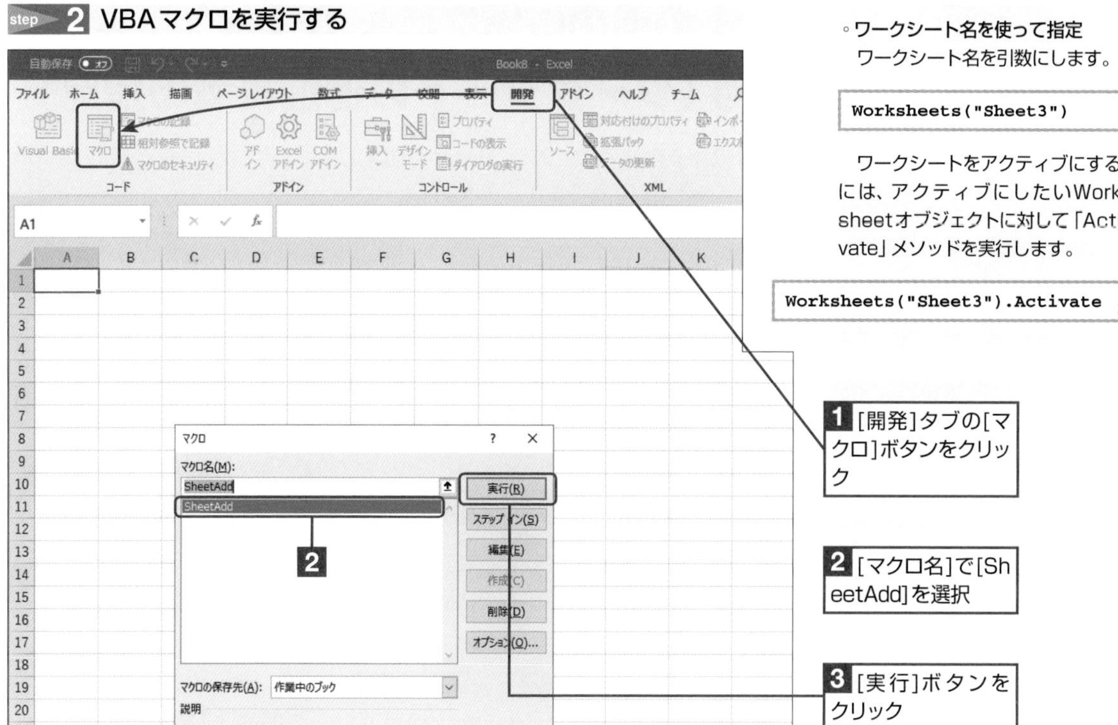


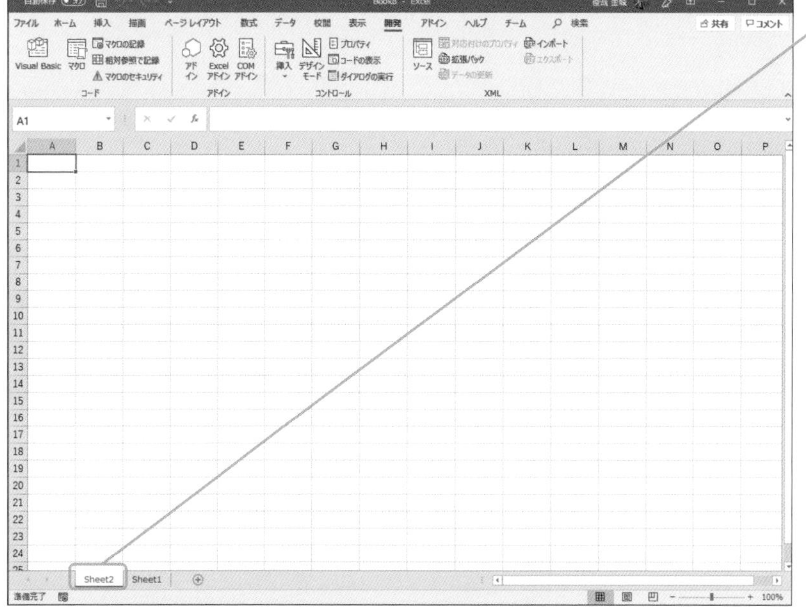


- ワークシート名を使って指定

ワークシート名を引数にします。

```
Worksheets("Sheet3")
```

ワークシートをアクティブにするには、アクティブにしたいWorksheetオブジェクトに対して「Activate」メソッドを実行します。

```
Worksheets("Sheet3").Activate
```

### 最後に

作成したブックをマクロ有効ブックとして保存します。

### コラム コレクション

コレクションとは、同じ種類の複数のオブジェクトの集まりのことです。

SECTION 75

# Sheet1の前の位置に新規のワークシートを追加する（ワークシートの追加位置の指定）

「Add」メソッドの名前付き引数である「Before」を使うと、指定したシートの前（左側の位置）に新しいシートを追加することができます。

チェックポイント ☑ Before

| 使用するメソッド | 使用するコレクション |
|---|---|
| ● Add | ● Worksheets |

本セクションで紹介したVBAマクロは、実用サンプル集としてまとめてあります。
詳しくは巻末の「DATA2　はじめてのExcel VBA実用サンプル集」を参照してください。

## AddメソッドのBeforeを利用したプログラムを作成する

### step 1 ワークシートを追加するプログラムを作成する

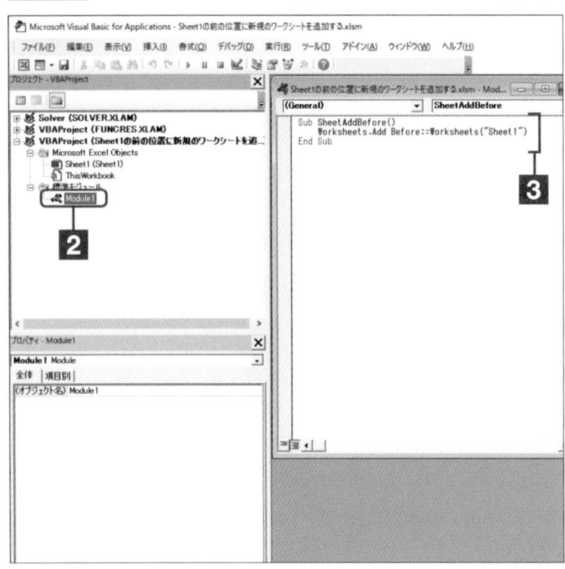


**1** VBエディターを起動

**2** 標準モジュール「Module1」を追加する

**3** 「Module1」の[コードウィンドウ]の[コードペイン]に次のコードを入力

▼ワークシートを追加するプロシージャ

```
Sub SheetAddBefore()

    Worksheets.Add Before:=Worksheets("Sheet1")
                                      ↑ 追加位置の基準にするワークシート
End Sub
```

**準備**

新規のブックを作成し、「Sheet1」を表示します。

**解説**

ここでは、「Add」メソッドの名前付き引数である「Before」に、「Sheet1」を指定することで、新しく追加されるワークシートを「Sheet1」の前（左側）に追加するようにしています。

**ワンポイント**

**名前付き引数AfterとBefore**

Addメソッドの引数には、名前付き引数の「After」と「Before」を設定することができます。

▼Addメソッドの名前付き引数

| 引数 | 記載例 | 内容 |
|---|---|---|
| After | After:=Worksheets("シート名") | 指定したワークシートのあと（右側）に新しいワークシートが追加される。 |
| Before | Before:=Worksheets("シート名") | 指定したワークシートの前（左側）に新しいワークシートが追加される。 |

## step 2 VBAマクロを実行する

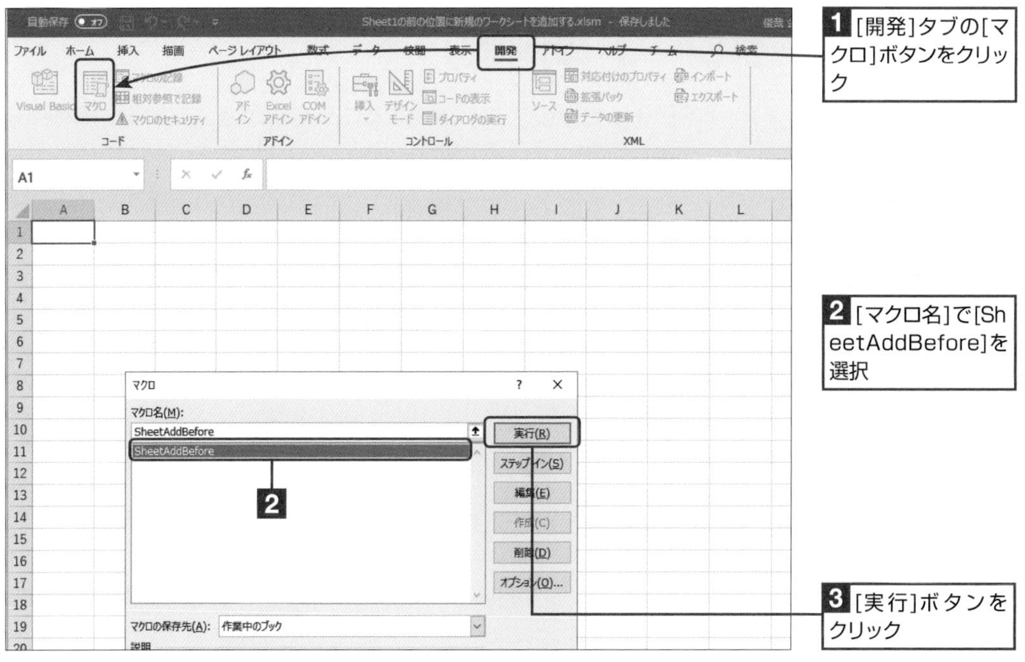


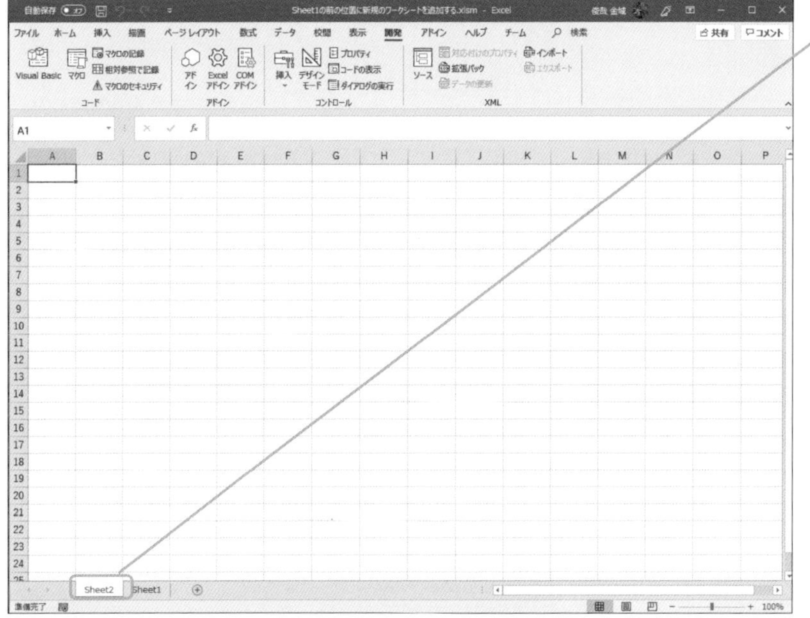


11

### 最後に

作成したブックをマクロ有効ブックとして保存します。

### コラム グラフシートの追加

グラフシートを追加する場合は、「Charts」コレクションを使って、「Charts.Add After:=Worksheets("Sheet3")」のように記述します。この場合、「Sheet3」のあとにグラフシートが追加されます。

SECTION 76

# 3枚目のワークシートを削除する（ワークシートの削除）

「Delete」メソッドを使うと、任意のシートを削除することができます。ここでは、「Delete」メソッドを使って、シートを削除する方法を紹介します。

チェックポイント ☑ Deleteメソッド

本セクションで紹介したVBAマクロは、実用サンプル集としてまとめてあります。詳しくは巻末の「DATA2　はじめてのExcel VBA実用サンプル集」を参照してください。

| 使用するメソッド | 使用するコレクション | 使用するプロパティ |
|---|---|---|
| ● Delete | ● Worksheets | ● DisplayAlerts |

## Deleteメソッドを利用したプログラムを作成する

### step 1 ワークシートを削除するプログラムを作成する

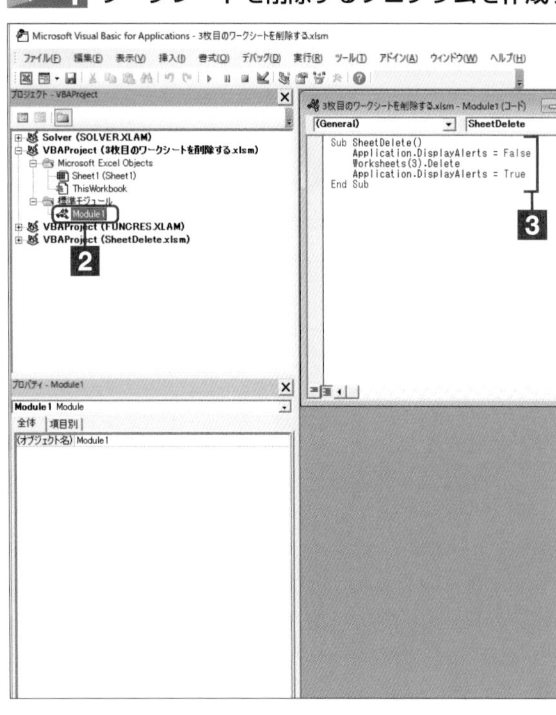


1 VBエディターを起動

2 標準モジュール「Module1」を追加

3 「Module1」の[コードウィンドウ]の[コードペイン]に下記のコードを入力

▼3番目のワークシートを削除するプロシージャ

```
Sub SheetDelete()

    Application.DisplayAlerts = False
    Worksheets(3).Delete
                ↑何枚目のワークシートを削除するのかを指定
    Application.DisplayAlerts = True

End Sub
```

**準備**

新規のブックを作成して2枚のワークシートを追加し、「Sheet3」を表示します。

**解説**

ここでは、「Sheets」プロパティで指定した、3番目のワークシートを「Delete」メソッドを使って削除するようにしています。

**ワンポイント**

**Deleteメソッド**

「Delete」メソッドは、次のように記述します。

▼Deleteメソッドの記述方法

```
Worksheetオブジェクト.Delete
```

**ワンポイント**

**ワークシート名を指定して削除する**

ワークシート名を指定して削除するには、次のように記述します。

▼Sheet3を削除

```
Worksheets("Sheet3").Delete
```

## step 2 VBAマクロを実行する

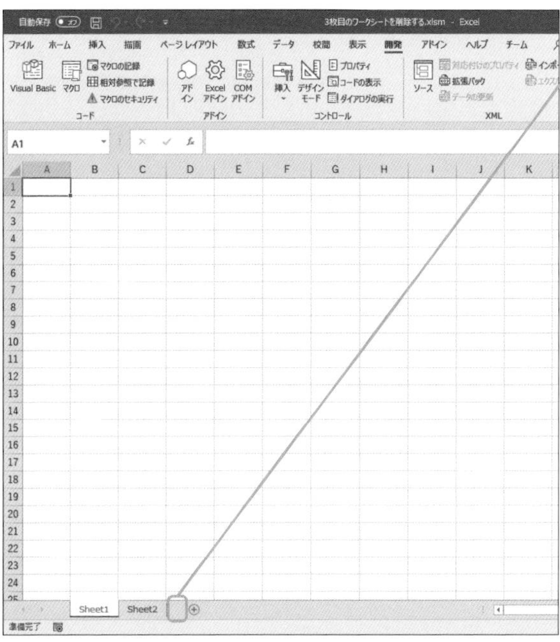

3番目のシートが削除されます

### ワンポイント

### ワークシート以外のシートも削除できるようにする

ワークシート以外のシートも削除できるようにするには、Worksheetsコレクションの代わりにSheetsコレクションを使います。

▼シートの種類にかかわらず削除できるようにする

```
Sheets(3).Delete
```

### ワンポイント

### DisplayAlertsプロパティ

「DisplayAlerts」プロパティは、シートを削除する場合や、ブックを保存せずに終了しようとしたときなどに、ユーザーに対して確認を求めるダイアログボックスの表示の有無を設定するプロパティです。操作例では、「DisplayAlerts」プロパティを使うことで、シートを削除するときにメッセージが表示されないようにし、削除の処理が済んだところで、元の状態に戻しています。

▼メッセージの表示を禁止するステートメント

```
Application.DisplayAlerts = False
```

▼メッセージを表示を許可するステートメント

```
Application.DisplayAlerts = True
```

### 最後に

作成したブックをマクロ有効ブックとして保存します。

### コラム 確認メッセージを表示する場合

シートを削除するときにメッセージを表示させるには、プロシージャに「Worksheets(3).Delete」とだけ記述します。

SECTION 77

# ワークシートを丸ごとコピーして新規のシートを自動作成する

「Copy」メソッドを使うと、任意のシートをコピーすることができます。ここでは、シートをコピーする方法について紹介します。

チェックポイント ☑ Copyメソッド

| 使用するメソッド | 使用するコレクション |
|---|---|
| ● Copy | ● Worksheets |

本セクションで紹介したVBAマクロは、実用サンプル集としてまとめてあります。
詳しくは巻末の「DATA2　はじめてのExcel VBA実用サンプル集」を参照してください。

## Copyメソッドを利用したプログラムを作成する

### step 1 ワークシートをコピーするプログラムを作成する

1 VBエディターを起動

2 標準モジュール「Module1」を追加

3 「Module1」の[コードウィンドウ]の[コードペイン]に下記のコードを入力

▼シートをコピーするプロシージャ

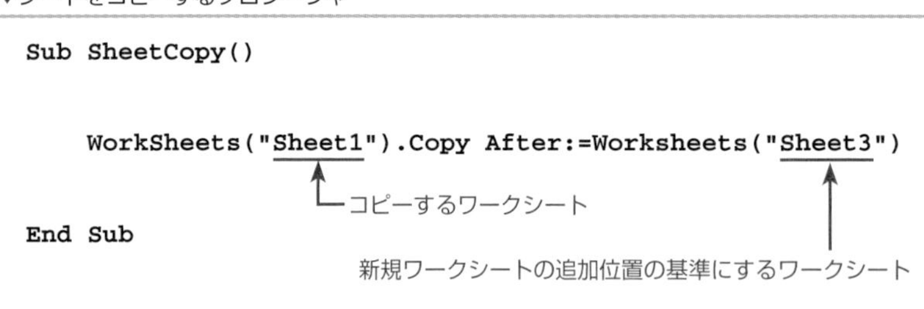

```
Sub SheetCopy()

    WorkSheets("Sheet1").Copy After:=Worksheets("Sheet3")

End Sub
```

準備

新規のブックに2枚のワークシートを追加し、「Sheet1」を表示します。

解説

ここでは、「Worksheets」プロパティで指定した、シート「Sheet1」を「Copy」メソッドを使ってコピーするようにしています。

ワンポイント

#### Copyメソッド

「Copy」メソッドは、次のように記述します。

▼Copyメソッドの記述方法

```
Worksheetオブジェクト.Copy
```

ワンポイント

#### コピー先の指定

「Copy」メソッドは、名前付き引数「After」と「Before」を設定できます。操作例では、「After:=Worksheets("Sheet3")」とすることで、コピーしたシートを「Sheet3」のあと(右側)に追加するようにしています。

## step 2 VBAマクロを実行する

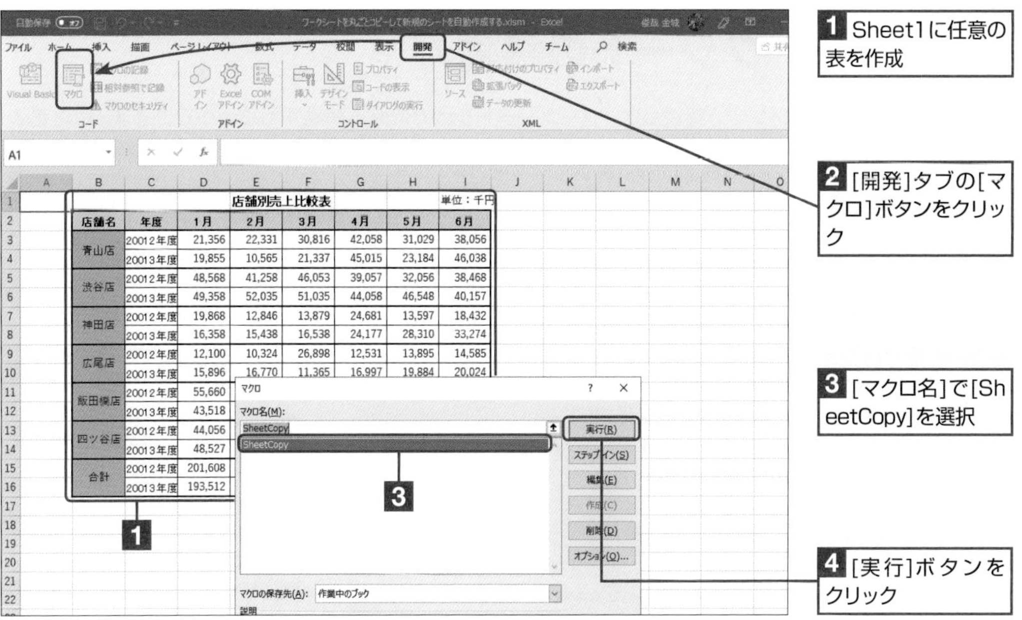


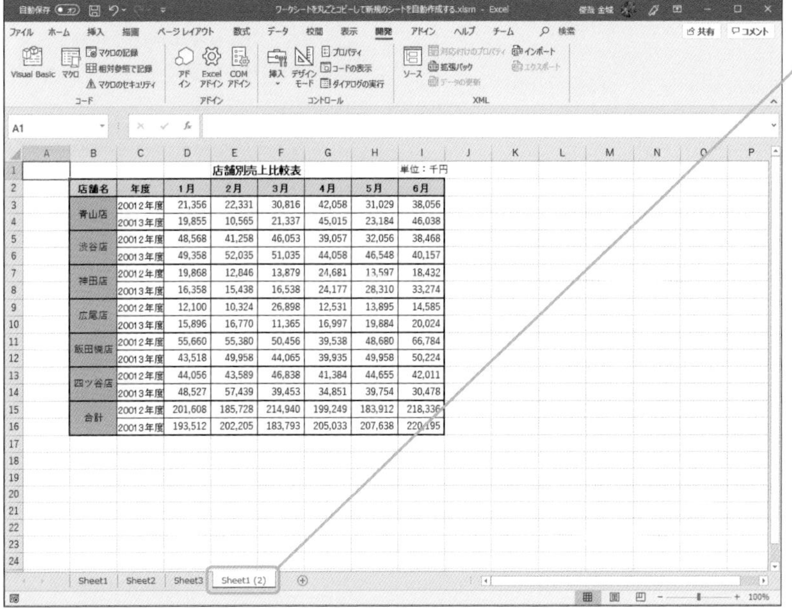

店舗別売上比較表　単位：千円

| 店舗名 | 年度 | 1月 | 2月 | 3月 | 4月 | 5月 | 6月 |
|---|---|---|---|---|---|---|---|
| 青山店 | 20012年度 | 21,356 | 22,331 | 30,816 | 42,058 | 31,029 | 38,056 |
| | 20013年度 | 19,855 | 10,565 | 21,337 | 45,015 | 23,184 | 46,038 |
| 渋谷店 | 20012年度 | 48,568 | 41,258 | 46,053 | 39,057 | 32,056 | 38,468 |
| | 20013年度 | 49,358 | 52,035 | 51,035 | 44,058 | 46,548 | 40,157 |
| 神田店 | 20012年度 | 19,868 | 12,846 | 13,879 | 24,681 | 13,597 | 18,432 |
| | 20013年度 | 16,358 | 15,438 | 16,538 | 24,177 | 28,310 | 33,274 |
| 広尾店 | 20012年度 | 12,100 | 10,324 | 26,898 | 12,531 | 13,895 | 14,585 |
| | 20013年度 | 15,896 | 16,770 | 11,365 | 16,997 | 19,884 | 20,024 |
| 飯田橋店 | 20012年度 | 55,660 | 55,380 | 50,456 | 39,538 | 48,680 | 66,784 |
| | 20013年度 | 43,518 | 49,958 | 44,065 | 39,935 | 49,958 | 50,224 |
| 四ツ谷店 | 20012年度 | 44,056 | 43,589 | 46,838 | 41,384 | 44,655 | 42,011 |
| | 20013年度 | 48,527 | 57,439 | 39,453 | 34,851 | 39,754 | 30,478 |
| 合計 | 20012年度 | 201,608 | 185,728 | 214,940 | 199,249 | 183,912 | 218,336 |
| | 20013年度 | 193,512 | 202,205 | 183,793 | 205,033 | 207,638 | 220,195 |

「Sheet1」のコピーが「Sheet3」のあとに追加されます

11

### 最後に

作成したブックをマクロ有効ブックとして保存します。

### コラム コピーしたシートを他のブックに貼り付ける

コピーしたワークシートを他のブックに貼り付けたい場合は、「Workbooks("book1.xlsm").Sheets("Sheet1").Copy Before:=Workbooks("book2.xlsm").Sheets(1)」のように記述すると、book1.xlsmのSheet1が、book2.xlsmの先頭に貼り付けられます。

SECTION 78

# 先頭のシートを最後尾に移動する（ワークシートの移動）

「Move」メソッドを使うと、ワークシートを別の位置へ移動することができます。ここでは、ワークシートを移動する方法について紹介します。

チェックポイント ☑ Moveメソッド

本セクションで紹介したVBAマクロは、実用サンプル集としてまとめてあります。
詳しくは巻末の「DATA2　はじめてのExcel VBA実用サンプル集」を参照してください。

| 使用するメソッド | 使用するコレクション |
| --- | --- |
| ● Move | ● Worksheets |

## Moveメソッドを利用したプログラムを作成する

### step 1 ワークシートを移動するプログラムを作成する

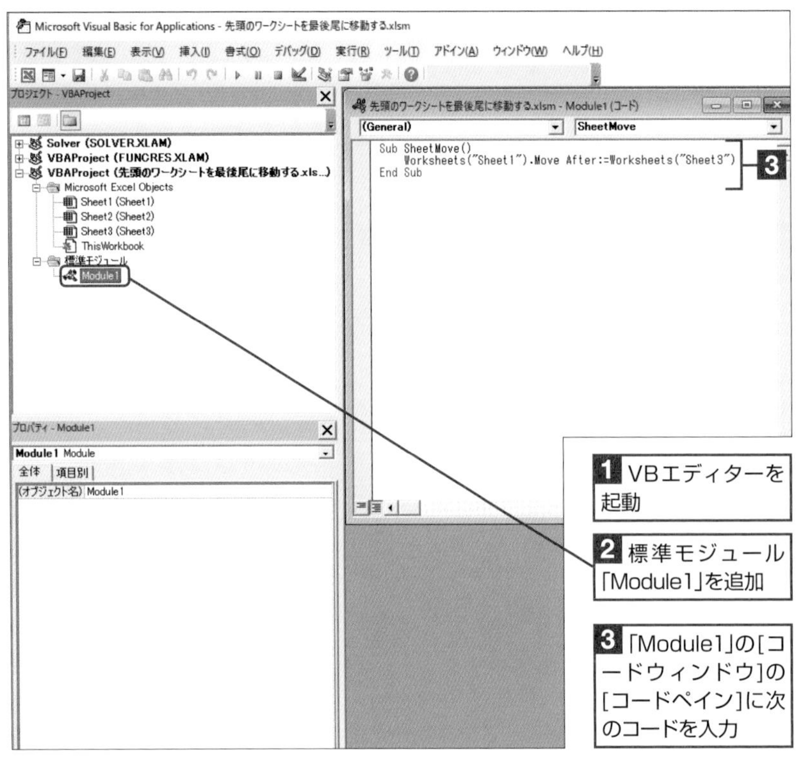


▼シートを移動するプロシージャ

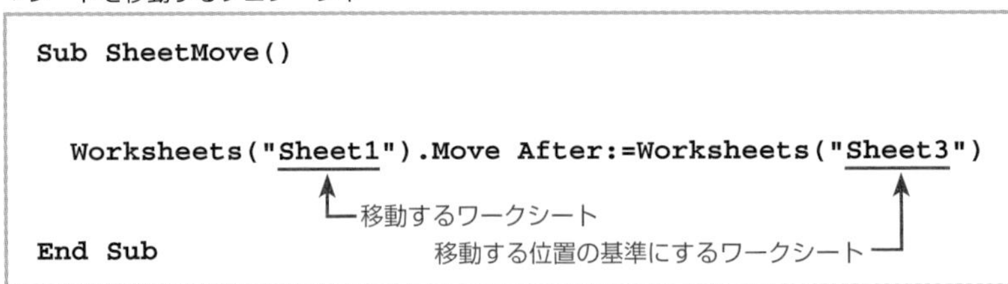

```
Sub SheetMove()

  Worksheets("Sheet1").Move After:=Worksheets("Sheet3")

End Sub
```



**準備**

新規のブックを作成して2枚のワークシートを追加します。

**解説**

ここでは、「Worksheets」プロパティで指定したワークシート「Sheet1」を「Move」メソッドを使って、「Sheet3」のあとに移動するようにしています。

**ワンポイント**

#### Moveメソッド

「Move」メソッドは、次のように記述します。

▼Moveメソッドの記述方法

```
Worksheetオブジェクト.Move
```

**ワンポイント**

#### 移動先の指定

「Move」メソッドは、名前付き引数「After」と「Before」を設定することができます。操作例では、「After:=Worksheets("Sheet3")」とすることで、対象のワークシートを「Sheet3」のあと（右側）に移動するようにしています。

## step 2 VBAマクロを実行する

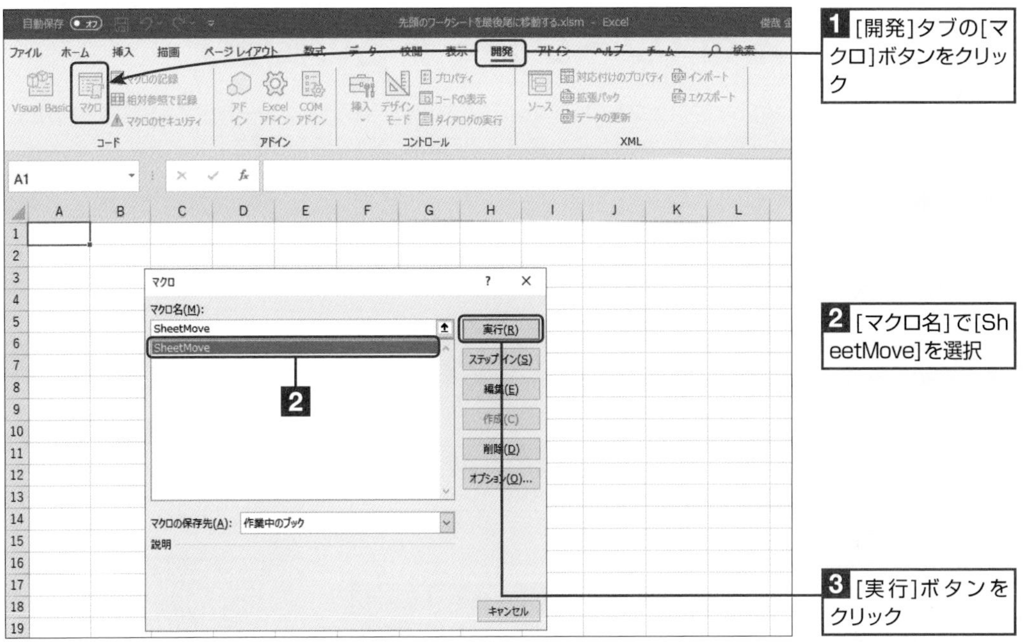


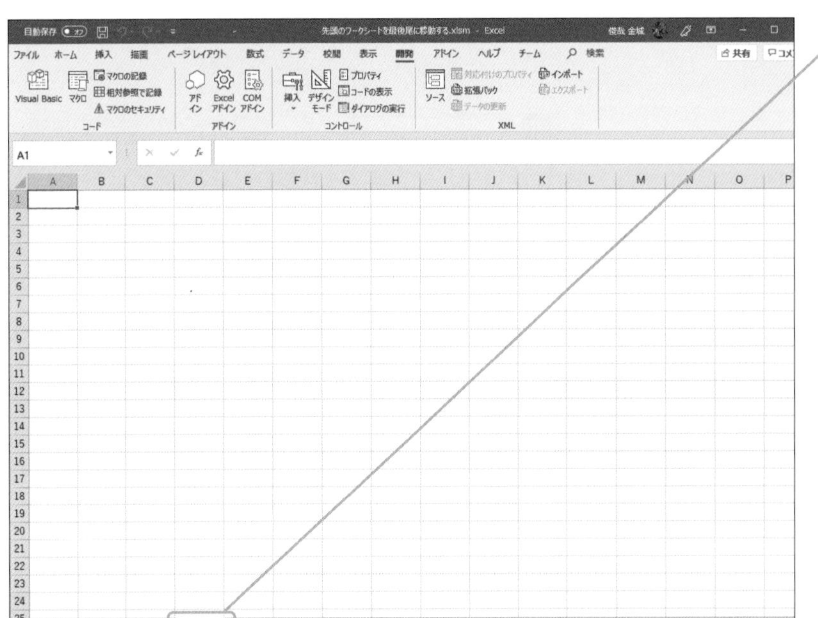


### 最後に

作成したブックをマクロ有効ブックとして保存します。

### コラム ワークシートを他のブックに移動する

コピーしたワークシートを他のブックに移動したい場合は、「Workbooks("book1.xlsm").Sheets("Sheet1").Move Before:=Workbooks("book2.xlsm").Sheets(1)」のように記述すると、book1.xlsmのSheet1が、book2.xlsmの先頭に移動します。

SECTION 79

# シート名を「Sheet1」から「月別売上表」に変える（ワークシート名の変更）

「Worksheet」オブジェクトの「Name」プロパティを使うと、シートの名前を変更することができます。ここでは、シート名を変更する方法について紹介します。

チェックポイント ☑ Nameプロパティ

本セクションで紹介したVBAマクロは、実用サンプル集としてまとめてあります。
詳しくは巻末の「DATA2　はじめてのExcel VBA実用サンプル集」を参照してください。

| 使用するプロパティ | 使用するコレクション |
|---|---|
| ● Name | ● Worksheets |

## Nameプロパティを利用したプログラムを作成する

### step 1 シート名を変更するプログラムを作成する

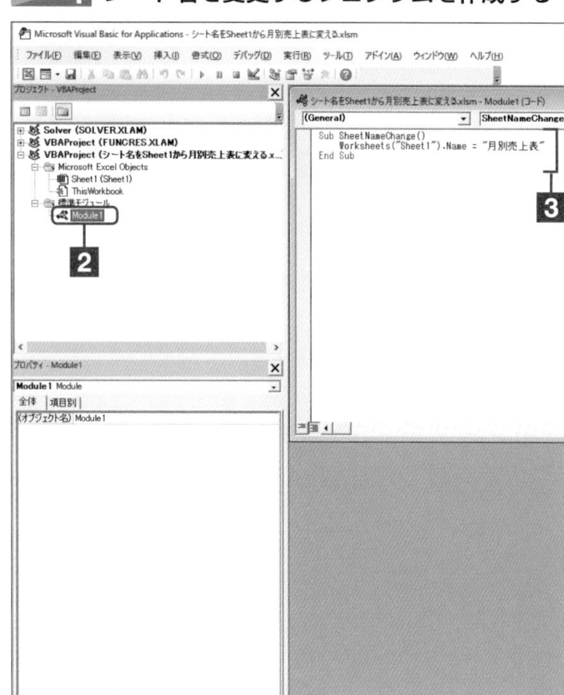


**1** VBエディターを起動

**2** 標準モジュール「Module1」を追加する

**3** 「Module1」の[コードウィンドウ]の[コードペイン]に下記のコードを入力

**準備**

新規のブックを作成し、「Sheet1」を表示します。

**解説**

ここでは、「Worksheets」プロパティで指定した、シート「Sheet1」の名前を「Name」プロパティを使って、「月別売上表」に変更するようにしています。

**ワンポイント**

**Nameプロパティ**

「Name」プロパティは、次のように記述します。

▼《構文》Nameプロパティの記述方法

```
Worksheetオブジェクト.Name = "新たに設定するシート名"
```

▼シート名を変更するプロシージャ

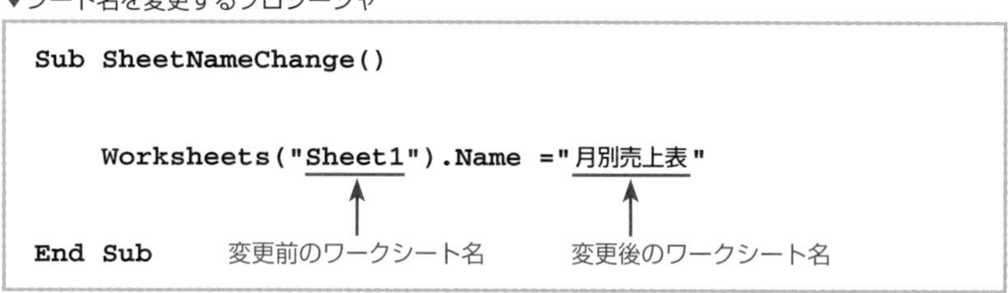

```
Sub SheetNameChange()

    Worksheets("Sheet1").Name ="月別売上表"

End Sub
```

## step 2 VBAマクロを実行する

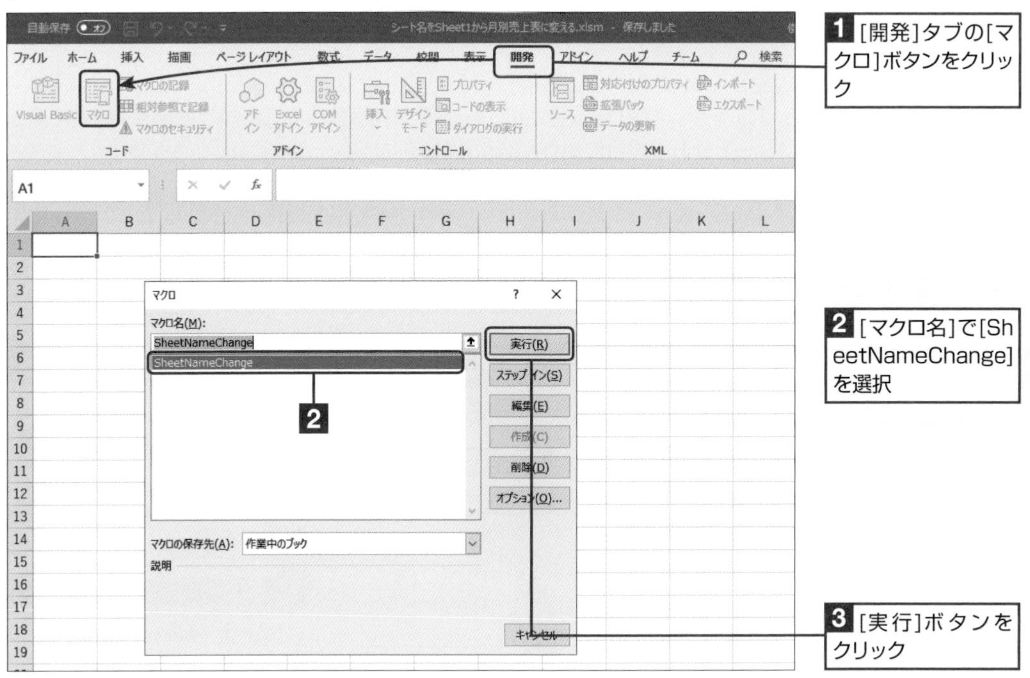


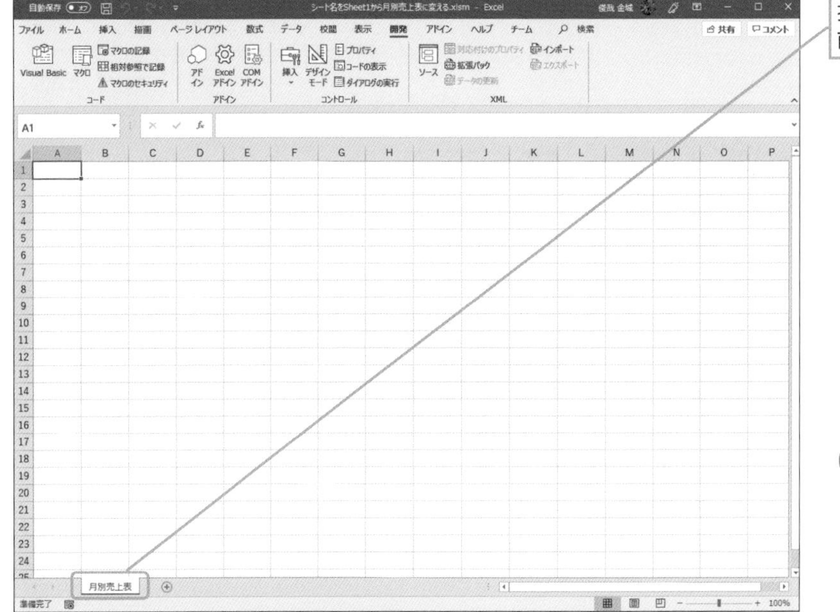


### 最後に

作成したブックをマクロ有効ブックとして保存します。

### コラム ワークシートのタブの色を設定する

ワークシートのタブの色を設定するには、「Worksheets("Sheet3").Tab.Color = RGB(0, 255, 0)」のように記述すると、「Sheet3」のタブの色が緑に設定されます。RGB値については「SECTION70　表の見出しの色をイエローにする（セルの背景色の設定）」を参照してください。

# 「Sheet1」を一時的に隠す

「Visible」プロパティを使うと、特定のシートを非表示にすることができます。他人に見られたくないシートがある場合に使うと便利です。

チェックポイント ☑ Visibleプロパティ

本セクションで紹介したVBAマクロは、実用サンプル集としてまとめてあります。
詳しくは巻末の「DATA2　はじめてのExcel VBA実用サンプル集」を参照してください。

| 使用するプロパティ | 使用するコレクション |
|---|---|
| ● Visible | ● Worksheets |

## Visibleプロパティを利用したプログラムを作成する

### step 1 シートを非表示にするプログラムを作成する

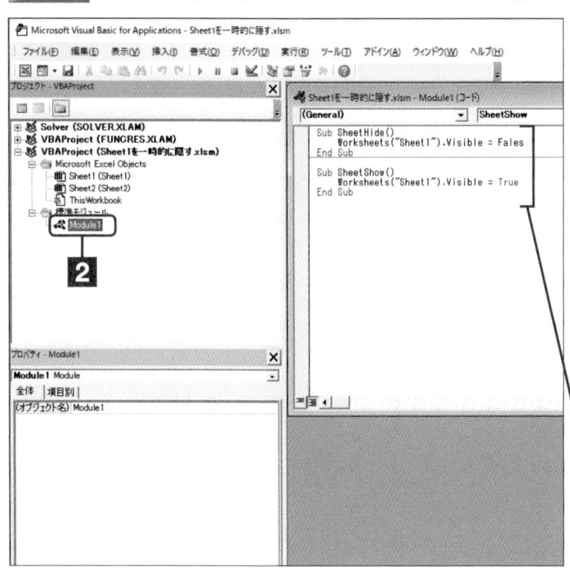


**1** VBエディターを起動

**2** 標準モジュール「Module1」を追加

**3** 「Module1」の[コードウィンドウ]の[コードペイン]に下記のコードを入力

▼シートを非表示にするプロシージャ

```
Sub SheetHide()

    Worksheets("Sheet1").Visible = False
                ↑
                └非表示にするワークシート名
End Sub
```

▼シートを表示するプロシージャ

```
Sub SheetShow()

    Worksheets("Sheet1").Visible = True
                ↑
                └表示するワークシート名
End Sub
```

**準備**

新規のブックを作成して1枚のワークシートを追加し、「Sheet1」を表示します。

**解説**

ここでは、「Worksheets」プロパティで指定したワークシート「Sheet1」を「Visible」プロパティの値を「False」にすることで非表示にするようにしています。また、再表示用のプロシージャを作成し、このプロシージャを実行することで、非表示になっていたシートを再表示するようにしています。

**ワンポイント**

**Visibleプロパティ**

「Visible」プロパティは、次のように記述します。

▼《構文》Visibleプロパティの記述方法

```
Worksheetオブジェクト.Visible = 「True」または「False」
```

## step 2 VBAマクロを実行する

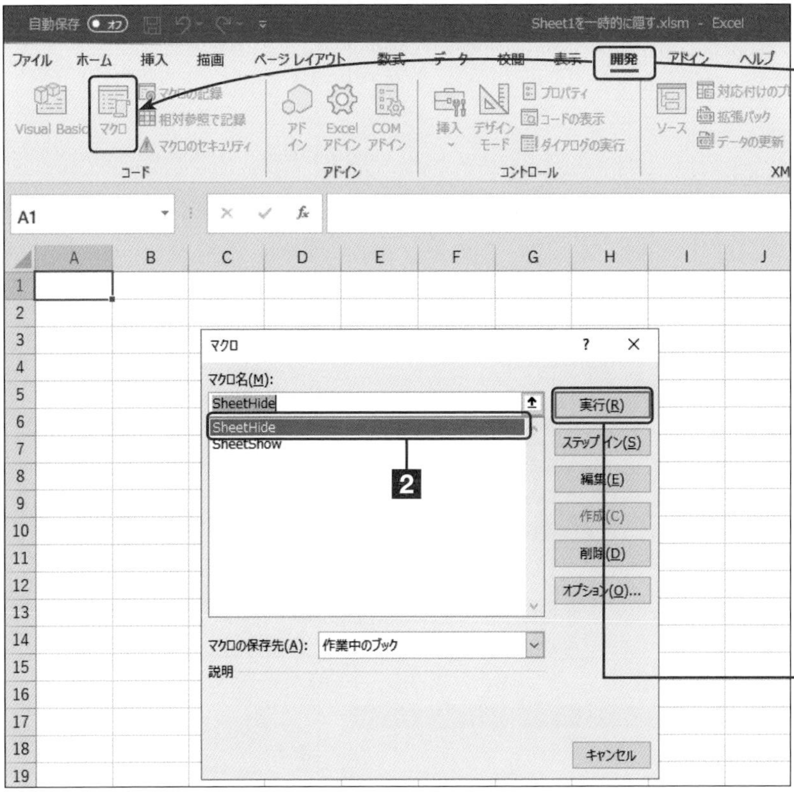

**1** [開発]タブの[マクロ]ボタンをクリック

**2** [マクロ名]で[SheetHide]を選択

**3** [実行]ボタンをクリック

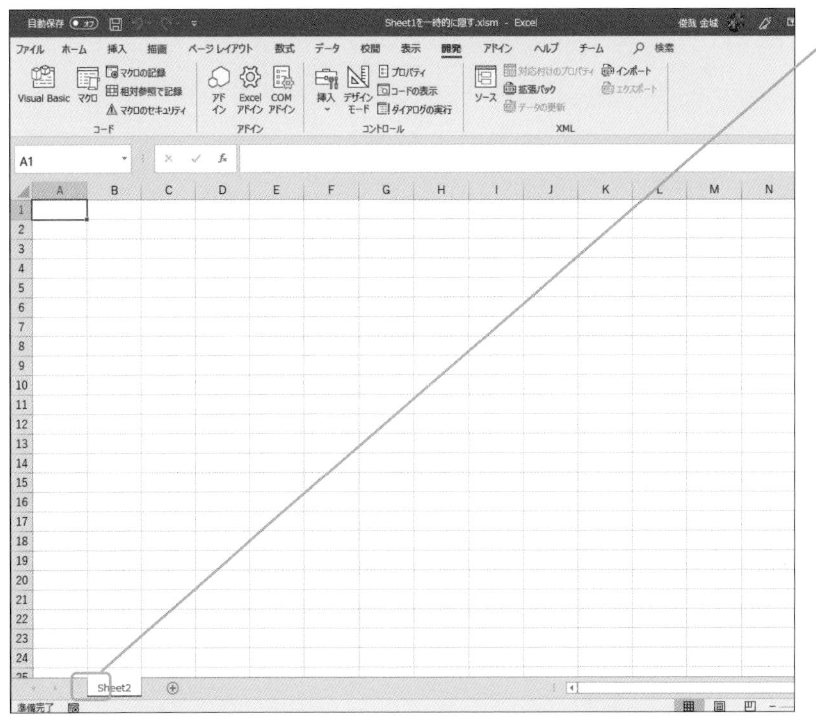

指定したシートが非表示になります

**解説**

ここでは、シートが削除されたのではなく、一時的に非表示の状態になります。

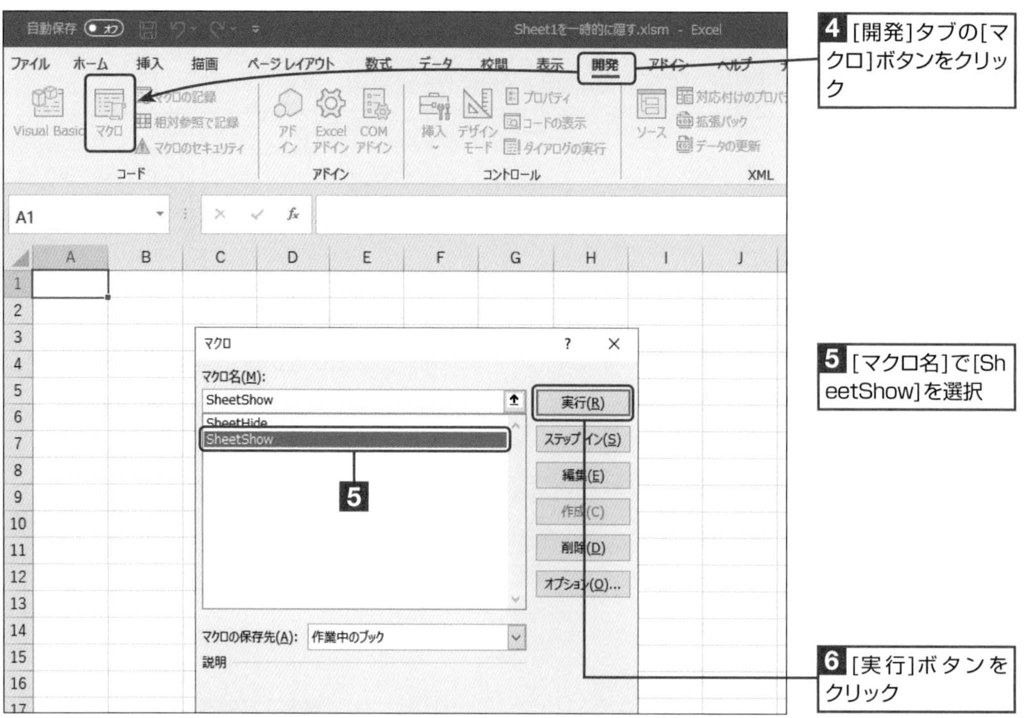


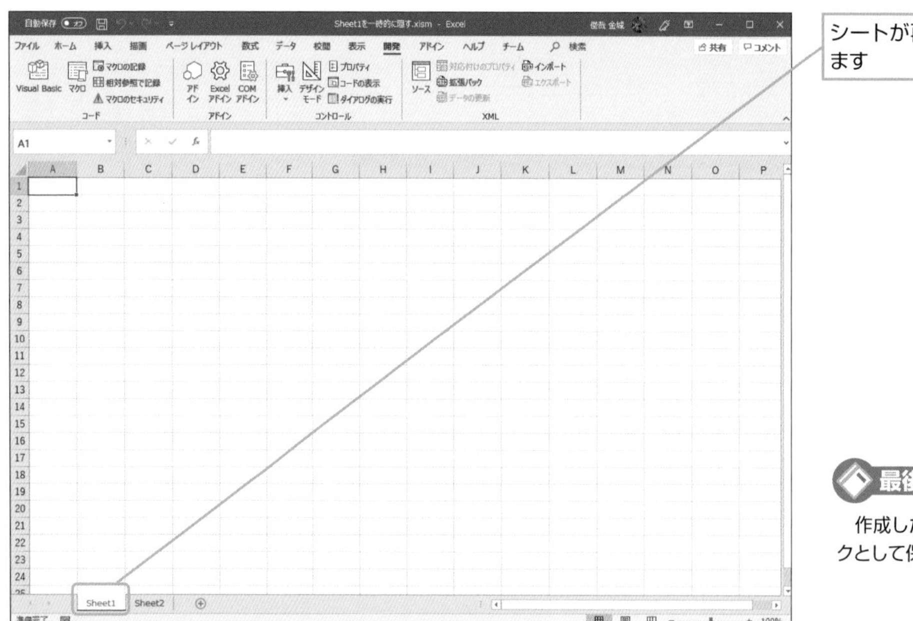


### 最後に

作成したブックをマクロ有効ブックとして保存します。

### コラム 複数のシートを非表示にする場合

Subプロシージャ内で、シートを非表示にするステートメントを複数記述すれば、複数のシートをまとめて非表示にすることができます。

CHAPTER

# 12

# ブック操作の自動化

この章では、ブック操作に関するVBAプログラミングについて見ていきます。

SECTION 81

# 新しいブックを自動作成する

「Add」メソッドを使うと、新規のブックを作成することができます。ここでは、新規のブックをVBAで作成する方法を紹介します。

チェックポイント ☑ Addメソッド

| 使用するメソッド | 使用するコレクション |
|---|---|
| ● Add | ● Workbooks |

本セクションで紹介したVBAマクロは、実用サンプル集としてまとめてあります。
詳しくは巻末の「DATA2　はじめてのExcel VBA実用サンプル集」を参照してください。

## Addメソッドを利用したプログラムを作成する

### step 1 新規のブックを作成するプログラムを作成する

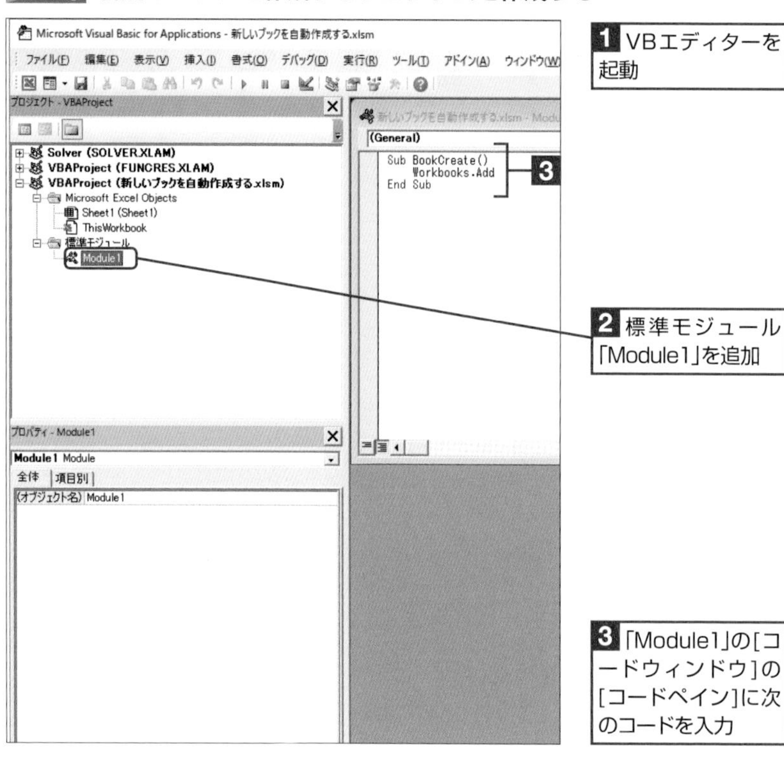


1 VBエディターを起動

2 標準モジュール「Module1」を追加

3 「Module1」の[コードウィンドウ]の[コードペイン]に次のコードを入力

▼新規ブックを作成するプロシージャ

```
Sub BookCreate()

    Workbooks.Add

End Sub
```

**準備**

新規のブックを作成し、「Sheet1」を表示します。

**解説**

ここでは、「Workbooks」コレクションに、「Add」メソッドを使って新規のシートを追加することで、ブックの追加を行っています。

**ワンポイント**

#### Workbooksコレクション

VBAでは、ブックの情報をWorkbookオブジェクトとして管理します。開いているすべてのブックの情報は「Workbooks」コレクションでまとめて管理されます。

**ワンポイント**

#### Addメソッド

ブックを新規に作成するには、Workbooksコレクションに新規のブックを追加します。新規ブックの追加は「Add」メソッドを使って行います。

▼《構文》新規ブックの作成

```
Workbooks.Add
```

## step 2 VBAマクロを実行する

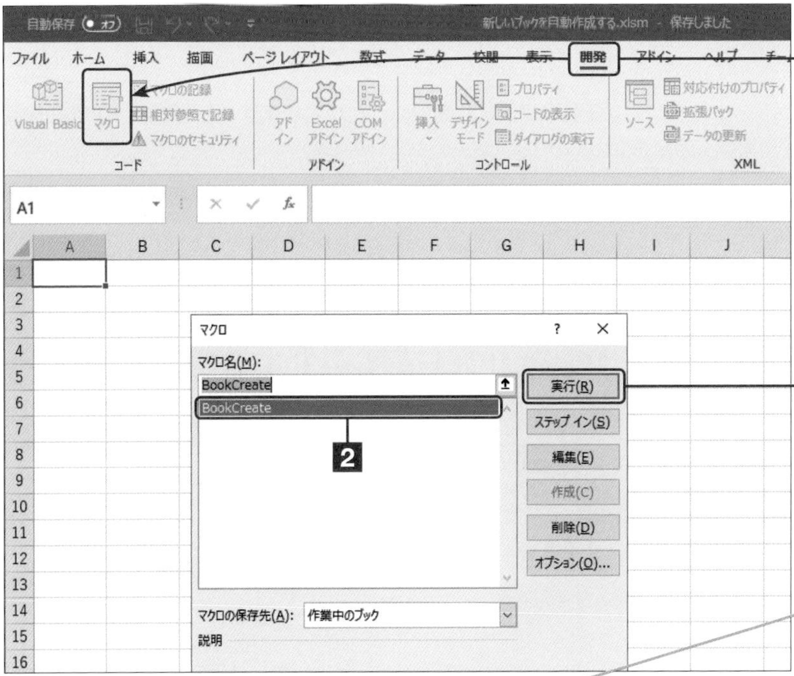

**1** [開発]タブの[マクロ]ボタンをクリック

**2** [マクロ名]で[BookCreate]を選択

**3** [実行]ボタンをクリック

新規のブックが作成されます

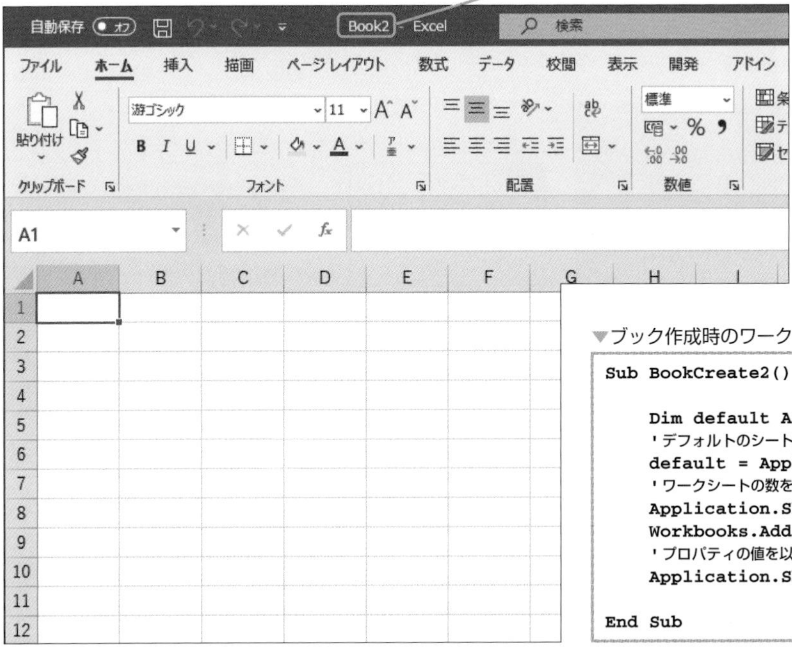

### ワンポイント

### ブック作成時のワークシートの枚数

ブックを新規に作成したときにブックに含まれるワークシートの数は「SheetsInNewWorkbook」プロパティで設定します。ただし、プログラムを実行したあとも指定した数が引き継がれるので、ブックを追加したあとに、以前のデフォルト値に戻しておくようにします。

▼ブック作成時のワークシート数を2に設定

```
Sub BookCreate2()

    Dim default As Integer
    'デフォルトのシート数を変数に代入
    default = Application.SheetsInNewWorkbook
    'ワークシートの数を2にする
    Application.SheetsInNewWorkbook = 2
    Workbooks.Add
    'プロパティの値を以前の値にする
    Application.SheetsInNewWorkbook = default

End Sub
```

### コラム 新規ブックのワークシート数

Excel 2013以後では新規に作成したブックの既定のワークシート数は初期状態で1つです。

### 最後に

作成したブックをマクロ有効ブックとして保存します。

# SECTION 82 ブックを自動で開く

「Open」メソッドを使うと、任意のファイルを開くことができます。ここでは、VBAを使って、ファイルを開く方法を紹介します。

チェックポイント ☑ Openメソッド

本セクションで紹介したVBAマクロは、実用サンプル集としてまとめてあります。
詳しくは巻末の「DATA2　はじめてのExcel VBA実用サンプル集」を参照してください。

| 使用するメソッド | 使用するコレクション |
|---|---|
| ● Open | ● Workbooks |

## Openメソッドを利用したプログラムを作成する

### step 1 ブックを開くプログラムを作成する

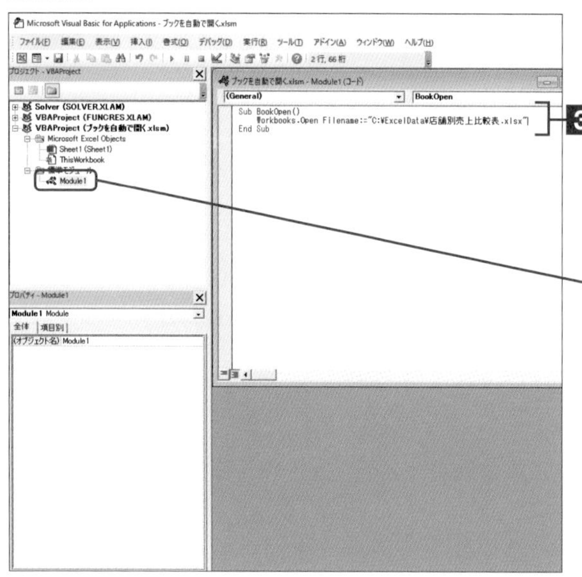


**1** VBエディターを起動

**2** 標準モジュール「Module1」を追加

**3** 「Module1」の[コードウィンドウ]の[コードペイン]に下記のコードを入力

**準備**

新規のブックを作成し、「Sheet1」を表示します。

**解説**

ここでは、「Workbooks」コレクションに、「Open」メソッドを実行して「:=」以下のブックを開くようにしています。ここでは、例として、Cドライブの「ExcelData」フォルダーに格納されている「店舗別売上比較表.xlsx」という名前のファイルを指定しています。

**ワンポイント**

### Openメソッド

「Open」は、ブックの情報を持つ「Workbooks」コレクションのブックを開くメソッドです。開くファイルの指定は、Filenameの次に「:=」を記述し、対象のブックへのパスを記述します。

▼ブックを開くプロシージャ

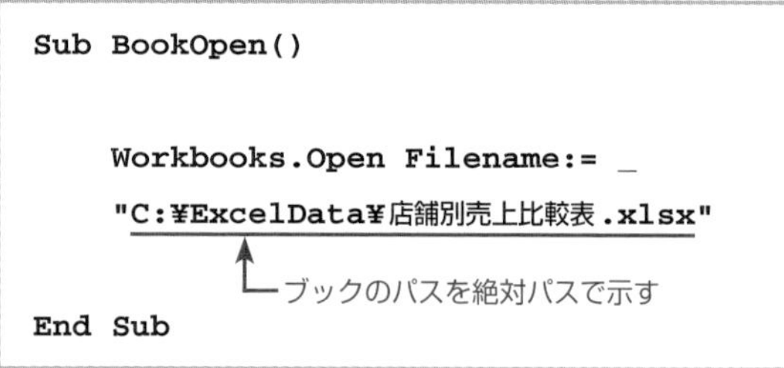

```
Sub BookOpen()

    Workbooks.Open Filename:= _
    "C:¥ExcelData¥店舗別売上比較表.xlsx"

End Sub
```



▼Openメソッドでブックを開く

```
Workbooks Open Filename:="ブックへのパス"
```

**ワンポイント**

### 絶対パスを設定する場合

ブックが格納されているフォルダーの絶対パスは、対象のブックのアイコンを右クリックして[プロパティ]を選択すると、[全般]タブの[場所]に表示されます。その末尾に「¥」を付けてファイル名を指定します。

## step 2 VBAマクロを実行する

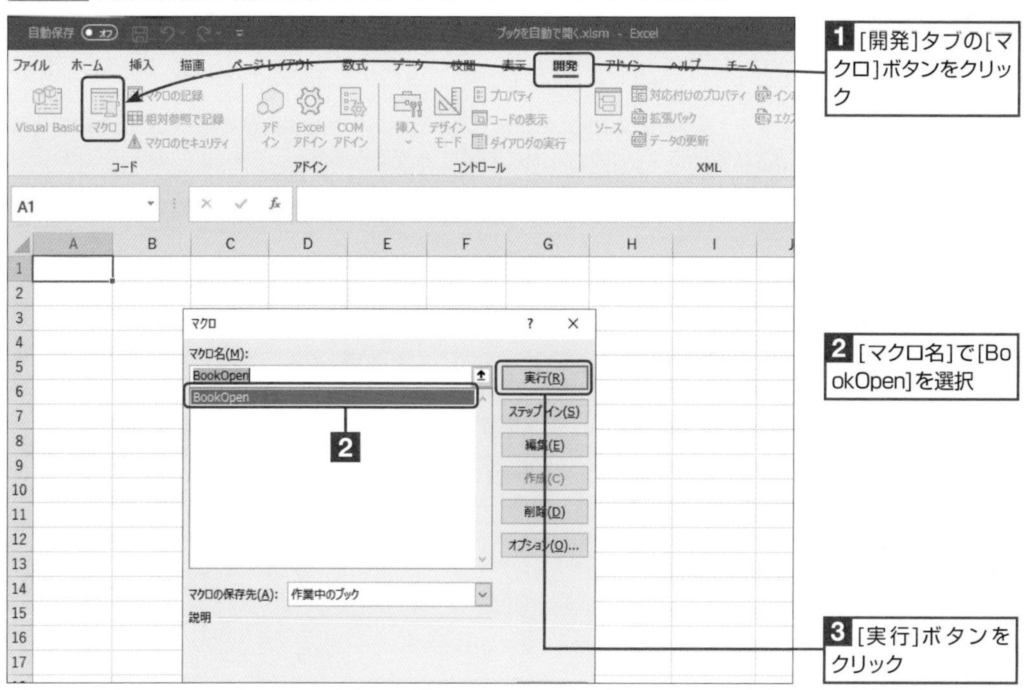


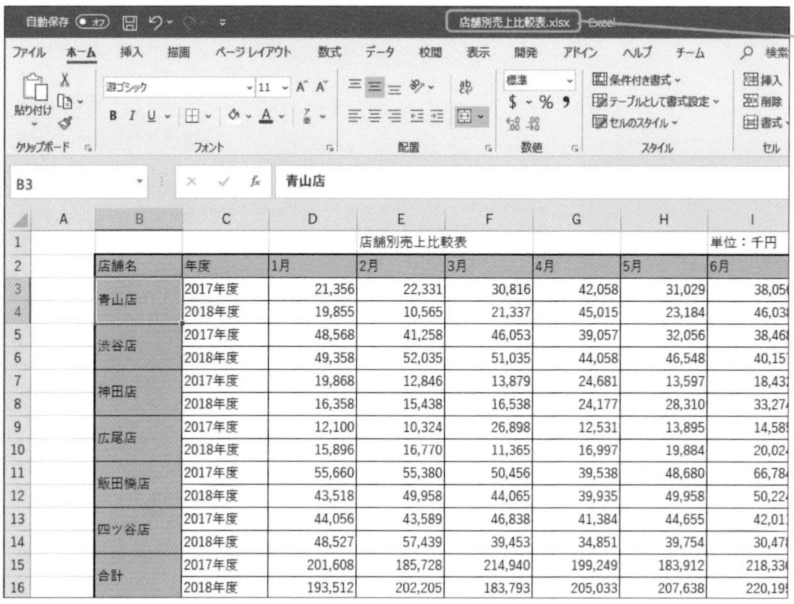


| | A | B | C | D | E | F | G | H | I |
|---|---|---|---|---|---|---|---|---|---|
| 1 | | | | | 店舗別売上比較表 | | | | 単位：千円 |
| 2 | | 店舗名 | 年度 | 1月 | 2月 | 3月 | 4月 | 5月 | 6月 |
| 3 | | 青山店 | 2017年度 | 21,356 | 22,331 | 30,816 | 42,058 | 31,029 | 38,05 |
| 4 | | | 2018年度 | 19,855 | 10,565 | 21,337 | 45,015 | 23,184 | 46,03 |
| 5 | | 渋谷店 | 2017年度 | 48,568 | 41,258 | 46,053 | 39,057 | 32,056 | 38,46 |
| 6 | | | 2018年度 | 49,358 | 52,035 | 51,035 | 44,058 | 46,548 | 40,15 |
| 7 | | 神田店 | 2017年度 | 19,868 | 12,846 | 13,879 | 24,681 | 13,597 | 18,43 |
| 8 | | | 2018年度 | 16,358 | 15,438 | 16,538 | 24,177 | 28,310 | 33,27 |
| 9 | | 広尾店 | 2017年度 | 12,100 | 10,324 | 26,898 | 12,531 | 13,895 | 14,58 |
| 10 | | | 2018年度 | 15,896 | 16,770 | 11,365 | 16,997 | 19,884 | 20,02 |
| 11 | | 飯田橋店 | 2017年度 | 55,660 | 55,380 | 50,456 | 39,538 | 48,680 | 66,78 |
| 12 | | | 2018年度 | 43,518 | 49,958 | 44,065 | 39,935 | 49,958 | 50,22 |
| 13 | | 四ツ谷店 | 2017年度 | 44,056 | 43,589 | 46,838 | 41,384 | 44,655 | 42,01 |
| 14 | | | 2018年度 | 48,527 | 57,439 | 39,453 | 34,851 | 39,754 | 30,47 |
| 15 | | 合計 | 2017年度 | 201,608 | 185,728 | 214,940 | 199,249 | 183,912 | 218,33 |
| 16 | | | 2018年度 | 193,512 | 202,205 | 183,793 | 205,033 | 207,638 | 220,19 |

### 最後に

作成したブックをマクロ有効ブックとして保存します。

### コラム ブックのパスの指定

「FileName」でブックのパスを指定する場合は、Cドライブから始まる絶対参照のほか、相対参照も使うことができます。

SECTION 83

# フォルダー内のブックを全部開く

「Open」メソッドに「Do While...Loop」ステートメントを組み合わせると、任意のフォルダーに格納されているブックをまとめて開くことができます。

チェックポイント ☑ Openメソッド

| 使用するメソッド | 使用するコレクション |
|---|---|
| ● Open | ● Workbooks |

本セクションで紹介したVBAマクロは、実用サンプル集としてまとめてあります。
詳しくは巻末の「DATA2　はじめてのExcel VBA実用サンプル集」を参照してください。

## OpenメソッドにDo While...Loopステートメントを組み合わせたプログラムを作成する

### step 1 フォルダー内のブックを全部開くプログラムを作成する

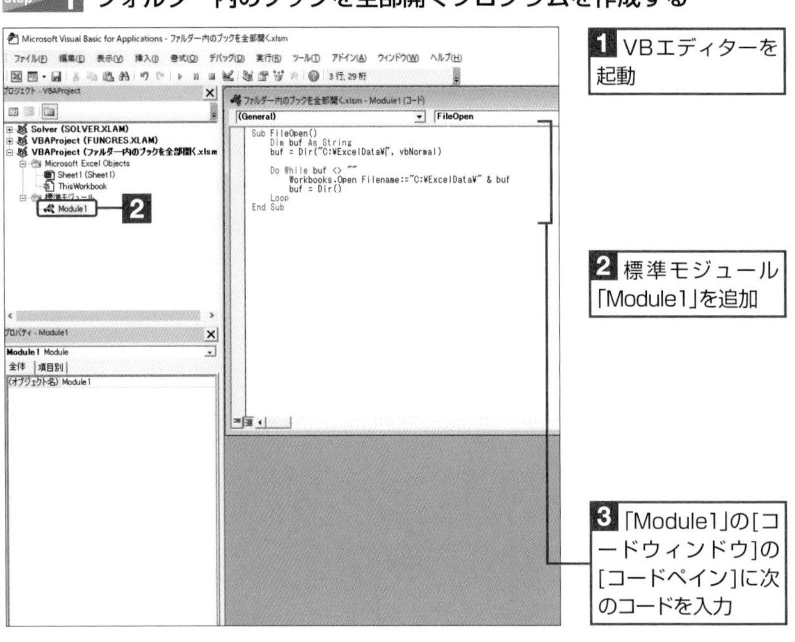


▼複数のブックをまとめて開くプロシージャ

```
Sub FileOpen()
    Dim buf As String ・・・❶

    buf = Dir("C:¥ExcelData¥*.xlsx",vbNormal) ・・・❷
    Do While buf <> "" ・・・❸
        Workbooks.Open FileName:="C:¥ExcelData¥" & buf ・・・❹
        buf = Dir() ・・・❺
    Loop ・・・❻

End Sub
```

**準備**

新規のブックを作成し、「Sheet1」を表示します。

**解説**

ここでは、「Do While...Loop」ステートメントを使って、複数のブックをまとめて開くプロシージャを作成しています。

❶String型の変数「buf」を宣言します。

❷Dir関数を使って、指定したフォルダー内の拡張子が「.xlsx」のファイルの名前を変数bufに代入します。

❸「Do While...Loop」ステートメントで、変数bufにファイル名が格納されていれば、以下の処理を実行します。

❹ファイルが格納されているフォルダーへのパスと変数bufに格納されているファイル名を連結し、Openメソッドでファイルをオープンします。

❺変数bufに、Dir関数を使って、❷で指定したフォルダー内の拡張子が「.xlsx」のファイルの名前を代入します（❷で取得したファイル名の次のファイルの名前を取得）。

❻「Loop」で繰り返し処理の最初に戻るようにしています。取得したファイル名がなくなった段階で、繰り返し処理を抜けます。

## step 2 VBAマクロを実行する

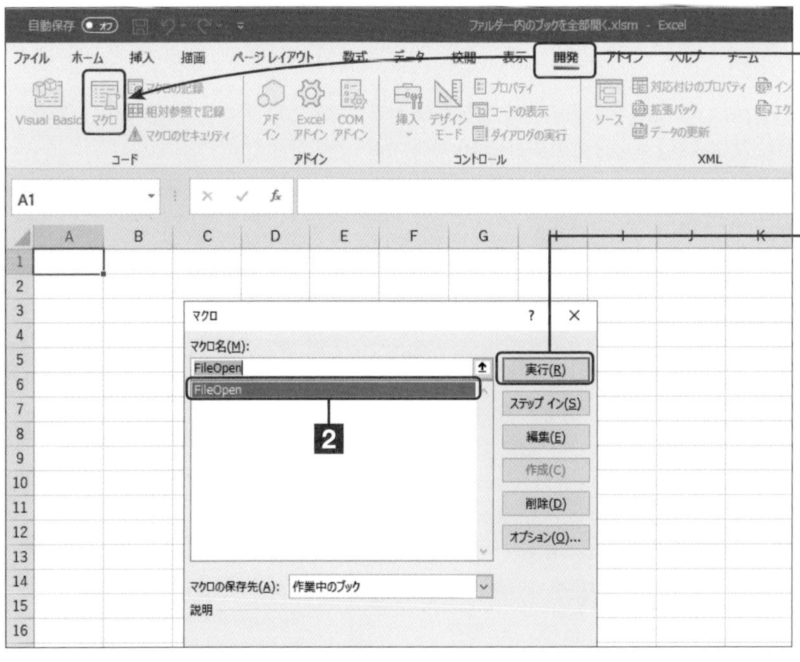


**1** [開発]タブの[マクロ]ボタンをクリック

**2** [マクロ名]で[FileOpen]を選択

**3** [実行]ボタンをクリック

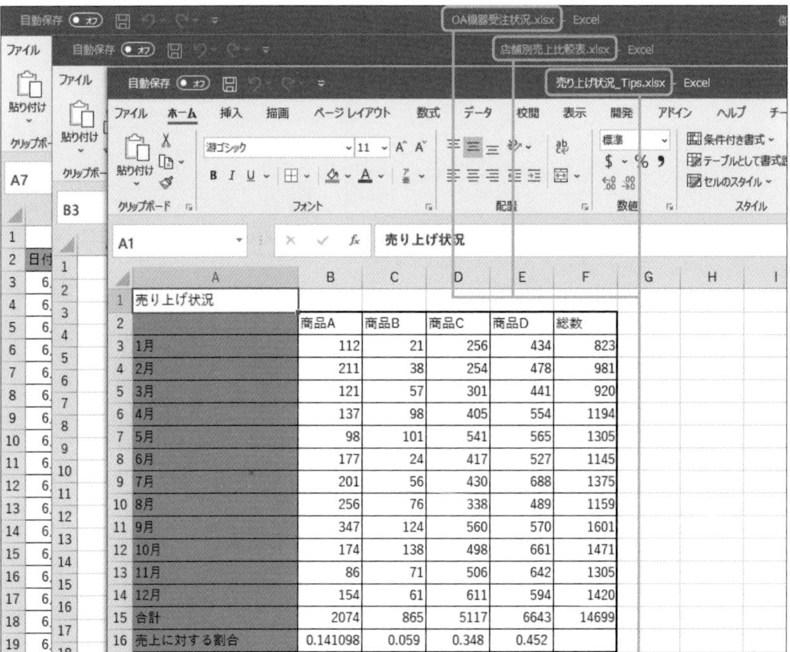


| | 商品A | 商品B | 商品C | 商品D | 総数 |
|---|---|---|---|---|---|
| 1月 | 112 | 21 | 256 | 434 | 823 |
| 2月 | 211 | 38 | 254 | 478 | 981 |
| 3月 | 121 | 57 | 301 | 441 | 920 |
| 4月 | 137 | 98 | 405 | 554 | 1194 |
| 5月 | 98 | 101 | 541 | 565 | 1305 |
| 6月 | 177 | 24 | 417 | 527 | 1145 |
| 7月 | 201 | 56 | 430 | 688 | 1375 |
| 8月 | 256 | 76 | 338 | 489 | 1159 |
| 9月 | 347 | 124 | 560 | 570 | 1601 |
| 10月 | 174 | 138 | 498 | 661 | 1471 |
| 11月 | 86 | 71 | 506 | 642 | 1305 |
| 12月 | 154 | 61 | 611 | 594 | 1420 |
| 合計 | 2074 | 865 | 5117 | 6643 | 14699 |
| 売上に対する割合 | 0.141098 | 0.059 | 0.348 | 0.452 | |

指定したフォルダー内のすべてのブックが開きます

### コラム マクロ有効ブックを開く

マクロ有効ブックを対象にする場合は、拡張子の部分をすべて「.xlsm」に書き換えます。

### ワンポイント

**Dir関数**

「Dir」関数は、指定したファイル名や拡張子、フォルダー名に合致するファイルやフォルダーの名前を返す関数です。

▼《構文》Dir関数の記述方法

```
Dir(検索する対象,定数)
```

Dir関数には、名前付き定数が組み込まれていて、目的に応じた定数を指定します。

| 定数名 | 内容 |
|---|---|
| vbNormal | ファイル |
| vbHidden | 隠しファイル |
| vbSystem | システムファイル |

### ワンポイント

**Dir関数の処理**

Dir関数は、引数に指定したファイルが存在するとファイル名を返します。引数に指定するファイル名に、「*」(ワイルドカード)を指定して「*.xlsx」とすると、関数を実行するたびに拡張子が.xlsxのファイル名を順に返します。

Dir関数には、引数を省略した場合、直前に指定したファイルが指定されたものとして、まだ返していないファイル名を順に返すという特性があります。操作例では、この特性を利用して、フォルダー内に存在するすべてのXLSXファイルの名前を取得するようにしています。

### 最後に

作成したブックをマクロ有効ブックとして保存します。

12

SECTION 84

# 読み取り専用でブックを開く

ここでは、「Open」メソッドの名前付き引数を使って、指定したファイルを読み取り専用で開く方法を紹介します。

チェックポイント ☑ Openメソッドの名前付き引数

| 使用するメソッド | 使用するコレクション |
|---|---|
| ● Open | ● Workbooks |

本セクションで紹介したVBAマクロは、実用サンプル集としてまとめてあります。
詳しくは巻末の「DATA2　はじめてのExcel VBA実用サンプル集」を参照してください。

## Openメソッドの名前付き引数を利用したプログラムを作成する

### step 1 読み取り専用でブックを開くプログラムを作成する

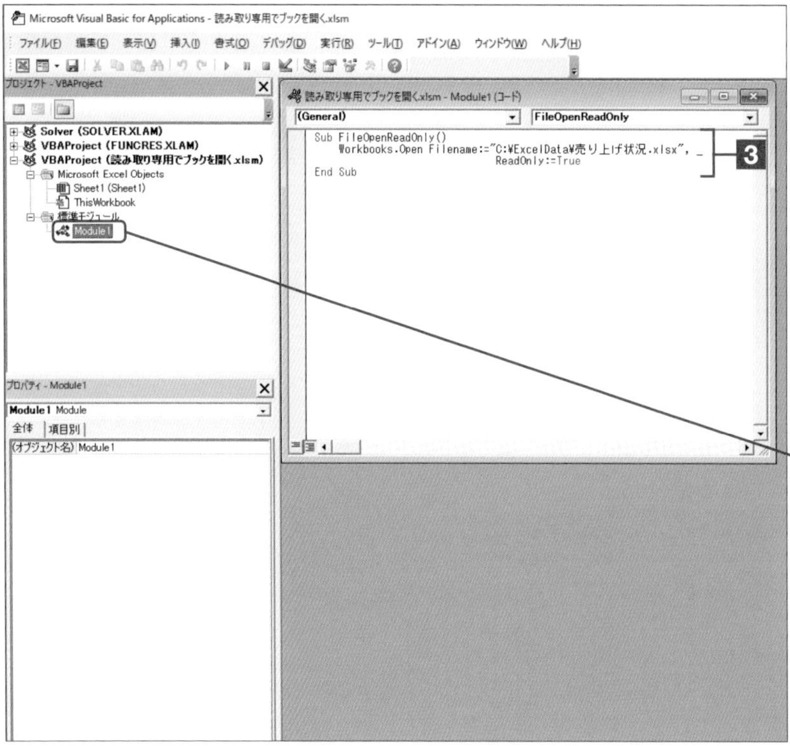

**準備**

新規のブックを作成し、「Sheet1」を表示します。

**解説**

ここでは、Openメソッドの引数「ReadOnly」を使って、指定したファイルを読み取り専用で開くようにしています。

**1** VBエディターを起動

**2** 標準モジュール「Module1」を追加

**3** 「Module1」の[コードウィンドウ]の[コードペイン]に次のコードを入力

▼読み取り専用でブックを開くプロシージャ

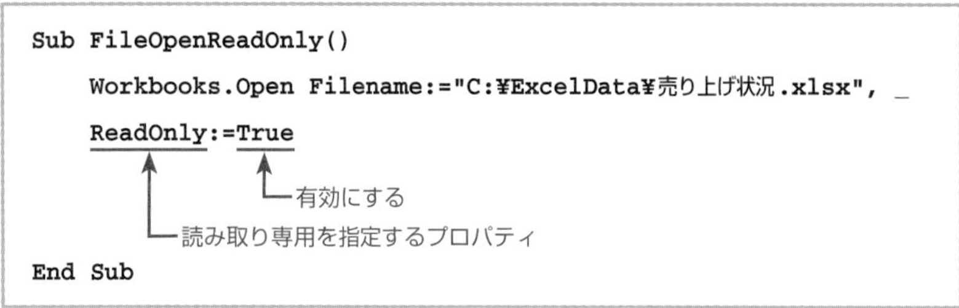

```
Sub FileOpenReadOnly()
    Workbooks.Open Filename:="C:¥ExcelData¥売り上げ状況.xlsx", _
    ReadOnly:=True
End Sub
```

ReadOnly：読み取り専用を指定するプロパティ
True：有効にする

## step 2 VBAマクロを実行する

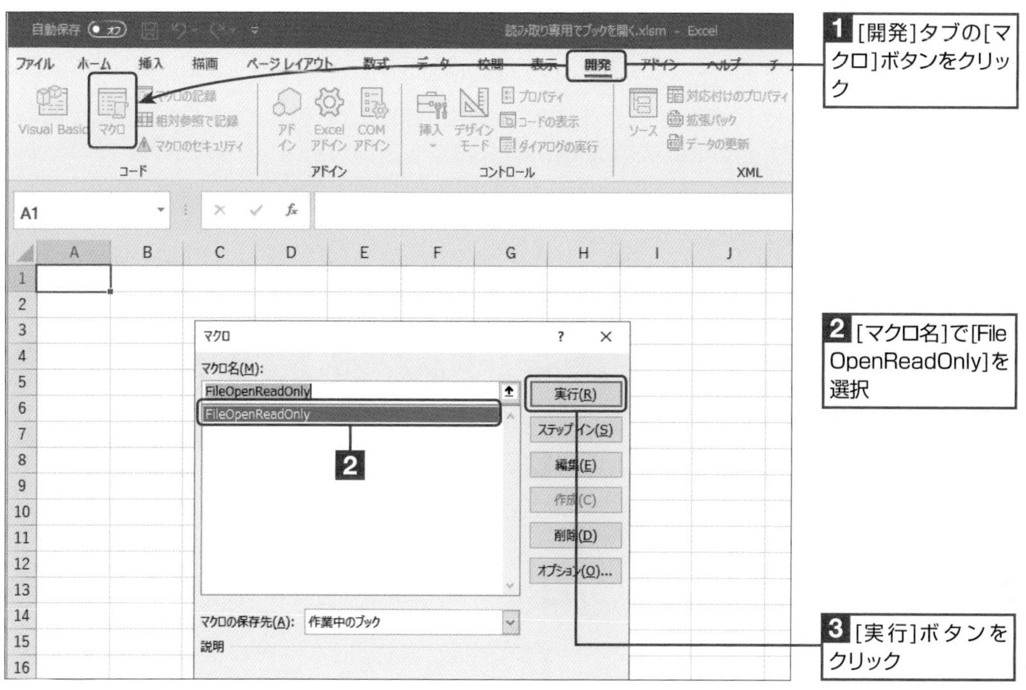


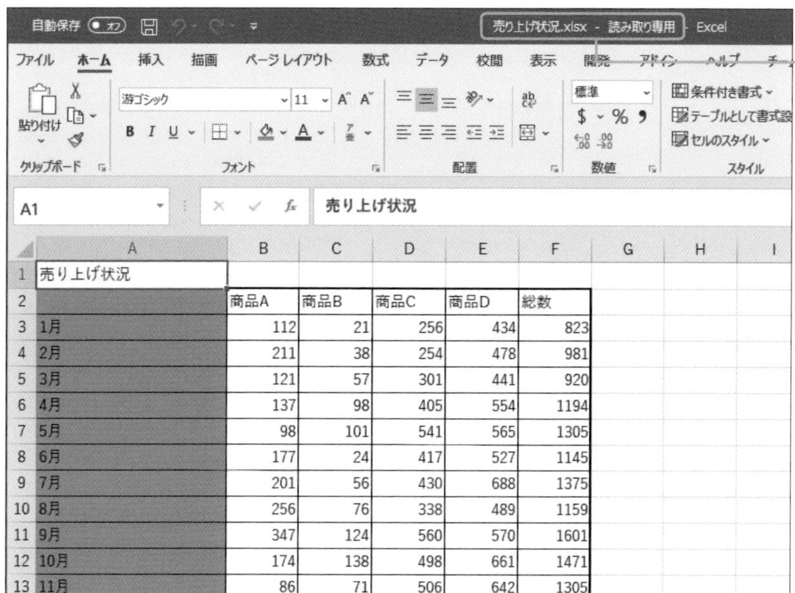


| | 商品A | 商品B | 商品C | 商品D | 総数 |
|---|---|---|---|---|---|
| 1月 | 112 | 21 | 256 | 434 | 823 |
| 2月 | 211 | 38 | 254 | 478 | 981 |
| 3月 | 121 | 57 | 301 | 441 | 920 |
| 4月 | 137 | 98 | 405 | 554 | 1194 |
| 5月 | 98 | 101 | 541 | 565 | 1305 |
| 6月 | 177 | 24 | 417 | 527 | 1145 |
| 7月 | 201 | 56 | 430 | 688 | 1375 |
| 8月 | 256 | 76 | 338 | 489 | 1159 |
| 9月 | 347 | 124 | 560 | 570 | 1601 |
| 10月 | 174 | 138 | 498 | 661 | 1471 |
| 11月 | 86 | 71 | 506 | 642 | 1305 |

該当するブックが読み取り専用で開きます

### 最後に

作成したブックをマクロ有効ブックとして保存します。

### コラム 上書きしようとした場合

読み取り専用ファイルを上書きしようとすると、警告のメッセージが表示されると共に、[名前を付けて保存]が表示され、別名での保存が促されます。

12

SECTION 85

# VBAでブックを閉じる

「Close」メソッドを使うと、任意のファイルを閉じることができます。ここでは、VBAを使って、ファイルを閉じる方法を紹介します。

チェックポイント ☑ Closeメソッド

| 使用するメソッド | 使用するコレクション |
|---|---|
| ● Close | ● Workbooks |

本セクションで紹介したVBAマクロは、実用サンプル集としてまとめてあります。
詳しくは巻末の「DATA2　はじめてのExcel VBA実用サンプル集」を参照してください。

## Closeメソッドを使用したプログラムを作成する

### step 1 ブックを閉じるプログラムを作成する

1 任意のブックを開く

2 VBエディターを起動

3 標準モジュール「Module1」を追加

4 「Module1」の[コードウィンドウ]の[コードペイン]に次のコードを入力

▼ブックを閉じるプロシージャ

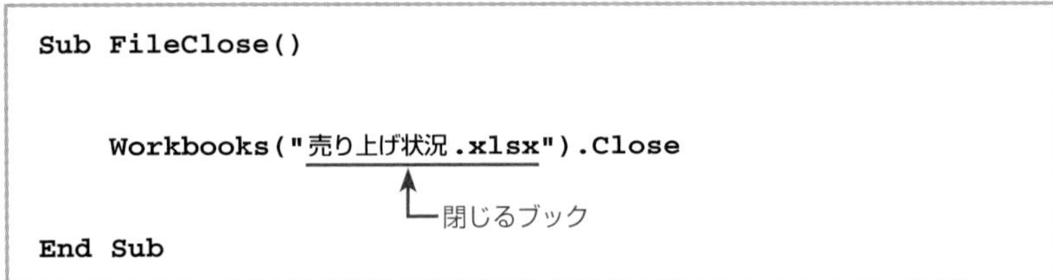

```
Sub FileClose()

    Workbooks("売り上げ状況.xlsx").Close

End Sub
```



**準備**

新規のブックを作成し、「Sheet1」を表示します。

**解説**

ここでは、Closeメソッドを使って、Workbooksで指定したブックを閉じるようにしています。

**ワンポイント**

**Closeメソッド**

「Close」メソッドは、Workbooksコレクションに対して、ブックを閉じる処理を行うメソッドです。操作例では、引数としてブック名を指定し、このブックに対して、Closeメソッドによる処理を行っています。なお、Workbooksコレクションでブック名の部分を省略して「Workbooks.Close」とだけ記述すると、現在、開かれているすべてのブックが閉じるようになります。

## step 2 VBAマクロを実行する

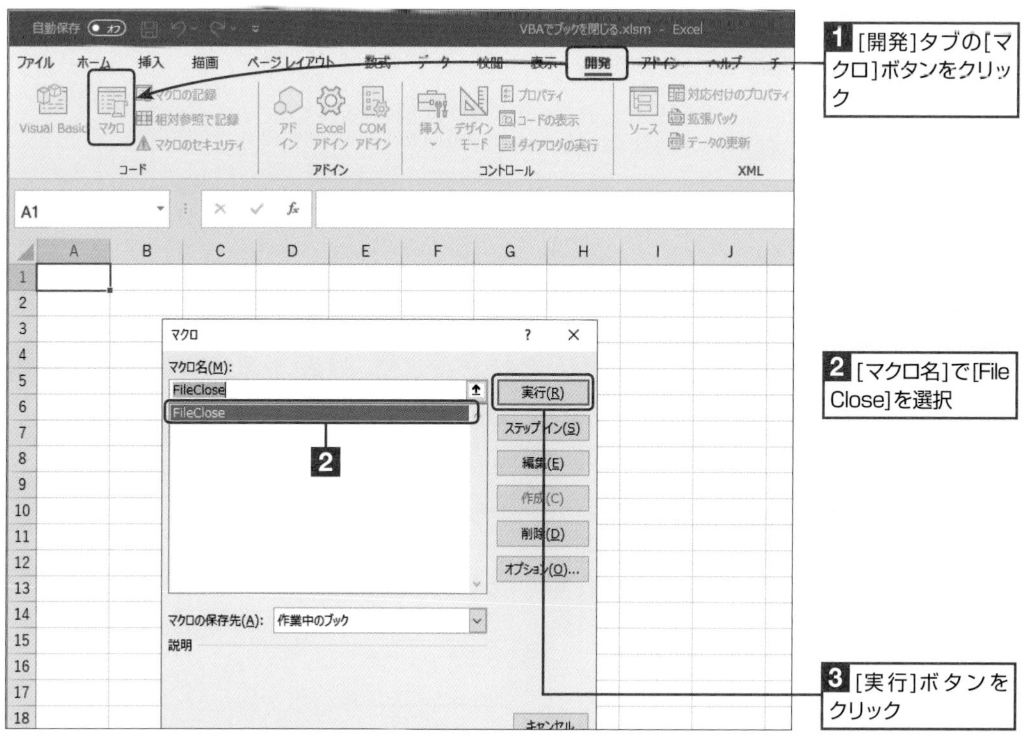


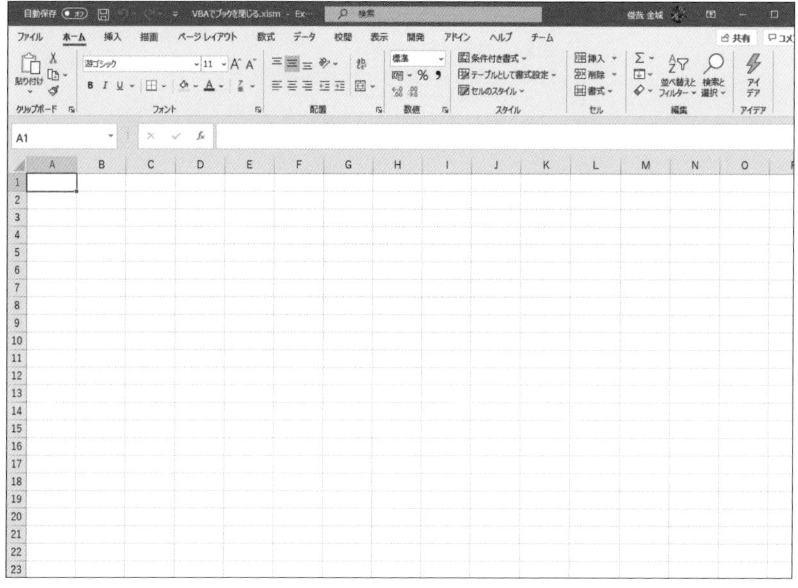


12

### コラム 保存の確認

対象のブックを変更してある場合は、変更の保存を行うかどうかを確認するメッセージが表示されます。

SECTION 86

# ブックの内容を上書きする

「Save」メソッドを使うと、作業中のブックを上書き保存することができます。

チェックポイント ☑ Saveメソッド

| 使用するメソッド | 使用するコレクション |
|---|---|
| ● Save | ● Workbooks |

本セクションで紹介したVBAマクロは、実用サンプル集としてまとめてあります。
詳しくは巻末の「DATA2　はじめてのExcel VBA実用サンプル集」を参照してください。

## Saveメソッドを利用したプログラムを作成する

### step 1 変更内容を保存してからブックを閉じるプログラムを作成する

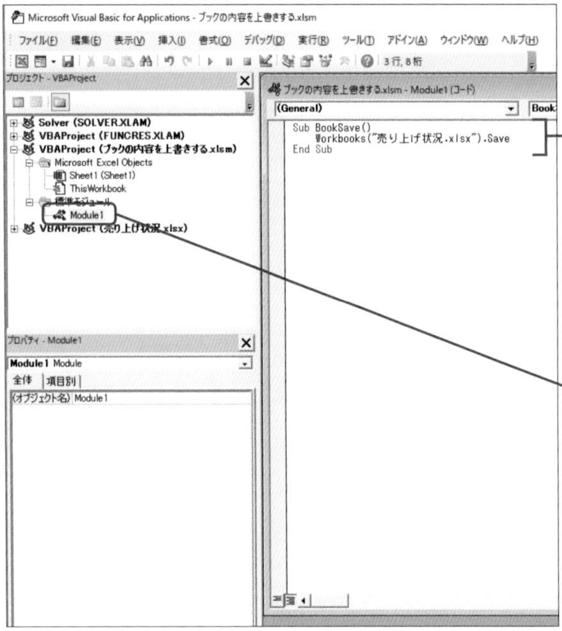

1 任意のブックを開く

2 VBエディターを起動

3 標準モジュール「Module1」を追加

4 「Module1」の[コードウィンドウ]の[コードペイン]に次のコードを入力

▼変更内容を保存してブックを閉じるプロシージャ

```
Sub BookSave()

    Workbooks("売り上げ状況.xlsx").Save

End Sub
```

**準備**

新規のブックを作成し、「Sheet1」を表示します。

**解説**

ここでは、Closeメソッドを使って、Workbooksで指定されたブックを閉じるようにしています。

**ワンポイント**

Saveメソッド

「Save」メソッドは、ブックを上書き保存するメソッドです。

▼Saveメソッドの記述方法

```
Workbookオブジェクト.Save
```

## step 2 VBAマクロを実行する

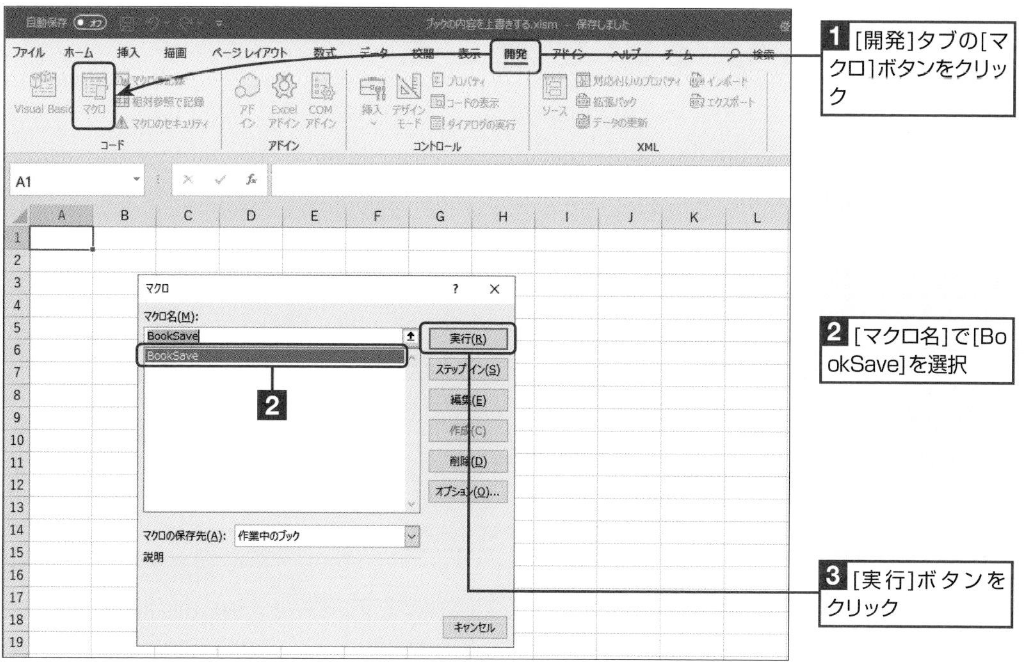


**1** [開発]タブの[マクロ]ボタンをクリック

**2** [マクロ名]で[BookSave]を選択

**3** [実行]ボタンをクリック

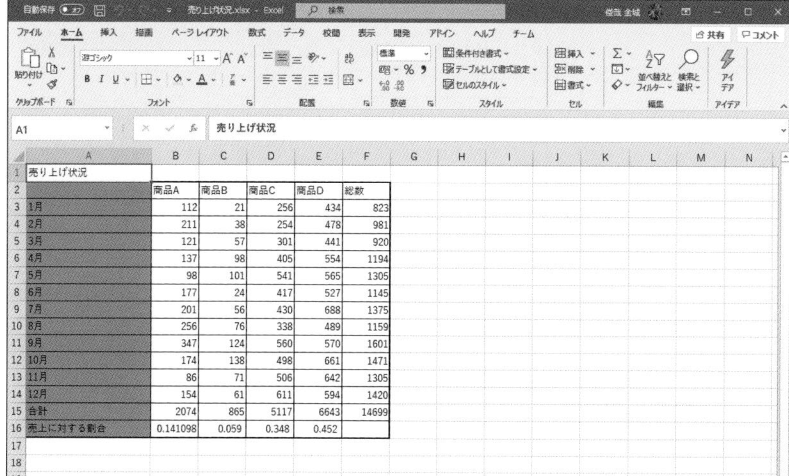

| 売り上げ状況 | | | | | |
|---|---|---|---|---|---|
| | 商品A | 商品B | 商品C | 商品D | 総数 |
| 1月 | 112 | 21 | 256 | 434 | 823 |
| 2月 | 211 | 38 | 254 | 478 | 981 |
| 3月 | 121 | 57 | 301 | 441 | 920 |
| 4月 | 137 | 98 | 405 | 554 | 1194 |
| 5月 | 98 | 101 | 541 | 565 | 1305 |
| 6月 | 177 | 24 | 417 | 527 | 1145 |
| 7月 | 201 | 56 | 430 | 688 | 1375 |
| 8月 | 256 | 76 | 338 | 489 | 1159 |
| 9月 | 347 | 124 | 560 | 570 | 1601 |
| 10月 | 174 | 138 | 498 | 661 | 1471 |
| 11月 | 86 | 71 | 506 | 642 | 1305 |
| 12月 | 154 | 61 | 611 | 594 | 1420 |
| 合計 | 2074 | 865 | 5117 | 6643 | 14699 |
| 売上に対する割合 | 0.141098 | 0.059 | 0.348 | 0.452 | |

指定したブックが上書き保存されます

**ワンポイント**

### 別名で保存

　ブックを別名で保存したい場合は、SaveAsメソッドを使います。このとき、SaveAsメソッドの名前付き引数「Filename」を使ってファイル名を指定します。

▼《構文》SaveAsメソッドの記述方法

```
Workbookオブジェクト.SaveAs Filename:="ファイル名"
```

### コラム 別名で保存するには

　別名で保存する際に、別のフォルダーに保存する場合は、「Workbooks("book1.xlsm").SaveAsFilename:="C:¥ExcelData¥book2.xlsm"」のように、フォルダーへのパスを使って設定します。

SECTION 87

# ブックの内容が変更されても保存しないで閉じる

「Close」メソッドの名前付き引数を使うと、ブックを閉じる際に、変更内容を保存せずに閉じることができます。

チェックポイント ☑ Close SaveChanges

| 使用するメソッド | 使用するコレクション |
| --- | --- |
| ● Close | ● Workbooks |

本セクションで紹介したVBAマクロは、実用サンプル集としてまとめてあります。
詳しくは巻末の「DATA2　はじめてのExcel VBA実用サンプル集」を参照してください。

## Close SaveChangesを利用したプログラムを作成する

### step 1 変更内容を保存せずにブックを閉じるプログラムを作成する

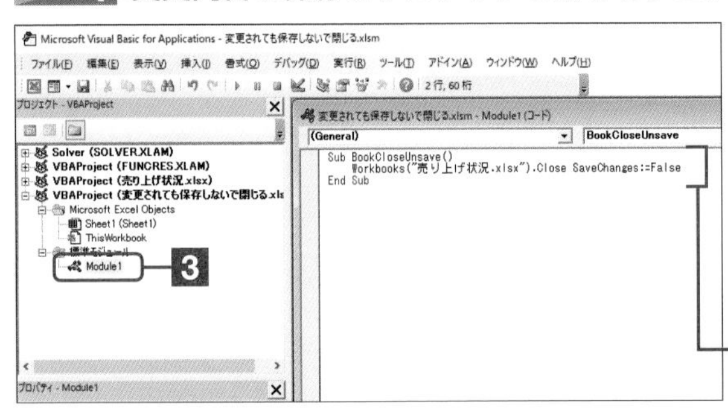


1 任意のブックを開く

2 VBエディターを起動

3 標準モジュール「Module1」を追加

4 「Module1」の[コードウィンドウ]の[コードペイン]に次のコードを入力

5 ブックを上書き保存

▼変更内容を保存せずにブックを閉じるプロシージャ

```
Sub BookCloseUnsave()

    Workbooks("売り上げ状況.xlsx").Close _
        SaveChanges:=False

End Sub
```

### step 2 VBAマクロを実行する

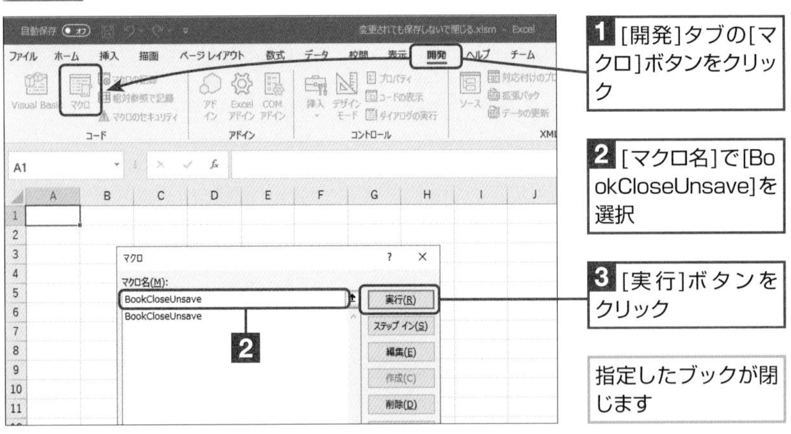


1 [開発]タブの[マクロ]ボタンをクリック

2 [マクロ名]で[BookCloseUnsave]を選択

3 [実行]ボタンをクリック

指定したブックが閉じます

#### 準備

新規のブックを作成し、「Sheet1」を表示します。

#### 解説

ここでは、Closeメソッドを使って、Workbooksで指定されたブックを閉じるようにしています。

#### ワンポイント

**SaveChanges**

「SaveChanges」は、Closeメソッドの名前付き引数です。SaveChangesに「:=」を使って「False」を設定した場合は、ブックを保存せずに終了します。また、「True」を設定した場合は、ブックを保存してから終了します。なお、SaveChangesを省略した場合は、ブックの保存を確認するメッセージが表示されます。

#### 最後に

作成したブックをマクロ有効ブックとして保存します。

#### コラム ブックが変更されていない場合

ブックが変更されていない場合に「BookCloseUnsave」を実行すると、「SaveChanges」の設定は無視されてブックが閉じます。

CHAPTER

# 13

# 印刷処理の自動化

この章では、印刷を行うときの設定を自動化するVBAプログラムの作成方法について見ていくことにします。

SECTION 88

# A5サイズで印刷する（用紙のサイズ指定）

印刷する用紙のサイズは、「PaperSize」プロパティを使って設定することができます。ここでは、用紙のサイズを設定するVBAプログラムについて見ていくことにしましょう。

チェックポイント ☑ PaperSizeプロパティ

本セクションで紹介したVBAマクロは、実用サンプル集としてまとめてあります。詳しくは巻末の「DATA2　はじめてのExcel VBA実用サンプル集」を参照してください。

使用するプロパティ
- ActiveSheet
- PageSetup
- PaperSize

## PaperSizeプロパティを利用したプログラムを作成する

### step 1 印刷する用紙のサイズを設定するプログラムを作成する

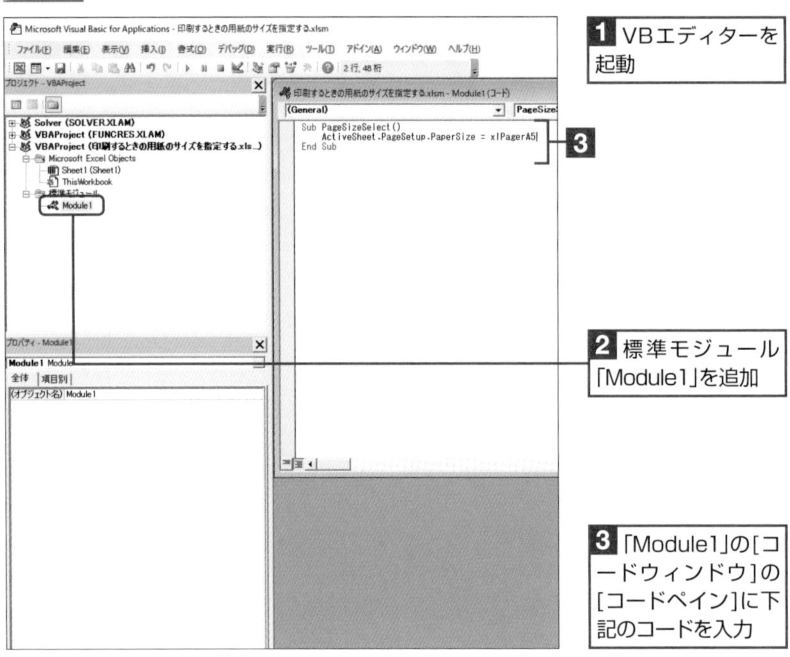


▼用紙のサイズを設定するプロシージャ

```
Sub PaperSizeSelect()

    ActiveSheet.PageSetup.PaperSize = xlPaperA5
                                      用紙のサイズをA5にする
End Sub
```

**準備**

新規のブックを作成して、「Sheet1」を表示します。

**解説**

用紙のサイズは、「PaperSize」プロパティで設定することができます。

◦ **PageSizeプロパティ**

PaperSizeプロパティは、ワークシートの情報を持つWorksheetオブジェクトに含まれるPageSetupオブジェクトを指定することで取得します。

◦ **PageSetupオブジェクト**

「PageSetup」オブジェクトは、印刷情報を持つオブジェクトです。

◦ **用紙サイズの指定**

Worksheetオブジェクト➡PageSetupオブジェクト➡PageSizeの順で指定します。ここでは、現在、アクティブなシートをActiveSheetプロパティで取得し、PageSetupプロパティでPageSetupオブジェクトを取得して、さらに、用紙のサイズの情報を持つPageSizeプロパティを使って、用紙サイズを「A5」に設定しています。

**ワンポイント**

**PaperSizeプロパティ**

「PaperSize」プロパティは、用紙のサイズを設定するプロパティです。

▼《構文》PageSizeプロパティの記述方法

```
Worksheetオブジェクト.PageSetup.PaperSize = PaperSizeプロパティの定数
```

## step 2 VBAマクロを実行する

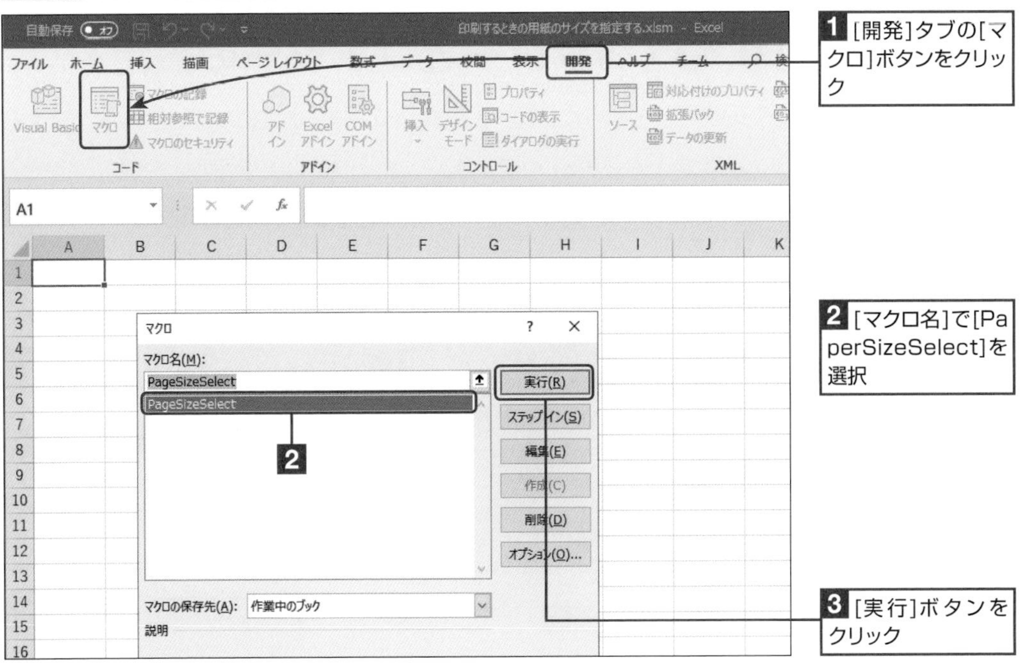


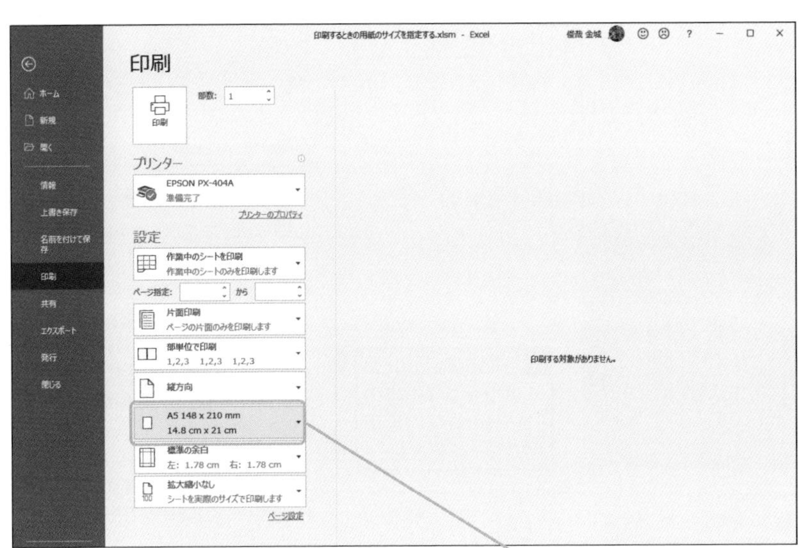


### コラム PaperSizeプロパティのヘルプ

PaperSizeプロパティのすべての定数は、ヘルプを使って調べることができます。VBエディターで「PaperSize」の記述部分にカーソルを移動して F1 キーを押すと、ヘルプが起動して、PaperSizeプロパティのすべての定数が表示されます。

### ワンポイント

**PaperSizeプロパティの定数**

PaperSizeプロパティには、用紙サイズを設定するための定数が用意されています。主な定数は、次のとおりです。

▼PaperSizeプロパティの定数

| 定数 | 内容 |
|---|---|
| xlPaperA4 | A4 サイズ |
| xlPaperA5 | A5 サイズ |
| xlPaperB5 | B5 サイズ |

### 最後に

作成したブックをマクロ有効ブックとして保存します。

13

SECTION 89

# 用紙の上部にブック名と日付を付けて印刷する（ヘッダーとフッターの設定）

ここでは、ヘッダーやフッターにブック名や日付を印刷する方法について見ていくことにしましょう。

チェックポイント
☑ LeftHeader プロパティ
☑ RightHeader プロパティ

本セクションで紹介したVBAマクロは、実用サンプル集としてまとめてあります。
詳しくは巻末の「DATA2　はじめてのExcel VBA実用サンプル集」を参照してください。

使用するプロパティ
- LeftHeader
- RightHeader

## LeftHeader、RightHeaderプロパティを利用したプログラムを作成する

### step 1 ヘッダーにブック名と日付を印刷するプログラムを作成する

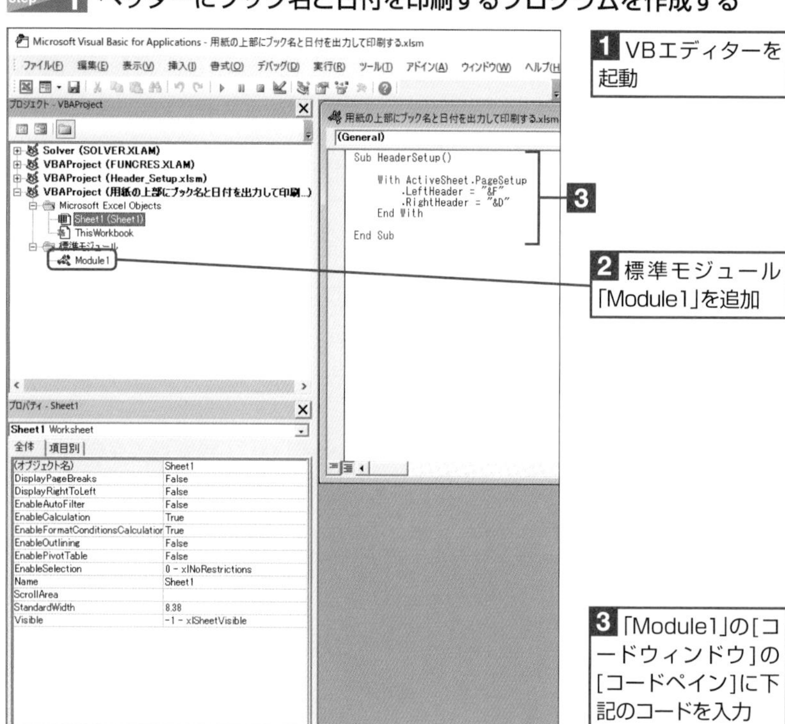


▼ヘッダーにブック名と日付を印刷するプロシージャ

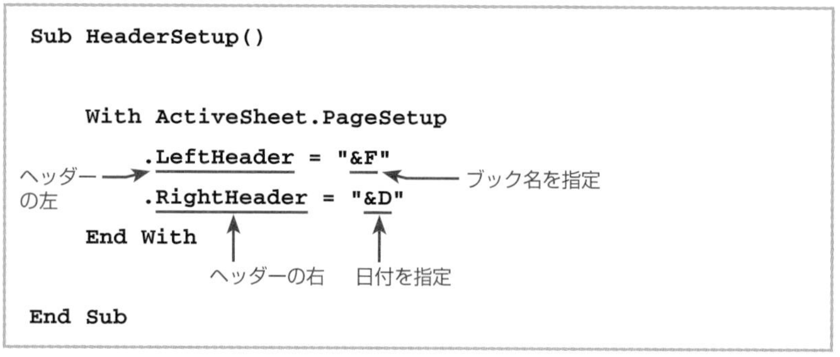

```
Sub HeaderSetup()

    With ActiveSheet.PageSetup
        .LeftHeader = "&F"
        .RightHeader = "&D"
    End With

End Sub
```


**準備**

データが入力されている任意のブックを開いて、「Sheet1」を表示します。

**注意** 「Sheet1」に何も入力されていないと、ここで設定する内容を［印刷プレビュー］で確認できないので、データが入力されているブックを使用するようにします。

**解説**

ヘッダーやフッターの設定は、「PageSetup」オブジェクトのプロパティを使って設定することができます。操作例では、「LeftHeader」（ヘッダーの左側の領域を設定）と「RightHeader」（ヘッダーの右側の領域を設定）プロパティを使って、ヘッダーにブック名と日付を印刷するようにしています。

◦**印刷内容の設定**

印刷する内容は、書式コードを「=」以下に「"」で囲んで記述します。

## step 2 VBAマクロを実行する

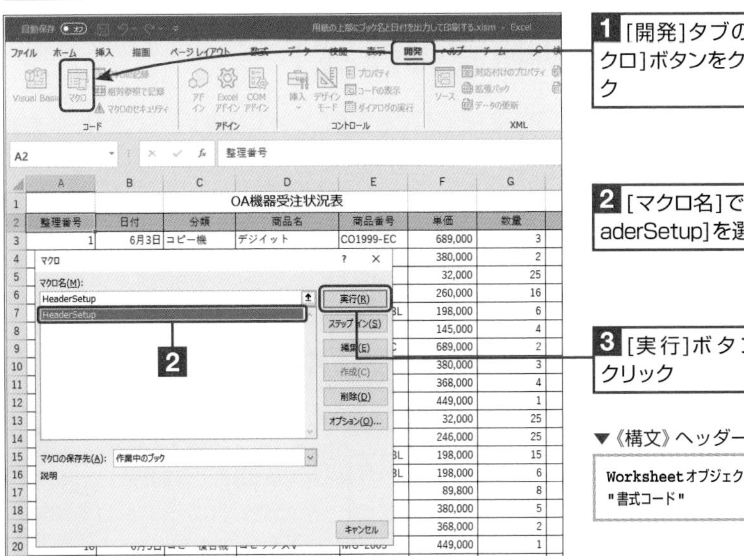


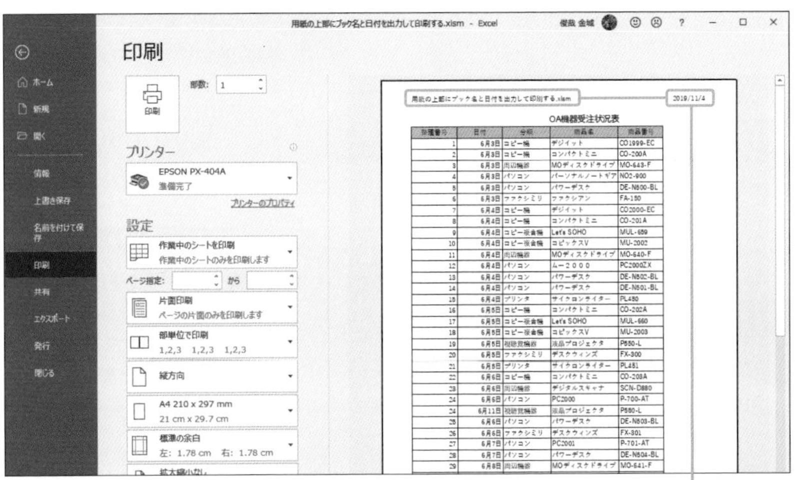

[印刷プレビュー]を表示すると、ヘッダーにブック名と日付が表示されていることが確認できます

### ワンポイント

**ヘッダー/フッターの指定**

ヘッダーやフッターの指定は、次のプロパティを使って指定します。

▼ヘッダー/フッターを設定するプロパティ

| プロパティ | 内容 |
|---|---|
| LeftHeader | ヘッダーの左 |
| CenterHeader | ヘッダーの中央 |
| RightHeader | ヘッダーの右 |
| LeftFooter | フッターの左 |
| CenterFooter | フッターの中央 |
| RightFooter | フッターの右 |

▼《構文》ヘッダー/フッターを設定する書式

```
Worksheetオブジェクト.PageSetup.ヘッダー/フッターを設定するプロパティ = _
"書式コード"
```

### ワンポイント

**ヘッダー/フッターの書式コード**

ヘッダー/フッターには、次の書式コードを指定することで、任意のデータを印刷することができます。

▼ヘッダー/フッターの主な書式コード

| 書式コード | 内容 |
|---|---|
| &F | ブック名 |
| &A | シート見出し |
| &D | 現在の日付 |
| &T | 現在の時刻 |
| &P | ページ番号 |
| &N | 総ページ数 |

### 最後に

ブックをマクロ有効ブックとして保存します。

### コラム 複数の書式コードを組み合わせる

書式コードは、複数のコードを組み合わせることができます。例えば、「ページ数/総ページ数」をヘッダーの右に印刷するには、「ActiveSheet.PageSetup.RightHeader = "&P / &N"」と記述します(「/」の前後にスペースを指定)。

13

# データが入力された範囲だけを印刷する（印刷範囲の設定）

印刷範囲は、「PrintArea」プロパティを使って設定することができます。ここでは、印刷範囲を設定するVBAプログラムを紹介します。

チェックポイント ☑ PrintAreaプロパティ

本セクションで紹介したVBAマクロは、実用サンプル集としてまとめてあります。
詳しくは巻末の「DATA2　はじめてのExcel VBA実用サンプル集」を参照してください。

使用するプロパティ

- ActiveSheet
- PageSetup
- PrintArea

## PrintAreaプロパティを利用したプログラムを作成する

### step 1 印刷範囲を設定するプログラムを作成する

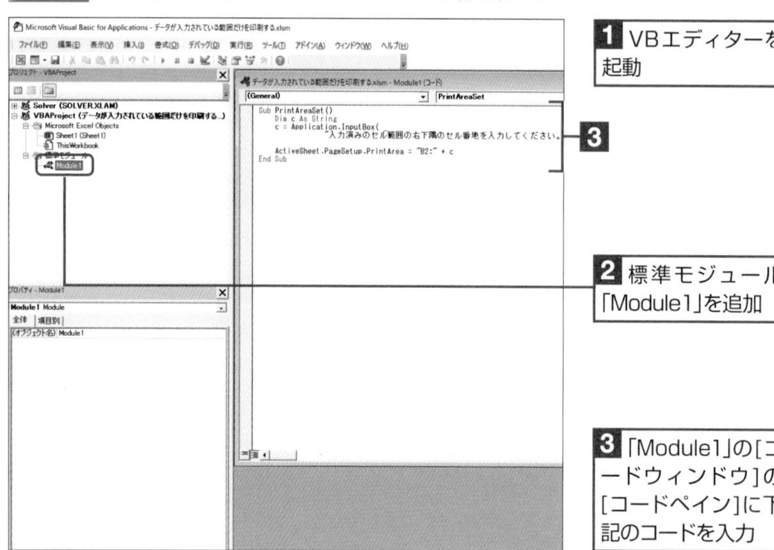

1 VBエディターを起動

2 標準モジュール「Module1」を追加

3 「Module1」の[コードウィンドウ]の[コードペイン]に下記のコードを入力

**準備**

データが入力されている任意のブックを開いて、「Sheet1」を表示します。

**解説**

印刷範囲の設定は、「PageSetup」オブジェクトの「PrintArea」プロパティを使って行うことができます。ここでは、「B2」～「H15」セルを印刷範囲に設定しています。

**ワンポイント**

**PrintAreaプロパティ**

「PrintArea」プロパティは、印刷範囲を設定するプロパティです。なお、印刷範囲を示すセル番地は「:」で区切って指定します。

▼《構文》PrintAreaプロパティの記述方法

```
Worksheetオブジェクト.PageSetup.PrintArea = "印刷範囲"
```

▼印刷範囲を設定するプロシージャ

```
Sub PrintAreaSet()
    Dim c As String
    c = Application.InputBox( _
            "入力済みのセル範囲の右下隅のセル番地を入力してください。")

    ActiveSheet.PageSetup.PrintArea = "B2:" + c
End Sub
```

**ワンポイント**

**印刷範囲の確認**

印刷範囲の設定を行うと、シート上にも薄いグレーのラインで印刷される範囲が示され、作業中も常に確認できるようになります。

## step 2 VBAマクロを実行する

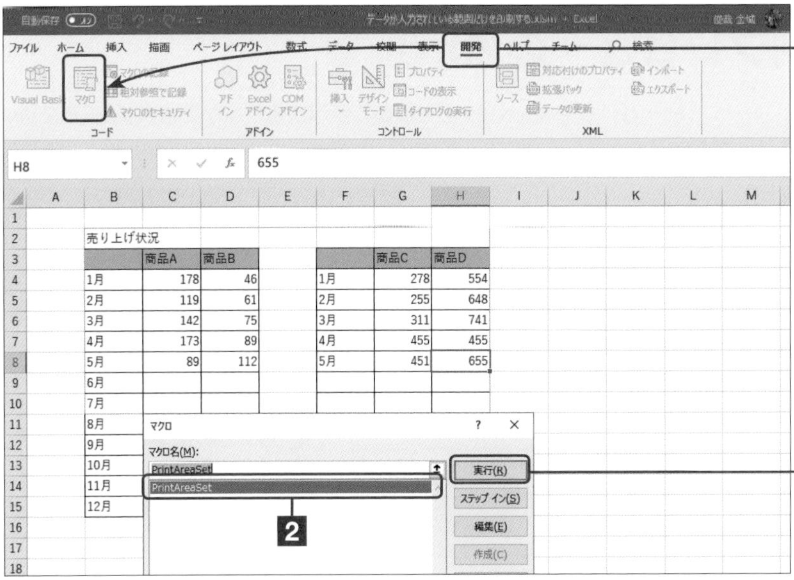

1 [開発]タブの[マクロ]ボタンをクリック

2 [マクロ名]で[PrintAreaSet]を選択

3 [実行]ボタンをクリック

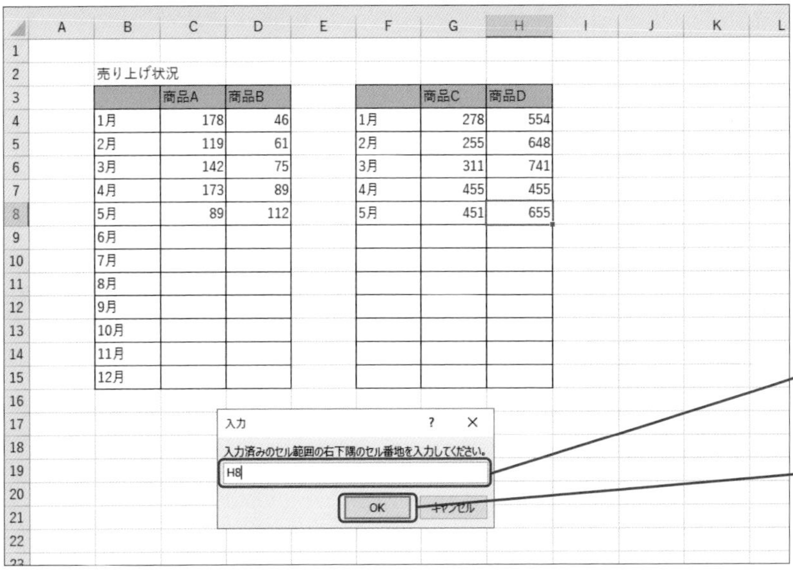

4 データを入力したセル範囲の右下隅のセル番地を入力

5 [OK]ボタンをクリック

Backstageビューの［印刷］を表示すると、印刷範囲がデータが入力済みのところまでになっているのが確認できます。

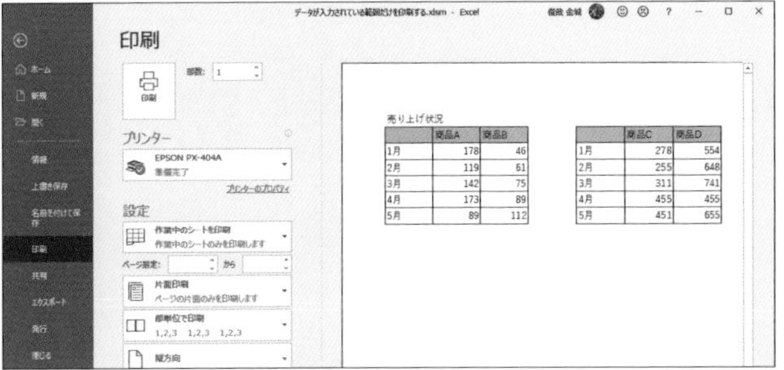


### 最後に

ブックをマクロ有効ブックとして保存します。

### コラム 印刷範囲の解除

設定した印刷範囲を解除するVBAマクロを作成するには、新規のプロシージャを作成し、「ActiveSheet.PageSetup.PrintArea = False」と記述します。

13

SECTION 91

# 印刷状態を画面表示する（印刷プレビューの表示）

印刷プレビューは、「PrintPreview」メソッドを使って表示することができます。ここでは、印刷プレビューを表示するVBAプログラムを紹介します。

チェックポイント ☑ PrintPreviewメソッド

| 使用するメソッド | 使用するコレクション |
|---|---|
| ● PrintPreview | ● Sheets |

本セクションで紹介したVBAマクロは、実用サンプル集としてまとめてあります。
詳しくは巻末の「DATA2　はじめてのExcel VBA実用サンプル集」を参照してください。

## PrintPreviewメソッドを利用したプログラムを作成する

### step 1 印刷プレビューを表示するプログラムを作成する

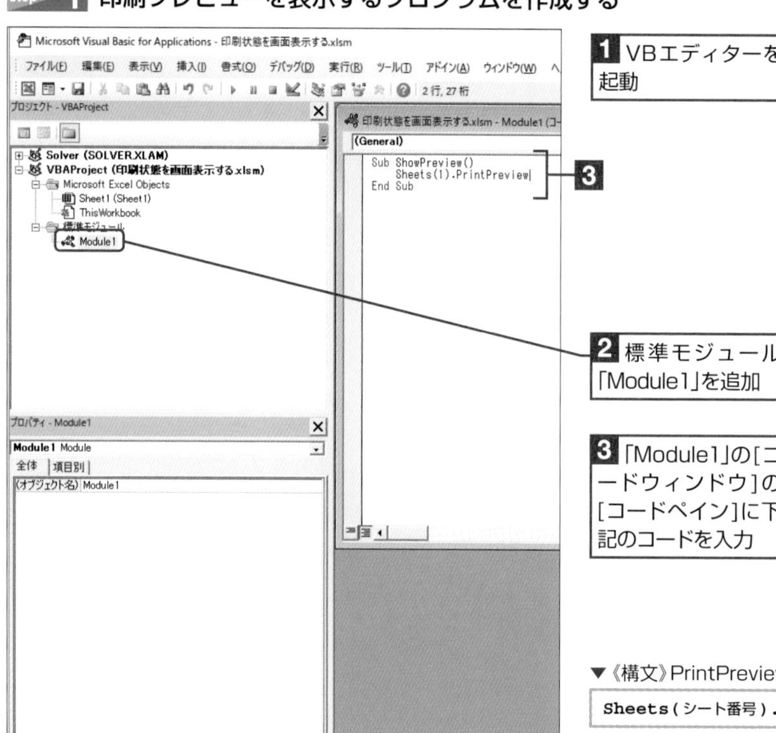


**1** VBエディターを起動

**2** 標準モジュール「Module1」を追加

**3** 「Module1」の［コードウィンドウ］の［コードペイン］に下記のコードを入力

**準備**

データが入力されている任意のブックを開いて、「Sheet1」を表示します。

**解説**

印刷プレビューは、「Sheets」コレクションに、「PrintPreview」メソッドを指定することで表示することができます。ここではSheetsコレクションの引数に「1」を指定することで、1番目のシートを印刷プレビューで表示するようにしています。

**ワンポイント**

**PrintPreviewメソッド**

「PrintPreview」メソッドは、印刷プレビューを表示するメソッドです。なお、Sheetsコレクションの引数には、シート番号を指定します。

▼《構文》PrintPreviewメソッドの記述方法

```
Sheets(シート番号).PrintPreview
```

▼印刷プレビューを表示するプロシージャ

```
Sub ShowPreview()

    Sheets(1).PrintPreview
    └プレビューするシートを指定
End Sub
```

## step 2 VBAマクロを実行する

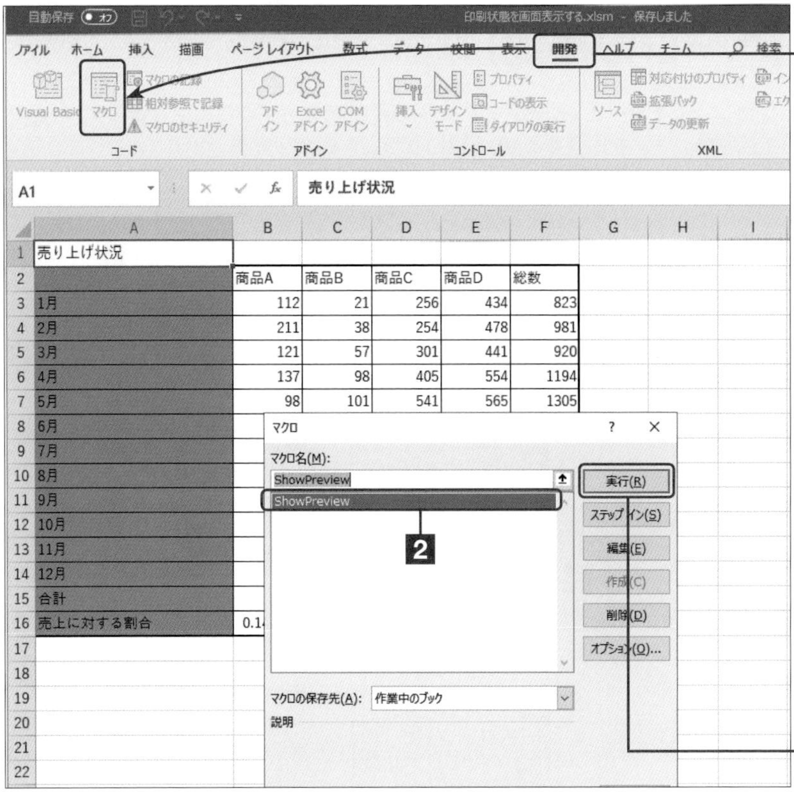

| | A | B | C | D | E | F |
|---|---|---|---|---|---|---|
| 1 | 売り上げ状況 | | | | | |
| 2 | | 商品A | 商品B | 商品C | 商品D | 総数 |
| 3 | 1月 | 112 | 21 | 256 | 434 | 823 |
| 4 | 2月 | 211 | 38 | 254 | 478 | 981 |
| 5 | 3月 | 121 | 57 | 301 | 441 | 920 |
| 6 | 4月 | 137 | 98 | 405 | 554 | 1194 |
| 7 | 5月 | 98 | 101 | 541 | 565 | 1305 |



**1** [開発]タブの[マクロ]ボタンをクリック

**2** [マクロ名]で[ShowPreview]を選択

**3** [実行]ボタンをクリック

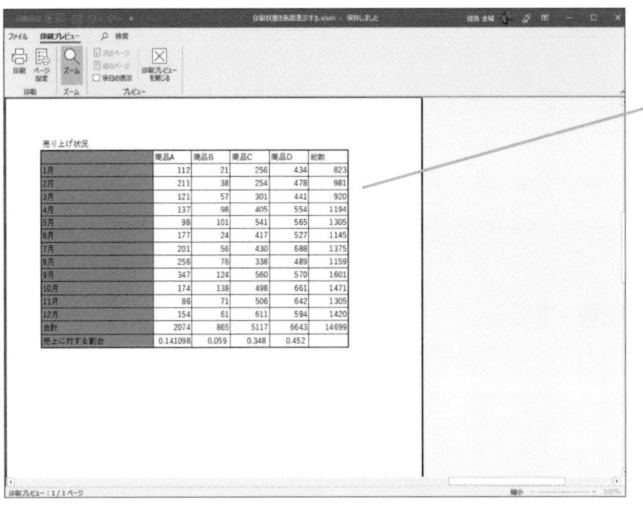

売り上げ状況

| | 商品A | 商品B | 商品C | 商品D | 総数 |
|---|---|---|---|---|---|
| 1月 | 112 | 21 | 256 | 434 | 823 |
| 2月 | 211 | 38 | 254 | 478 | 981 |
| 3月 | 121 | 57 | 301 | 441 | 920 |
| 4月 | 137 | 98 | 405 | 554 | 1194 |
| 5月 | 98 | 101 | 541 | 565 | 1305 |
| 6月 | 177 | 24 | 417 | 527 | 1145 |
| 7月 | 201 | 56 | 430 | 688 | 1375 |
| 8月 | 256 | 76 | 338 | 489 | 1159 |
| 9月 | 347 | 124 | 560 | 570 | 1601 |
| 10月 | 174 | 138 | 498 | 661 | 1471 |
| 11月 | 86 | 71 | 506 | 642 | 1305 |
| 12月 | 154 | 61 | 611 | 594 | 1420 |
| 合計 | 2074 | 865 | 5117 | 6643 | 14699 |
| 売上に対する割合 | 0.141098 | 0.059 | 0.348 | 0.452 | |

1番目のシートの印刷プレビューが表示されます

### 最後に

ブックをマクロ有効ブックとして保存します。

### コラム すべてのシートをプレビューする

「Sheets.PrintPreview」のように、「Sheets」コレクションの引数を指定しない場合は、すべてのシートの印刷プレビューが表示されます。

SECTION 92

# ページ範囲を指定してから印刷する（印刷ページの指定）

「PrintOut」メソッドを使うと、印刷するページの範囲を指定することができます。ここでは、指定した範囲のシートを印刷するVBAプログラムを紹介します。

チェックポイント ☑ PrintOutメソッド

| 使用するメソッド | 使用するプロパティ |
| --- | --- |
| ● PrintOut | ● ActiveSheet |

本セクションで紹介したVBAマクロは、実用サンプル集としてまとめてあります。
詳しくは巻末の「DATA2　はじめてのExcel VBA実用サンプル集」を参照してください。

## PrintOutメソッドを利用したプログラムを作成する

### step 1 指定した範囲のシートを印刷するプログラムを作成する

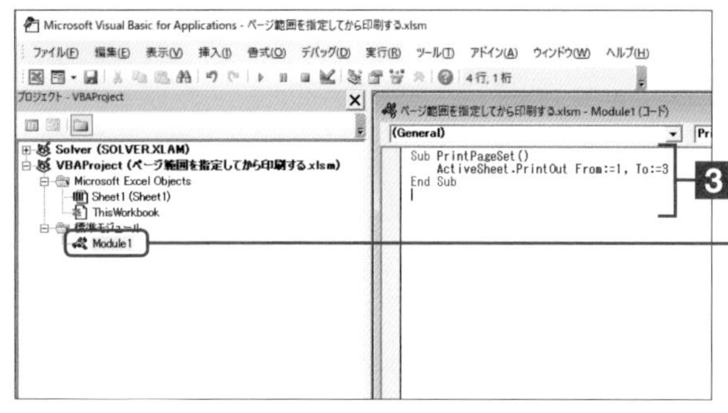

1 VBエディターを起動

2 標準モジュール「Module1」を追加

3 「Module1」の[コードウィンドウ]の[コードペイン]に次のコードを入力

▼指定した範囲のシートを印刷するプロシージャ

```
Sub PrintPageSet()

    ActiveSheet.PrintOut From:=1, To:=3

End Sub
```

From:=1 ↑ 開始ページ　To:=3 ↑ 終了ページ

**準備**

データが入力されている任意のブックを開いて、「Sheet1」を表示します。

**解説**

現在、開いているブックのアクティブシートを印刷するには、「ActiveSheet」に「PrintOut」メソッドを組み合わせて使用します。ここでは、シートの1ページ目から3ページ目までを印刷するようにしています。

**ワンポイント**

PrintOutメソッド

「PrintOut」メソッドは、印刷を行うメソッドです。引数「From」で開始ページ番号を、「To」で終了ページ番号をそれぞれ指定します。

▼《構文》PrintOutメソッドの記述方法

```
Sheetオブジェクト.PrintOut From:=開始ページ番号, To:=終了ページ番号
```

### step 2 VBAマクロを実行する

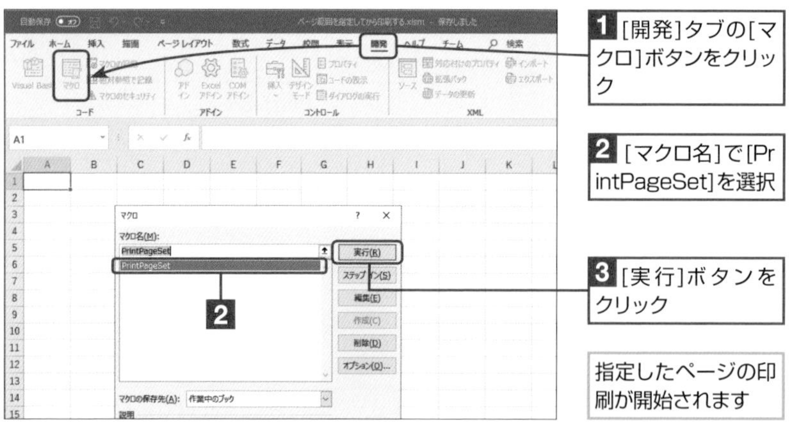

1 [開発]タブの[マクロ]ボタンをクリック

2 [マクロ名]で[PrintPageSet]を選択

3 [実行]ボタンをクリック

指定したページの印刷が開始されます

**最後に**

ブックをマクロ有効ブックとして保存します。

**コラム　印刷部数の指定**

PrintOutメソッドの引数に「Copies:=印刷部数」を追加すると、印刷部数を指定することができます。

CHAPTER

14

# VBAからの関数活用術

この章では、Excelの関数をVBAで便利に使う方法について見ていくことにします。

SECTION 93

# 離れたセル範囲のデータを合計する（SUM()関数）

SUM()関数は、連続したセルの合計値を求める関数です。ここでは、複数の領域の合計値をVBAを利用して求める方法について見ていくことにしましょう。

チェックポイント
☑ WorksheetFunctionプロパティ
☑ SUM()関数

本セクションで紹介したVBAマクロは、実用サンプル集としてまとめてあります。
詳しくは巻末の「DATA2　はじめてのExcel VBA実用サンプル集」を参照してください。

使用するプロパティ

- Application.WorksheetFunction

## WorksheetFunctionを利用したプログラムを作成する

### step 1 複数の領域の合計値を求めるプログラムを作成する

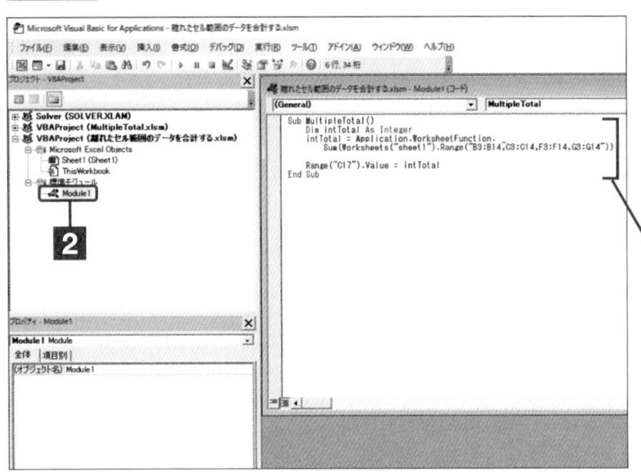

1 VBエディターを起動

2 標準モジュール「Module1」を追加

3 「Module1」の[コードウィンドウ]の[コードペイン]に下記のコードを入力

**準備**

4つの連続した領域（列）にデータが入力された、「Sheet1」を表示します。

**解説**

ここでは、「B3」～「B14」、「C3」～「C14」、「F3」～「F14」、「G3」～「G14」の4つのセル範囲に入力された数値の合計をSUM関数を使って求めています。なお、求めた値を格納している変数「intTotal」の値は、セル情報を持つRangeオブジェクトをRangeプロパティで取得し、セルの値を設定、取得するValueプロパティを使うことで、「C17」セルに出力するようにしています。

▼複数の領域の合計値を求めるプロシージャ

```
Sub MultipleTotal()

    Dim intTotal As Integer

    intTotal = Application.WorksheetFunction. _
        Sum(Worksheets("sheet1").Range("B3:B14,C3:C14,F3:F14,G3:G14"))

    Range("C17").Value = intTotal

End Sub
```

"sheet1"：対象のワークシート
"B3:B14,C3:C14,F3:F14,G3:G14"：対象のセル範囲
"C17"：結果を表示するセル

**ワンポイント**

**Application.WorksheetFunctionプロパティ**

「Application.WorksheetFunction」プロパティは、VBAから呼び出すことができる、Excel ワークシート関数の情報を持つ「WorksheetFunction」オブジェクトを取得するプロパティです。ワークシート関数を使う場合は、関数名の前に必ず記述します。

## step 2 VBAマクロを実行する

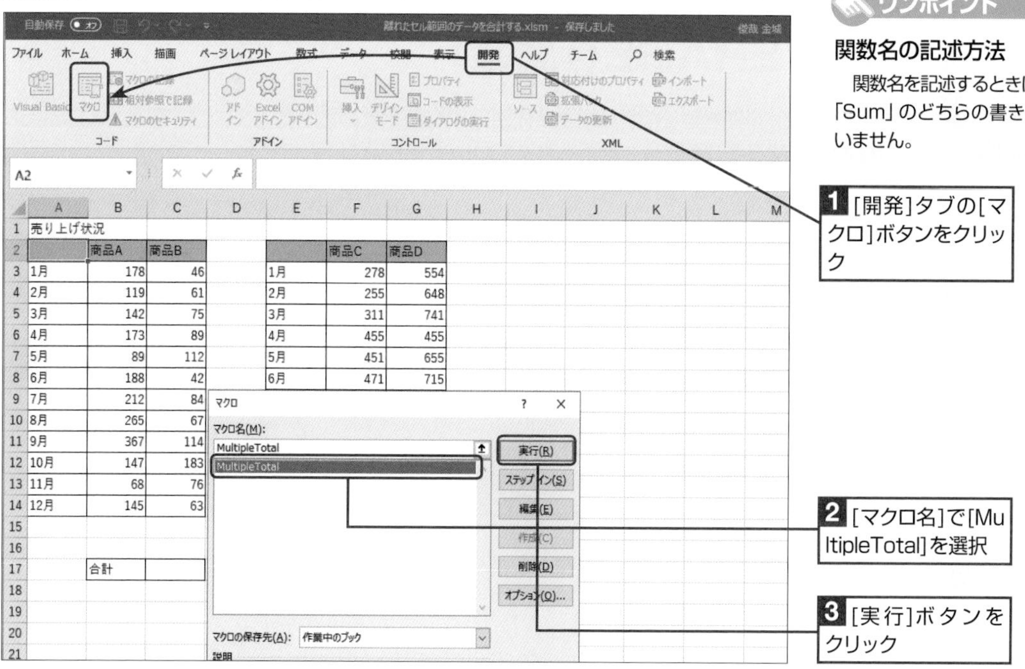


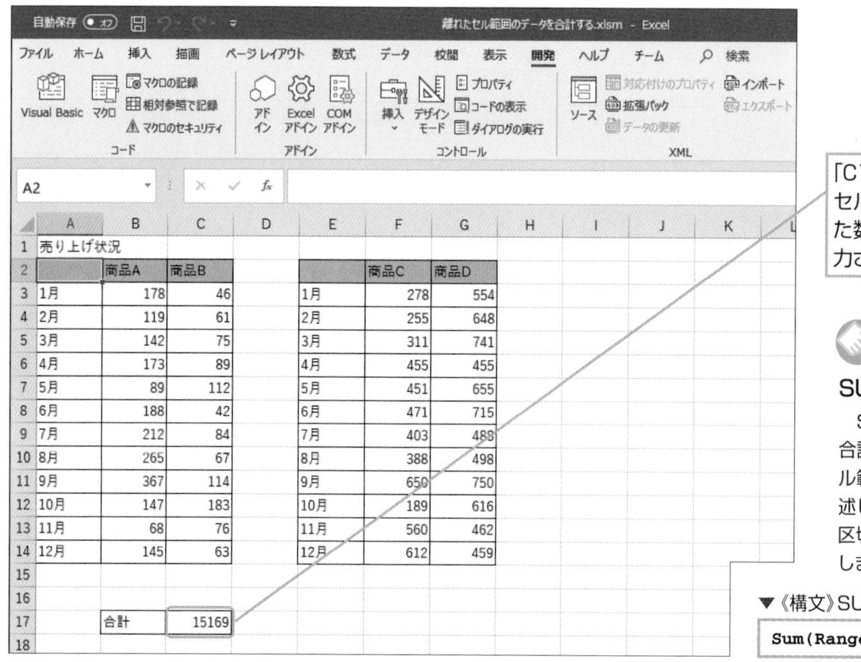


### ワンポイント 関数名の記述方法

関数名を記述するときは、「SUM」、「Sum」のどちらの書き方でもかまいません。

### ワンポイント SUM()関数の記述方法

SUM()関数で、複数のエリアの合計値を求めるには、対象となるセル範囲を「,(カンマ)」で区切って記述します。なお、セル範囲は、「:」で区切って、「B3:B14」のように記述します。

▼《構文》SUM()関数の記述方法

```
Sum(Range("セル範囲,セル範囲,..."))
```

### コラム SUM()関数の引数

SUM()関数では、演算の対象となるセル範囲を示す引数を、最高で255まで設定することができます。

### 最後に

ブックをマクロ有効ブックとして保存します。

SECTION

# 94 セルのデータを平均する (AVERAGE() 関数)

AVERAGE ()関数は、指定したセル範囲の平均値を求める関数です。ここでは、AVERAGE () 関数を使って、平均値を求める方法について見ていくことにしましょう。

チェックポイント ☑ AVERAGE () 関数

本セクションで紹介したVBAマクロは、実用サンプル集としてまとめてあります。
詳しくは巻末の「DATA2　はじめてのExcel VBA実用サンプル集」を参照してください。

**使用する関数**

- AVERAGE ()

## AVERAGE () 関数を利用したプログラムを作成する

### step 1 複数の領域の平均値を求めるプログラムを作成する

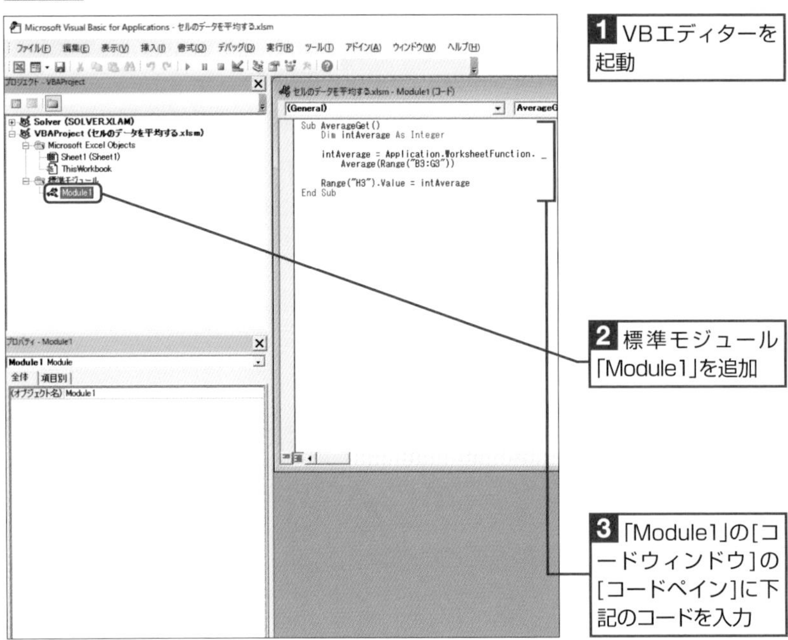


▼平均値を求めるプロシージャ

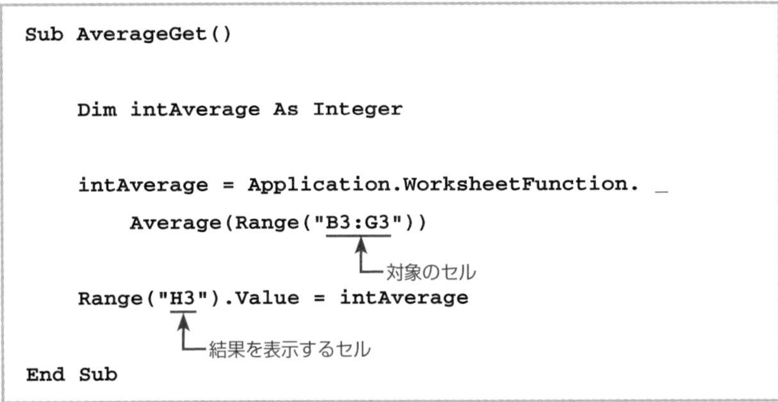

```
Sub AverageGet()

    Dim intAverage As Integer

    intAverage = Application.WorksheetFunction. _
        Average(Range("B3:G3"))
                        対象のセル
    Range("H3").Value = intAverage
            結果を表示するセル
End Sub
```

**準備**

3つの連続した領域 (行) にデータが入力された、「Sheet1」を表示します。

**解説**

ここでは、「B3」～「G3」のセル範囲に入力された数値の平均値をAVERAGE関数を使って求めています。

◦結果の出力

求めた値を格納している変数「intAverage」の値は、セル情報を持つRangeオブジェクトをRangeプロパティで取得し、セルの値を設定、取得するValueプロパティを使うことで、「H3」セルに出力するようにしています。

**ワンポイント**

#### AVERAGE () 関数の記述方法

AVERAGE () 関数で、複数のセルの平均値を求めるには、次のように記述します。なお、セル範囲は、「:」で区切って、「B3:B14」のように記述します。

▼《構文》AVERAGE () 関数の記述方法

```
Average(Range("セル範囲"))
```

## step 2 VBAマクロを実行する

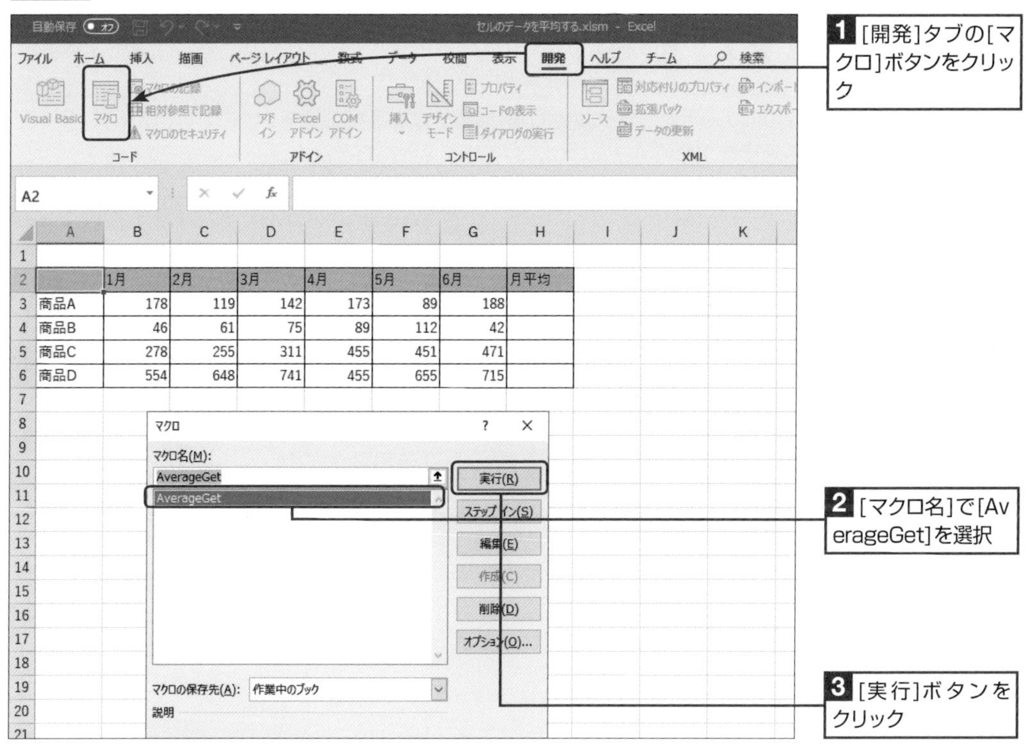


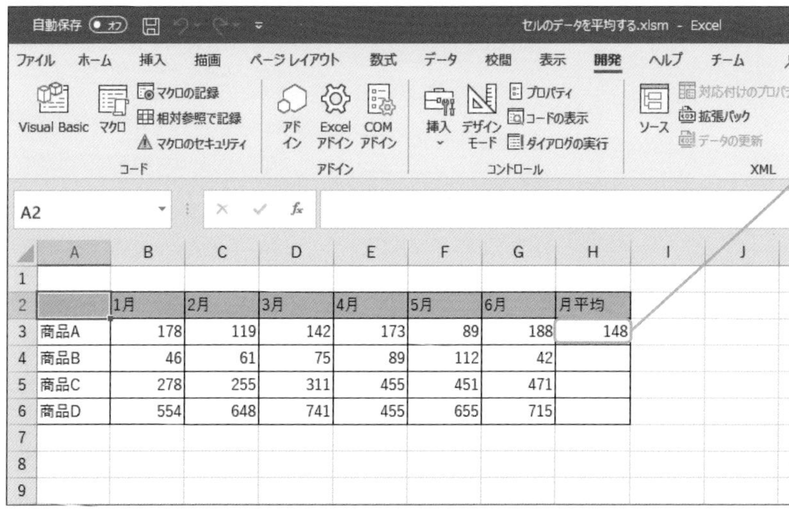


14

### 最後に

ブックをマクロ有効ブックとして保存します。

### コラム 対象のセルが離れている場合

平均値を求めるセル、またはセル範囲が離れている場合は、対象のセル、またはセル範囲を「,(カンマ)」で区切って入力することで、複数のエリアを指定することができます。

SECTION 95

# データの最高値を出力する (MAX() 関数)

MAX() 関数は、指定したセル範囲の最高値を求める関数です。ここでは、MAX() 関数を使って、最高値を求める方法について見ていくことにしましょう。

チェックポイント ☑ MAX() 関数

| 使用する関数 | 使用するプロパティ |
|---|---|
| ● MAX() | ● Application.WorksheetFunction<br>● Range |

本セクションで紹介したVBAマクロは、実用サンプル集としてまとめてあります。
詳しくは巻末の「DATA2　はじめてのExcel VBA実用サンプル集」を参照してください。

## MAX() 関数を利用したプログラムを作成する

### step 1 指定したセル範囲の最高値を求めるプログラムを作成する

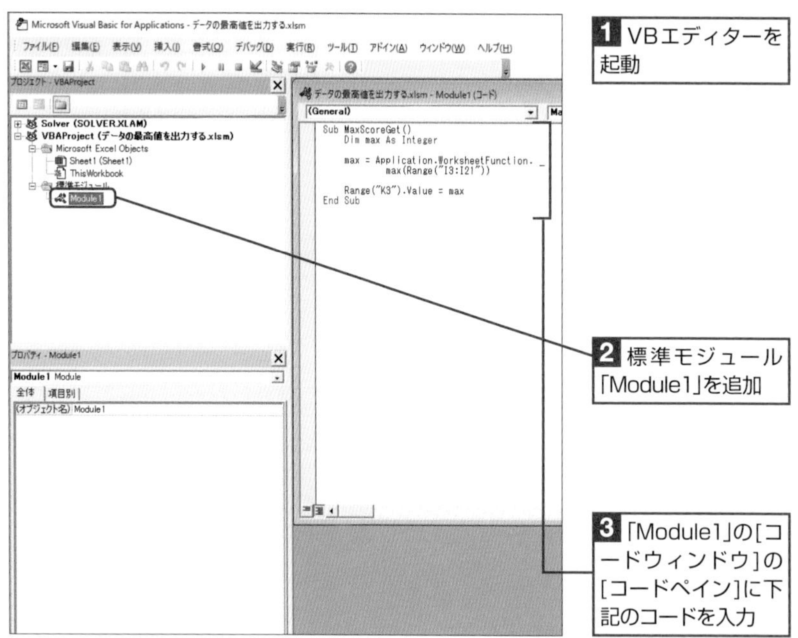


▼指定したセル範囲の最高値を求めるプロシージャ

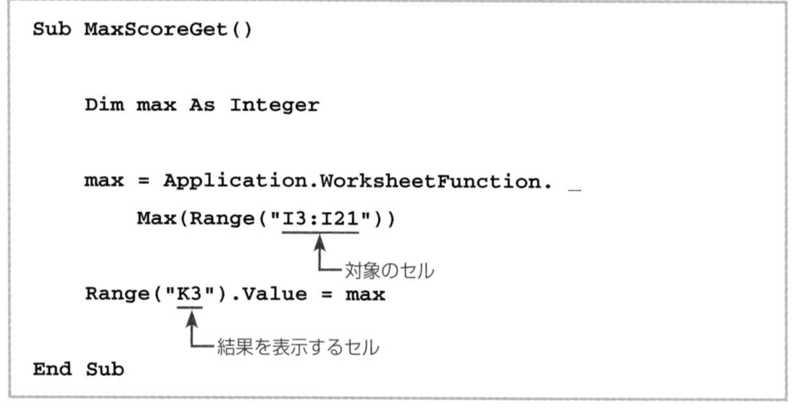

```
Sub MaxScoreGet()

    Dim max As Integer

    max = Application.WorksheetFunction. _
        Max(Range("I3:I21"))
                    └対象のセル
    Range("K3").Value = max
          └結果を表示するセル
End Sub
```

#### 準備

連続した領域（行）にデータが入力された、「Sheet1」を表示します。

#### 解説

ここでは、「I3」～「I21」のセル範囲に入力された数値の最高値をMAX() 関数を使って求めています。

◦ **結果の出力**

求めた値を格納している変数「max」の値は、セル情報を持つRangeオブジェクトをRangeプロパティで取得し、セルの値を設定、取得するValueプロパティを使うことで、「K3」セルに出力するようにしています。

#### ワンポイント

### MAX() 関数の記述方法

MAX() 関数で、複数のセルの最高値を求めるには、次のように記述します。なお、セル範囲は、「:」で区切って、「B3:B14」のように記述します。

▼《構文》MAX() 関数の記述方法

```
Max(Range("セル範囲"))
```

## step 2 VBAマクロを実行する

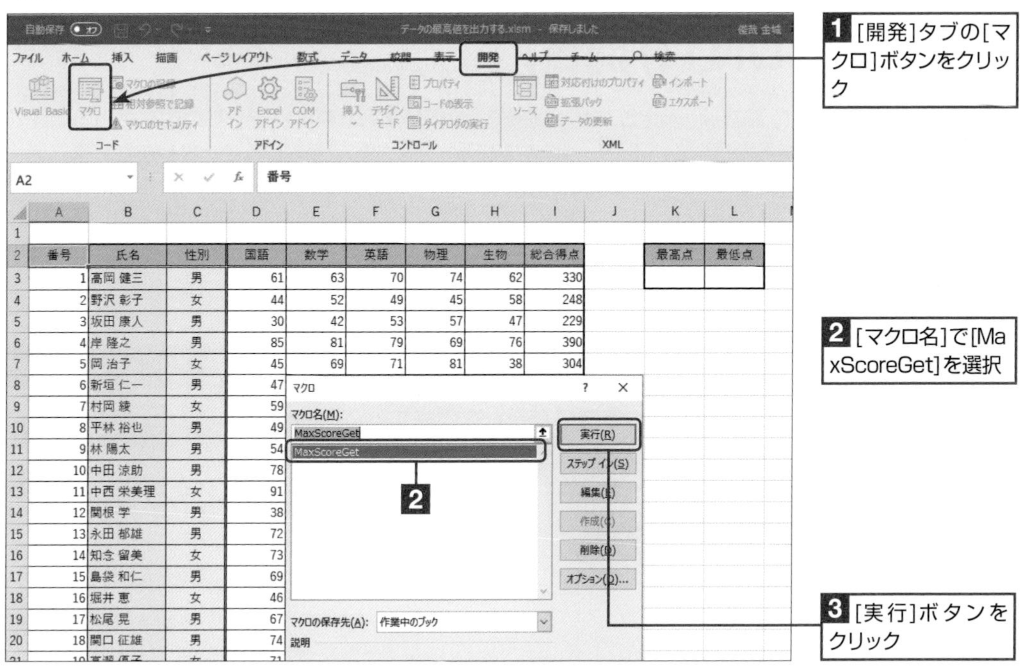


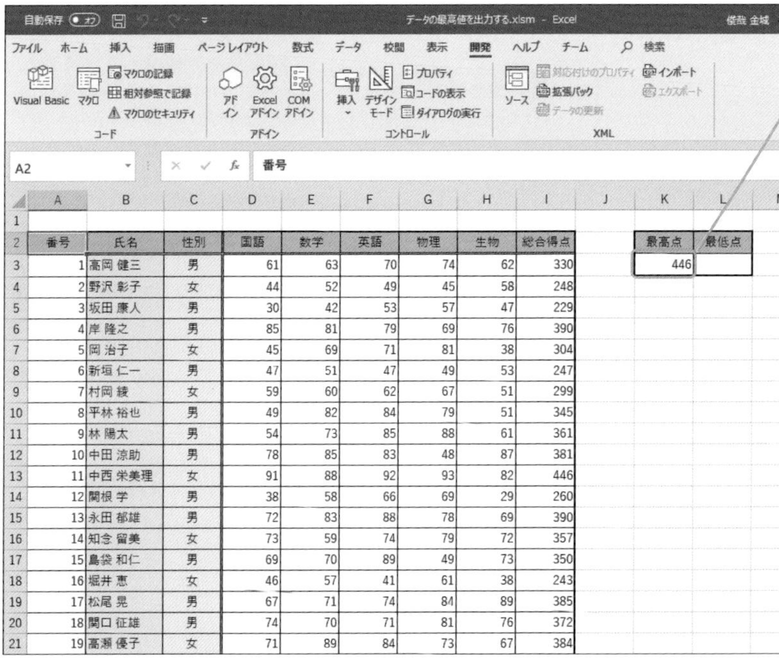

| | A | B | C | D | E | F | G | H | I | J | K | L |
|---|---|---|---|---|---|---|---|---|---|---|---|---|
| 1 | | | | | | | | | | | | |
| 2 | 番号 | 氏名 | 性別 | 国語 | 数学 | 英語 | 物理 | 生物 | 総合得点 | | 最高点 | 最低点 |
| 3 | 1 | 高岡 健三 | 男 | 61 | 63 | 70 | 74 | 62 | 330 | | 446 | |
| 4 | 2 | 野沢 彰子 | 女 | 44 | 52 | 49 | 45 | 58 | 248 | | | |
| 5 | 3 | 坂田 康人 | 男 | 30 | 42 | 53 | 57 | 47 | 229 | | | |
| 6 | 4 | 岸 隆之 | 男 | 85 | 81 | 79 | 69 | 76 | 390 | | | |
| 7 | 5 | 岡 治子 | 女 | 45 | 69 | 71 | 81 | 38 | 304 | | | |
| 8 | 6 | 新垣 仁一 | 男 | 47 | 51 | 47 | 49 | 53 | 247 | | | |
| 9 | 7 | 村岡 綾 | 女 | 59 | 60 | 62 | 67 | 51 | 299 | | | |
| 10 | 8 | 平林 裕也 | 男 | 49 | 82 | 84 | 79 | 51 | 345 | | | |
| 11 | 9 | 林 陽太 | 男 | 54 | 73 | 85 | 88 | 61 | 361 | | | |
| 12 | 10 | 中田 涼助 | 男 | 78 | 85 | 83 | 48 | 87 | 381 | | | |
| 13 | 11 | 中西 栄美理 | 女 | 91 | 88 | 92 | 93 | 82 | 446 | | | |
| 14 | 12 | 関根 学 | 男 | 38 | 58 | 66 | 69 | 29 | 260 | | | |
| 15 | 13 | 永田 郁雄 | 男 | 72 | 83 | 88 | 78 | 69 | 390 | | | |
| 16 | 14 | 知念 留美 | 女 | 73 | 59 | 74 | 79 | 72 | 357 | | | |
| 17 | 15 | 島袋 和仁 | 男 | 69 | 70 | 89 | 49 | 73 | 350 | | | |
| 18 | 16 | 堀井 恵 | 女 | 46 | 57 | 41 | 61 | 38 | 243 | | | |
| 19 | 17 | 松尾 晃 | 男 | 67 | 71 | 74 | 84 | 89 | 385 | | | |
| 20 | 18 | 関口 征雄 | 男 | 74 | 70 | 71 | 81 | 76 | 372 | | | |
| 21 | 19 | 高瀬 優子 | 女 | 71 | 89 | 84 | 73 | 67 | 384 | | | |

「K3」セルに、指定したセル範囲の最高値が出力されます

### 最後に

ブックをマクロ有効ブックとして保存します。

14

### コラム 最小値を求める

指定したセル範囲の最小値を求めるには、「MIN() 関数」を使います。MIN() 関数の書式は、MAX() 関数と同じです。

SECTION 96

# 入力済みのセルの数を調べる（COUNT() 関数）

COUNT() 関数は、指定したセル範囲で、数値が入力されているセルの数を求める関数です。数値が入力されているセルの数を求める方法について見ていくことにしましょう。

チェックポイント ☑ COUNT() 関数

| 使用する関数 | 使用するプロパティ |
|---|---|
| ● COUNT() | ● Application.WorksheetFunction<br>● Range |

本セクションで紹介したVBAマクロは、実用サンプル集としてまとめてあります。
詳しくは巻末の「DATA2　はじめてのExcel VBA実用サンプル集」を参照してください。

## COUNT() 関数を利用したプログラムを作成する

### step 1 データが入力されているセルの数を求めるプログラムを作成する

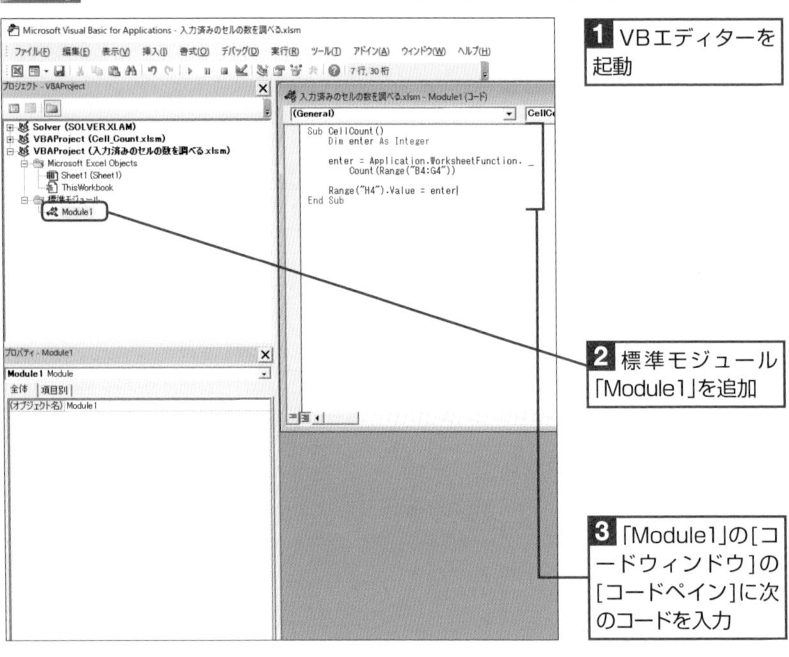


▼データが入力されているセルの数を求めるプロシージャ

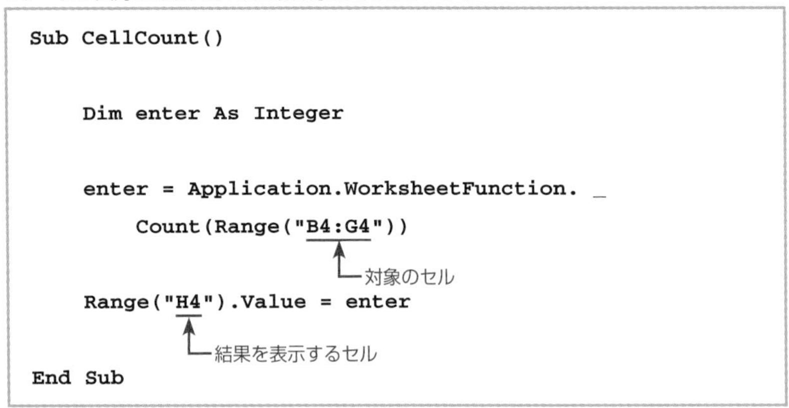

```
Sub CellCount()

    Dim enter As Integer

    enter = Application.WorksheetFunction. _
        Count(Range("B4:G4"))
                      ↑
                      └対象のセル
    Range("H4").Value = enter
           ↑
           └結果を表示するセル
End Sub
```

#### 準備

行にデータが入力された、「Sheet1」を表示します。

#### 解説

ここでは、「B4」～「G4」のセル範囲で、値が入力されているセルの数をCOUNT() 関数を使って求めています。

◦ **結果の出力**

求めた値を格納している変数「enter」の値は、セル情報を持つRangeオブジェクトをRangeプロパティで取得し、セルの値を設定、取得するValueプロパティを使うことで、セル「H4」に出力するようにしています。

#### ワンポイント

**COUNT() 関数の記述方法**

COUNT() 関数で、データが入力されているセルの数を求めるには、次のように記述します。なお、セル範囲は、「:」で区切って、「B3:B14」のように記述します。

▼《構文》COUNT() 関数の記述方法

```
Count(Range("セル範囲"))
```

## step 2 VBAマクロを実行する

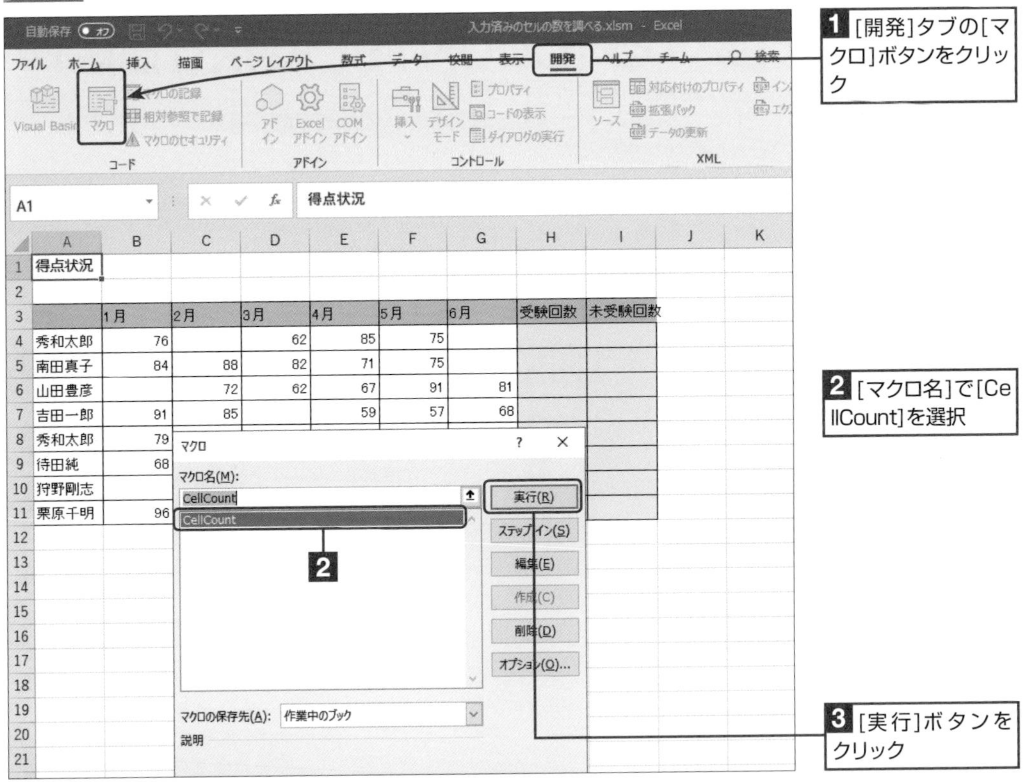


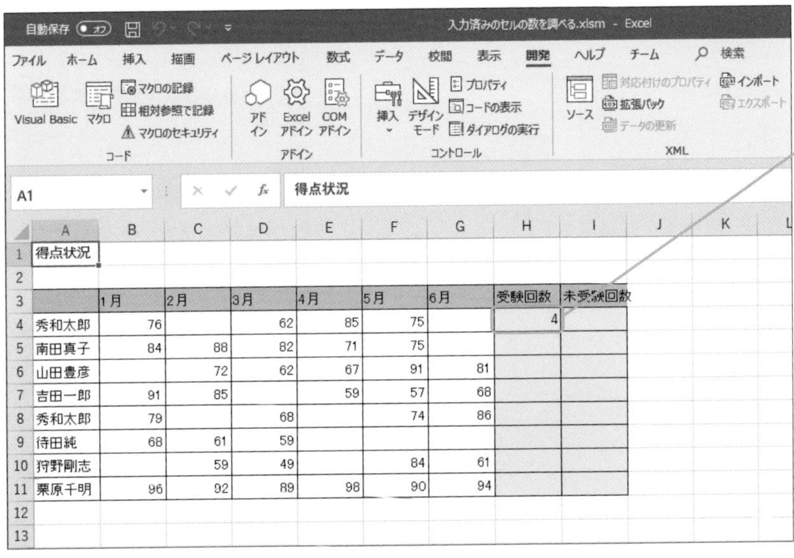


| | A | B | C | D | E | F | G | H | I |
|---|---|---|---|---|---|---|---|---|---|
| 1 | 得点状況 | | | | | | | | |
| 2 | | | | | | | | | |
| 3 | | 1月 | 2月 | 3月 | 4月 | 5月 | 6月 | 受験回数 | 未受験回数 |
| 4 | 秀和太郎 | 76 | | 62 | 85 | 75 | | 4 | |
| 5 | 南田真子 | 84 | 88 | 82 | 71 | 75 | | | |
| 6 | 山田豊彦 | | 72 | 62 | 67 | 91 | 81 | | |
| 7 | 吉田一郎 | 91 | 85 | | 59 | 57 | 68 | | |
| 8 | 秀和太郎 | 79 | | 68 | | 74 | 86 | | |
| 9 | 待田純 | 68 | 61 | 59 | | | | | |
| 10 | 狩野剛志 | | 59 | 49 | | 84 | 61 | | |
| 11 | 栗原千明 | 96 | 92 | 89 | 98 | 90 | 94 | | |

### 最後に

ブックをマクロ有効ブックとして保存します。

### コラム COUNT() 関数

COUNT()関数では、数値が入力されたセルの数をカウントするため、文字列が入力されているセルは無視されます。

SECTION 97

# データが入力されていないセルの数を調べる(COUNTBLANK()関数)

COUNTBLANK()関数は、データが未入力のセルの数を求める関数です。ここでは、データが未入力のセルの数を求める方法について見ていくことにしましょう。

チェックポイント ☑ COUNTBLANK()関数

| 使用する関数 | 使用するプロパティ |
|---|---|
| ● COUNTBLANK() | ● Application.WorksheetFunction<br>● Range |

本セクションで紹介したVBAマクロは、実用サンプル集としてまとめてあります。
詳しくは巻末の「DATA2　はじめてのExcel VBA実用サンプル集」を参照してください。

## COUNTBLANK()関数を利用したプログラムを作成する

### step 1 データが未入力のセルの数を求めるプログラムを作成する

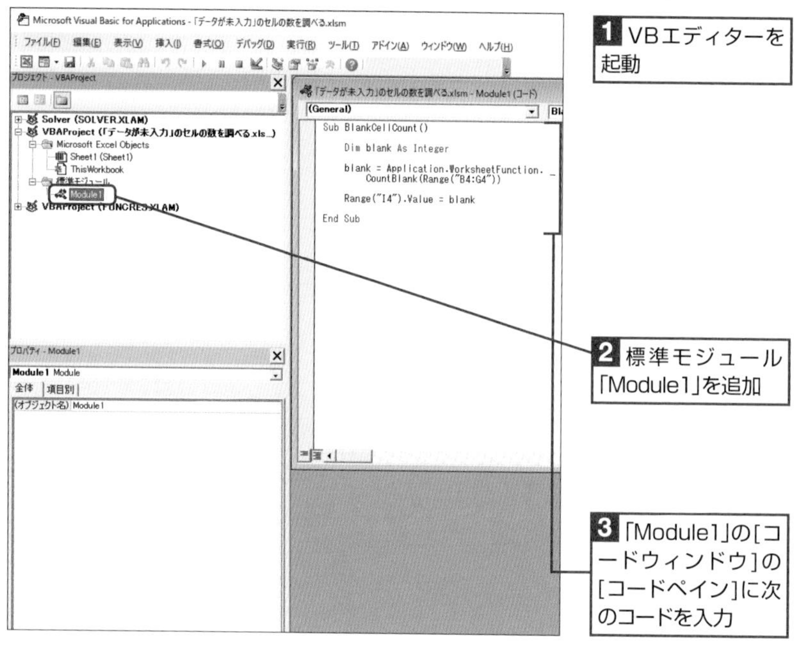


▼データが未入力のセルの数を求めるプロシージャ

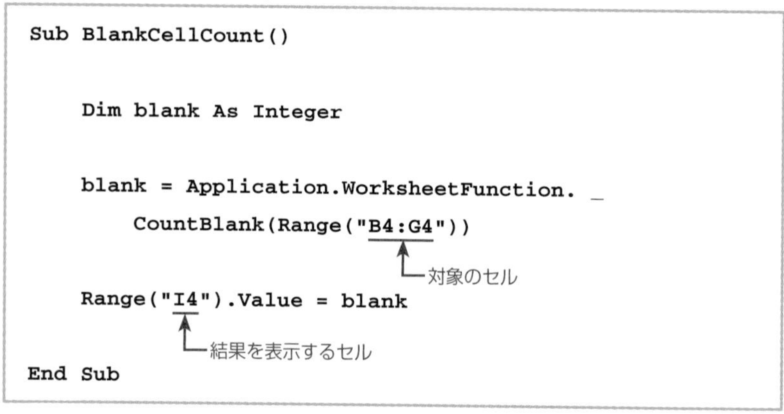

```
Sub BlankCellCount()

    Dim blank As Integer

    blank = Application.WorksheetFunction. _
        CountBlank(Range("B4:G4"))
                            └対象のセル
    Range("I4").Value = blank
          └結果を表示するセル
End Sub
```

**準備**

行にデータが入力された、「Sheet1」を表示します。

**解説**

ここでは、「B4」～「G4」のセル範囲で、値が入力されていないセルの数をCOUNTBLANK()関数を使って求めています。

◦結果の出力

求めた値を格納している変数「blank」の値は、セル情報を持つRangeオブジェクトをRangeプロパティで取得し、セルの値を設定、取得するValueプロパティを使うことで、セル「I4」に出力するようにしています。

**ワンポイント**

**COUNTBLANK()関数の記述方法**

COUNTBLANK()関数で、データが未入力のセルの数を求めるには、次のように記述します。なお、セル範囲は、「:」で区切って、「B3:B14」のように記述します。

▼《構文》COUNTBLANK()関数の記述方法

```
CountBlank(Range("セル範囲"))
```

## step 2 VBAマクロを実行する

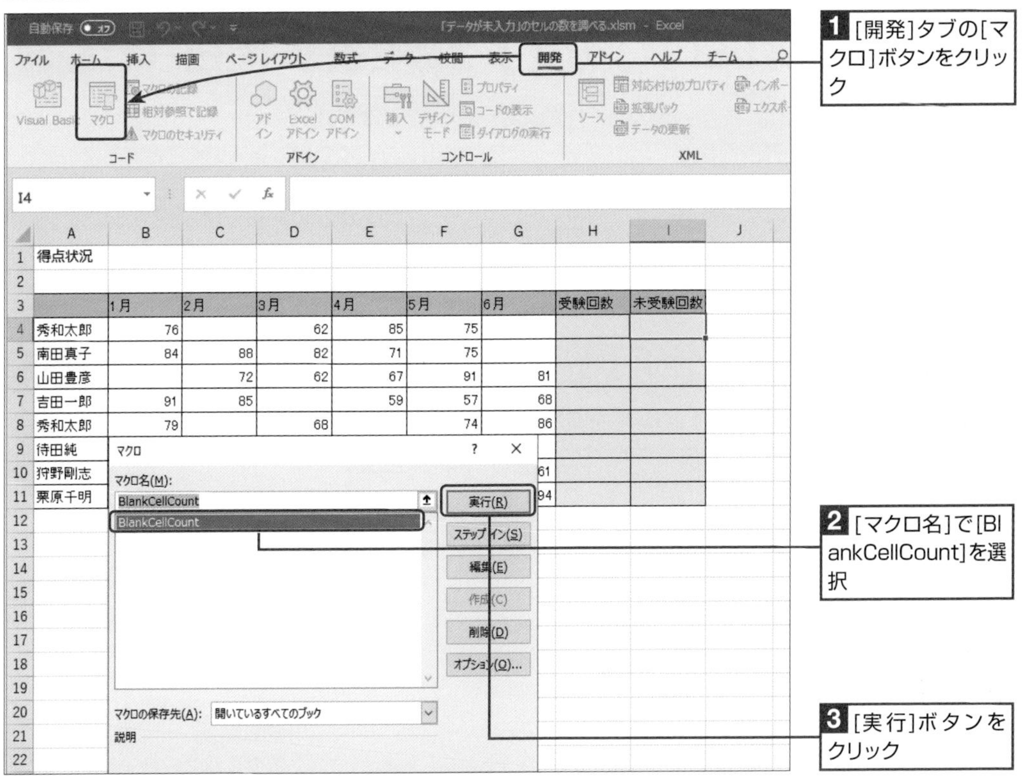

「I4」セルに、指定したセル範囲における、データが入力されていないセルの数が出力されます

### 最後に

ブックをマクロ有効ブックとして保存します。

### コラム COUNTBLANK() 関数

COUNTBLANK()関数は、空白文字列についてもデータが未入力のセルとしてカウントします。

SECTION 98

# 「Microsoftエクセル2019」から「Microsoft」の文字を抜き出す(LEFT()関数)

LEFT関数は、文字列が入力されているセルから、文字列の一部を抜き出す関数です。ここでは、LEFT関数を使って、文字列の一部を抜き出す方法について見ていくことにしましょう。

チェックポイント ☑ LEFT()関数

本セクションで紹介したVBAマクロは、実用サンプル集としてまとめてあります。
詳しくは巻末の「DATA2　はじめてのExcel VBA実用サンプル集」を参照してください。

使用する関数
- LEFT()

## LEFT()関数を利用したプログラムを作成する

### step 1 セルから文字列の一部を抜き出すプログラムを作成する

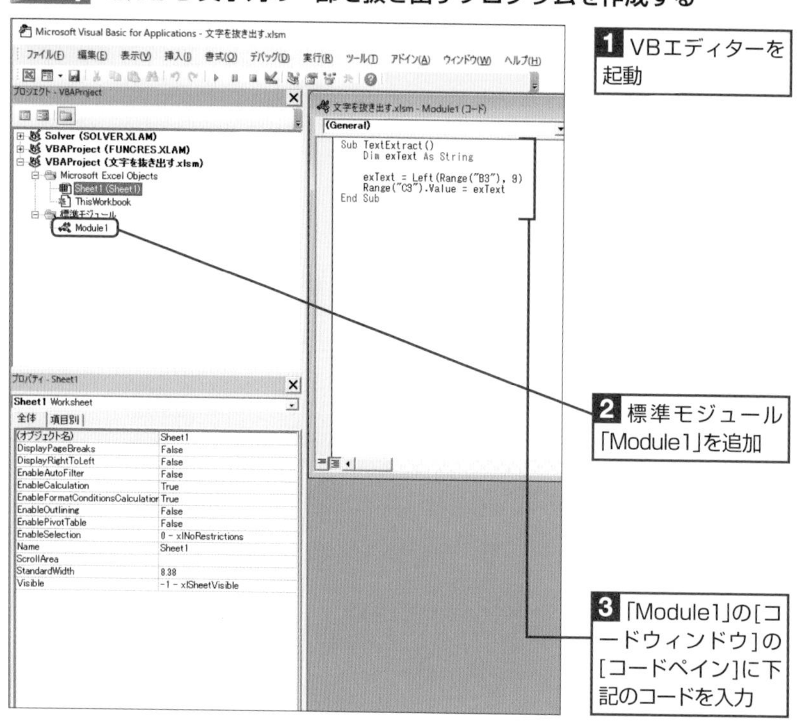


1 VBエディターを起動

2 標準モジュール「Module1」を追加

3 「Module1」の[コードウィンドウ]の[コードペイン]に下記のコードを入力

▼セルから文字列の一部を抜き出すプロシージャ

```
Sub TextExtract()

    Dim exText As String

    exText = Left(Range("B3"), 9)
    Range("C3").Value = exText

End Sub
```

- "B3" ← 対象のセル
- 9 ← 抜き出す文字数
- "C3" ← 結果を表示するセル

**準備**

任意の文字列を入力した「Sheet1」を表示します。

**解説**

ここでは、LEFT関数を使って、「B3」セルに入力されている文字列の先頭から9文字目までを抜き出して、「C3」セルに出力しています。

◦結果の出力

求めた値を格納している変数「strExText」の値は、セル情報を持つRangeオブジェクトをRangeプロパティで取得し、セルの値を設定、取得するValueプロパティを使うことで、「C3」セルに出力するようにしています。

**ワンポイント**

**LEFT()関数の記述方法**

LEFT()関数で、セルに入力された文字列を抜き出すには、次のように記述します。なお、抜き出す文字数は、先頭の文字(左端の文字)からカウントした値を指定します。

▼《構文》LEFT()関数の記述方法

```
Left(Range("セル番地"),取り出す文字数)
```

## step 2 VBAマクロを実行する

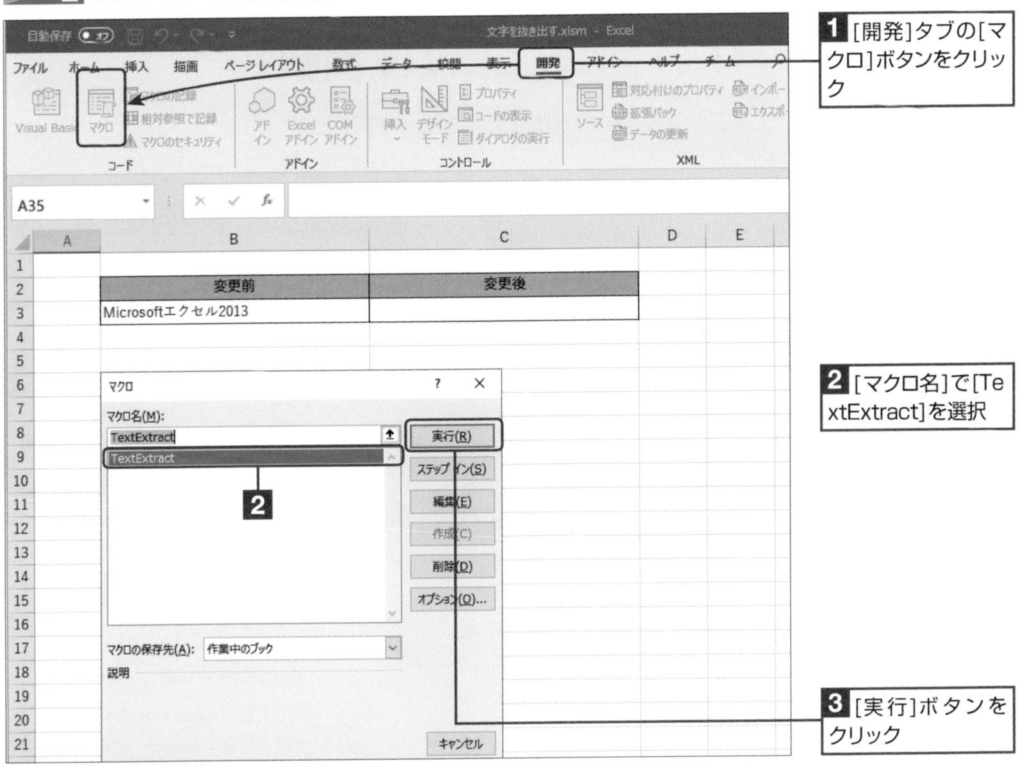


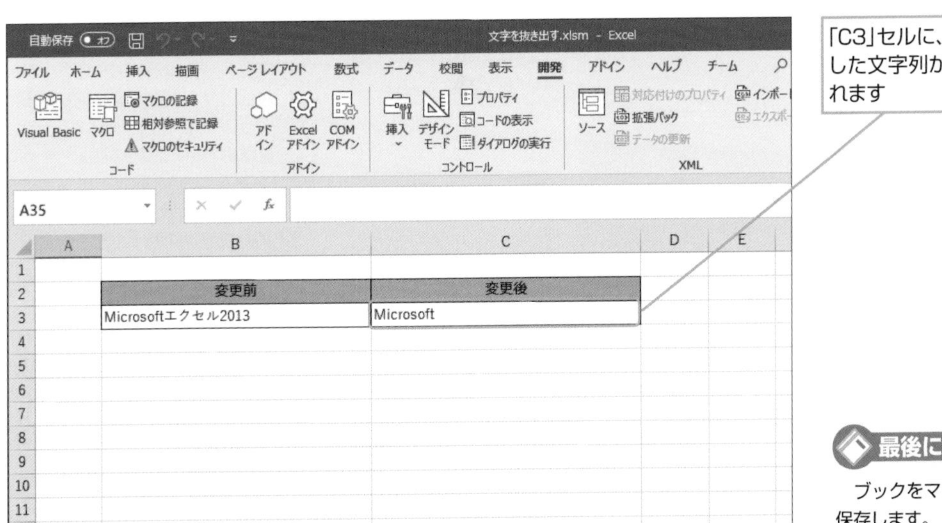


### 最後に

ブックをマクロ有効ブックとして保存します。

### コラム 右側の文字列を抜き出す

LEFT() 関数とは逆に、セルに入力された文字列の右端を基準に、指定された数の文字列を抜き出すには、RIGHT() 関数を使います。記述方法は、LEFT() 関数と同じです。

SECTION 99

# 不要な文字列以外の文字を抜き出す (RIGHT() 関数、LEN() 関数)

ここでは、文字列の先頭部分の不要な文字列以外を抜き出す方法について見ていくことにしましょう。

チェックポイント
☑ RIGHT()関数
☑ LEN()関数

本セクションで紹介したVBAマクロは、実用サンプル集としてまとめてあります。
詳しくは巻末の「DATA2　はじめてのExcel VBA実用サンプル集」を参照してください。

使用する関数
- RIGHT()
- LEN()

## RIGHT()、LEN() 関数を利用したプログラムを作成する

### step 1 不要な文字列以外を抜き出すプログラムを作成する

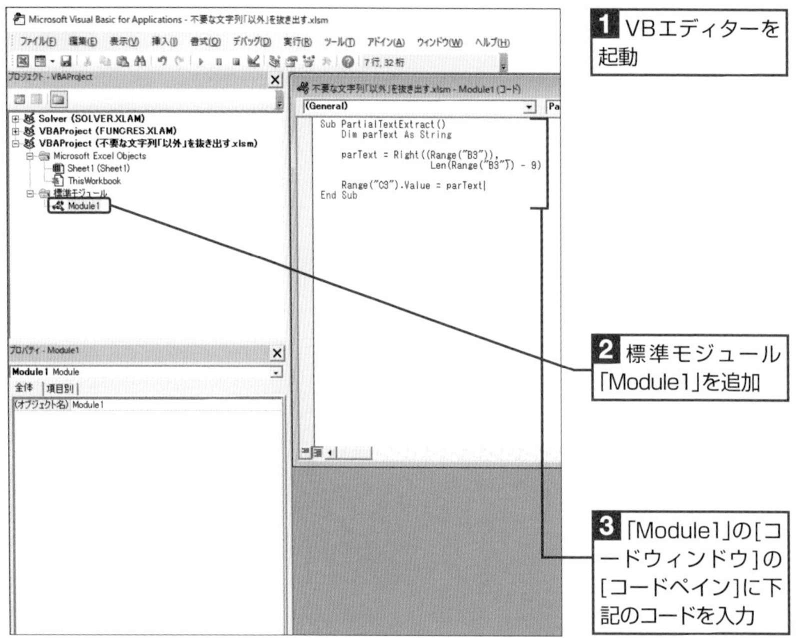


▼不要な文字列以外を抜き出すプロシージャ

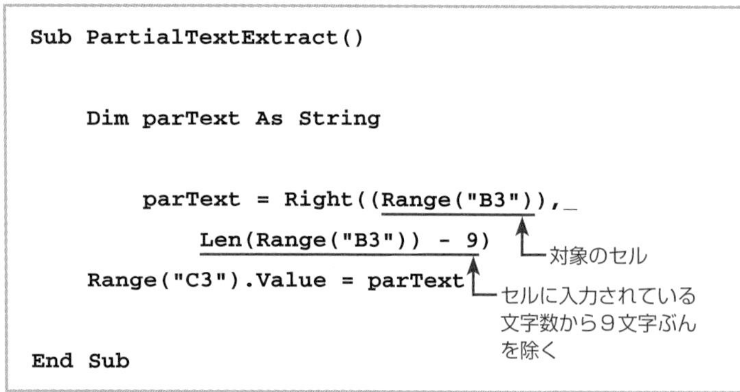

```
Sub PartialTextExtract()

    Dim parText As String

        parText = Right((Range("B3")),_
            Len(Range("B3")) - 9)
    Range("C3").Value = parText

End Sub
```



**準備**

任意の文字列を入力した「Sheet1」を表示します。

**解説**

ここでは、対象のセルに入力された文字列のうち、先頭から9文字目までを除いた文字列を抜き出して、「C3」セルに出力しています。この場合、対象のセルの文字数がすべて同一であれば、RIGHT() 関数を使って抜き出すことが可能です。しかし、この方法を使って、他のセルに対しても同じ処理を行おうとした場合、対象の文字列が異なると、うまく抜き出すことができません。そこで、操作例では、文字列の長さをカウントするLEN() 関数を使って文字列の長さを調べ、調べた文字数から不要な文字列の数（ここでは先頭の9文字）を引いた値をRIGHT() 関数の第2引数に指定しています。

**ワンポイント**

#### RIGHT() 関数の記述方法

RIGHT() 関数で、セルに入力された文字列を抜き出すには、次のように記述します。なお、抜き出す文字数は、終端の文字（右端の文字）からカウントした値を指定します。

▼《構文》RIGHT() 関数の記述方法

```
Right(Range("セル番地"),取り出す文字数)
```

## step 2 VBAマクロを実行する

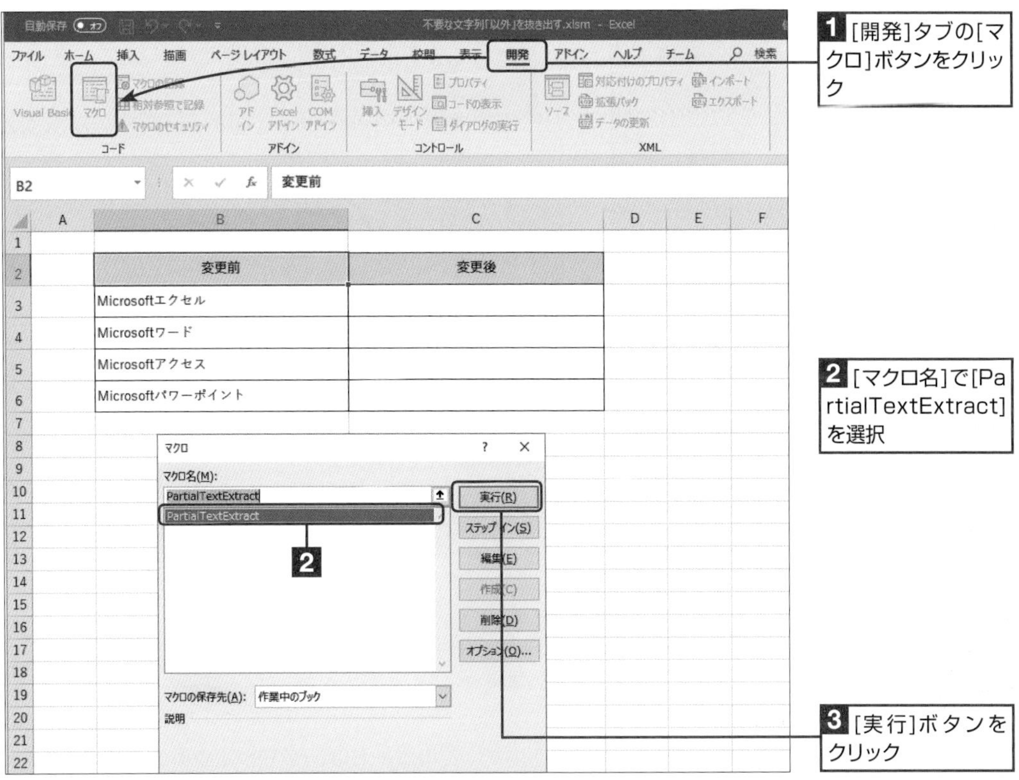


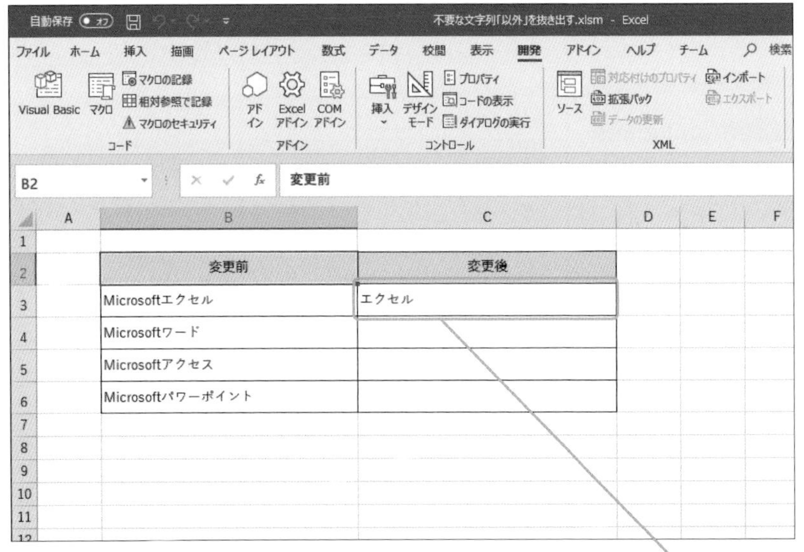


### コラム LEN() 関数

LEN() 関数では、文字のほかに、スペース、句読点も文字としてカウントされます。

### ワンポイント

**LEN() 関数の記述方法**

LEN() 関数で、セルに入力された文字数をカウントするには、次のように記述します。

▼《構文》LEN() 関数の記述方法

```
Len(Range("セル番地"))
```

なお、操作例では、「Len(Range("B3"))−9」と記述することで、総文字数から不要な文字数9を引いて、残りの文字数を算出しています。

### 最後に

ブックをマクロ有効ブックとして保存します。

14

CHAPTER 14

# Q&A

## 質問と回答

**セルに入力されたデータをまとめて右揃えにしたいのですが…**

**「HorizontalAlignment」プロパティの値に「xlHAlignRight」を設定します。**

例えば、A5～B10セルの範囲のデータを右揃えで表示するには、次のように記述します。

```
Sub Set Alignment()
    Range("A5:B10").HorizontalAlignment _
    = xlHAlignRight
End Sub
```

なお、左揃えにするには、「HorizontalAlignment」の値を「xlHAlignLeft」、中央揃えにするには「xlHAlignCenter」に設定します。

▼実行結果

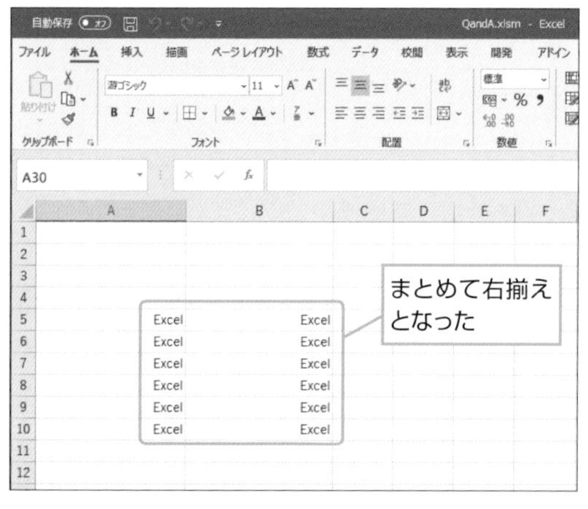

**ブックを開いたときにメッセージを表示する方法はありますか？**

**イベントプロシージャ「Workbook_Open()」を使用します。**

なお、イベントとは、特定の現象のことを指し、ここでは、「ブックが開かれた」というイベントを利用します。VBAでは、ブックが開いたときに実行されるプロシージャとして、「Workbook_Open()」が用意されています。

ブックが開かれたときにメッセージを表示するには、次のように記述します。

```
Sub Workbook_Open()
    MsgBox "データを書き換える場合は担当者まで連絡してください"
End Sub
```

なお、このコードは、[プロジェクトエクスプローラー]で対象のブックの「ThisWorkbook」をダブルクリックして、ThisWorkbookの[コードウィンドウ](「Module1」ではない)に記述してください。

▼ブックを開いたところ

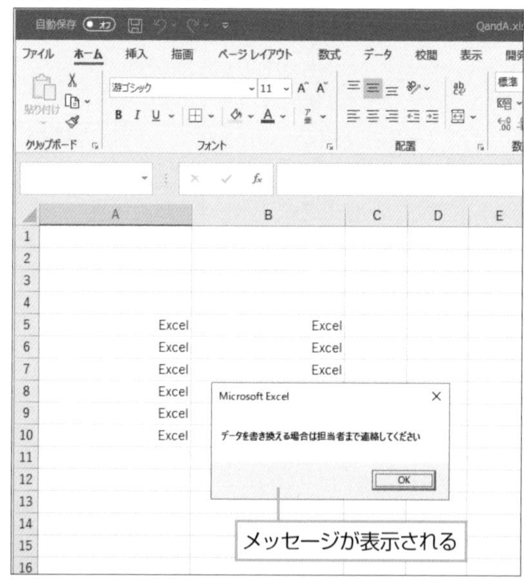

CHAPTER

# 15

# ユーザーインターフェイスの作成

Excel VBAでは、シートを操作するための独自のアプリケーションウィンドウを作成することができます。この章では、ワークシートにデータを入力する独自のウィンドウの作成を例に、ユーザーフォームについて紹介します。

SECTION 100

# ユーザーフォームを作成する

ここでは、VBAのユーザーフォームを使って、データ入力用のユーザーインターフェイスを作成する方法を見ていきましょう。

チェックポイント
☑ ユーザーフォーム　☑ テキストボックス
☑ コントロール　☑ ラベル
☑ ボタン　☑ オプションボタン

## ユーザーフォームを利用したユーザーインターフェイスを作成する

### step 1 ユーザーフォームを作成する

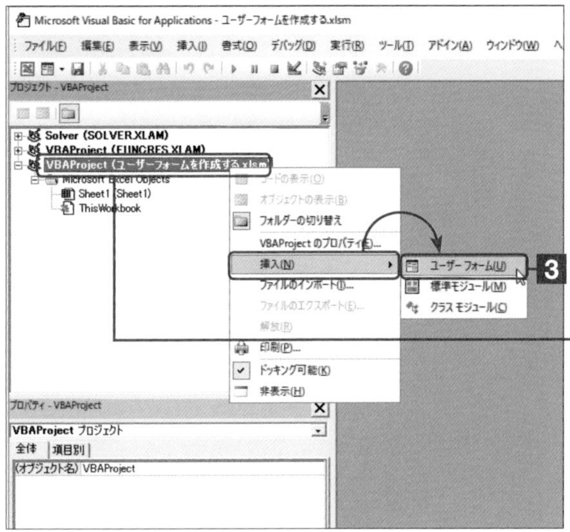

**1** VBエディターを起動

**2** [プロジェクトエクスプローラー]で、現在開いているブックのプロジェクトを右クリック

**3** [挿入]➡[ユーザーフォーム]を選択

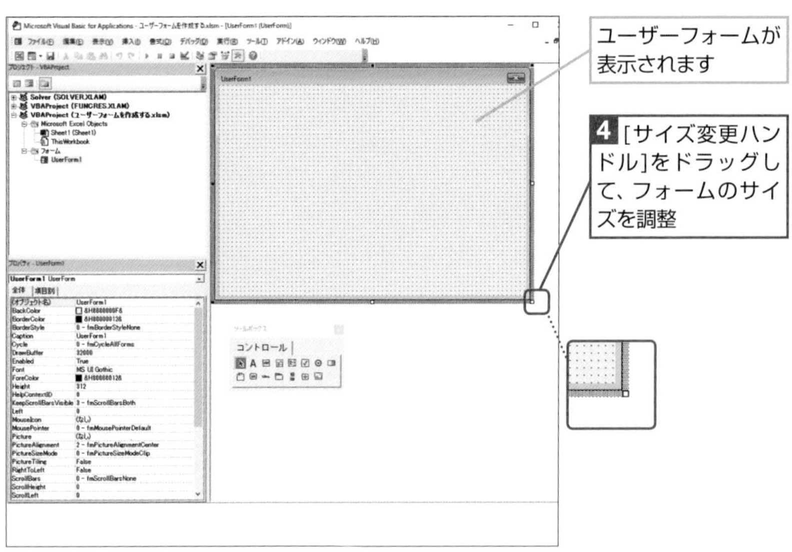

ユーザーフォームが表示されます

**4** [サイズ変更ハンドル]をドラッグして、フォームのサイズを調整

**準備**

新規のブックを作成し、「Sheet1」を表示します。

**ワンポイント**

**ユーザーフォーム**

ユーザーフォームとは、ユーザーインターフェイスの土台となる部分のことです。ユーザーインターフェイスは、ユーザーフォーム上に、ボタンやラベルなどのコントロールを配置して、作成します。

## step 2 ユーザーフォームにラベルを配置する

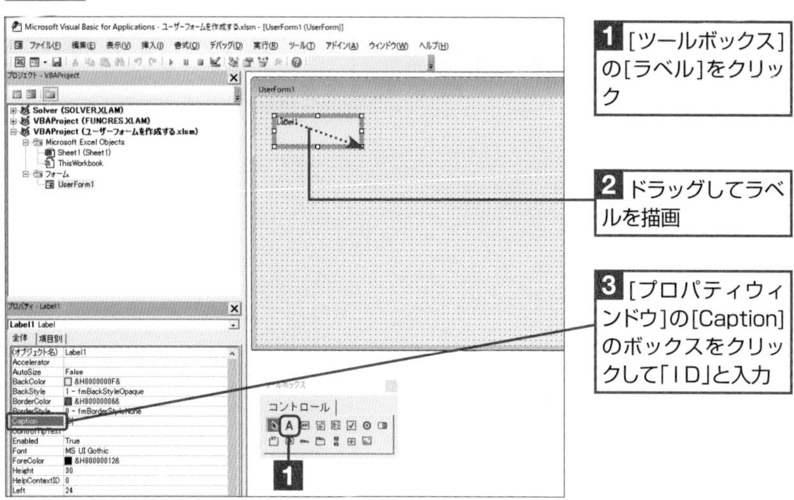


**ワンポイント**

配置したラベルには、「Label1」という識別名が自動的に設定されます。

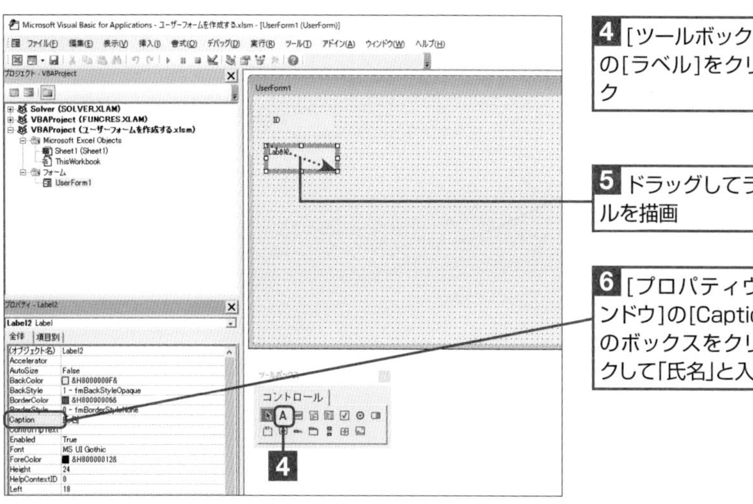


**ワンポイント**

配置したラベルには、「Label2」という識別名が自動的に設定されます。

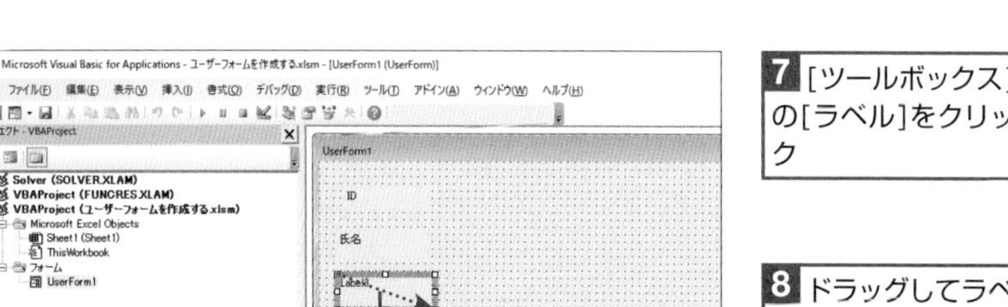


**ワンポイント**

配置したラベルには、「Label3」という識別名が自動的に設定されます。

## step 3 ユーザーフォームにテキストボックスを配置する

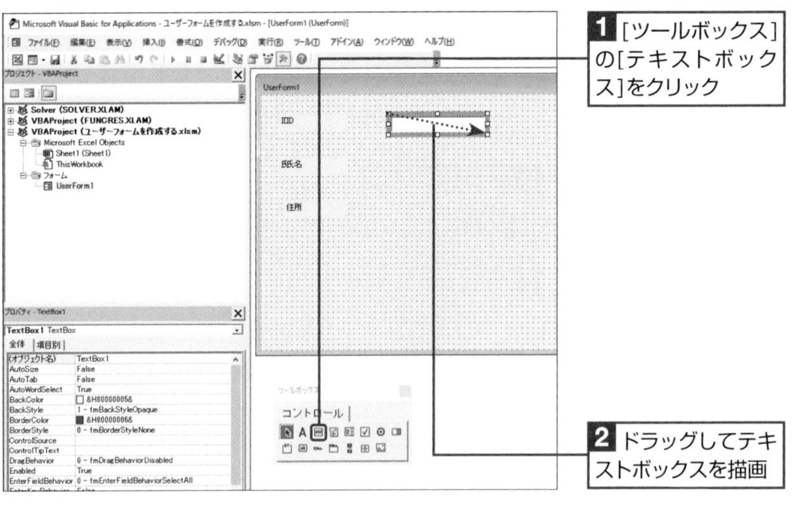

**テキストボックスの名前**

配置したテキストボックスには、「TextBox1」という識別名が自動的に設定されます。

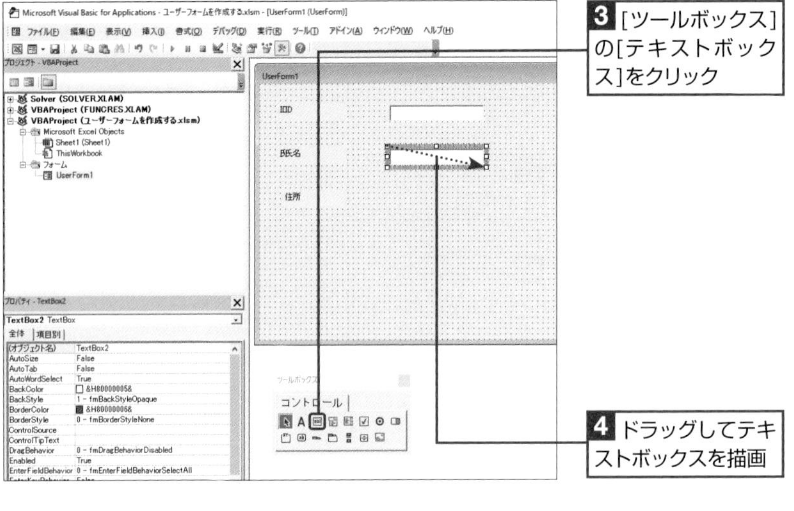


ワンポイント

**テキストボックスの名前**

配置したテキストボックスには、「TextBox2」という識別名が自動的に設定されます。

5 [ツールボックス]の[テキストボックス]をクリック

6 ドラッグしてテキストボックスを描画

ワンポイント

**テキストボックスの名前**

配置したテキストボックスには、「TextBox3」という識別名が自動的に設定されます。

## step 4 ユーザーフォームにオプションボタンを配置する

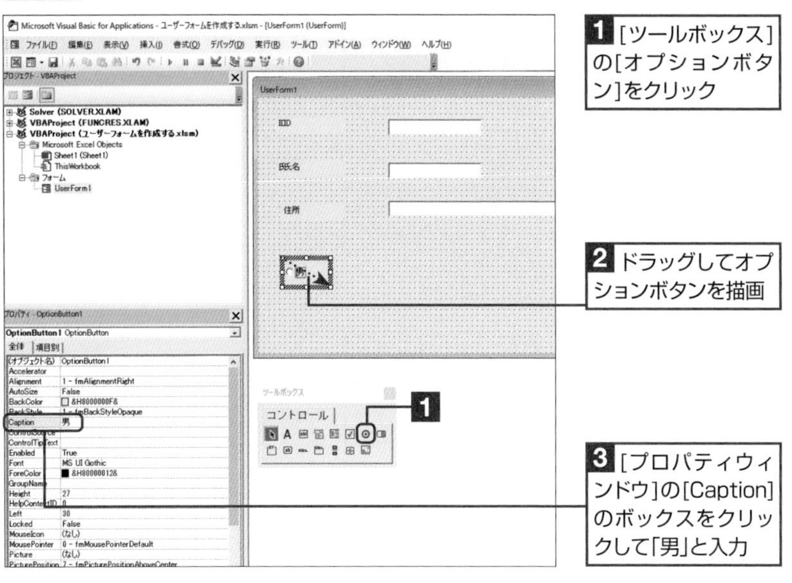

**オプションボタンの名前**

配置したオプションボタンには、「OptionButton1」という識別名が自動的に設定されます。

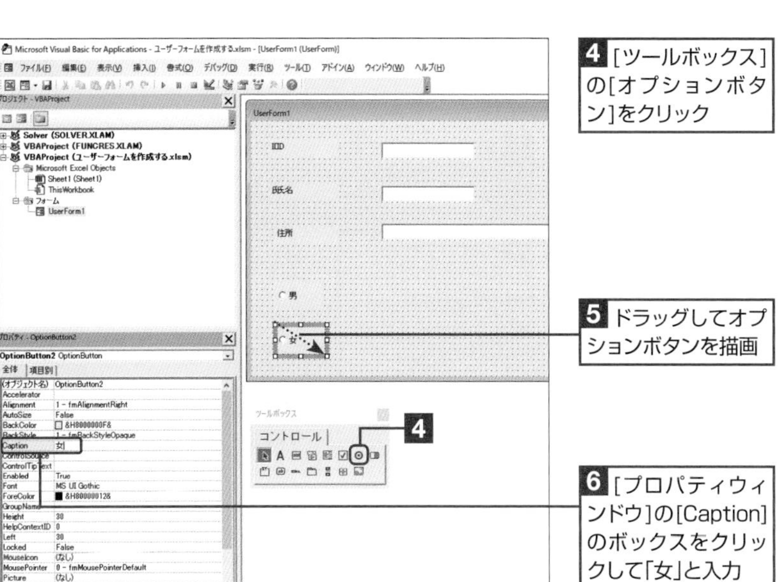


ワンポイント

**オプションボタンの名前**

配置したオプションボタンには、「OptionButton2」という識別名が自動的に設定されます。

15

## step 5 ユーザーフォームにコマンドボタンを配置する

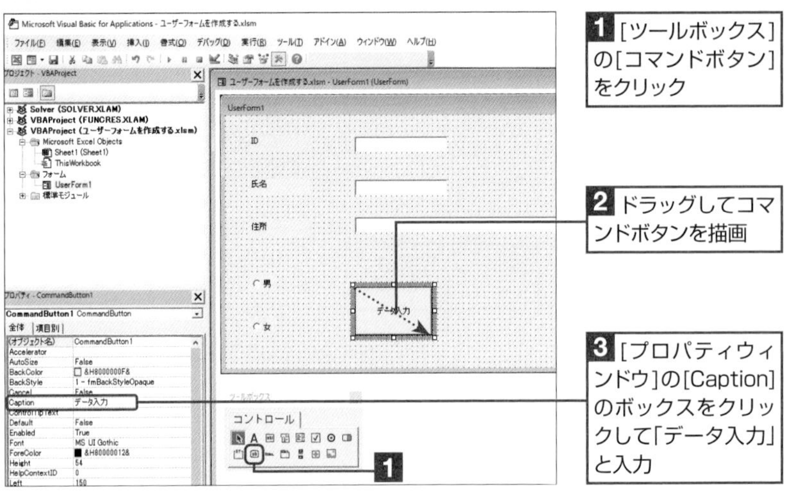

**1** [ツールボックス]の[コマンドボタン]をクリック

**2** ドラッグしてコマンドボタンを描画

**3** [プロパティウィンドウ]の[Caption]のボックスをクリックして「データ入力」と入力

**コマンドボタンの名前**

配置したコマンドボタンには、「CommandButton1」という識別名が自動的に設定されます。

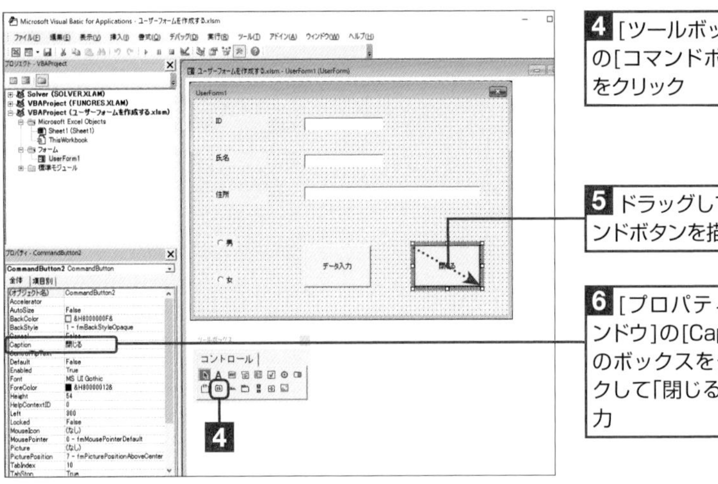

**4** [ツールボックス]の[コマンドボタン]をクリック

**5** ドラッグしてコマンドボタンを描画

**6** [プロパティウィンドウ]の[Caption]のボックスをクリックして「閉じる」と入力

ワンポイント

**コマンドボタンの名前**

配置したコマンドボタンには、「CommandButton2」という識別名が自動的に設定されます。

## step 6 ユーザーフォームを表示するプロシージャを作成する

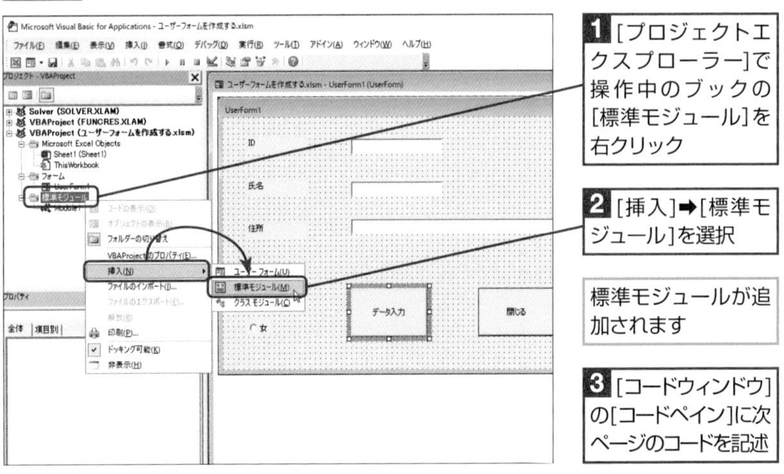

**1** [プロジェクトエクスプローラー]で操作中のブックの[標準モジュール]を右クリック

**2** [挿入]➡[標準モジュール]を選択

標準モジュールが追加されます

**3** [コードウィンドウ]の[コードペイン]に次ページのコードを記述

▼ユーザーフォームを表示するプロシージャ

```
Sub UserFormShow()

    UserForm1.Show

End Sub
```

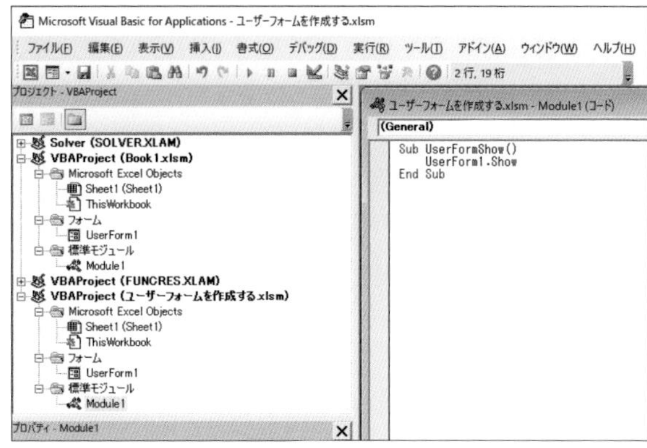

## step 7 データ入力を行うプロシージャを作成する

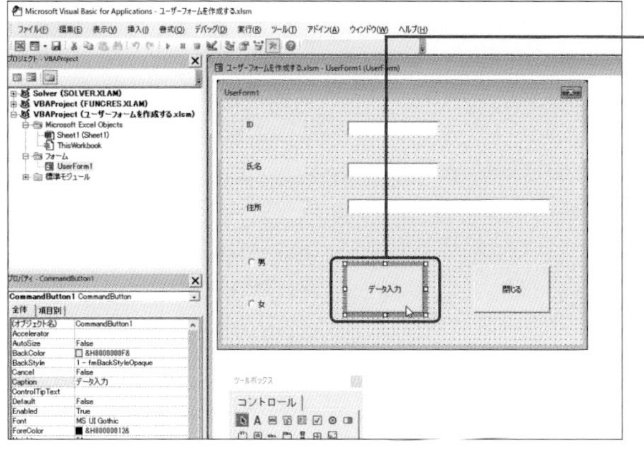

1 [データ入力]ボタンをダブルクリック

ボタンをクリックしたときに実行されるイベントプロシージャが作成されます

2 「Private Sub Command Button1_Click()」と「End Sub」の間に次のコードを入力

**ワンポイント**

### ユーザーフォームの表示

VBエディターの表示をユーザーフォームに切り替える場合は、[プロジェクトエクスプローラー]の[フォーム]フォルダーの[UserForm1]をダブルクリックします。

▼ユーザーフォームで入力されたデータをシートに記述するプロシージャ

```
Private Sub CommandButton1_Click()
    ActiveCell.Value = TextBox1.Text
    ActiveCell.Offset(0, 1).Value = TextBox2.Text
    ActiveCell.Offset(0, 3).Value = TextBox3.Text

    Dim strGender As String
    If OptionButton1.Value = True Then
        strGender = "男"
    ElseIf OptionButton2.Value = True Then
        strGender = "女"
    End If
    ActiveCell.Offset(0, 2).Value = strGender

    ActiveCell.Offset(1, 0).Activate
End Sub
```

このように記述

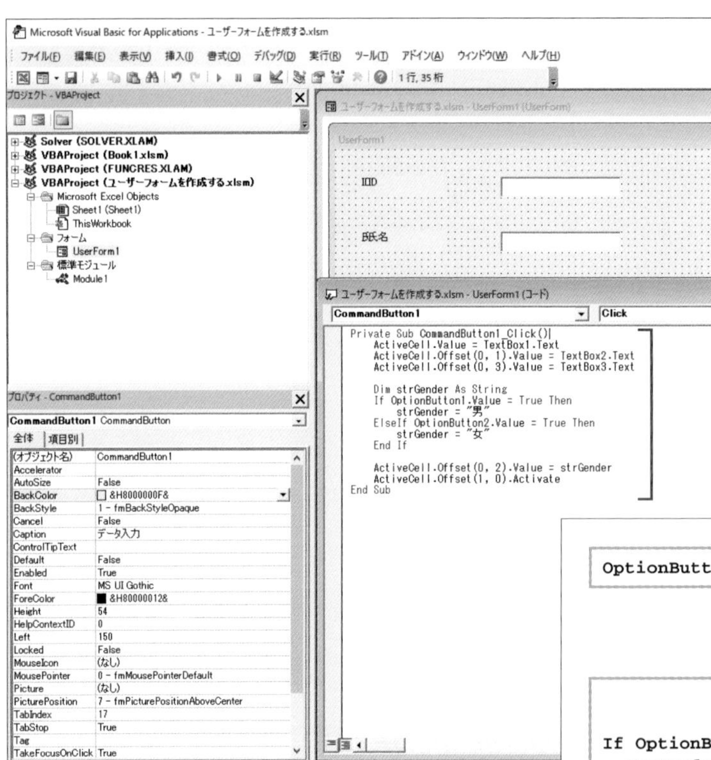

## ワンポイント

### イベントプロシージャ

イベントプロシージャとは、特定のイベントが発生したときに実行されるプロシージャのことです。なお、イベントの意味は、「マウスがクリックされた」、「プログラムが読み込まれた」、「メニューが選択された」、「Enter キーが押された」など、コンピューター上で発生する「出来事」のことを指します。このようなイベントを利用してプログラミングを行うことを「イベントドリブン型プログラミング」と呼びます。Windowsのようにグラフィカルな操作画面を持つOSでは、一般的なプログラミング技法です。

## ワンポイント

### 入力されたデータの処理

操作例では、ユーザーフォームを使って入力されたデータを次のように処理するようにしています。

- テキストボックスに入力された値の取得

テキストボックスに入力された値は、「Text」プロパティで取得します。

```
TextBox1.Text
```

TextBox1に入力された文字列を取得

- テキストボックスに入力された文字列をセルに入力する

```
ActiveCell.Value = TextBox1.Text
```

アクティブなセルにTextBox1の値を入力

- オプションボタンがオンになっているか調べる

オプションボタンがオン（True）の状態を設定、または取得するには、「Value」プロパティを使います。

```
OptionButton.Value = True
```

オプションボタンの状態がオン

- オプションボタンの「男」がオンになっている場合の処理

OptionButton1の状態がオン（True）であれば変数strGenderに「男」の文字を代入します

```
If OptionButton1.Value = True Then
  strGender = "男"
ActiveCell.Offset(0, 2).Value = strGender
```

指定したセルにstrGenderの値を入力

## step 8 ユーザーフォームを閉じるプロシージャを作成する

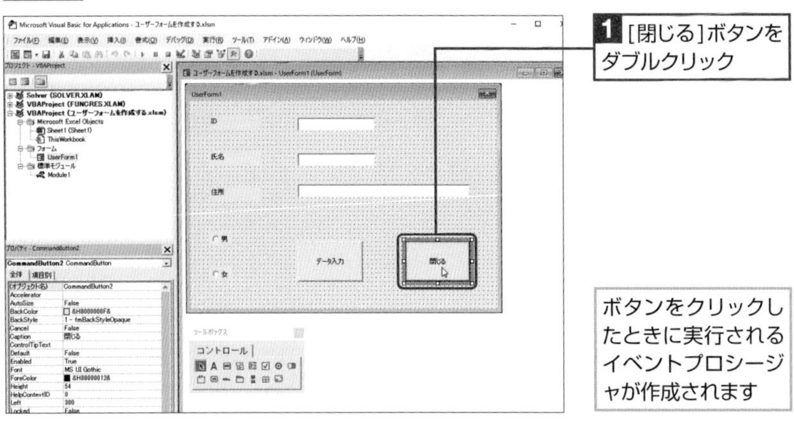


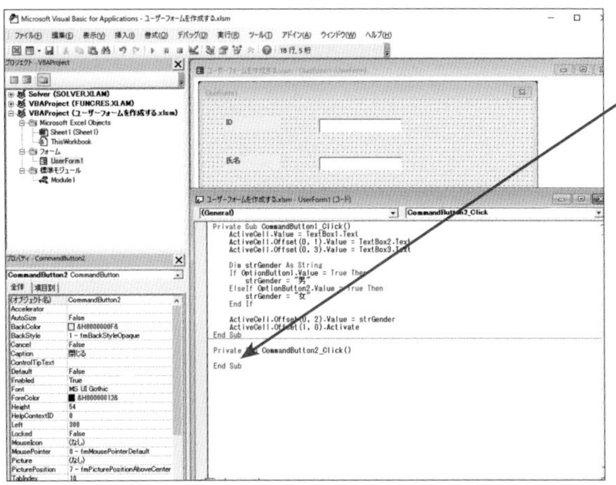

2 「Private Sub CommandButton2_Click()」と「End Sub」の間に次のコードを記述

▼ユーザーフォームを閉じるプロシージャ

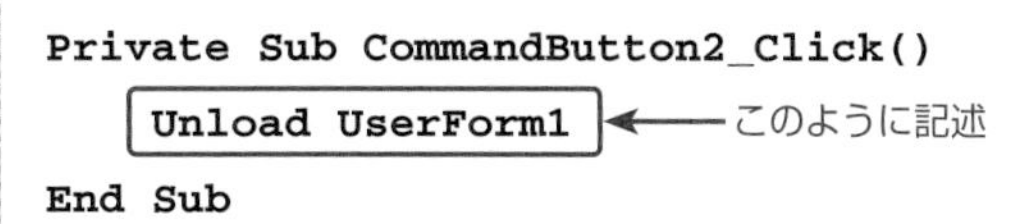

```
Private Sub CommandButton2_Click()
    Unload UserForm1    ←このように記述
End Sub
```

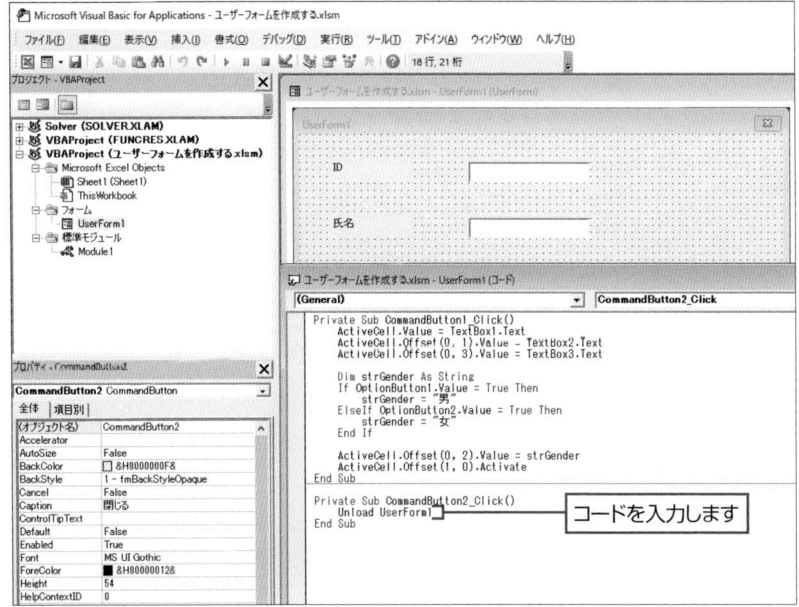

### 最後に

ブックをマクロ有効ブックとして保存します。

SECTION 101

# ユーザーフォームを利用したVBAプログラムを実行する

ここでは、前セクションで作成したユーザーフォームを使って、データの入力を行ってみることにしましょう。

チェックポイント ☑ ユーザーインターフェイスを持つプログラム

## ユーザーインターフェイスを持つプログラムを実行する

### step 1 プログラムの実行

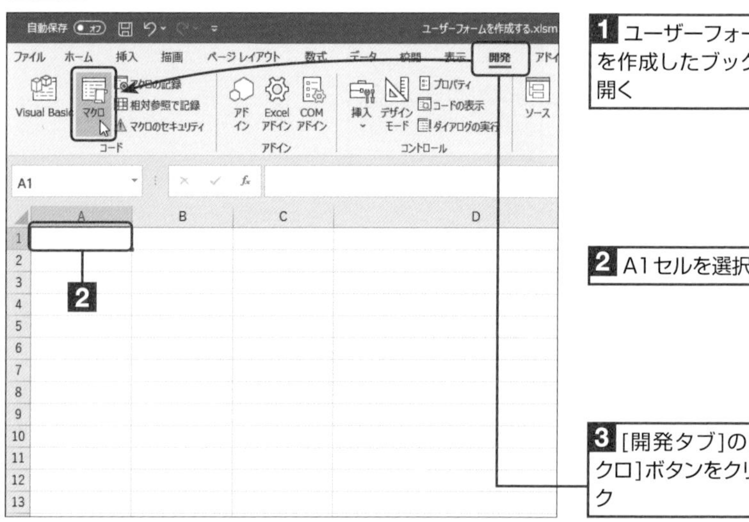


**1** ユーザーフォームを作成したブックを開く

**2** A1セルを選択

**3** [開発タブ]の[マクロ]ボタンをクリック

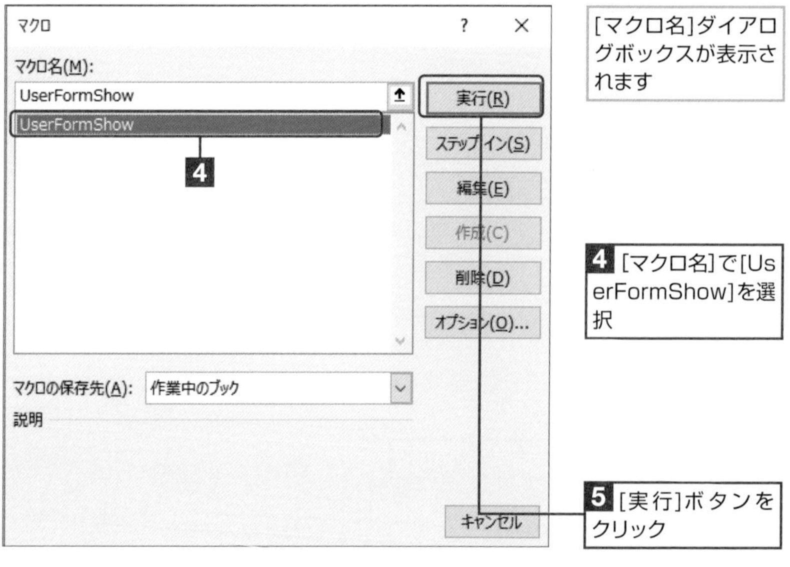


[マクロ名]ダイアログボックスが表示されます

**4** [マクロ名]で[UserFormShow]を選択

**5** [実行]ボタンをクリック

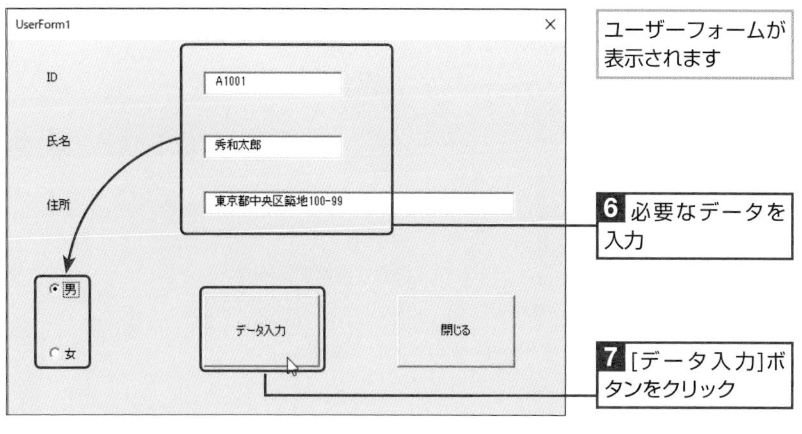


ユーザーフォームが表示されます

**6** 必要なデータを入力

**7** [データ入力]ボタンをクリック

シートのセルにそれぞれのデータが入力されます

**解説**

Sheet1の1行目にデータが入力されたあと、アクティブセルが次の行へ移動します。

## コラム Cellsプロパティを使用してセルを参照する

セルを参照する場合は、Rangeプロパティのほかに、Cellsプロパティを使用してRangeオブジェクトを取得することができます。

▼《構文》Cellsプロパティでセルを参照

```
Cells(行番号, 列番号)
```

行番号には、対象となるセルの行番号、列番号には列番号を指定します。列番号には「"A"」のように、ダブルクォーテーションで囲んで、列名をアルファベットで指定することもできます。

**●Rangeプロパティと組み合わせてセル範囲を参照する**

次のように記述すると、指定したセル範囲を参照することができます。

▼《構文》Cellsプロパティでセル範囲を参照

```
Range(Cells(開始行番号, 開始列番号), Cells(終了行番号, 終了列番号))
```

開始行番号と開始列番号には、セル範囲の左上端のセルの行番号と列番号を、終了行番号と終了列番号には、セル範囲の右下端のセルの行番号と列番号を、それぞれ指定します。

```
【例】Range(Cells(1, 1), Cells(5, 3)).Select
【例】Range(Cells(1, "A"), Cells(5, "C")).Select
```

上記の2つの例のどちらも、「A1」～「C5」のセル範囲を選択します。

15

## コラム ブックの操作

ここでは、ブックの操作に関するオブジェクト、コレクションおよびプロパティを整理しておきます。

### ●Workbookオブジェクト

Workbookオブジェクトは、ブックの情報にアクセスするためのオブジェクトです。現在、開いているブックのWorkbookオブジェクトは、Workbooksコレクションに含められています。

### ●Workbooksコレクション

Excelで開いているすべてのブック（Workbookオブジェクト）は、Workbooksコレクションに格納されています。Workbooksコレクションの中から特定のブックのWorkbookオブジェクトを取得するには、ブックのファイル名やインデックス番号を指定します。

### ●Workbooksプロパティ

Workbooksプロパティは、Workbooksコレクションから、指定したブックのWorkbookオブジェクト（の参照）を取得します。

▼《構文》指定したブックのオブジェクトを取得

```
Applicationオブジェクト.Workbooks(ブックのファイル名またはインデックス番号)
```

Applicationオブジェクトは、Excel自身を表すオブジェクトです。省略した場合は、デフォルトの値として設定されるので記述してもしなくてもかまいません。

#### ◦ファイル名で指定する場合

▼《構文》ブックをファイル名で指定

```
Workbooks(ブックのファイル名).プロパティやメソッド
```

◦ファイル名

「mybook.xlsx」のようにファイル名を指定します。

【例】「mybook.xlsx」というファイル名のブックを最前面に表示（アクティブに）する

```
Workbooks("mybook.xlsx").Activate
```

#### ◦インデックス番号で指定する場合

▼《構文》ブックをインデックス番号で指定

```
Workbooks(インデックス番号).プロパティやメソッド
```

◦インデックス番号

何番目に開いたワークブックかを1からの数値で指定します。なお、個人用マクロブックを開いた場合も、開いたブックとしてカウントされるので注意してください。

【例】1番目に開いたワークブックを最前面に表示（アクティブに）する

```
Workbooks(1).Activate
```

### ●ActiveWorkbookプロパティ

ActiveWorkbookプロパティは、現在、最前面に表示されているブックのWorkbookオブジェクトを取得します。複数のワークブックを開いている状態で、最前面に表示されているワークブックを操作したい場合に使用します。

【例】最前面に表示されているワークブックのファイル名を変数に保存する

```
Dim n As String
n = ActiveWorkbook.Name
```

### ●ThisWorkbookプロパティ

ThisWorkbookプロパティは、実行中のVBAマクロが記述されているブックのWorkbookオブジェクトを取得します。

【例】自分自身のファイル名を変数に保存する

```
Dim n As String
n = ThisWorkbook.Name
```

CHAPTER

# 16

# VBAマクロのエラーとバグを探す

この章では、VBAマクロのエラーと、プログラム上のバグを回避する方法を紹介します。

SECTION

102

# プログラムのエラーを回避する

SECTION42で作成した「Calc」マクロは、セルに数値以外の値を入力するとエラーが発生するので、ここではエラーを回避する方法を紹介します。

チェックポイント ☑ エラーハンドラ

## On Error GoTo ErrorHandlerを利用したプログラムを作成する

### step 1 エラーを回避するステートメントを入力する

**準備**

SECTION39で作成したブックを開きます。

▼入力されたデータから消費税を含む計算を行うプロシージャ

```
Sub Calc()

    Dim unit_p As Long
    Dim quant As Integer
    Dim subtotal As Long
    Dim tax As Long
    Dim total As Long

    Const TAXRATE As Double = 0.1

    On Error GoTo ErrorHandler    ←追加する

    unit_p = Range("B2").Value
    quant = Range("B3").Value

    subtotal = unit_p * quant
```

```
    tax = subtotal * TAXRATE
    total = subtotal + tax

    Range("E2").Value = subtotal
    Range("E3").Value = tax
    Range("E4").Value = total

    Exit Sub  ←追加する

ErrorHndler:  ←追加する
    MsgBox ("数値を入力してください。")  ←追加する

End Sub
```

## step 2 VBAマクロを実行する

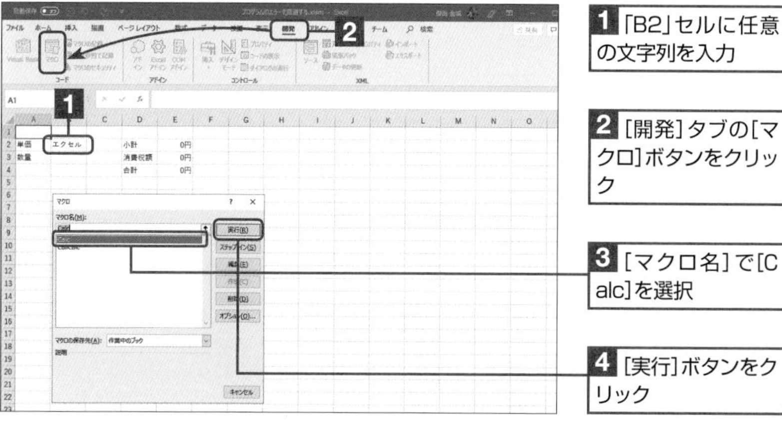

**1**「B2」セルに任意の文字列を入力

**2**［開発］タブの［マクロ］ボタンをクリック

**3**［マクロ名］で［Calc］を選択

**4**［実行］ボタンをクリック

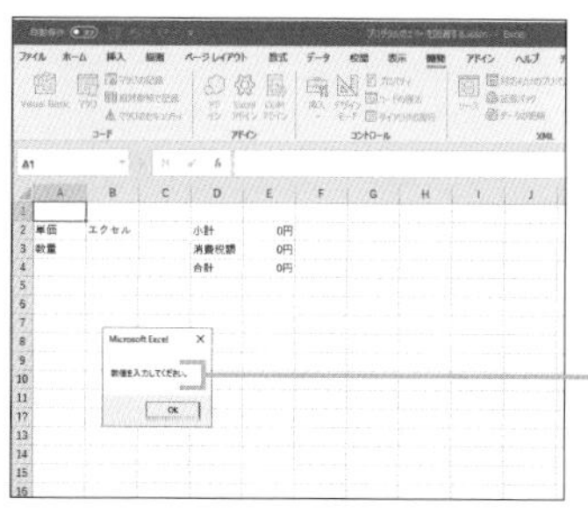

エラーメッセージが表示されます

### コラム 非構造化エラーハンドラ

「On Error」ステートメントは、非構造化エラーハンドラと呼ばれます。これは、「GoTo」メソッドでプロシージャ内の任意の位置へジャンプさせることで、プログラムの構造が複雑になるためです。構造化されたエラーハンドラは「構造化エラーハンドラ」と呼ばれます。

### 解説

「Calc」プロシージャでは、「unit_p = Range("B2").Value」と「quant = Range("B3").Value」で取得する「B2」と「B3」セルのデータが数値以外だと、エラーが発生してプログラムが停止してしまいます。

そこで、操作例では、エラーを処理するために、次のようなエラーハンドラを記述しています。

▼エラーハンドラ

`On Error GoTo ErrorHandler`

エラーが予期されるステートメントの上の行に記述する。エラーが発生した場合は処理を中断して「ErrorHandler」ステートメントへ飛ばす

`Exit Sub`

プロシージャの「End Sub」の前に記述する。エラーが発生しなかった場合はプロシージャの処理を終了する

`ErrorHandler:`

エラーハンドラ。エラーが発生した場合は、On Error GoTo ErrorHandlerの記述によってここへ飛ばされる

`MsgBox("数値を入力してください。")`

エラーが発生した場合にメッセージを表示する

### 解説

エラーメッセージの［OK］ボタンをクリックし、「B2」、「B3」セルに適切な数値を入力し、操作手順の**2**～**4**の操作を行えば、正しい計算結果が表示されます。

### 最後に

ブックをマクロ有効ブックとして保存します。

SECTION

# 103 プログラムをデバッグする

「デバッグ」とは、プログラムを実行して、プログラム上のバグを探すことを指します。ここでは、前セクションで使用したSubプロシージャをデバッグしてみることにします。

チェックポイント
☑ デバッグ
☑ ステップイン

## デバッグモードでプログラムを実行する

### step 1 デバッグを開始する

**準備**

SECTION102で保存したブックを開き、VBエディターを起動して標準モジュール「Module1」を表示しておきます。

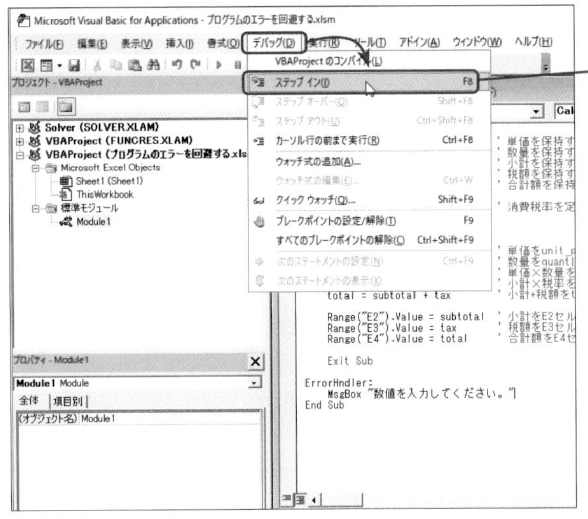


1 メニューの[デバッグ]をクリックして[ステップイン]を選択

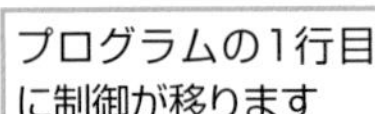


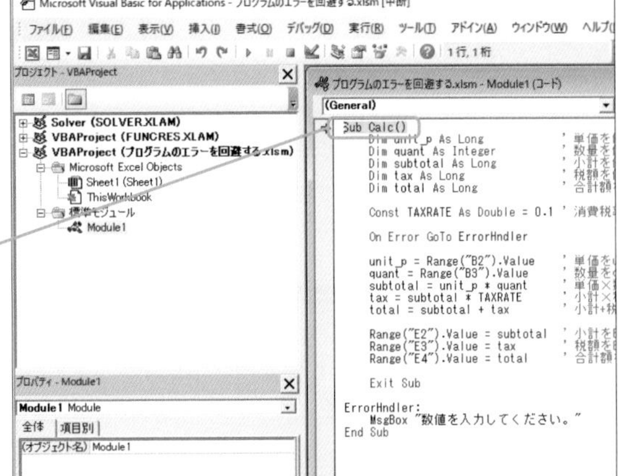


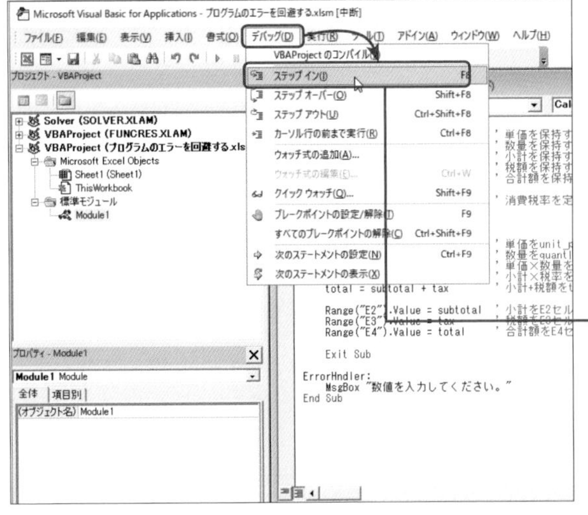

2 メニューの[デバッグ]をクリックして[ステップイン]を選択

**ワンポイント**

**ステップイン**

[ステップイン]とは、VBAのプログラムコードを1行ずつ実行する機能です。

プログラムが確実に動作するかどうかを確認したい場合や、プログラムがエラーになってしまった場合に、どの行に誤りがあるのかを探すときに使用します。

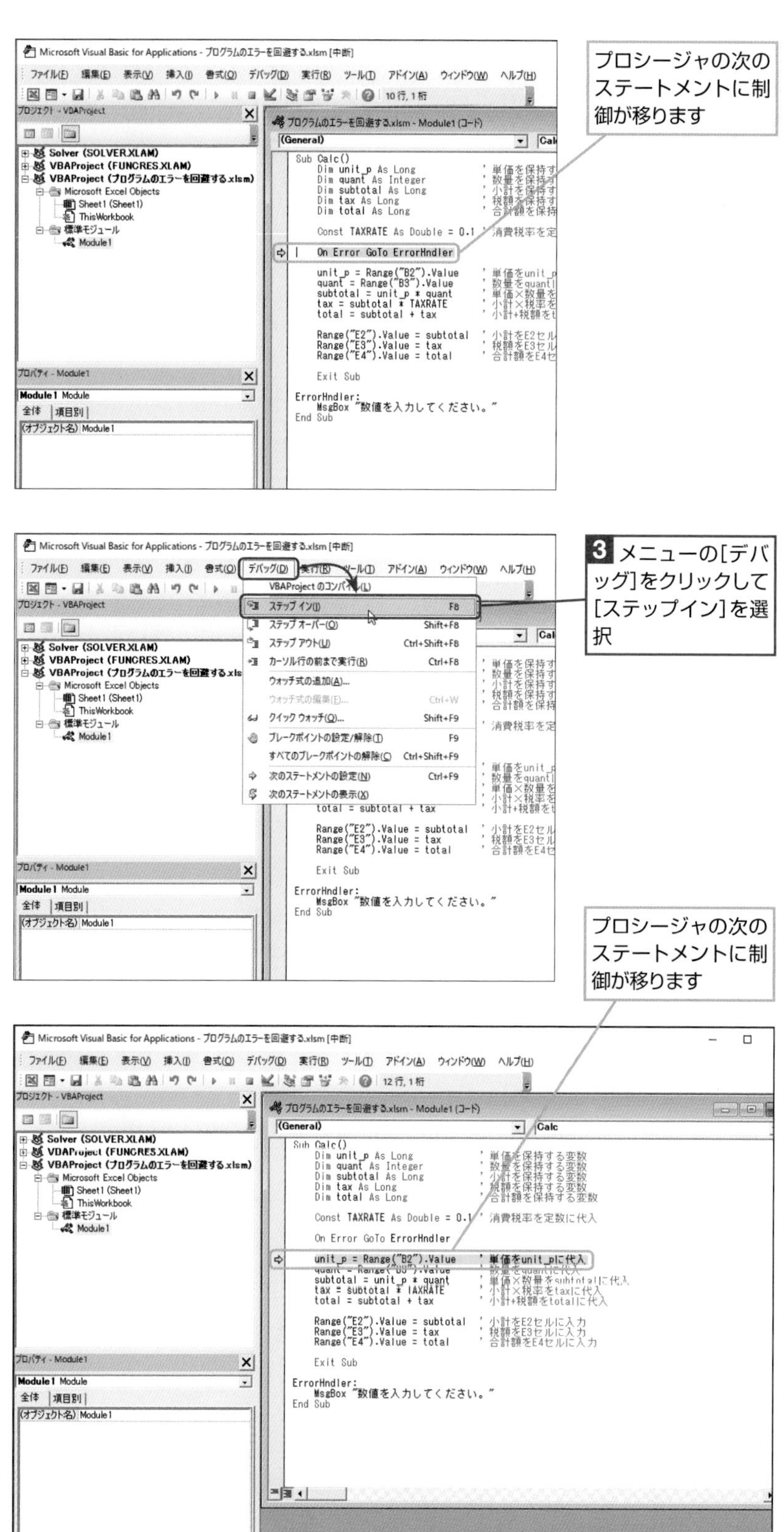
プロシージャの次のステートメントに制御が移ります
3 メニューの[デバッグ]をクリックして[ステップイン]を選択
プロシージャの次のステートメントに制御が移ります

16

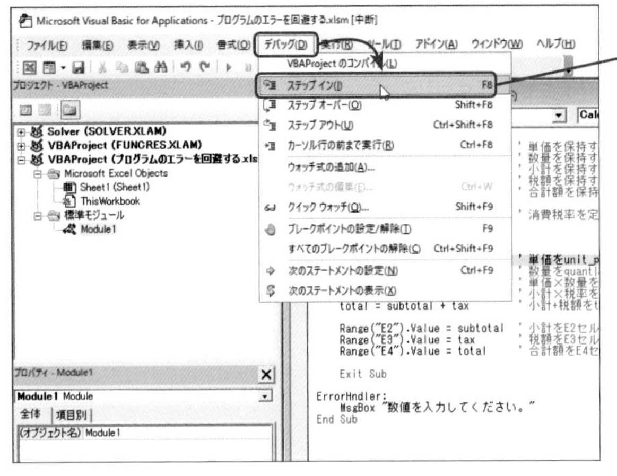


**4** メニューの[デバッグ]をクリックして[ステップイン]を選択

プロシージャの次のステートメントに処理が移るはずですが、「B2」セルに文字列「エクセル」が入っているのでエラーとなり、エラーハンドラのステートメントに処理が移ります

**5** メニューの[デバッグ]をクリックして[ステップイン]を選択

メッセージボックスが表示されます

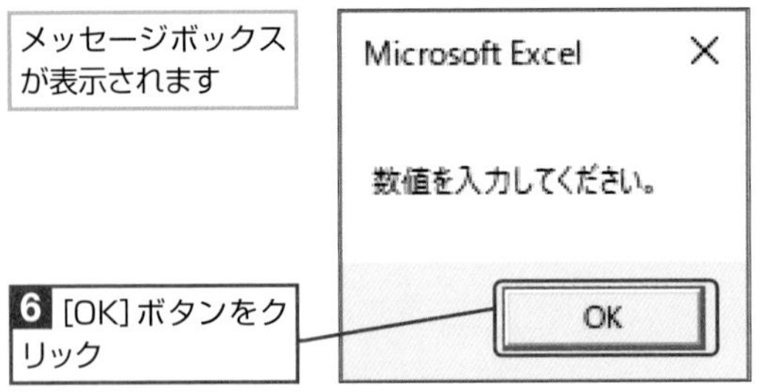


**6** [OK]ボタンをクリック

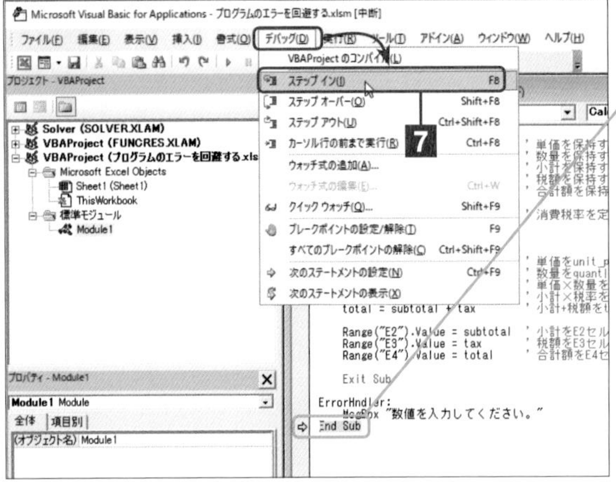


プロシージャの次のステートメントに制御が移ります

**7** メニューの[デバッグ]をクリックして[ステップイン]を選択

プログラムが終了します

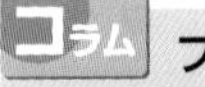

### ブレークポイントの挿入

[コードウィンドウ]の左端にあるグレイのゾーンをクリックすると、ブレークポイントを挿入できます。この場合、プロシージャを実行すると、ブレークポイントの位置でプログラムが停止するので、不具合のある箇所の確認などに利用できます。

DATA

1

# 主要ステートメント、メソッド、プロパティ、オブジェクト一覧

ここでは、Excel VBAを利用する上で、特によく使われるステートメント、メソッド、プロパティ、オブジェクトを一覧としてまとめました。それぞれの詳しい使い方については、本文もしくはソフトのヘルプを参照してください。

## ステートメント

| ステートメント名 | 機能 |
|---|---|
| Const | 定数を利用する |
| Date | 日付を利用する |
| Dim | 変数を利用する／配列を利用する |
| Do Until...Loop | 繰り返し処理を行う（条件を満たすまで繰り返す） |
| Do While...Loop | 繰り返し処理を行う（条件を満たしている間は繰り返す） |
| Do...Loop | 繰り返し処理を行う |
| Exit Do | 繰り返しを抜ける |
| For Each...Next | 繰り返し処理を行う（コレクションに対して繰り返しを行う） |
| For...Next | 繰り返し処理を行う（回数を指定して繰り返す） |
| If...Then | 条件分岐する（条件を満たしているときに処理を行う） |
| If...Then...Else | 条件分岐する（条件を満たしているときはA、条件を満たしていないときはBの処理を行う） |
| If...Then...ElseIf | 条件分岐する（3つ以上の条件分岐を行う） |
| Public | グローバル変数を宣言する |
| Randomize | 乱数を初期化する |
| Select...Case | 条件分岐する（複数の条件を判断する） |
| Set | 変数を代入する |
| Time | システムの時刻を設定する |
| While...Wend | 繰り返し処理を行う（条件を満たしている間は繰り返す） |
| With | オブジェクトの対象にする |

## メソッド

| メソッド名 | 機能 |
|---|---|
| Activate | シートを選択する |
| Add | ブックを追加する／シートを追加する |
| AddItem | 行や列を挿入する |
| Clear | すべてクリアする |
| Close | ブックを閉じる |

DATA

| メソッド名 | 機能 |
|---|---|
| Copy | シートをコピーする／値をコピーする |
| Cut | 値を切り取る |
| Delete | シートを削除する |
| Hide | フォームを非表示にする |
| Insert | セルを挿入する |
| Move | シートを移動する |
| Open | ブックを開く |
| Paste | 値を貼り付ける |
| PrintOut | シートを印刷する |
| Save | ブックを上書き保存する |
| SaveAs | ブックを新規保存する |
| Select | 複数のシートを選択する／セルを選択する |
| Show | フォームを表示する |
| Unload | フォームを閉じる |

## プロパティ

| プロパティ名 | 機能 |
|---|---|
| BackColor | 背景色を指定する |
| Bold | 太字にする |
| Caption | 文字列を選択する |
| Cells | セル番地を指定する |
| ChartArea | グラフエリアを選択する |
| ChartTitle | グラフタイトルを指定する |
| Count | オブジェクト数を数える |
| End | 終端を表す |
| Font | フォントを指定する |
| Font.Color | 文字色を指定する |
| Formula | 計算式を指定する |
| Italic | 斜体にする |
| LineStyle | 罫線を指定する |
| Name | 名前を指定する |
| Offset | 移動する |
| Password | パスワードを表す |
| Resize | 範囲を選択する |
| Saved | ブックを保存する |
| Size | 大きさを表す |
| Value | 文字を入力する／値を取得する |

| プロパティ名 | 機能 |
|---|---|
| Visible | シートの表示/非表示を設定する |
| Weight | 罫線の太さを指定する |
| Workbooks | ブックを指定する |

## オブジェクト

| オブジェクト名 | 機能 |
|---|---|
| Adjustments | オートシェイプ オブジェクト、ワードアート オブジェクト、またはコネクタのすべての調整値を表す |
| Application | Excel アプリケーション全体を表す |
| Areas | 選択範囲内にある領域のコレクションを表す |
| AutoFilter | 指定されたワークシートのオートフィルタを示す |
| CellFormat | セルの書式の検索条件を表す |
| Characters | オブジェクトに含まれる文字列の文字を示す |
| Chart | ブック内のグラフを表す |
| ChartArea | グラフのグラフエリアを表す |
| Charts | ブックにあるすべてのグラフシートのコレクションを表す |
| ChartTitle | グラフのタイトルを表す |
| ColorFormat | グラデーションやパターンの塗りつぶしを持つオブジェクトの前景色または背景色を表す |
| Dialog | Excel の組み込みダイアログボックスを表す |
| Error | セル範囲のエラーを表す |
| Font | フォントを表す |
| Graphic | ヘッダーおよびフッターの画像オブジェクトに適用されるプロパティを表す |
| HeaderFooter | ヘッダーまたはフッターを表す |
| Hyperlink | ワークシートまたはセル範囲のハイパーリンクを表す |
| Left | 画面の左端からウィンドウの左端までの距離を表す |
| ListObject | ワークシート内のテーブルを表す |
| Name | セル範囲に付けられている名前を表す |
| Page | ブック内のページを表す |
| PageSetup | ページ レイアウトの設定を表す |
| Range | セル範囲を表す |
| Style | セル範囲のスタイルを表す |
| Workbook | ブックを表す |
| Workbooks | 現在開いているすべてのブックを表す |
| Worksheet | ワークシートを表す |
| Worksheets | 指定されたブックまたは作業中のブックにあるすべての Worksheet を表す |

DATA

# 2 はじめてのExcel VBA 実用サンプル集

本書で紹介した項目に関連するVBAプログラムを実用的なサンプルとしてまとめました。各項目ごとにファイルに収録していますので、弊社のホームページ*からダウンロードしてお使いください。なお、お使いの状況によってコードの一部（セル番地など）を下記のコメントを参照して書き換えてください。

| ファイル名 | Book1.xlsm |
|---|---|
| 機能 | 特定のセルをアクティブにします。 |
| 関連項目 | 「SECTION54　指定したセルを自動でアクティブにする」 |

「Range("A1").Activate」の「A1」の部分をアクティブにしたいセル番地に書き換えてください。

| ファイル名 | Book2.xlsm |
|---|---|
| 機能 | アクティブなセル番地を絶対参照でメッセージボックスに表示します。 |
| 関連項目 | 「SECTION55　アクティブになっているセルの位置を取得する」 |

| ファイル名 | Book3.xlsm |
|---|---|
| 機能 | アクティブなセル番地をファイル名、シート名と共に絶対参照でメッセージボックスに表示します。 |
| 関連項目 | 「SECTION55　アクティブになっているセルの位置を取得する」 |

| ファイル名 | Book4.xlsm |
|---|---|
| 機能 | アクティブなセル番地を相対参照でメッセージボックスに表示します。 |
| 関連項目 | 「SECTION55　アクティブになっているセルの位置を取得する」 |

| ファイル名 | Book5.xlsm |
|---|---|
| 機能 | 指定したセル範囲を選択します。 |
| 関連項目 | 「SECTION56　B2からF5セルを自動で選択状態にする」 |

「Range("B2:F5").Select」の「B2:F5」の部分を書き換えてください。

| ファイル名 | Book6.xlsm |
|---|---|
| 機能 | 特定の行全体を選択状態にします。 |
| 関連項目 | 「SECTION58　行全体を選択状態にする」 |

「Range("2:2").Select」の「2:2」の部分を任意の行番号（数字）に書き換えてください。

| ファイル名 | Book7.xlsm |
|---|---|
| 機能 | 特定の列全体を選択状態にします。 |
| 関連項目 | 「SECTION59　列全体を選択状態にする」 |

「Range("B:B").Select」の「B:B」の部分を任意の列番号（アルファベット）に書き換えてください。

* ダウンロード（サポート）ページURL ➡ https://www.shuwasystem.co.jp/support/7980html/6110.html

| ファイル名 | Book8.xlsm |
|---|---|
| 機能 | 指定したセルに任意の値を入力します。 |
| 関連項目 | 「SECTION60　指定したセルに自動で「500」と入力する」 |

「Range("B5:B10,D5").Value = 500」の「B5:B10」や「D5」を任意のセル範囲に書き換えてください。同時に他のセルやセル範囲に入力する場合は、「,」で区切ってセル番地、またはセル範囲を記述します。「500」を任意の値に書き換えてください。

| ファイル名 | Book9.xlsm |
|---|---|
| 機能 | アクティブなセルに任意の値を入力します。 |
| 関連項目 | 「SECTION61　選択中のセルに自動で「500」を入力する」 |

ActiveCell.Value = 500 の「500」を任意の値に書き換えてください。

| ファイル名 | Book10.xlsm |
|---|---|
| 機能 | 指定したセルの値をメッセージボックスに表示します。 |
| 関連項目 | 「SECTION62　B5 セルに入力されているデータをプログラムで読み込む」 |

「dt = Range("B5").Value」の「B5」を任意のセル番地に書き換えてください。

| ファイル名 | Book11.xlsm |
|---|---|
| 機能 | アクティブセルの値をメッセージボックスに表示します。 |
| 関連項目 | 「SECTION63　アクティブにしたセルのデータをプログラムに読み込む」 |

| ファイル名 | Book12.xlsm |
|---|---|
| 機能 | 指定した範囲のデータを合計します。 |
| 関連項目 | 「SECTION64　A7 から B7 セルまでのデータをプログラムで集計する」 |

「Range("A7:B7").Formula = "=SUM(A1:A5)"」の「Range("A7:B7")」を数式を入力するセル番地、またはセル範囲に書き換えます。
「SUM(A1:A5)」の「A1:A5」を合計を求めるセル範囲に書き換えます。

| ファイル名 | Book13.xlsm |
|---|---|
| 機能 | 指定した範囲のセルをコピーして、指定した位置へ貼り付けます。 |
| 関連項目 | 「SECTION65　表のクローンを自動作成する」 |

「Range("A1:F9").Copy」の「A1:F9」をコピーするセル範囲に書き換えます。
「Range("A12").Select」の「A12」を貼り付け先の左上隅に位置するセル番地に書き換えます。

| ファイル名 | Book14.xlsm |
|---|---|
| 機能 | 指定した範囲のセルのデータを消去します。 |
| 関連項目 | 「SECTION66　表のデータを一気にクリアする」 |

「Range("B3:E8").Clear」の「B3:E8」を任意のセル範囲に書き換えます。

| ファイル名 | Book15.xlsm |
|---|---|
| 機能 | 指定した範囲にセルを挿入します。 |
| 関連項目 | 「SECTION67　表の中に空白セルを挿入する」 |

「Range("B8:E8").Insert」の「B8:E8」を任意のセル範囲に書き換えます。

| ファイル名 | Book16.xlsm |
|---|---|
| 機能 | セルを削除して右隣のセルを左方向へ詰めます。 |
| 関連項目 | 「SECTION68　不要になった表の一部を削除する」 |

「Range("B2:B9").Delete Shift:=xlShiftToLeft」の「B2:B9」の部分を削除対象のセルに書き換えます。
削除するセルの上方のセルを下へシフトさせるには「xlShiftDown」
削除するセルの下方のセルを上へシフトさせるには「xlShiftUp」
削除するセルの左側のセルを右へシフトさせるには「xlShiftToRight」
削除するセルの右側のセルを左へシフトさせるには「xlShiftToLeft」

| ファイル名 | Book17.xlsm |
|---|---|
| 機能 | セルに入力する文字のフォントを設定します。 |
| 関連項目 | 「SECTION69　セルの字体を「メイリオ」の太字にする」 |

「With Range("A2:F9").Font」の「A2:F9」を任意のセル番地、またはセル範囲に書き換えます。
「.Name = " メイリオ "」の「メイリオ」を任意のフォント名に書き換えます。
「.Size = 14」の「14」を任意のフォントサイズに書き換えます。
「.Bold = True」は太字にするための記述です。
「.Italic = True」と記述すると斜体が設定できます。

| ファイル名 | Book18.xlsm |
|---|---|
| 機能 | セルの背景色を設定します。 |
| 関連項目 | 「SECTION70　表の見出しの色をイエローにする」 |

「Range("A2:F2")」の「A2:F2」を任意のセル番地、またはセル範囲に書き換えます。
「RGB(255, 255, 0)」を任意の色を表す RGB 値に書き換えます。
（黒）0,0,0
（白）255,255,255
（赤）255,0,0
（緑）0,255,0
（青）0,0,255

| ファイル名 | Book19.xlsm |
|---|---|
| 機能 | 指定した範囲に罫線を引きます。 |
| 関連項目 | 「SECTION71　表の枠組みを自動作成する」 |

「Range("A3:C10")」の「A3:C10」を任意のセル範囲に書き換えます。
「.LineStyle = xlContinuous」の「xlContinuous」の部分で罫線の種類を指定します。

| 定数 | 罫線の種類 | 定数 | 罫線の種類 |
|---|---|---|---|
| xlContinuous | 実線 | xlDot | 点線 |
| xlDash | 破線 | xlDouble | 二重線 |
| xlDashDot | 一点鎖線 | xlSlantDashDot | 斜め斜線 |
| xlDashDotDot | 二点鎖線 | xlLineStyleNone | なし |

「.Weight = xlThin」の「xlThin」の部分で罫線の太さを指定します。

| 定数 | 罫線の太さ |
|---|---|
| xlHairline | 極細 |
| xlThin | 細 |
| xlMedium | 中 |
| xlThick | 太 |

| ファイル名 | Book20.xlsm |
|---|---|
| 機能 | 指定したセル範囲に異なる種類の罫線を引きます。 |
| 関連項目 | 「SECTION72　外枠だけを太くした表を自動作成する」 |

「With Range("B3:E10")」の「B3:E10」を罫線を引くセル範囲に書き換えます。
「With Range("B3:B10")」の「B3:B10」をセルの右端に二重線を設定するセル範囲に書き換えます。二重線を設定しない場合は、2つ目のWith ～ End Withのブロックをコメントアウト（行頭に「'」を付ける)、または削除してください。

| ファイル名 | Book21.xlsm |
|---|---|
| 機能 | 指定した順位のシートをアクティブにします。 |
| 関連項目 | 「SECTION73　3枚目のワークシートを自動でアクティブにする」 |

「Sheets(3).Activate」の「3」をアクティブにするシートの順位（インデックス番号）に書き換えてください。

| ファイル名 | Book22.xlsm |
|---|---|
| 機能 | 名前を指定したシートをアクティブにします。 |
| 関連項目 | 「SECTION73　3枚目のワークシートを自動でアクティブにする」 |

「Sheets("Sheet2").Activate」の「Sheet2」を任意のシート名に書き換えてください。

| ファイル名 | Book23.xlsm |
|---|---|
| 機能 | 現在、アクティブなシートの名前をメッセージボックスに表示します。 |
| 関連項目 | 「SECTION73　3枚目のワークシートを自動でアクティブにする」 |

| ファイル名 | Book24.xlsm |
|---|---|
| 機能 | 新規のシートを挿入します。 |
| 関連項目 | 「SECTION74　新規のワークシートを自動作成する」 |

| ファイル名 | Book25.xlsm |
|---|---|
| 機能 | 指定した位置にワークシートを追加します。 |
| 関連項目 | 「SECTION75　Sheet1の前の位置に新規のワークシートを追加する」 |

「Worksheets.Add Before:=Worksheets("Sheet1")」の「Sheet1」を任意のシート名に書き換えてください。指定したシートの前の位置に新規シートが挿入されます。

| ファイル名 | Book26.xlsm |
|---|---|
| 機能 | 指定したシートを削除します。 |
| 関連項目 | 「SECTION76　3枚目のワークシートを削除する」 |

「Worksheets(3).Delete」の「3」を削除するシートの順位（インデックス番号）に書き換えてください。

| ファイル名 | Book27.xlsm |
|---|---|
| 機能 | シートのコピーを作成します。 |
| 関連項目 | 「SECTION77　ワークシートを丸ごとコピーして新規のシートを自動作成する」 |

「 Worksheets("Sheet1")」の「Sheet1」をコピーするシート名に書き換えてください。
「Copy After:=Worksheets("Sheet3")」の「Sheet3」をコピーしたシートを挿入する位置のシート名に書き換えてください。指定したシートのあと（右側）にシートが挿入されます。

| ファイル名 | Book28.xlsm |
|---|---|
| 機能 | シートを指定した位置へ移動します。 |
| 関連項目 | 「SECTION78　先頭のシートを最後尾に移動する」 |

「Worksheets("Sheet1")」の「Sheet1」を移動するシート名に書き換えてください。
「Move After:=Worksheets("Sheet3")」の「Sheet3」を移動先のシート名に書き換えてください。指定したシートのあと（右側）にシートが移動します。

| ファイル名 | Book29.xlsm |
|---|---|
| 機能 | シート名を変更します。 |
| 関連項目 | 「SECTION79　シート名を「Sheet1」から「月別売上表」に変える」 |

「Worksheets("Sheet1")」の「Sheet1」を変更前のシート名に書き換えてください。
「Name = " 月別売上表 "」の「月別売上表」を変更後のシート名に書き換えてください。

| ファイル名 | Book30.xlsm |
|---|---|
| 機能 | シートの表示 / 非表示を切り替える |
| 関連項目 | 「SECTION80　「Sheet1」を一時的に隠す」 |

「Worksheets("Sheet1").Visible = False」、「Worksheets("Sheet1").Visible = True」の「Sheet1」を表示 / 非表示を切り替えるシート名に書き換えてください。

| ファイル名 | Book31.xlsm |
|---|---|
| 機能 | 新規のブックを作成します。 |
| 関連項目 | 「SECTION81　新しいブックを自動作成する」 |

| ファイル名 | Book32.xlsm |
|---|---|
| 機能 | シート数を指定して新規ブックを作成します。 |
| 関連項目 | 「SECTION81　新しいブックを自動作成する」 |

「Application.SheetsInNewWorkbook = 2」の「2」を任意のシート数に変更します。

| ファイル名 | Book33.xlsm |
|---|---|
| 機能 | 指定したブックを開きます。 |
| 関連項目 | 「SECTION82　ブックを自動で開く」 |

「Open Filename:= "C:¥ExcelData¥mybook.xlsx"」の「C:¥ExcelData¥mybook.xlsx」の部分を任意のブックのパスに書き換えてください。ブックの格納されたフォルダーへのパスは、対象のブックを右クリックすると［全般］タブの［場所］に表示されます。これの末尾に ¥ を付けてブックのファイル名（拡張子含む）を記述すれば、ブックのパスになります。

| ファイル名 | Book34.xlsm |
|---|---|
| 機能 | 指定したフォルダーに存在するすべてのブックを開きます。 |
| 関連項目 | 「SECTION83　フォルダー内のブックを全部開く」 |

「buf = Dir("C:¥ExcelData¥*.xlsx", vbNormal)」と「Workbooks.Open Filename:="C:¥ExcelData¥" & buf」の「C:¥ExcelData」の部分を任意のフォルダーへのパスに書き換えます。

| ファイル名 | Book35.xlsm |
|---|---|
| 機能 | ブックを読み取り専用で開きます。 |
| 関連項目 | 「SECTION84　読み取り専用でブックを開く」 |

「Open Filename:="C:¥ExcelData¥mybook.xlsx"」の「C:¥ExcelData¥mybook.xlsx」の部分を任意のファイルへのパスに書き換えてください。

| ファイル名 | Book36.xlsm |
|---|---|
| 機能 | 指定したブックを閉じます。 |
| 関連項目 | 「SECTION85　VBA でブックを閉じる」 |

「Workbooks("mybook.xlsx").Close」の「mybook.xlsx」を任意のブックのファイル名に書き換えます。

| ファイル名 | Book37.xlsm |
|---|---|
| 機能 | ブックを上書き保存します。 |
| 関連項目 | 「SECTION86　ブックの内容を上書きする」 |

「Workbooks("Book_Save.xlsm").Save」の「Book_Save.xlsm」を任意のブックのファイル名に書き換えます。

| ファイル名 | Book38.xlsm |
|---|---|
| 機能 | ブックの内容を保存せずに強制的に終了します。 |
| 関連項目 | 「SECTION87　ブックの内容が変更されても保存しないで閉じる」 |

「Workbooks("Book_Close_Unsave.xlsm")」の「Book_Close_Unsave.xlsm」を任意のブックのファイル名に書き換えます。

| ファイル名 | Book39.xlsm |
|---|---|
| 機能 | 指定した用紙サイズで印刷します。 |
| 関連項目 | 「SECTION88　A5 サイズで印刷する」 |

「ActiveSheet.PageSetup.PaperSize = xlPaperA5」の「xlPaperA5」の部分を任意の用紙サイズに書き換えます。

| PageSize プロパティの定数 | 用紙サイズ |
|---|---|
| xlPaperA5 | A5 |
| xlPaperA4 | A4 |
| xlPaperB5 | B5 |

| ファイル名 | Book40.xlsm |
|---|---|
| 機能 | ヘッダーとフッターに任意の情報を設定して印刷します。 |
| 関連項目 | 「SECTION89　用紙の上部にブック名と日付を付けて印刷する」 |

各項目の "" で囲まれた部分に書式コードを入力します。何も設定しない場合は「""」のままにしておきます。

| ヘッダー / フッターを指定するプロパティ | 内容 |
|---|---|
| .LeftHeader = "" | ヘッダーの左 |
| .RightHeader = "" | ヘッダーの右 |
| .CenterHeader = "" | ヘッダーの中央 |
| .LeftFooter = "" | フッターの左 |
| .RightFooter = "" | フッターの右 |
| .CenterFooter = "" | フッターの中央 |

| 書式コード | 内容 |
|---|---|
| &F | ブック名 |
| &A | シート見出し |
| &D | 現在の日付 |
| &T | 現在の時刻 |
| &P | ページ番号 |
| &N | 総ページ数 |

| ファイル名 | Book41.xlsm |
|---|---|
| 機能 | 印刷範囲を設定します。 |
| 関連項目 | 「SECTION90　データが入力された範囲だけを印刷する」 |

「ActiveSheet.PageSetup.PrintArea = "B2:H15"」の「B2:H15」を任意のセル範囲に書き換えます。

| ファイル名 | Book42.xlsm |
|---|---|
| 機能 | 指定した範囲がどのように印刷されるかをプレビュー表示します。 |
| 関連項目 | 「SECTION91　印刷状態を画面表示する」 |

「Sheets(1).PrintPreview」の「1」を任意のインデックス番号に書き換えてください。また「Sheets("Sheet1")」のようにシート名を指定することもできます。

| ファイル名 | Book43.xlsm |
|---|---|
| 機能 | 指定したページ範囲を印刷します。 |
| 関連項目 | 「SECTION92　ページ範囲を指定してから印刷する」 |

「ActiveSheet.PrintOut From:=1, To:=3」の「From:=1」の「1」を開始ページ番号、「To:=3」の「3」を終了ページ番号に書き換えてください。

| ファイル名 | Book44.xlsm |
|---|---|
| 機能 | 指定した領域の合計値を求めます。 |
| 関連項目 | 「SECTION93　離れたセル範囲のデータを合計する」 |

「Sum(Worksheets("sheet1")」の「Sheet1」を対象のシート名に書き換えてください。
「.Range("B3:B14,C3:C14,F3:F14,G3:G14"))」のセル範囲を任意のセル範囲に書き換えます。
「Range("C17").Value = intTotal」の「C17」を結果を表示するセル番地に書き換えます。

| ファイル名 | Book45.xlsm |
|---|---|
| 機能 | 指定した領域の平均値を求めます。 |
| 関連項目 | 「SECTION94　セルのデータを平均する」 |

「Average(Worksheets("sheet1")」の「Sheet1」を対象のシート名に書き換えてください。
「Range("B3:G3")」のセル範囲を任意のセル範囲に書き換えます。
「Range("H3").Value = intAverage」の「H3」を結果を表示するセル番地に書き換えます。

| ファイル名 | Book46.xlsm |
|---|---|
| 機能 | 指定したセル範囲の最高値を求めます。 |
| 関連項目 | 「SECTION95　データの最高値を出力する」 |

「max(Range("I3:I21"))」のセル範囲を任意のセル範囲に書き換えます。
「Range("K3").Value = max」の「K3」を結果を表示するセル番地に書き換えます。

| ファイル名 | Book47.xlsm |
|---|---|
| 機能 | 値が入力されているセルの数を調べます。 |
| 関連項目 | 「SECTION96　入力済みのセルの数を調べる」 |

「Count(Range("B4:G4"))」のセル範囲を任意のセル範囲に書き換えます。
「Range("H4").Value = enter」の「H4」を結果を表示するセル番地に書き換えます。

| ファイル名 | Book48.xlsm |
| --- | --- |
| 機能 | データが未入力のセルの数を調べます。 |
| 関連項目 | 「SECTION97　データが入力されていないセルの数を調べる」 |

「CountBlank(Range("B4:G4"))」のセル範囲を任意のセル範囲に書き換えます。
「Range("I4").Value = blank」の「I4」を結果を表示するセル番地に書き換えます。

| ファイル名 | Book49.xlsm |
| --- | --- |
| 機能 | 文字列の一部を抜き出します。 |
| 関連項目 | 「SECTION98 「Microsoft エクセル 2019」から「Microsoft」の文字を抜き出す」 |

「strExText = Left(Range("B3"), 9)」の「B3」を文字列が入力されているセル番地に書き換え、「9」の部分で文字列の左側から数えて何番目までの文字を取り出すのかを指定します。
「Range("C3").Value = strExText」の「C3」を結果を表示するセル番地に書き換えます。

| ファイル名 | Book50.xlsm |
| --- | --- |
| 機能 | 文字列の中から不要な文字列以外の文字を抜き出します。 |
| 関連項目 | 「SECTION99　不要な文字列以外の文字を抜き出す」 |

「parText = Right((Range("B3"))」の「B3」を文字列が入力されているセル番地に書き換えます。
「Len(Range("B3"))−9)」の「B3」を文字列が入力されているセル番地に書き換え、「9」の部分を取り出さない文字数（不要な文字数）に書き換えます。
「Range("C3").Value = parText」の「C3」を結果を表示するセル番地に書き換えます。

| ファイル名 | Book51.xlsm |
| --- | --- |
| 機能 | カンマ区切りで入力された CSV 形式の顧客データを読み込んで、ユーザーフォーム上に出力します。 |
| 関連項目 | 「SECTION37　CSV ファイルのデータを構造体に読み込みユーザーフォームに出力する」 |

「Const Data As String = ""」の" "内に CSV ファイルのファイルパスを入力します。ファイルパスは「C:¥ExcelData¥顧客データ .csv」のようにフルパスで指定します。

DATA

# INDEX

## あ行



## か行



## さ行

## た行



## は行

## ま行



## や行



## ら行



## A



## B

## C



## D



## E



## F



## G



## H



## I

## L



## M



## N



## O



## P



## R



## S

## T



## U



## V



## W



## X



## 記号



## 数字

**はじめての最新**
**Excel VBA [決定版]**
**Excel2019/Windows10完全対応**


発行日　2020年 2月 3日　　　第1版第1刷

著　者　金城　俊哉

発行者　斉藤　和邦
発行所　株式会社　秀和システム
〒135-0016　東京都江東区東陽2-4-2　新宮ビル2F
Tel 03-6264-3105（販売）
Fax 03-6264-3094
印刷所　三松堂印刷株式会社　　Printed in Japan

ISBN978-4-7980-6110-8 C3055


定価はカバーに表示してあります。
乱丁本・落丁本はお取りかえいたします。
本書に関するご質問については、ご質問の内容と住所、氏名、電話番号を明記のうえ、当社編集部宛FAXまたは書面にてお送りください。お電話によるご質問は受け付けておりませんのであらかじめご了承ください。

# Excel、VBEの基本キーボード操作

キーボードにはいろいろなキーがあります。

ここでは、よく使用するキーの名前と主な役割をおぼえておきましょう。

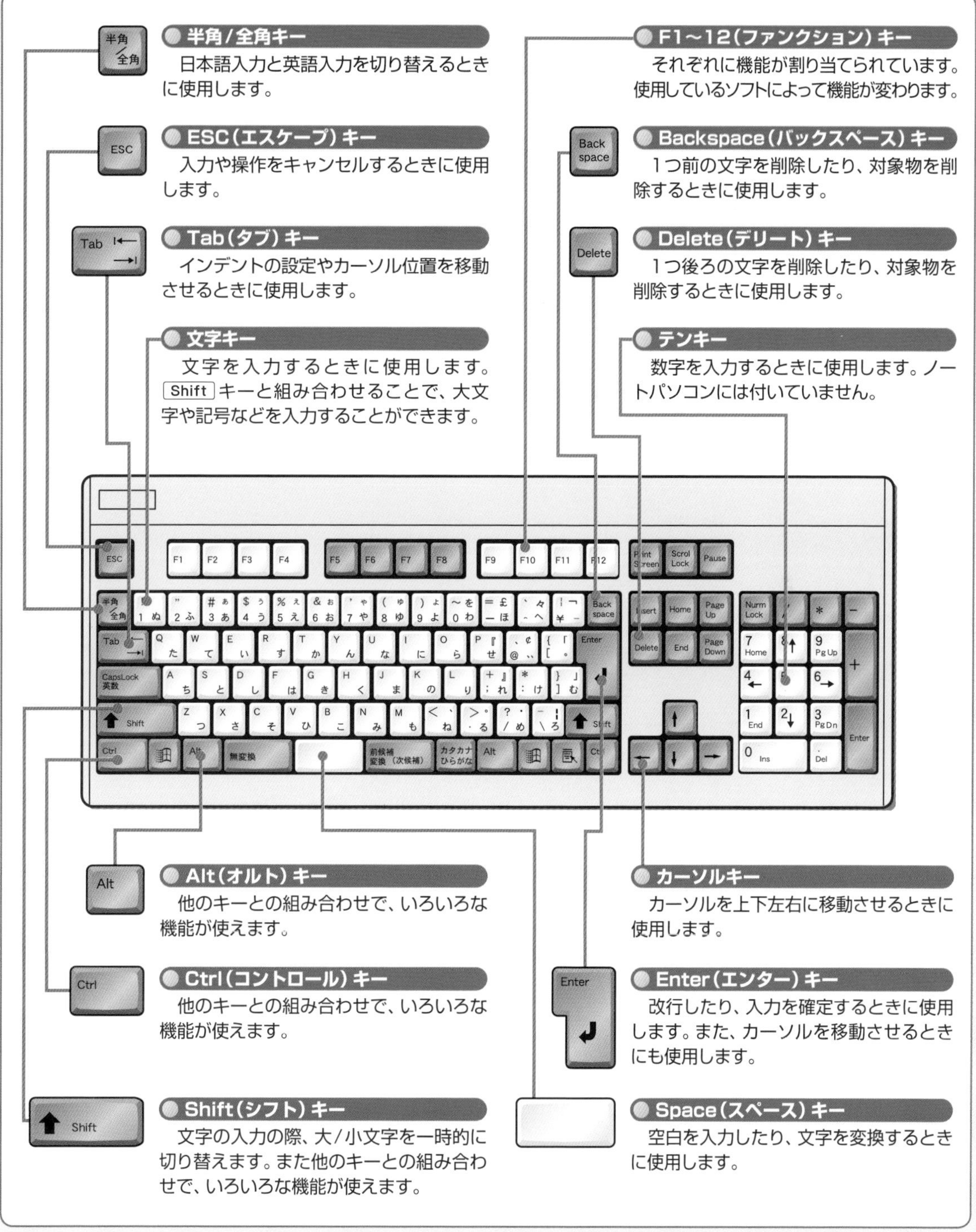

### 半角/全角キー
日本語入力と英語入力を切り替えるときに使用します。

### ESC(エスケープ)キー
入力や操作をキャンセルするときに使用します。

### Tab(タブ)キー
インデントの設定やカーソル位置を移動させるときに使用します。

### 文字キー
文字を入力するときに使用します。Shift キーと組み合わせることで、大文字や記号などを入力することができます。

### F1〜12(ファンクション)キー
それぞれに機能が割り当てられています。使用しているソフトによって機能が変わります。

### Backspace(バックスペース)キー
1つ前の文字を削除したり、対象物を削除するときに使用します。

### Delete(デリート)キー
1つ後ろの文字を削除したり、対象物を削除するときに使用します。

### テンキー
数字を入力するときに使用します。ノートパソコンには付いていません。

### Alt(オルト)キー
他のキーとの組み合わせで、いろいろな機能が使えます。

### Ctrl(コントロール)キー
他のキーとの組み合わせで、いろいろな機能が使えます。

### Shift(シフト)キー
文字の入力の際、大/小文字を一時的に切り替えます。また他のキーとの組み合わせで、いろいろな機能が使えます。

### カーソルキー
カーソルを上下左右に移動させるときに使用します。

### Enter(エンター)キー
改行したり、入力を確定するときに使用します。また、カーソルを移動させるときにも使用します。

### Space(スペース)キー
空白を入力したり、文字を変換するときに使用します。

パソコン書籍のパイオニア

# はじめての…シリーズのご案内

## はじめてのWord 2019

吉岡　豊

定価（本体**1280円**＋税）

Wordはバージョンを重ねるごとに改良され、最新のWord 2019に至って機能はほとんど完成したといっていいレベルに達しています。そんなWord 2019ですがOneDriveとの親和性やファイル共有機能など主に環境面が強化されています。本書は、Word 2019をはじめて使う初心者でも楽々読める入門書の決定版です。細かな手順も無料動画で解説！ 便利なショートカットキー一覧や、切り離して使える「はじめてのOne Drive」など5大特典付きです！

サンプルダウンロードサービス付

無料電子書籍ダウンロード特典付

無料解説動画ダウンロード特典付

## はじめてのExcel 2019

村松　茂

定価（本体**1280円**＋税）

Excelはバージョンを重ねるごとに改良され、最新のExcel 2019では従来機能がさらに使いやすくなりました。また、地理データ／株価データの自動取得や、マップグラフの作成などの新しい機能も搭載されています。本書は、Excel 2019をはじめて使う初心者でも楽々読める入門書の決定版です。細かな手順も無料動画で解説！ 便利なショートカットキー一覧や、切り離して使える「はじめてのOneDrive」など5大特典付きです！

サンプルダウンロードサービス付

無料電子書籍ダウンロード特典付

無料解説動画ダウンロード特典付

## はじめてのWindows10 基本編 Fall Creators Update対応

戸内順一

定価（本体**1000円**＋税）

Windows 10の大型アップデートFall Creators Updateがリリースされました。Fall Creators Updateでは動画や写真を選ぶだけで自動的に編集してくれるStory Remixや、よく連絡を取る人との連絡が手軽になるMy Peopleといった新機能が追加されています。本書は、Windows 10 Fall Creators Updateの基本的な使い方をはじめての方でもわかりやすく解説した入門書です。操作画面を示しながら説明するので知識ゼロでも大丈夫です！

無料電子書籍ダウンロード特典付